Herbert Wittel | Dieter Muhs | Dieter J

Roloff/Matek Maschinenelemente Form

# Maschinenelemente treffsicher auswählen und Lieferanten finden!

Kupplung
Feder   Niet   Gleitlager
Sicherungselement   Bremse   Lineartechnik
Gelenklager           Passfeder
Mutter
Schraube          Welle
Dichtung
Wälzlager          Schmiermittel
Getriebe          Hydraulik

**TEDATA (Hrsg.)**
**Roloff/Matek Bauteilkatalog**
Maschinen- und Antriebselemente
Erzeugnisse und Hersteller nach eClass
CD mit Zugangsdaten zur Bauteildatenbank online

www.roloff-matek.de

2009. Br. EUR 29,90
ISBN 978-3-8348-0922-3

Der Roloff/Matek Bauteilkatalog verbindet Grundinformationen, die Einkäufer, Ingenieure in Praxis und Studium und der technische Vertrieb für ihre Arbeit brauchen:
- aktuelle Unternehmens- und Kontaktdaten
- Übersicht über das Produktportfolio

Der Katalog spezifiziert die Produkte der Hersteller nach ausgewählten Merkmalen, wie sie im Rahmen von Konstruktionsarbeiten benötigt werden. So werden die Daten vergleichbar und sichtbar.

Sucht der Konstrukteur nach einem geeigneten Bauteil mit bestimmten Eigenschaften, findet er konzentriert in diesem Katalog passende Angebote und kann direkt eine Anfrage an den Hersteller starten. Das verkürzt die aufwendigen Vergleiche und die Suche in zahlreichen Herstellerkatalogen nach dem optimalen Bau- und Maschinenelement. Der Bauteilkatalog erscheint in Ergänzung des in Studium und Praxis bewährten Fachbuchs Roloff/Matek Maschinenelemente und ist eine speziell auf den Maschinenbau zugeschnittene Markt- und Produktübersicht. Ein nach Produktgruppen geordnetes Bezugsquellenverzeichnis leistungsfähiger Lieferanten rundet das Angebot des Katalogs ab.

Einfach bestellen: buch@viewegteubner.de   Telefax +49(0)611. 7878-420

VIEWEG+
TEUBNER

**TECHNIK BEWEGT.**

Herbert Wittel | Dieter Muhs |
Dieter Jannasch | Joachim Voßiek

# Roloff/Matek Maschinenelemente Formelsammlung

Interaktive Formelsammlung auf CD-ROM

10., überarbeitete Auflage

STUDIUM

VIEWEG+
TEUBNER

Bibliografische Information der Deutschen Nationalbibliothek
Die Deutsche Nationalbibliothek verzeichnet diese Publikation in der
Deutschen Nationalbibliografie; detaillierte bibliografische Daten sind im Internet über
<http://dnb.d-nb.de> abrufbar.

1. Auflage 1987
2., durchgesehene und erweiterte Auflage 1987
   2 Nachdrucke 1988
3., verbesserte Auflage 1989
   Nachdruck 1990
   Nachdruck 1991
4., vollständig neu bearbeitete und erweiterte Auflage 1992
5., verbesserte Auflage 1994
   Nachdruck 1997
6., vollständig neu bearbeitete und erweiterte Auflage 2001
7., verbesserte Auflage 2003
8., korrigierte und ergänzte Auflage 2006
9., aktualisierte Auflage 2008
10., überarbeitete Auflage 2010

Alle Rechte vorbehalten
© Vieweg+Teubner Verlag | Springer Fachmedien Wiesbaden GmbH 2010

Lektorat: Thomas Zipsner | Gabriele McLemore

Vieweg+Teubner Verlag ist eine Marke von Springer Fachmedien.
Springer Fachmedien ist Teil der Fachverlagsgruppe Springer Science+Business Media.
www.viewegteubner.de

Das Werk einschließlich aller seiner Teile ist urheberrechtlich geschützt. Jede Verwertung außerhalb der engen Grenzen des Urheberrechtsgesetzes ist ohne Zustimmung des Verlags unzulässig und strafbar. Das gilt insbesondere für Vervielfältigungen, Übersetzungen, Mikroverfilmungen und die Einspeicherung und Verarbeitung in elektronischen Systemen.

Die Wiedergabe von Gebrauchsnamen, Handelsnamen, Warenbezeichnungen usw. in diesem Werk berechtigt auch ohne besondere Kennzeichnung nicht zu der Annahme, dass solche Namen im Sinne der Warenzeichen- und Markenschutz-Gesetzgebung als frei zu betrachten wären und daher von jedermann benutzt werden dürften.

Umschlaggestaltung: KünkelLopka Medienentwicklung, Heidelberg
Satz: Druckhaus Thomas Müntzer, Bad Langensalza
Druck und buchbinderische Verarbeitung: Těšínská Tiskárna, a. s., Tschechien
Gedruckt auf säurefreiem und chlorfrei gebleichtem Papier.
Printed in Czech Republic

ISBN 978-3-8348-1328-2

# Vorwort

Die auf dem Lehrbuch *Roloff/Matek Maschinenelemente* aufbauende Formelsammlung ist sowohl für das Studium als auch für die Praxis konzipiert. Die wichtigsten Formeln zum Berechnen und Auslegen von Maschinenelementen sind hier in übersichtlicher Form in Anlehnung an das Lehrbuch kapitelweise zusammengestellt. Sowohl im Studium bei den Seminaren und Prüfungen als auch beim Einsatz in der Konstruktionspraxis stellt diese Formelsammlung damit eine wertvolle Hilfe für das schnelle und korrekte Bereitstellen von Berechnungsansätzen dar. Zum Lösen komplexer Aufgaben sind Ablaufpläne integriert, die übersichtlich und schrittweise die Berechnungswege aufzeigen. Ausführliche Hinweise zu den Formeln erleichtern deren Anwendung.

In der aktuellen vorliegenden 10. Auflage wurden erforderliche Korrekturen zur Anpassung an das Lehrbuch vorgenommen, sowie das Verzeichnis Technischer Regeln und DIN-Normen auf den aktuellen Stand gebracht.

Die seit der 6. Auflage beigefügte interaktive Formelsammlung auf CD-ROM ermöglicht eine elektronische Generierung von über 400 der insgesamt mehr als 700 Formeln, sowie einen Zugriff auf die wichtigsten Tabellen des Tabellenbuches, die elektronisch hinterlegt sind. Hierdurch wird ein weitestgehend unabhängiger Gebrauch der Formelsammlung vom Lehrbuch ermöglicht. Die Benutzung des Formelgenerators ist denkbar einfach: nach der Installation des Programms werden die einzelnen Formeln mit Hilfe des Explorers aufgerufen und abgearbeitet. Erforderliche Tabellenwerte können per Mausklick aus den hinterlegten Tabellen übernommen werden; ebenso können Zwischenergebnisse für weitergehende Berechnungen intern abgespeichert werden. Hinterlegte ausführliche Hinweise, Bilder und Grafiken erhöhen den Komfort beim Einsatz der elektronischen Formelsammlung.

Für die Richtigkeit der Programmierung, die direkte und indirekte Bezugnahme auf Vorschriften, Regelwerke, Firmenschriften u. a. kann trotz sorgfältigster Recherchen keine Gewähr übernommen werden.

Unter der Internetadresse *www.roloff-matek.de* wird dem Leser zusätzlich ein Forum geboten. Hier kann der Leser direkt mit dem Autorenteam und dem Verlag in Kontakt treten und sowohl aktuelle Informationen zum Lehrsystem erfahren als auch Vorschläge zur weiteren Verbesserung einbringen.

Die Verfasser des Lehr- und Lernsystems *Roloff/Matek Maschinenelemente* hoffen, dass auch die 10. Auflage der Formelsammlung allen Benutzern in Ausbildung und Praxis eine wertvolle Hilfe und verlässlicher Ratgeber ist.

An dieser Stelle danken die Autoren und der Verlag Herrn Dieter Muhs für seine jahrzehntelange vorbildliche und sehr engagierte Mitarbeit am Lehr- und Lernsystem.

Reutlingen/Augsburg im Sommer 2010

Herbert Wittel
Dieter Jannasch
Joachim Voßiek

# Inhaltsverzeichnis

| | | |
|---|---|---|
| 1 | Allgemeine Grundlagen | 1 |
| 2 | Toleranzen und Passungen | 2 |
| 3 | Festigkeitsberechnung | 7 |
| 4 | Tribologie | 20 |
| 5 | Kleb- und Lötverbindungen | 22 |
| 6 | Schweißverbindungen | 29 |
| 7 | Nietverbindungen | 58 |
| 8 | Schraubenverbindungen | 64 |
| 9 | Bolzen-, Stiftverbindungen, Sicherungselemente | 93 |
| 10 | Elastische Federn | 101 |
| 11 | Achsen, Wellen und Zapfen | 128 |
| 12 | Elemente zum Verbinden von Wellen und Naben | 143 |
| 13 | Kupplungen und Bremsen | 158 |
| 14 | Wälzlager | 167 |
| 15 | Gleitlager | 176 |
| 16 | Riemengetriebe | 201 |
| 17 | Kettengetriebe | 212 |
| 18 | Elemente zur Führung von Fluiden (Rohrleitungen) | 218 |
| 19 | Dichtungen | 239 |
| 20 | Zahnräder und Zahnradgetriebe (Grundlagen) | 242 |
| 21 | Außenverzahnte Stirnräder | 247 |
| 22 | Kegelräder und Kegelradgetriebe | 269 |
| 23 | Schraubrad- und Schneckengetriebe | 281 |

# 1 Allgemeine Grundlagen

## Technische Regeln (Auswahl)

| Technische Regel | | Titel |
|---|---|---|
| DIN 323-1 | 08.74 | Normzahlen und Normzahlreihen, Hauptwerte, Genauwerte, Rundwerte |
| DIN 323-2 | 11.74 | Normzahlen und Normzahlreihen, Einführung |
| DIN 820-1 | 04.94 | Normungsarbeit, Grundsätze |
| DIN 1301-1 | 10.02 | Einheiten; Einheitennamen, Einheitenzeichen |
| DIN 1304-1 | 03.94 | Formelzeichen, Allgemeine Formelzeichen |
| VDI 2211-1 | 04.80 | Datenverarbeitung in der Konstruktion; Methoden und Hilfsmittel |
| VDI 2211-2 | 03.03 | Informationsverarbeitung in der Produktentwicklung; Berechnungen in der Konstruktion |
| VDI 2211-3 | 06.80 | Datenverarbeitung in der Konstruktion; Maschinelle Herstellung von Zeichnungen |
| VDI 2220 | 05.80 | Produktplanung; Ablauf, Begriffe und Organisation |
| VDI 2221 | 05.93 | Methodik zum Entwickeln und Konstruieren technischer Systeme und Produkte |
| VDI 2222-1 | 06.97 | Konstruktionsmethodik; Methodisches Entwickeln von Lösungsprinzipien |
| VDI 2223 | 01.04 | Methodisches Entwerfen technischer Produkte |
| VDI 2225-1 | 11.97 | Konstruktionsmethodik; Technisch-wirtschaftliches Konstruieren, Vereinfachte Kostenermittlung |
| VDI 2225-2 | 07.98 | –; –; Tabellenwerk |
| VDI 2225-3 | 11.98 | –; –; Technisch-wirtschaftliche Bewertung |
| VDI 2225-4 | 11.97 | –; –; Bemessungslehre |
| VDI 2234 | 01.90 | Wirtschaftliche Grundlagen für den Konstrukteur |
| VDI 2235 | 10.87 | Wirtschaftliche Entscheidungen beim Konstruieren; Methoden und Hilfen |
| VDI 2242-1 | 04.86 | Konstruieren ergonomiegerechter Erzeugnisse; Grundlagen und Vorgehen |
| VDI 2243 | 07.02 | Recyclingorientierte Produktentwicklung |
| VDI 2244 | 05.88 | Konstruieren sicherheitsgerechter Erzeugnisse |
| VDI 2246-1 | 03.01 | Konstruieren instandhaltungsgerechter technischer Erzeugnisse; Grundlagen |
| VDI 2246-2 | 03.01 | – –; Anforderungskatalog |
| VDI/VDE 2424-1, -2, -3 | 05.86 | Industrial Design; Grundlagen, Begriffe, Wirkungsweisen; Darstellung an Beispielen; Der Industrial-Design-Prozess |

# 2 Toleranzen und Passungen

| Formelzeichen | Einheit | Benennung |
|---|---|---|
| $D_{min}$, $D_{max}$ | mm | Grenzwerte des Nennmaßbereiches |
| $EI$, $ES$ | µm | unteres und oberes Abmaß der Innenpassfläche (Bohrung) |
| $ei$, $es$ | µm | unteres und oberes Abmaß der Außenpassfläche (Welle) |
| $G$ | mm | Grenzmaß, allgemein |
| $G_o$, $G_u$ | mm | Höchstmaß (oberes-), Mindestmaß (unteres Grenzmaß) |
| $i$, $I$ | µm | Toleranzfaktoren der entsprechenden Nennmaßbereiche |
| $k$ | 1 | Faktor zur Berücksichtigung der Funktionsanforderung |
| $I_B$, $I_W$ | mm | Istmaß der Bohrung, – der Welle |
| $N$ | mm | Nennmaß, auf das sich alle Abmaße beziehen |
| $P$ | µm | Passung, allgemein |
| $P_o$, $P_u$ | µm | Höchstpassung, Mindestpassung |
| $P_T$ | µm | Passtoleranz |
| $Rz$ | µm | gemittelte Rautiefe |
| $S$ | µm | Spiel, allgemein |
| $S_o$, $S_u$ | µm | Höchstspiel, Mindestspiel |
| $T$ | µm | Maßtoleranz |
| $T_B$, $T_W$ | µm | Maßtoleranz der Bohrung, – der Welle |
| $Ü$ | µm | Übermaß |
| $Ü_o$, $Ü_u$ | µm | Höchstübermaß, Mindestübermaß |

# 2 Toleranzen und Passungen

| Nr. | Formel | Hinweise |
|---|---|---|
| 1 | *Höchstmaß* <br> Bohrung: $G_{oB} = N + ES$ <br> Welle: $G_{oW} = N + es$ | |
| 2 | *Mindestmaß* <br> Bohrung: $G_{uB} = N + EI$ <br> Welle: $G_{uW} = N + ei$ | |
| 3 | *Maßtoleranz* <br> allgemein: $T = G_o - G_u$ <br> Bohrung: <br> $T_B = G_{oB} - G_{uB} = ES - EI$ <br> Welle: $T_W = G_{oW} - G_{uW} = es - ei$ | Formtoleranzen siehe TB 2-7 <br> Lagetoleranzen siehe TB 2-8 |
| 4 | *Toleranzfaktor* zur Ermittlung der Grundtoleranzen <br> $0 < N \leq 500$: <br> $i = 0{,}45 \cdot \sqrt[3]{D} + 0{,}001 \cdot D$ <br> $500 < N \leq 3150$: <br> $I = 0{,}004 \cdot D + 2{,}1\ \mu m$ | $D$ geometrisches Mittel für den entsprechenden Nennmaßbereich <br> $D = \sqrt{D_{min} \cdot D_{max}}$ <br> Grundtoleranz *IT* nach TB 2-1 <br><br> $\begin{array}{c\|c} i, I & D, N \\ \hline \mu m & mm \end{array}$ |

| Nr. | Formel | Hinweise |
|---|---|---|
| 5 | *Passung* <br> allgemein: $P = I_B - I_W$ <br> Höchstpassung: <br> $P_o = G_{oB} - G_{uW} = ES - ei$ <br> Mindestpassung: <br> $P_u = G_{uB} - G_{oW} = EI - es$ | |
| 6 | *Passtoleranz* <br> $P_T = P_o - P_u = (G_{oB} - G_{uW})$ <br> $\quad - (G_{uB} - G_{oW})$ <br> $P_T = T_B + T_W = (ES - EI)$ <br> $\quad + (es - ei)$ | |
| 7 | *Spiel* (liegt vor, wenn $P_o > 0$ und $P_u \geq 0$) <br> allgemein: $S = G_B - G_W \geq 0$ <br> Höchstspiel: <br> $S_o = G_{oB} - G_{uW} = ES - ei > 0$ <br> Mindestspiel: <br> $S_u = G_{uB} - G_{oW} = EI - es \geq 0$ <br> *Übermaß* (liegt vor, wenn $P_o < 0$ und $P_u < 0$) <br> allgemein: $Ü = G_B - G_W < 0$ <br> Höchstübermaß: <br> $Ü_o = G_{uB} - G_{oW} = EI - es < 0$ <br> Mindestübermaß: <br> $Ü_u = G_{oB} - G_{uW} = ES - ei < 0$ | |
| 8 | sinnvolle *Rautiefenzuordnung* <br> $Rz \leq k \cdot T$ | $k \approx 0{,}5$ für keine besonderen, $k \approx 0{,}25$ bei geringen, $k \approx 0{,}1$ bei hohen, $k \approx 0{,}05$ bei sehr hohen Anforderungen an die Funktion Rautiefe nicht größer als $T/2$ wählen mit $T$ nach Nr. 3 <br> Erreichbare Rautiefe $Rz$ und Mittenrauwerte nach TB 2-11 und TB 2-12 |

## 2 Toleranzen und Passungen

## Technische Regeln (Auswahl)

| Technische Regeln | | Titel |
|---|---|---|
| DIN 406-12 | 12.92 | Technische Zeichnungen; Maßeintragung: Eintragung von Toleranzen für Längen- und Winkelmaße. |
| DIN 4760 | 06.82 | Gestaltabweichungen; Begriffe, Ordnungssystem |
| DIN 4764 | 06.82 | Oberflächen an Teilen für Maschinenbau und Feinwerktechnik; Begriffe nach der Beanspruchung |
| DIN 7154-1,-2 | 08.66 | ISO-Passungen für Einheitsbohrung |
| DIN 7155-1,-2 | 08.66 | ISO-Passungen für Einheitswelle |
| DIN 7157 | 01.66 | Passungsauswahl; Toleranzfelder, Abmaße, Passtoleranzen |
| DIN 7167 | 01.87 | Zusammenhang zwischen Maß-, Form- und Parallelitätstoleranzen; Hüllbedingung ohne Zeichnungseintragung |
| DIN 7168 | 04.91 | Allgemeintoleranzen; Längen- und Winkelmaße, Form und Lage; nicht für Neukonstruktionen |
| DIN 7172 | 04.91 | Toleranzen und Grenzabmaße für Längenmaße über 3150 bis 10000 mm; Grundlagen, Grundtoleranzen, Grenzabmaße |
| DIN 7178-1…-5 | 12.74 08.86 02.76 | Kegeltoleranz- und Kegelpasssystem für Kegel von Verjüngung $C = 1:3$ bis $1:500$ und Längen von 6 bis 630 mm; Kegeltoleranzsystem, Kegelpasssystem, Auswirkung der Abweichungen, axiale Verschiebemaße und Benennungen |
| DIN 30630 | 03.08 | Technische Zeichnungen; Allgemeintoleranzen in mechanischer Technik; Toleranzregeln und Übersicht |
| DIN EN ISO 1101 | 08.08 | Geometrische Produktspezifikation (GPS); Geometrische Tolerierung; Tolerierung von Form, Richtung, Ort und Lauf |
| DIN EN ISO 1302 | 06.02 | Geometrische Produktspezifikation (GPS); Angabe der Oberflächenbeschaffenheit in der technischen Produktdokumentation |
| DIN EN ISO 3274 | 04.98 | Geometrische Produktspezifikation (GPS); Oberflächenbeschaffenheit; Tastschnittverfahren; Nenneigenschaften von Tastschnittgeräten |
| DIN EN ISO 4288 | 04.98 | –; –; –; Regeln und Verfahren für die Beurteilung der Oberflächenbeschaffenheit |
| DIN EN ISO 5458 | 02.99 | Geometrische Produktspezifikation (GPS); Form- und Lagetolerierung; Positionstolerierung |
| DIN EN ISO 11562 | 09.98 | Geometrische Produktspezifikation (GPS); Oberflächenbeschaffenheit; Tastschnittverfahren; Messtechnische Eigenschaften von phasenkorrekten Filtern |

# 2 Toleranzen und Passungen

| Technische Regeln | | Titel |
|---|---|---|
| DIN EN ISO 13565-1 | 04.98 | –; –; –; Oberflächen mit plateauartigen funktionsrelevanten Eigenschaften; Filterung und allgemeine Messbedingungen |
| DIN EN ISO 13565-2 | 04.98 | –; –; –; –; Beschreibung der Höhe mittels linearer Darstellung der Materialanteilkurve |
| DIN EN ISO 13565-3 | 08.00 | –; –; –; –; Beschreibung der Höhe von Oberflächen mit der Wahrscheinlichkeitsdichtekurve |
| DIN EN ISO 14660-1 | 11.99 | Geometrische Produktspezifikation (GPS); Geometrieelemente; Grundbegriffe und Definitionen |
| DIN EN ISO 14660-2 | 11.99 | –; –; Erfasste mittlere Linie eines Zylinders und eines Kegels, erfasste mittlere Fläche, örtliches Maß eines erfassten Geometrieelementes |
| DIN ISO 286-1 | 11.90 | ISO-System für Grenzmaße und Passungen; Grundlagen für Toleranzen, Abmaße und Passungen |
| DIN ISO 286-2 | 11.90 | –; Tabellen der Grundtoleranzgrade und Grenzabmaße für Bohrungen und Wellen |
| DIN ISO 2768-1 | 06.91 | Allgemeintoleranzen; Toleranzen für Längen- und Winkelmaße ohne einzelne Toleranzeintragung |
| DIN ISO 2768-2 | 04.91 | –; Toleranzen für Form und Lage ohne einzelne Toleranzeintragung |
| DIN ISO 5459 | 01.82 | Technische Zeichnungen; Form- und Lagetolerierung; Bezüge und Bezugssysteme für geometrische Toleranzen |
| DIN ISO 8015 | 06.86 | Technische Zeichnungen; Tolerierungsgrundsatz |
| VDI/VDE 2601 | 10.91 | Anforderungen an die Oberflächengestalt zur Sicherung der Funktionstauglichkeit spanend hergestellter Flächen; Zusammenstellung der Kenngrößen |
| VDI/VDE 2602 | 09.83 | Rauheitsmessung mit elektrischen Tastschnittgeräten |

# 3 Festigkeitsberechnung

| Formelzeichen | Einheit | Benennung |
|---|---|---|
| $a_M$ | mm²/N | Faktor zur Berechnung der Mittelspannungsempfindlichkeit |
| $b_M$ | 1 | Faktor zur Berechnung der Mittelspannungsempfindlichkeit |
| $F_{eq}$ | N | äquivalente Kraft |
| $f_\sigma, f_\tau$ | 1 | Faktor zur Berechnung der Zugdruckfestigkeit bzw. Schubfestigkeit |
| $f_{W\sigma}, f_{W\tau}$ | 1 | Faktoren zur Berechnung der Wechselfestigkeit |
| $G'$ | mm⁻¹ | bezogenes Spannungsgefälle |
| $K_A$ | 1 | Anwendungsfaktor (Betriebsfaktor) |
| $K_B$ | 1 | statischer Konstruktionsfaktor |
| $K_g$ | 1 | geometrischer Größeneinflussfaktor |
| $K_{O\sigma}, K_{O\tau}$ | 1 | Oberflächeneinflussfaktor |
| $K_t$ | 1 | technologischer Größeneinflussfaktor für Zugfestigkeit bzw. Streckgrenze |
| $K_V$ | 1 | Einflussfaktor der Oberflächenverfestigung |
| $K_\alpha, K_{\alpha\,Probe}$ | 1 | formzahlabhängiger Größeneinflussfaktor des Bauteils; des Probestabes (gilt für $d_{Probe}$) |
| $K_D$ | 1 | dynamischer Konstruktionsfaktor |
| $n$ | 1 | Stützzahl des gekerbten Bauteils |
| $n_0$ | 1 | Stützzahl des ungekerbten Bauteils |
| $n_{pl}$ | 1 | plastische Stützzahl |
| $R_e$ | N/mm² | Streckgrenze, Fließgrenze des Bauteils (auf Bauteilgröße umgerechnet) |
| $R_m$ | N/mm² | Zugfestigkeit, Bruchfestigkeit des Bauteils (auf Bauteilgröße umgerechnet) |
| $R_{mN}$ | N/mm² | Zugfestigkeit für die Normabmessung (Normwert) |
| $R_{p0,2}, R_p$ | N/mm² | 0,2 %-Dehngrenze, Streckgrenze des Bauteils (auf Bauteilgröße umgerechnet) |
| $R_{pN}$ | N/mm² | Streckgrenze für die Normabmessung (Normwert) |
| $R_z$ | µm | gemittelte Rautiefe |
| $S$ | 1 | Sicherheit |
| $S_B$ | 1 | (statische) Sicherheit gegen Gewaltbruch |
| $S_D$ | 1 | (dynamische) Sicherheit gegen Dauerbruch |

| Formelzeichen | Einheit | Benennung |
|---|---|---|
| $S_F$ | 1 | (statische) Sicherheit gegen Fließen |
| $S_{min}$ | 1 | erforderliche Mindestsicherheit |
| $T_{eq}$ | Nm | äquivalentes Drehmoment |
| $\alpha_0$ | 1 | Anstrengungsverhältnis |
| $\alpha_{pl}$ | 1 | plastische Formzahl des ungekerbten Bauteils |
| $\alpha_k$ | 1 | Kerbformzahl |
| $\beta_k$, $\beta_{k\,Probe}$ | 1 | Kerbwirkungszahl; experimentell bestimmte Kerbwirkungszahl (gilt für $d_{Probe}$) |
| $\kappa$ | 1 | Spannungsverhältnis |
| $\sigma$, $\tau$ | N/mm² | Normalspannung (Zug, Druck, Biegung) bzw. Tangentialspannung (Schub, Torsion) |
| $\sigma_a$, $\tau_a$ | N/mm² | Ausschlagspannung |
| $\sigma_b$ | N/mm² | Biegespannung |
| $\sigma_B$, $\tau_B$ | N/mm² | Bauteilfestigkeit gegen Bruch |
| $\sigma_{bF}$, $\tau_{tF}$ | N/mm² | Biegefließgrenze, Torsionsfließgrenze |
| $\sigma_D$, $\tau_D$ | N/mm² | Dauerfestigkeit |
| $\sigma_F$, $\tau_F$ | N/mm² | Bauteilfestigkeit gegen Fließen |
| $\sigma_{GA}$, $\tau_{GA}$ | N/mm² | Gestaltausschlagfestigkeit |
| $\sigma_{GW}$, $\tau_{GW}$ | N/mm² | Gestaltwechselfestigkeit |
| $\sigma_m$, $\tau_m$ | N/mm² | Mittelspannung |
| $\sigma_{mv}$, $\tau_{mv}$ | N/mm² | Vergleichsmittelspannung |
| $\sigma_o$, $\tau_o$ | N/mm² | obere Spannung |
| $\sigma_{res}$, $\tau_{res}$ | N/mm² | resultierende Spannung |
| $\sigma_{Sch}$, $\tau_{Sch}$ | N/mm² | Schwellfestigkeit |
| $\sigma_u$, $\tau_u$ | N/mm² | untere Spannung |
| $\sigma_v$ | N/mm² | Vergleichsspannung |
| $\sigma_W$, $\tau_W$ | N/mm² | Wechselfestigkeit des Bauteils (auf Bauteilgröße umgerechnet) |
| $\sigma_{WN}$, $\tau_{WN}$ | N/mm² | Wechselfestigkeit für die Normabmessung (Normwert) |
| $\sigma_{z,d}$ | N/mm² | Zug-/Druckspannung |
| $\sigma_{zul}$, $\tau_{zul}$ | N/mm² | zulässige Spannung |
| $\tau_s$ | N/mm² | Scherspannung |
| $\tau_t$ | N/mm² | Torsionsspannung |
| $\varphi$ | 1 | Faktor für Anstrengungsverhältnis |
| $\psi_\sigma$, $\psi_\tau$ | 1 | Mittelspannungsempfindlichkeit |

## 3 Festigkeitsberechnung

| Nr. | Formel | Hinweise |
|---|---|---|
| | **Spannungen im Bauteil und äußere Kräfte/Momente** | |
| 1 | Resultierende Spannung (in einer Richtung wirkend) <br> – aus Normalspannungen <br><br> $\sigma_{res} = \sigma_{z,d} + \sigma_b$ <br><br> – aus Tangentialspannungen <br><br> $\tau_{res} = \tau_s + \tau_t$ | $\sigma$, $\tau$ nach den Gesetzen der technischen Mechanik bestimmen <br> Zug/Druck: $\sigma_{z,d} = F/A$, <br> Biegung: $\sigma_b = M_b/W_b$ <br> Scheren: $\tau_s = F_s/A$, Torsion: $\tau_t = T/W_t$ |
| 2 | Vergleichsspannung nach der <br> – Gestaltänderungsenergiehypothese (GEH) <br><br> $\sigma_v = \sqrt{\sigma^2 + 3\tau^2}$ <br><br> – Schubspannungshypothese (SH) <br><br> $\sigma_v = \sqrt{\sigma^2 + 4\tau^2}$ <br><br> – Normalspannungshypothese (NH) <br><br> $\sigma_v = 0{,}5\left(\sigma + \sqrt{\sigma^2 + 4\tau^2}\right)$ <br><br> Vergleichsspannung bei Berücksichtigung unterschiedlicher Beanspruchungsarten <br> – nach der GEH <br><br> $\sigma_v = \sqrt{\sigma_b^2 + 3\left(\dfrac{\sigma_{zul}}{\varphi \cdot \tau_{zul}} \cdot \tau_t\right)^2}$ <br><br> $\sigma_v = \sqrt{\sigma_b^2 + 3(\alpha_0 \cdot \tau_t)^2}$ <br><br> – nach der NH <br><br> $\sigma_v = 0{,}5\left(\sigma_b + \sqrt{\sigma_b^2 + 4\left(\dfrac{\sigma_{zul}}{\varphi \cdot \tau_{zul}} \cdot \tau_t\right)^2}\right)$ <br><br> $\sigma_v = 0{,}5\left(\sigma_b + \sqrt{\sigma_b^2 + 4(\alpha_0 \cdot \tau_t)^2}\right)$ | $\varphi = 1{,}75$ bei GEH <br> $\varphi = 1{,}0$ bei NH <br> $\alpha_0 \approx 0{,}7$ bei Biegung, wechselnd wirkend und Torsion, ruhend (schwellend) <br> $\alpha_0 \approx 1$ bei Biegung, wechselnd und Torsion, wechselnd <br> $\alpha_0 \approx 1{,}5$ bei Biegung, ruhend (schwellend) und Torsion, wechselnd |

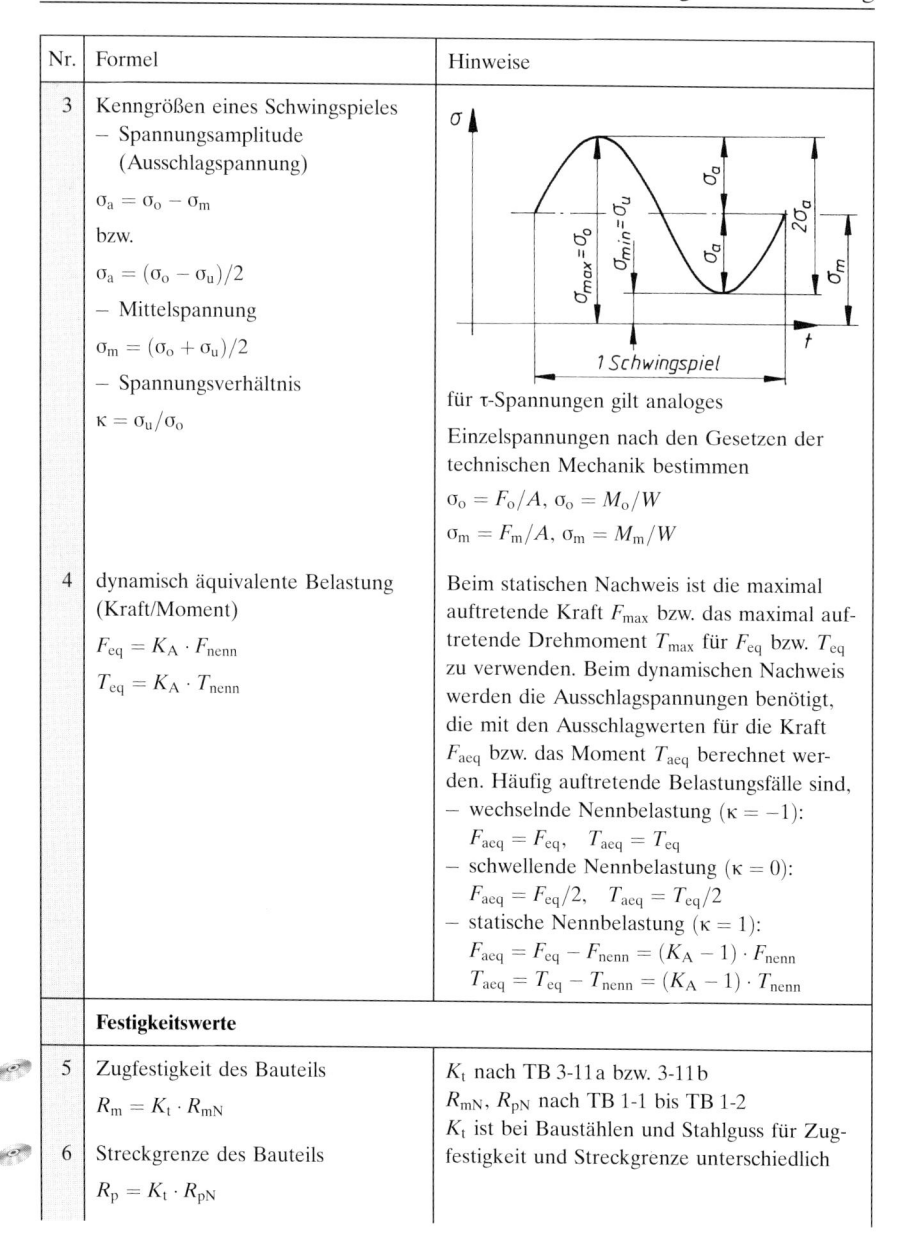

| Nr. | Formel | Hinweise |
|---|---|---|
| 3 | Kenngrößen eines Schwingspieles<br>– Spannungsamplitude<br>(Ausschlagspannung)<br>$\sigma_a = \sigma_o - \sigma_m$<br>bzw.<br>$\sigma_a = (\sigma_o - \sigma_u)/2$<br>– Mittelspannung<br>$\sigma_m = (\sigma_o + \sigma_u)/2$<br>– Spannungsverhältnis<br>$\kappa = \sigma_u/\sigma_o$ | für τ-Spannungen gilt analoges<br>Einzelspannungen nach den Gesetzen der technischen Mechanik bestimmen<br>$\sigma_o = F_o/A$, $\sigma_o = M_o/W$<br>$\sigma_m = F_m/A$, $\sigma_m = M_m/W$ |
| 4 | dynamisch äquivalente Belastung (Kraft/Moment)<br>$F_{eq} = K_A \cdot F_{nenn}$<br>$T_{eq} = K_A \cdot T_{nenn}$ | Beim statischen Nachweis ist die maximal auftretende Kraft $F_{max}$ bzw. das maximal auftretende Drehmoment $T_{max}$ für $F_{eq}$ bzw. $T_{eq}$ zu verwenden. Beim dynamischen Nachweis werden die Ausschlagspannungen benötigt, die mit den Ausschlagwerten für die Kraft $F_{aeq}$ bzw. das Moment $T_{aeq}$ berechnet werden. Häufig auftretende Belastungsfälle sind,<br>– wechselnde Nennbelastung ($\kappa = -1$):<br>$F_{aeq} = F_{eq}$, $T_{aeq} = T_{eq}$<br>– schwellende Nennbelastung ($\kappa = 0$):<br>$F_{aeq} = F_{eq}/2$, $T_{aeq} = T_{eq}/2$<br>– statische Nennbelastung ($\kappa = 1$):<br>$F_{aeq} = F_{eq} - F_{nenn} = (K_A - 1) \cdot F_{nenn}$<br>$T_{aeq} = T_{eq} - T_{nenn} = (K_A - 1) \cdot T_{nenn}$ |
| | **Festigkeitswerte** | |
| 5 | Zugfestigkeit des Bauteils<br>$R_m = K_t \cdot R_{mN}$ | $K_t$ nach TB 3-11a bzw. 3-11b<br>$R_{mN}$, $R_{pN}$ nach TB 1-1 bis TB 1-2<br>$K_t$ ist bei Baustählen und Stahlguss für Zugfestigkeit und Streckgrenze unterschiedlich |
| 6 | Streckgrenze des Bauteils<br>$R_p = K_t \cdot R_{pN}$ | |

# 3 Festigkeitsberechnung

| Nr. | Formel | Hinweise |
|---|---|---|
| 7 | **Wechselfestigkeit des Bauteils** <br> $\sigma_{zdW} \approx f_{W\sigma} \cdot K_t \cdot R_{mN}$ <br> $\sigma_{bW} = K_t \cdot \sigma_{bWN}$ bzw. <br> $\sigma_{bW} = K_t \cdot n_0 \cdot \sigma_{zdWN}$ <br> $\tau_{sW} \approx f_{W\tau} \cdot f_{W\sigma} \cdot K_t \cdot R_{mN}$ <br> $\tau_{tW} = K_t \cdot \tau_{tWN}$ bzw. <br> $\tau_{tW} = K_t \cdot n_0 \cdot \tau_{sWN}$ | $R_{mN}, \sigma_{zdWN}, \sigma_{bWN}, \tau_{tWN}$ nach TB 1-1 <br> $K_t$ nach TB 3-11a bzw. 3-11b <br> für die Umrechnung der Wechselfestigkeits- <br> werte ist $K_t$ für Zugfestigkeit zu verwenden <br> $n_0 \triangleq n$ nach TB 3-7 für ungekerbtes Bauteil <br> $f_{W\sigma}, f_{W\tau}$ nach TB 3-2a |
| | **Konstruktionsfaktor** | |
| 8 | statischer Nachweis <br> $K_B = 1/n_{pl}$ | $n_{pl}$ nach Nr. 10 |
| 9 | dynamischer Nachweis <br> $K_{Db} = \left(\dfrac{\beta_{kb}}{K_g} + \dfrac{1}{K_{O\sigma}} - 1\right) \cdot \dfrac{1}{K_V}$ <br> $K_{Dt} = \left(\dfrac{\beta_{kt}}{K_g} + \dfrac{1}{K_{O\tau}} - 1\right) \cdot \dfrac{1}{K_V}$ | $\beta_{kb}, \beta_{kt}$ nach Nr. 11 oder 12 <br> $K_g$ nach TB 3-11c <br> $K_{O\sigma}, K_{O\tau}$ nach TB 3-10 <br> $K_V$ nach TB 3-12 <br> s. auch Ablaufplan A 3-3 |
| 10 | plastische Stützzahl <br> $n_{pl} = \sqrt{\dfrac{E \cdot \varepsilon_{ertr}}{R_p}} / \alpha_k \leq \alpha_p$ <br> bzw. <br> $n_{pl} = \sqrt{\dfrac{R_{p\,max}}{R_p}} \leq \alpha_p$ | $E$ nach TB 1-2, <br> für Stahl: $E \approx 210\,000$ N/mm² <br> $\varepsilon_{ertr} = 5\,\%$ für Stahl und GS <br> $\varepsilon_{ertr} = 2\,\%$ für EN-GJS und EN-GJM <br> $R_p$ nach Nr. 6 <br> $R_{p\,max} = 1050$ N/mm² für Stahl und GS <br> $R_{p\,max} = 320$ N/mm² für EN-GJS <br> $\alpha_k$ nach TB 3-6 <br> $\alpha_p$ nach TB 3-2b |
| | Kerbwirkungszahl <br> $\beta_k = \sigma_W / \sigma_{GW}$ | |
| 11 | – berechnet aus Formzahl <br> $\beta_k = \dfrac{\alpha_k}{n}$ | $\alpha_k$ nach TB 3-6 <br> $n$ nach TB 3-7 |
| 12 | – experimentell ermittelte Werte $\beta_k$ <br> $\beta_k = \beta_{k\,Probe} \dfrac{K_{\alpha\,Probe}}{K_\alpha}$ | $\beta_{k\,Probe}$ nach TB 3-9 <br> $K_{\alpha\,Probe}$ nach TB 3-11d für $d_{Probe}$ <br> $K_\alpha$ nach TB 3-11d für $d_{Bauteil}$ |
| 13 | Gesamtkerbwirkungszahl bei Durchdringungskerben <br> $\beta_k \leq 1 + (\beta_{k1} - 1) + (\beta_{k2} - 1)$ | $\beta_{k1}, \beta_{k2}$ nach Nr. 11 oder 12 <br> Kerben beeinflussen sich, wenn der Abstand zwischen den Kerben kleiner $2r$ ist, wobei $r$ der größere der beiden Kerbradien ist |

| Nr. | Formel | Hinweise |
|---|---|---|
| | **statische Bauteilfestigkeit** | |
| 14 | gegen Fließen<br>$\sigma_F = f_\sigma \cdot R_p / K_B$<br>$\tau_F = f_\tau \cdot R_p / K_B$ | $f_\sigma$, $f_\tau$ nach TB 3-2a<br>$R_p$ nach Nr. 6<br>$K_B$ nach Nr. 8 |
| 15 | gegen Bruch<br>$\sigma_B = f_\sigma \cdot R_m / K_B$<br>$\tau_B = f_\tau \cdot R_m / K_B$ | $R_m$ nach Nr. 5 |
| 16 | einfacher Nachweis<br>— Zug/Druck $\sigma_F = R_p$<br>— Biegung $\sigma_F = \sigma_{bF}$<br>— Torsion $\tau_F = \tau_{tF}$ | $\sigma_{bF} \approx 1{,}2 R_p$ (für duktile Rundstäbe)<br>$\tau_{tF} \approx 1{,}2 R_p / \sqrt{3}$ |
| | **Gestaltfestigkeit (dynamische Bauteilfestigkeit)** | |
| 17 | Gestaltwechselfestigkeit<br>$\sigma_{bGW} = \sigma_{bW} / K_{Db}$<br>$\tau_{tGW} = \tau_{tW} / K_{Dt}$ | $\sigma_{bW}$, $\tau_{tW}$ nach Nr. 7<br>$K_D$ nach Nr. 9<br>bei Zug/Druck Index $b$ durch $zd$, bei Schub $t$ durch $s$ ersetzen |
| 18 | Gestaltausschlagfestigkeit<br>— Überlastungsfall 1<br>($\sigma_m$ = konst)<br>$\sigma_{bGA} = \sigma_{bGW} - \psi_\sigma \cdot \sigma_{mv}$<br>$\tau_{tGA} = \tau_{tGW} - \psi_\tau \cdot \tau_{mv}$ | $\sigma_{bGW}$, $\tau_{tGW}$ nach Nr. 17<br>$\psi_\sigma$, $\psi_\tau$ nach Nr. 21<br>$\sigma_{mv}$, $\tau_{mv}$ nach Nr. 22 |
| 19 | — Überlastungsfall 2<br>($\kappa$ = konst)<br>$\sigma_{bGA} = \dfrac{\sigma_{bGW}}{1 + \psi_\sigma \cdot \sigma_{mv} / \sigma_{ba}}$<br>$\tau_{tGA} = \dfrac{\tau_{tGW}}{1 + \psi_\tau \cdot \tau_{mv} / \tau_{ta}}$ | $\sigma_a$, $\tau_a$ nach den Gesetzen der technischen Mechanik mit $F_{eq}$ bzw. $T_{eq}$ bestimmen |
| 20 | — Überlastungsfall 3<br>($\sigma_u$ = konst)<br>$\sigma_{bGA} = \dfrac{\sigma_{bGW} - \psi_\sigma \cdot (\sigma_{mv} - \sigma_{ba})}{1 + \psi_\sigma}$<br>$\tau_{tGA} = \dfrac{\tau_{tGW} - \psi_\tau \cdot (\tau_{mv} - \tau_{ta})}{1 + \psi_\tau}$ | |
| 21 | Mittelspannungsempfindlichkeit<br>$\psi_\sigma = a_M \cdot R_m + b_M$<br>$\psi_\tau = f_\tau \cdot \psi_\sigma$ | $a_M$, $b_M$ nach TB 3-13<br>$R_m$ nach Nr. 5<br>$f_\tau$ nach TB 3-2a |

# 3 Festigkeitsberechnung

| Nr. | Formel | Hinweise |
|---|---|---|
| 22 | Vergleichsmittelspannung<br>– Gestaltänderungsenergie-<br>hypothese<br>$\sigma_{mv} = \sqrt{(\sigma_{zdm} + \sigma_{bm})^2 + 3 \cdot \tau_{tm}^2}$<br>$\tau_{mv} = f_\tau \cdot \sigma_{mv}$ | $\sigma_{zdm}$, $\sigma_{bm}$, $\tau_{tm}$ nach den Gesetzen der technischen Mechanik mit $F_{eq}$ bzw. $T_{eq}$ bestimmen |
| 23 | – Normalspannungshypothese<br>$\sigma_{mv} = 0{,}5 \left[ (\sigma_{zdm} + \sigma_{bm}) + \sqrt{(\sigma_{zdm} + \sigma_{bm})^2 + 4 \cdot \tau_{tm}^2} \right]$<br>$\tau_{mv} = f_\tau \cdot \sigma_{mv}$ | $f_\tau$ nach TB 3-2a |
|   | **Sicherheiten** | |
| 24 | Versagensgrenzkurve<br>– Gestaltänderungsenergie-<br>hypothese<br>$\left(\dfrac{\sigma_{ba}}{\sigma_{bW}}\right)^2 + \left(\dfrac{\tau_{ta}}{\tau_{tW}}\right)^2 \leq 1$<br>– Normalspannungshypothese<br>$\dfrac{\sigma_{ba}}{\sigma_{bW}} + \left(\dfrac{\tau_{ta}}{\tau_{tW}}\right)^2 \leq 1$ | $\sigma_{ba}$, $\tau_{ta}$ nach den Gesetzen der technischen Mechanik mit $F_{eq}$ bzw. $T_{eq}$ bestimmen<br>$\sigma_{bW}$, $\tau_{tW}$ nach Nr. 7 |
|   | **Praktische Festigkeitsberechnung** | |
| 25 | überschlägige Berechnung<br>– statisch belastete Bauteile<br>$\sigma_z \leq \sigma_{z\,zul} = R_{eN}/S_{F\,min}$<br>$\sigma_z \leq \sigma_{z\,zul} = R_{mN}/S_{B\,min}$<br>– dynamisch belastete Bauteile<br>$\sigma \leq \sigma_{zul} = \sigma_D/S_{D\,min}$<br>$\tau \leq \tau_{zul} = \tau_D/S_{D\,min}$ | $R_{eN}$, $R_{mN}$ nach TB 1-1 bis TB 1-2<br>$S_{F\,min} = 1{,}2\ldots 1{,}8$<br>$S_{B\,min} = 1{,}5\ldots 3$<br><br>$\sigma_D$, $\tau_D$ je nach Beanspruchungsart wechselnd $\sigma_D = \sigma_W$ oder schwellend $\sigma_D = \sigma_{Sch}$ (analog $\tau$) nach TB 1-1 bis TB 1-2<br>$S_{D\,min} = 3\ldots 4$ |
| 26 | statischer Festigkeitsnachweis bei<br>– Versagen durch Fließen<br>(duktile Werkstoffe)<br>$S_F = \dfrac{1}{\sqrt{\left(\dfrac{\sigma_{zd\,max}}{R_p} + \dfrac{\sigma_{b\,max}}{\sigma_{bF}}\right)^2 + \left(\dfrac{\tau_{t\,max}}{\tau_{tF}}\right)^2}}$<br>$\geq S_{F\,min}$ | $\sigma_{zd\,max}$, $\sigma_{b\,max}$, $\tau_{t\,max}$ nach den Gesetzen der technischen Mechanik mit $F_{max}$ bzw. $T_{max}$ bestimmen<br>$R_p$ nach Nr. 6<br>$\sigma_{bF}$, $\tau_{tF}$ nach Nr. 14 oder 16<br>$S_{F\,min}$ nach TB 3-14<br>vereinfachter Nachweis nach Ablaufplan A 3-1; genauerer Nachweis nach Ablaufplan A 3-2 |

| Nr. | Formel | Hinweise |
|---|---|---|
| 27 | – Versagen durch Bruch (spröde Werkstoffe) $$S_B = \cfrac{1}{0,5\left[\left(\cfrac{\sigma_{zd\,max}}{R_m}+\cfrac{\sigma_{b\,max}}{\sigma_{bB}}\right) + \sqrt{\left(\cfrac{\sigma_{z\,max}}{R_m}+\cfrac{\sigma_{b\,max}}{\sigma_{bB}}\right)^2 + 4\left(\cfrac{\tau_{t\,max}}{\tau_{tB}}\right)^2}\right]}$$ $\geq S_{B\,min}$ | $R_m$, $\sigma_{bB}$, $\tau_{tB}$ nach Nr. 15 mit $\alpha_{zk}$ bzw. $\alpha_{bk}$ für $\alpha_k$ in Nr. 10 $S_{B\,min}$ nach TB 3-14 s. auch Ablaufplan A 3-2 |
| 28 | dynamischer Festigkeitsnachweis – duktile Werkstoffe $$S_D = \cfrac{1}{\sqrt{\left(\cfrac{\sigma_{zda}}{\sigma_{zdGA}}+\cfrac{\sigma_{ba}}{\sigma_{bGA}}\right)^2 + \left(\cfrac{\tau_{ta}}{\tau_{tGA}}\right)^2}}$$ $\geq S_{D\,min}$ | $\sigma_{za}$, $\sigma_{ba}$, $\tau_{ta}$ nach den Gesetzen der technischen Mechanik mit $F_{aeq}$ bzw. $T_{aeq}$ bestimmen $\sigma_{GA}$, $\tau_{GA}$ nach Nr. 18, 19 oder 20 $S_{D\,min}$ nach TB 3-14 s. auch Ablaufplan A 3-4 |
| 29 | – spröde Werkstoffe $$S_D = \cfrac{1}{0,5\left[\left(\cfrac{\sigma_{zda}}{\sigma_{zdGA}}+\cfrac{\sigma_{ba}}{\sigma_{bGA}}\right) + \sqrt{\left(\cfrac{\sigma_{zda}}{\sigma_{zdGA}}+\cfrac{\sigma_{ba}}{\sigma_{bGA}}\right)^2 + 4\left(\cfrac{\tau_{ta}}{\tau_{tGA}}\right)^2}\right]}$$ $\geq S_{D\,min}$ | |

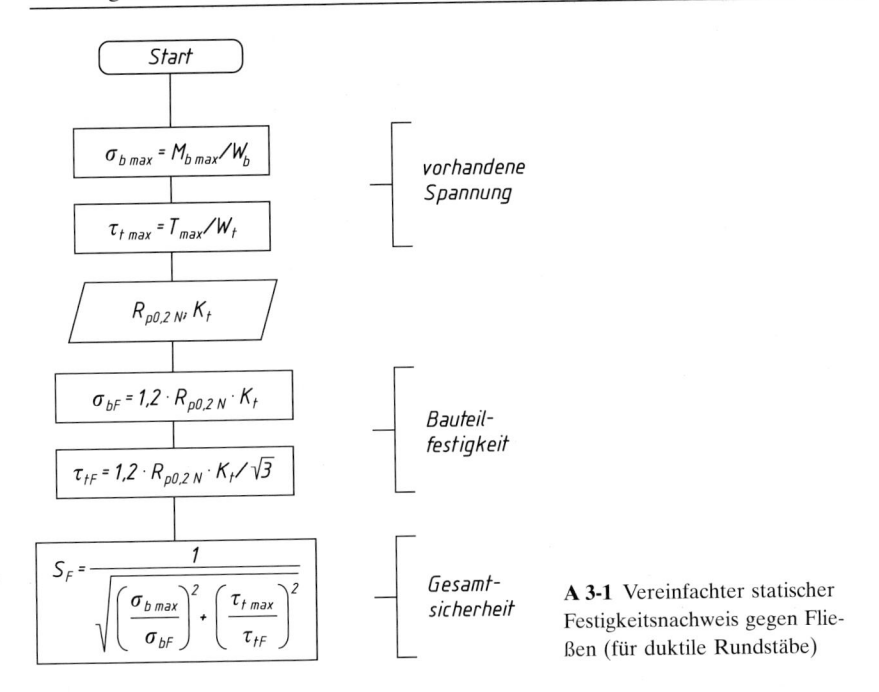

# 3 Festigkeitsberechnung

```
Start
│
σ_{b max} = M_{b max}/W_b
│
τ_{t max} = T_max/W_t
```
} vorhandene Spannung

```
R_{p0,2 N}, K_t
│
σ_{bF} = 1,2 · R_{p0,2 N} · K_t
│
τ_{tF} = 1,2 · R_{p0,2 N} · K_t / √3
```
} Bauteilfestigkeit

$$S_F = \frac{1}{\sqrt{\left(\frac{\sigma_{b\,max}}{\sigma_{bF}}\right)^2 + \left(\frac{\tau_{t\,max}}{\tau_{tF}}\right)^2}}$$

} Gesamtsicherheit

**A 3-1** Vereinfachter statischer Festigkeitsnachweis gegen Fließen (für duktile Rundstäbe)

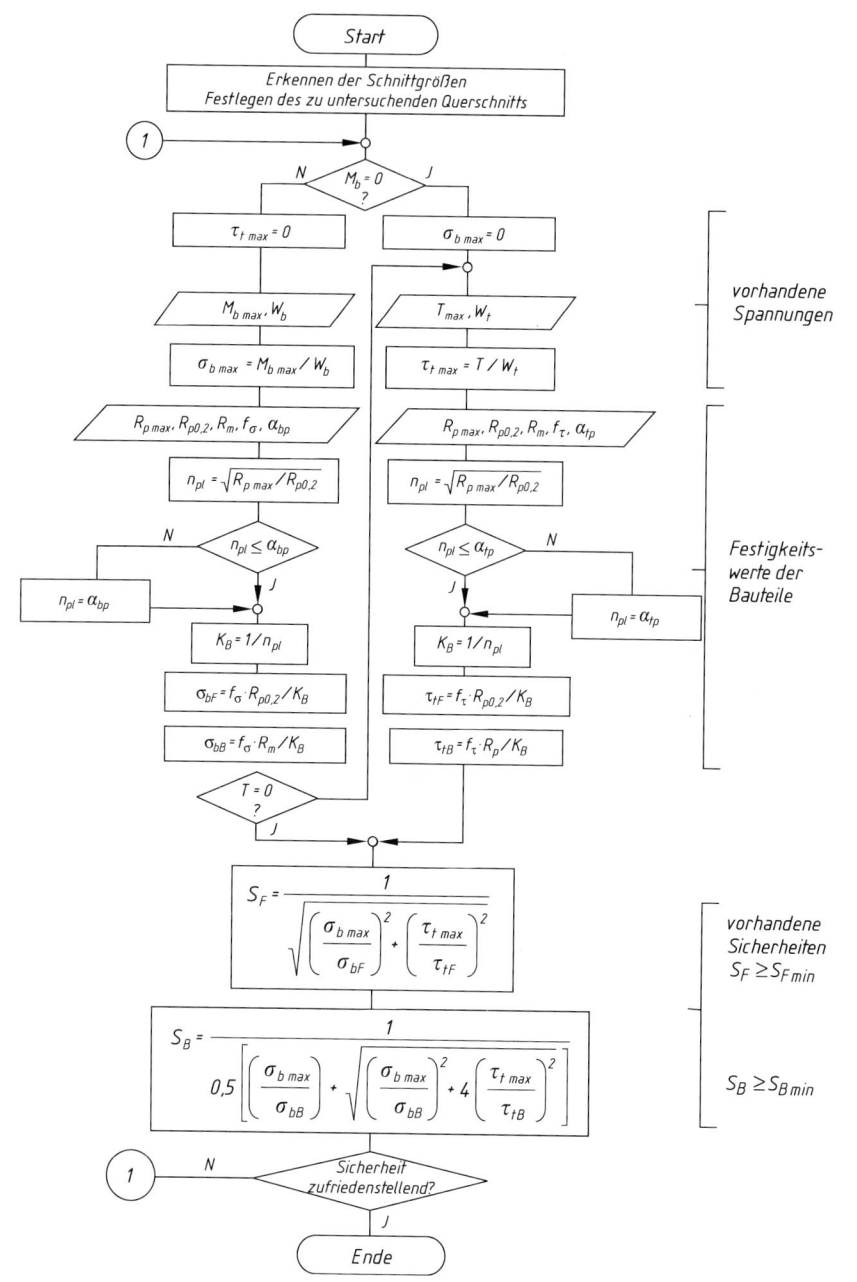

**A 3-2** Ablaufplan für den statischen Festigkeitsnachweis gegen Fließen (duktile Werkstoffe) und Bruch (spröde Werkstoffe)

# 3 Festigkeitsberechnung

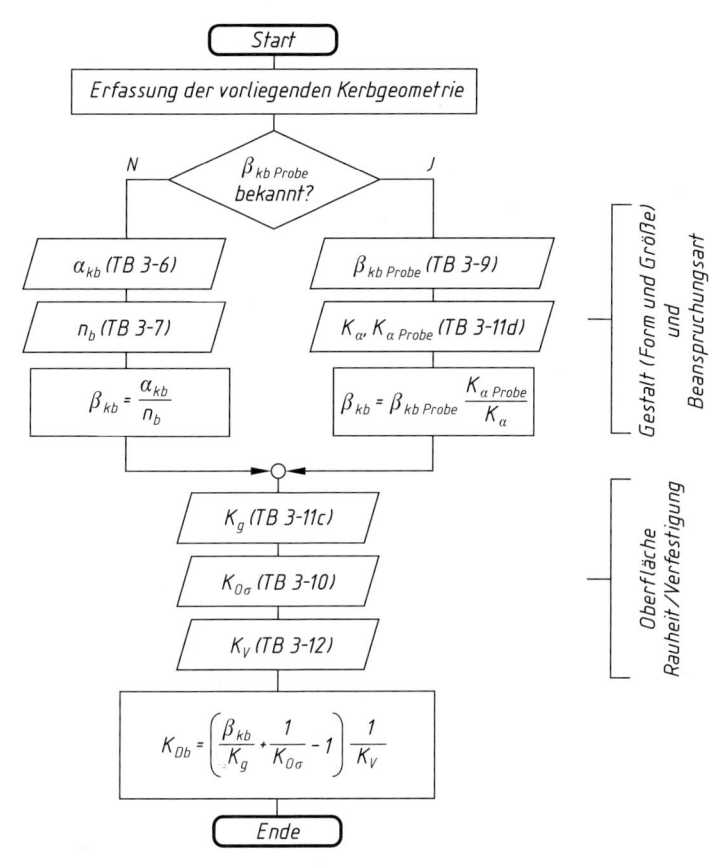

```
                    ┌─ Start ─┐
        Erfassung der vorliegenden Kerbgeometrie
                         │
              ┌──  β_{kb Probe}  ──┐
           N /      bekannt?      \ J
            /                      \
    α_{kb} (TB 3-6)          β_{kb Probe} (TB 3-9)
    n_b (TB 3-7)             K_α, K_{α Probe} (TB 3-11d)
    β_{kb} = α_{kb}/n_b      β_{kb} = β_{kb Probe} · K_{α Probe}/K_α
            \                      /
             └──────── ○ ─────────┘
                       │
                 K_g (TB 3-11c)
                 K_{Oσ} (TB 3-10)
                 K_V (TB 3-12)

         K_{Db} = ( β_{kb}/K_g + 1/K_{Oσ} − 1 ) · 1/K_V

                    ┌─ Ende ─┐
```

Gestalt (Form und Größe) und Beanspruchungsart

Oberfläche Rauheit/Verfestigung

**A 3-3** Ablaufplan zur Berechnung des Konstruktionsfaktors $K_{Db}$ für Biegung
(Bei Zug/Druck ist der Index $b$ durch $zd$ zu ersetzen. Bei Schub ist $b$ durch $s$ bzw. bei Torsion durch $t$ zu ersetzen, sowie bei Schub und Torsion $K_{0σ}$ durch $K_{0τ}$)

# 3 Festigkeitsberechnung

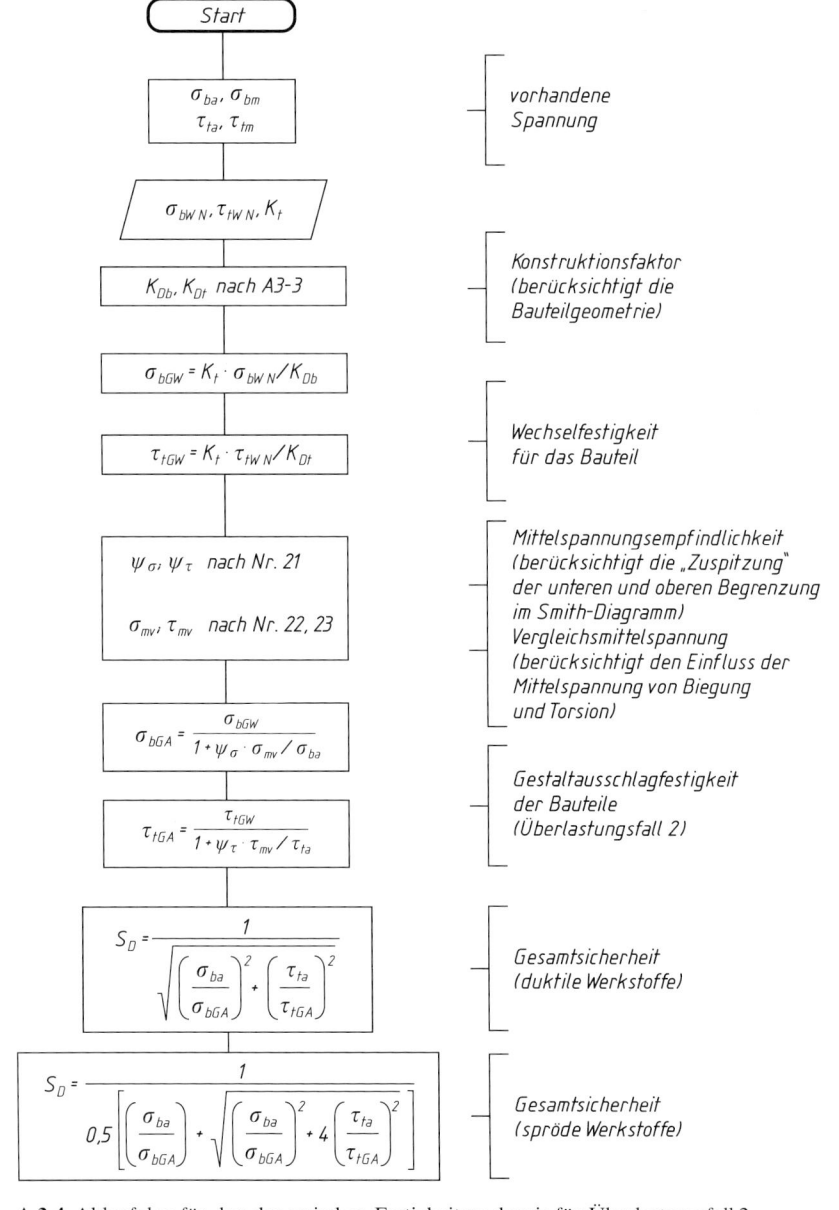

```
Start
│
▼
σ_ba, σ_bm          ┐  vorhandene
τ_ta, τ_tm          ┘  Spannung
│
▼
σ_bWN, τ_tWN, K_t
│
▼
K_Db, K_Dt nach A3-3   ┐  Konstruktionsfaktor
                       ├  (berücksichtigt die
                       ┘  Bauteilgeometrie)
│
▼
σ_bGW = K_t · σ_bWN / K_Db
│
▼                                      ┐  Wechselfestigkeit
τ_tGW = K_t · τ_tWN / K_Dt              ┘  für das Bauteil
│
▼
ψ_σ, ψ_τ  nach Nr. 21       ┐  Mittelspannungsempfindlichkeit
                            │  (berücksichtigt die „Zuspitzung"
                            │  der unteren und oberen Begrenzung
σ_mv, τ_mv  nach Nr. 22, 23 │  im Smith-Diagramm)
                            │  Vergleichsmittelspannung
                            │  (berücksichtigt den Einfluss der
                            │  Mittelspannung von Biegung
                            ┘  und Torsion)
│
▼
σ_bGA = σ_bGW / (1 + ψ_σ · σ_mv / σ_ba)   ┐  Gestaltausschlagfestigkeit
                                          ├  der Bauteile
τ_tGA = τ_tGW / (1 + ψ_τ · τ_mv / τ_ta)   ┘  (Überlastungsfall 2)
│
▼
S_D = 1 / √((σ_ba/σ_bGA)² + (τ_ta/τ_tGA)²)    ┐  Gesamtsicherheit
                                              ┘  (duktile Werkstoffe)
│
▼
S_D = 1 / [0,5 ((σ_ba/σ_bGA) + √((σ_ba/σ_bGA)² + 4(τ_ta/τ_tGA)²))]   ┐  Gesamtsicherheit
                                                                     ┘  (spröde Werkstoffe)
```

**A 3-4** Ablaufplan für den dynamischen Festigkeitsnachweis für Überlastungsfall 2 (Biegung und Torsion)

# 3 Festigkeitsberechnung

## Technische Regeln (Auswahl)

| Technische Regeln | | Titel |
|---|---|---|
| DIN 743-1 | 10.00 | Tragfähigkeitsberechnung von Wellen und Achsen; Einführung, Grundlagen |
| DIN 743-2 | 10.00 | —; Formzahlen und Kerbwirkungszahlen |
| DIN 743-3 | 10.00 | —; Werkstoff-Festigkeitswerte |
| DIN 743 Beiblatt 1 | 10.00 | —; Anwendungsbeispiele |
| DIN 4113-1 | 05.80 | Aluminiumkonstruktionen unter vorwiegend ruhender Belastung; Berechnung und bauliche Durchbildung |
| DIN 15018-1 | 11.84 | Krane; Grundsätze für Stahltragwerke; Belastung |
| DIN 50100 | 02.78 | Werkstoffprüfung; Dauerschwingversuch |
| DIN 50113 | 03.82 | Prüfung metallischer Werkstoffe; Umlaufbiegeversuch |
| DIN 50125 | 07.09 | —; Zugproben |
| DVS 2402 | 06.87 | Festigkeitsverhalten geschweißter Bauteile |
| FKM-Richtlinie 154 | 2002 | Rechnerischer Festigkeitsnachweis für Maschinenbauteile aus Stahl, Eisenguss- und Aluminiumwerkstoffen |

# 4 Tribologie

## Technische Regeln (Auswahl)

| Technische Regel | | Titel |
|---|---|---|
| DIN 31661 | 12.83 | Gleitlager; Begriffe, Merkmale und Ursachen von Veränderungen und Schäden |
| DIN 3979 | 07.79 | Zahnradschäden an Zahnradgetrieben; Bezeichnung, Merkmale, Ursachen |
| DIN 51502 | 08.90 | Schmierstoffe und verwandte Stoffe; Kurzbezeichnung der Schmierstoffe und Kennzeichnung der Schmierstoffbehälter; Schmiergeräte und Schmierstellen |
| DIN 51506 | 09.85 | Schmierstoffe; Schmieröle VB und VC ohne Wirkstoffe und mit Wirkstoffen und Schmieröle VDL; Einteilung und Anforderung |
| DIN 51509-1 | 06.76 | Auswahl von Schmierstoffen für Zahnradgetriebe; Schmieröle |
| DIN 51512 | 05.88 | Schmierstoffe; SAE-Viskositätsklassen für Schmieröle Kraftfahrzeuggetriebe |
| DIN 51515 | 06.01 | Schmierstoffe und Reglerflüssigkeiten für Turbinen; L-DT für normale thermische Beanspruchung |
| DIN 51517-1 | 06.09 | Schmierstoffe; Schmieröle; Schmieröle C; Mindestanforderungen |
| DIN 51517-2 | 06.09 | –; –; Schmieröle CL; Mindestanforderungen |
| DIN 51810-1 | 07.07 | Prüfung von Schmierstoffen; Bestimmung der Scher-Viskosität von Schmierfetten mit dem Rotationsviskosimeter; Messsystem Kegel und Platte |
| DIN 51818 | 12.81 | Schmierstoffe; Konsistenz-Einteilung für Schmierfette; NLGI-Klassen |
| DIN 51524-1 | 04.06 | Druckflüssigkeiten; Hydrauliköle; Hydrauliköle HL, Mindestanforderungen |
| DIN 51524-2 | 04.06 | Druckflüssigkeiten; Hydrauliköle; Hydrauliköle HLP, Mindestanforderungen |
| DIN 51524-3 | 04.06 | Druckflüssigkeiten; Hydrauliköle; Hydrauliköle HVLP, Mindestanforderungen |
| DIN 51825 | 04.06 | Schmierstoffe; Schmierfette K; Einteilung und Anforderungen |
| DIN 51826 | 01.05 | Schmierstoffe; Schmierfette G; Einteilung und Anforderungen |
| DIN ISO 2909 | 08.04 | Mineralölerzeugnisse; Berechnung des Viskositätsindex aus der kinematischen Viskosität |

# 4 Tribologie

| Formelzeichen | Einheit | Benennung |
|---|---|---|
| $E$ | N/mm² | reduzierter Elastizitätsmodul |
| $E_1, E_2$ | N/mm² | Elastizitätsmoduln der Kontaktpartner |
| $F_N$ | N | Normalkraft |
| $h_{min}$ | µm | minimale Schmierfilmdicke |
| $l$ | mm | Kontaktlänge |
| $Ra$ | µm | gemittelte Oberflächenrauheit beider Kontaktpartner |
| $p_H$ | N/mm² | Hertzsche Pressung |
| $\lambda$ | 1 | spezifische Schmierfilmdicke |
| $\nu_1, \nu_2$ | 1 | Querdehnzahlen der Kontaktpartner |
| $\varrho$ | mm | reduzierter Krümmungsradius |
| $\varrho_1, \varrho_2$ | mm | Krümmungsradien der Kontaktpartner |

| Nr. | Formel | Hinweise |
|---|---|---|
| 1 | Hertzsche Pressung $$p_H = \sqrt{\frac{F_N \cdot E}{2 \cdot \pi \cdot \varrho \cdot l}}$$ | Linienberührung |
| 2 | reduzierter Krümmungsradius $$\varrho = \frac{\varrho_1 \cdot \varrho_2}{(\varrho_1 + \varrho_2)}$$ | |
| 3 | reduzierter Elastizitätsmodul $$E = \frac{2 \cdot E_1 \cdot E_2}{(1 - \nu_1^2)\, E_2 + (1 - \nu_2^2) \cdot E_1}$$ | |
| 4 | spezifische Schmierfilmdicke $$\lambda = \frac{h_{min}}{Ra}$$ | $\lambda < 2$: Grenzreibung<br>$2 \leq \lambda \leq 3$: Mischreibung<br>$\lambda > 3$: Flüssigkeitsreibung |

# 5 Kleb- und Lötverbindungen

| Formelzeichen | Einheit | Benennung |
|---|---|---|
| $A_K$ | mm² | Klebfugenfläche |
| $A_l$ | mm² | Lötnahtfläche |
| $b$ | mm | Kleb- bzw. Lötfugenbreite |
| $d$ | mm | Durchmesser des Lötnahtringes (bei Steckverbindungen), Wellendurchmesser |
| $F$ | N | zu übertragende Längskraft |
| $F_{eq}$ | N | äquivalente Kraft ($K_A \cdot F_{nenn}$) |
| $F_m$ | N | Zerreißkraft (Bruchlast) bei Klebverbindungen |
| $F_{nenn}$ | N | zu übertragende Nennkraft |
| $K_A$ | 1 | Anwendungsfaktor |
| $l_ü$ | mm | Überlappungslänge, Einstecktiefe |
| $R_m$ | N/mm² | Zugfestigkeit des Grundwerkstoffes |
| $R_{p0,2}$ | N/mm² | 0,2 %-Dehngrenze |
| $S$ | 1 | Sicherheit |
| $T_{eq}$ | Nmm | äquivalentes Drehmoment ($K_A \cdot T_{nenn}$) |
| $T_{nenn}$ | Nmm | zu übertragendes Nenntorsionsmoment |
| $t$ | mm | Bauteildicke, Blechdicke |
| $t_{min}$ | mm | kleinste Bauteildicke |
| $\sigma'$ | N/mm | Schälfestigkeit bei Klebverbindungen |
| $\sigma'_{abs}$ | N/mm | absolute Schälfestigkeit bei Klebverbindungen |
| $\sigma'_{rel}$ | N/mm | relative Schälfestigkeit bei Klebverbindungen |
| $\sigma_{bW}$ | N/mm² | Biegewechselfestigkeit |
| $\sigma_K$ | N/mm² | Normalspannung in der Klebnaht |
| $\sigma_{KB}$ | N/mm² | statische Bindefestigkeit (Zugfestigkeit) bei Klebverbindungen |
| $\sigma_l$ | N/mm² | Normalspannung in der Lötnaht |
| $\sigma_{lB}$ | N/mm² | Zugfestigkeit der Lötnaht |
| $\tau_{KB}$ | N/mm² | statische Bindefestigkeit (Zug-Scherfestigkeit) bei Klebverbindungen |
| $\tau_{KW}$ | N/mm² | dynamische Bindefestigkeit von Klebverbindungen bei wechselnder Belastung |
| $\tau_{KSch}$ | N/mm² | dynamische Bindefestigkeit von Klebverbindungen bei schwellender Belastung |
| $\tau_l$ | N/mm² | Scherspannung in der Lötnaht |
| $\tau_{lB}$ | N/mm² | Scherfestigkeit der Lötnaht |

# 5 Kleb- und Lötverbindungen

| Nr. | Formel | Hinweise |
|---|---|---|

**Klebverbindungen**

**Bindefestigkeit**
Die Bindefestigkeit ist die wichtigste Kenngröße zur Berechnung einer Klebverbindung. Sie wird an Prüfkörpern mit einschnittiger Überlappung ermittelt. Sie ergibt sich aus dem Verhältnis Zerreißkraft (Bruchlast) $F_m$ zur Klebfugenfläche $A_K$ bei zügiger Beanspruchung.

**1** statische Bindefestigkeit

$$\tau_{KB} = \frac{F_m}{A_K} = \frac{F_m}{l_{ü} \cdot b}$$

Richtwerte für die Bindefestigkeit (Zugscherfestigkeit) nach TB 5-2.
$l_{ü}$, $b$ siehe Bild unter Nr. 9

**2** dynamische Bindefestigkeit

wechselnd: $\tau_{KW} \approx (0{,}2 \ldots 0{,}4) \cdot \tau_{KB}$
schwellend: $\tau_{KSch} \approx 0{,}8 \cdot \tau_{KB}$

**Schälfestigkeit**
Die Schälfestigkeit einer Klebverbindung ist wesentlich geringer als die Bindefestigkeit. Die Schälbeanspruchungen sind deshalb unbedingt konstruktiv zu vermeiden.

**3** Schälfestigkeit

$$\sigma' = \frac{F}{b}$$

Richtwerte für $\sigma'_{abs}$ für 1 mm dicke mit Araldit verklebte Bleche aus

Reinaluminium $\sigma'_{abs} \approx 5$ N/mm

Legierung AlMg $\sigma'_{abs} \approx 25$ N/mm

Legierung AlCuMg $\sigma'_{abs} \approx 35$ N/mm

**Festigkeitsberechnung**
Mit ausreichender Genauigkeit berechnet man die unter der Belastung $F$ bzw. $T$ auftretende Beanspruchung als gleichmäßig verteilte Nennspannungen und stellt diese den zulässigen Spannungen (Richtwerte) gegenüber.

**4** **Zugbeanspruchter Stumpfstoß**

Normalspannung in der Klebnaht

$$\sigma_K = \frac{F}{A_K} = \frac{F}{b \cdot t} \leq \frac{\sigma_{KB}}{S}$$

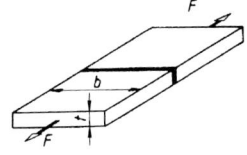

$\sigma_{KB} \approx \tau_{KB}$ nach TB 5-2 und TB 5-3
Sicherheit $S = 1{,}5 \ldots 2{,}5$

Hinweis: Geklebte Stumpfstöße sind wegen der zu geringen Klebfläche meist wenig sinnvoll.

| Nr. | Formel | Hinweise |
|---|---|---|
| 5 | **Einfacher Überlappstoß**<br>Scherspannung in der Klebnaht<br>$$\tau_K = \frac{F}{A_K} = \frac{F}{b \cdot l_ü} \leq \frac{\tau_{KB}}{S}$$ | vgl. Bild unter Nr. 9<br>Bei allgemein *dynamischer Belastung* wird die äquivalente Ersatzbelastung gebildet: $F_{eq} = K_A \cdot F$ bzw. $F_m + K_A \cdot F_a$, mit $K_A$ nach TB 3-5c und der dynamischen Bindefestigkeit nach Nr. 2.<br>$\tau_{KB}$ nach TB 5-2 und TB 5-3<br>Sicherheit $S = 1{,}5 \ldots 2{,}5$ |
| 6 | **Rundklebung unter Torsionsmoment**<br>Scherspannung in Umfangsrichtung<br>$$\tau_K = \frac{2 \cdot T}{\pi \cdot d^2 \cdot b} \leq \frac{\tau_{KB}}{S}$$ | |
| | | Bei allgemein dynamischer Belastung wird das äquivalente Torsionsmoment gebildet: $T_{eq} = K_A \cdot T$ bzw. $T_m + K_A \cdot T_a$, mit $K_A$ nach TB 3-5c und der dynamischen Bindefestigkeit nach Nr. 2.<br>$\tau_{KB}$ nach TB 5-2 und TB 5-3<br>Sicherheit $S = 1{,}5 \ldots 2{,}5$ |
| | **Überlappungslänge** | Um genügend große Klebflächen zu erhalten, sind Überlappungsverbindungen zu bevorzugen. Die beste Ausnutzung der Bindefestigkeit bei Leichtmetallen ergibt sich bei der folgenden Überlappungslänge: |
| 7 | $l_ü \approx 0{,}1 \cdot R_{p0,2} \cdot t$ bzw.<br>$l_ü \approx (10 \ldots 20) \cdot t$ | Für $t$ ist die kleinste Dicke der überlappten Bauteile zu setzen. |

# 5 Kleb- und Lötverbindungen

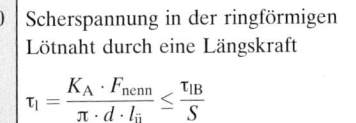

| Nr. | Formel | Hinweise |
|---|---|---|
| | **Lötverbindungen** | |
| | **Stumpfstoßverbindungen** | Diese werden meist nur bei gering belasteten Bauteilen mit Blechdicken $t \geq 1$ mm ausgeführt. |
| 8 | Normalspannung in der Lötnaht $$\sigma_l = \frac{K_A \cdot F_{nenn}}{A_l} \leq \frac{\sigma_{lB}}{S}$$ | 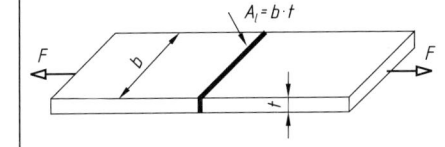 $\sigma_{lb}$ nach TB 5-10 <br> Sicherheit $S = 2\ldots 3$ <br> Richtwert für Hartlötverbindungen bei dynamischer Belastung: $\sigma_{bW} \approx 160$ N/mm². |
| | **Überlappstoßverbindungen** | Überwiegend ausgeführt, vor allem dann, wenn die Lötnaht die gleiche Tragfähigkeit aufweisen soll wie die zu verbindenden Bauteile (s. auch unter Nr. 11). |
| 9 | Scherspannung in der Lötnaht $$\tau_l = \frac{K_A \cdot F_{nenn}}{A_l} \leq \frac{\tau_{lB}}{S}$$ | 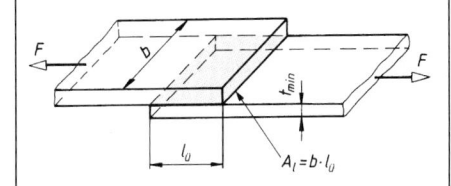 $\tau_{lB}$ nach TB 5-10 <br> Sicherheit $S = 2\ldots 3$ <br> Richtwerte für Bauteile aus Baustahl bei ruhender Belastung <br> Hartlötverbindungen: $\tau_{lzul} \approx 100$ N/mm² <br> Weichlötverbindungen: $\tau_{lzul} \approx 2$ N/mm² |
| | **Steckverbindungen** | |
| 10 | Scherspannung in der ringförmigen Lötnaht durch eine Längskraft $$\tau_l = \frac{K_A \cdot F_{nenn}}{\pi \cdot d \cdot l_{\ddot{u}}} \leq \frac{\tau_{lB}}{S}$$ | 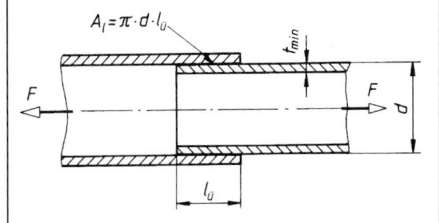 |

# 5 Kleb- und Lötverbindungen

| Nr. | Formel | Hinweise |
|---|---|---|
| 11 | Scherspannung in der Lötnaht durch ein Torsionsmoment $$\tau_l = \frac{2 \cdot K_A \cdot T_{nenn}}{\pi \cdot d^2 \cdot l_{\ddot{u}}} \leq \frac{\tau_{lB}}{S}$$ | $A_l = \pi \cdot d \cdot l_{\ddot{u}}$ <br><br> **Hinweis:** Für mit einem Biegemoment belastete gelötete Steckverbindungen entsprechend Kap. 9, Bild Steckverbindungen, kann die max. Flächenpressung in der Lötnaht überschlägig mit Hilfe der Gl. Nr. 19 berechnet werden. Als Anhaltswert für $p_{zul}$ kann dabei $\sigma_{lB}$ nach TB 5-10 herangezogen werden. Es gilt: $p_{zul} \approx \sigma_{zul} \approx \sigma_{lB}/S$. |
|  | **Überlappungslänge** | Die Überlappungslänge wählt man meist so, dass die Lötnaht die gleiche Tragfähigkeit wie die zu verbindenden Bauteile aufweist. |
| 12 | erforderliche Überlappungslänge bei vollem Lötanschluss $$l_{\ddot{u}} = \frac{R_m}{\tau_{lB}} \cdot t_{min}$$ | Die Formel gilt überschlägig auch für die Überlappungslänge der Rohrverbindung unter Nr. 10 und mit $d/4$ anstatt $t_{min}$ für die Steckverbindung unter Nr. 11. <br> $R_m$ nach TB 1-1 und TB 1-3 <br> $\tau_{lB}$ nach TB 5-10 |

# 5 Kleb- und Lötverbindungen

## Technische Regeln (Auswahl)

| Technische Regeln | | Titel |
|---|---|---|
| DIN 1707-100 | 02.01 | Weichlote; chemische Zusammensetzung und Lieferformen |
| DIN 1912-4 | 05.81 | Zeichnerische Darstellung Schweißen, Löten; Begriffe und Benennungen für Lötstöße und Lötnähte |
| DIN 8514 | 05.06 | Lötbarkeit |
| DIN 8526 | 11.77 | Prüfung von Weichlötverbindungen; Spaltlötverbindungen, Scherversuch, Zeitstandscherversuch |
| DIN 8593-7 | 09.03 | Fertigungsverfahren Fügen; Fügen durch Löten; Einordnung, Unterteilung, Begriffe |
| DIN 8593-8 | 09.03 | Fertigungsverfahren Fügen; Kleben; Einordnung, Unterteilung, Begriffe |
| DIN 53281 | 06.06 | Prüfung von Klebverbindungen; Probenherstellung |
| DIN 53287 | 01.06 | Prüfung von Metallklebstoffen und Metallklebungen; Bestimmung der Beständigkeit gegenüber Flüssigkeiten |
| DIN 54455 | 05.84 | Prüfung von Metallklebstoffen und Metallklebungen; Torsionsscher-Versuch |
| DIN 54456 | 01.06 | Prüfung von Konstruktionsklebstoffen und -klebungen; Klimabeständigkeitsversuch |
| DIN 65169 | 10.86 | Luft- und Raumfahrt; Hart- und hochtemperaturgelötete Bauteile; Konstruktionsrichtlinien |
| DIN 65170 | 02.97 | −; −; Technische Lieferbedingungen |
| DIN EN 923 | 06.08 | Klebstoffe; Benennungen und Definitionen |
| DIN EN 1044 | 07.99 | Hartlöten; Lötzusätze |
| DIN EN 1045 | 08.97 | −; Flussmittel zum Hartlöten, Einteilung und technische Lieferbedingungen |
| DIN EN 1464 | 01.95 | Klebstoffe; Bestimmung des Schälwiderstandes von hochfesten Klebungen; Rollenschälversuch |
| DIN EN 1465 | 01.95 | Klebstoffe; Bestimmung der Zugscherfestigkeit hochfester Überlappungsklebungen |
| DIN EN 12797 | 12.00 | Hartlöten; Zerstörende Prüfung von Hartlötverbindungen |
| DIN EN 12799 | 12.00 | −; Zerstörungsfreie Prüfung von Hartlötverbindungen |
| DIN EN 13134 | 12.00 | −; Hartlötverfahrensprüfung |
| DIN EN 14324 | 12.04 | Hartlöten; Anleitung zur Anwendung hartgelöteter Verbindungen |
| DIN EN 22553 | 03.97 | Schweiß- und Lötnähte; Symbolische Darstellung in Zeichnungen |
| DIN EN 26922 | 05.93 | Klebstoffe; Bestimmung der Zugfestigkeit von Stumpfklebverbindungen |
| DIN EN 28510-1 | 05.93 | Klebstoffe; Schälprüfung für flexibel/starr geklebte Proben; 90°-Schälversuch |
| DIN EN 28510-2 | 05.93 | −; 180°-Schälversuch |

# 5 Kleb- und Lötverbindungen

| Technische Regeln | | Titel |
|---|---|---|
| DIN EN 29454-1 | 02.94 | Flussmittel zum Weichlöten; Einteilung und Anforderungen; Einteilung, Kennzeichnung und Verpackung |
| DIN EN ISO 3677 | 04.95 | Zusätze zum Weich-, Hart- und Fugenlöten; Bezeichnung |
| DIN EN ISO 9454-2 | 09.00 | Flussmittel zum Weichlöten; Einteilung und Anforderungen; Eignungsanforderungen |
| DIN EN ISO 9653 | 10.00 | Klebstoffe; Prüfverfahren für die Scherschlagfestigkeit von Klebungen |
| DIN EN ISO 9664 | 08.95 | Klebstoffe; Verfahren zur Prüfung der Ermüdungseigenschaften von Strukturklebungen bei Zugscherbeanspruchung |
| DIN EN ISO 12224-1 | 10.98 | Massive Lötdrähte und flussmittelgefüllte Röhrenlote; Festlegungen und Prüfverfahren; Einteilung und Anforderungen |
| E DIN EN ISO 17672 | 05.08 | Hartlöten; Lotzusätze |
| DIN EN ISO 18279 | 04.04 | Hartlöten; Unregelmäßigkeiten in hartgelöteten Verbindungen |
| DIN ISO 857-2 | 02.04 | Schweißen und verwandte Prozesse; Begriffe; Weichlöten, Hartlöten und verwandte Begriffe |
| DVS 2204-3 | 04.81 | Kleben von thermoplastischen Kunststoffen; Polystyrol und artverwandte Kunststoffe |
| DVS 2204-5 | 11.03 | Kleben von Rohren und Formstücken aus thermoplastischen Kunststoffen; chloriertes Polyvinylchlorid (PVC-C) |
| DVS 2606 | 12.00 | Hinweise auf mögliche Oberflächenvorbereitungen für das flussmittelfreie Hart- und Hochtemperaturlöten |
| VDI 2229 | 06.79 | Metallkleben; Hinweise für Konstruktion und Fertigung |
| VDI/VDE 2251-3 | 09.98 | Feinwerkelemente; Lötverbindungen |
| VDI/VDE 2251-8 | 09.07 | Feinwerkelemente; Klebverbindungen |
| VDI 3821 | 09.78 | Kunststoffkleben |

# 6 Schweißverbindungen

| Formelzeichen | Einheit | Benennung |
|---|---|---|
| $a$ | mm | rechnerische Nahtdicke |
| $A$ | mm² | Querschnittsfläche eines Bauteiles bzw. Schweißpunktes |
| $A_{erf}$ | mm² | erforderliche Stabquerschnittsfläche |
| $A_p$ | mm² | druckbelastete projizierte Fläche für zylindrische und kugelige Grundkörper |
| $A_S$ | mm² | rechnerische Träger-Stegfläche |
| $A_w$ | mm² | rechnerische Schweißnahtfläche |
| $A_{wF}$ | mm² | Schweißnahtfläche am Flansch |
| $A_{wS}$ | mm² | Schweißnahtfläche des Steganschlusses |
| $A_\sigma$ | mm² | tragende Querschnittsfläche einer verstärkten Behälterwand (bei gleichem Festigkeitswert der Bauteile) |
| $A_{\sigma_0}, A_{\sigma_1}, A_{\sigma_2}$ | mm² | tragende Querschnittsfläche der Behälterwand $A_{\sigma_0}$ und der Verstärkungen $A_{\sigma_1}$ und $A_{\sigma_2}$ |
| $b$ | mm | mittragende Breite des Knotenbleches |
| $b$ | 1 | Dickenbeiwert |
| $(b/t)_{grenz}$ | 1 | Grenzwert der Schlankheit von Querschnittsteilen für volles Mittragen unter Druckspannungen (Nachweis der Beulsicherheit) |
| $c_1$ | mm | Zuschlag zur Berücksichtigung von Wanddickenunterschreitungen bei Druckbehältern |
| $c_2$ | mm | Abnutzungszuschlag zur Wanddicke bei Druckbehältern |
| $C$ | 1 | Berechnungsbeiwert für ebene Platten und Böden |
| $d$ | mm | rechnerischer Schweißpunktdurchmesser |
| $D$ | mm | Berechnungsdurchmesser ebener Platten und Böden |
| $D_a$ | mm | äußerer Mantel- bzw. Kugeldurchmesser |
| $e$ | mm | Abstand der Stabschwerachse vom Stabrand |
| $E$ | N/mm² | Elastizitätsmodul des Stabwerkstoffes |
| $F$ | N | Stabkraft, zu übertragende Kraft |
| $F_{ki}$ | N | Druckkraft unter der kleinsten Verzweigungslast nach der Elastizitätstheorie (ideale Knicklast) |

| Formelzeichen | Einheit | Benennung |
|---|---|---|
| $F_{pl}$ | N | Druckkraft im vollplastischen Zustand |
| $F_q$ | N | Querkraft |
| $h_F$ | mm | Schwerpunktabstand der Flansche bei I-förmigen Trägern |
| $H$ | $mm^3$ | Flächenmoment ersten Grades |
| $i$ | mm | Trägheitsradius |
| $i_x, i_y$ | mm | Trägheitsradius des Stabquerschnitts bezüglich der $x$- bzw. $y$-Achse |
| $I, I_x, I_{erf}$ | $mm^4$ | Flächenmoment zweiten Grades |
| $I_w$ | $mm^4$ | Flächenmoment zweiten Grades des Nahtquerschnitts |
| $K$ | $N/mm^2$ | Festigkeitskennwert der Behälterwerkstoffe |
| $K_A$ | 1 | Anwendungsfaktor zur Berücksichtigung der Arbeitsweise von Maschinen (Stoßfaktor) |
| $K_0, K_1, K_2$ | $N/mm^2$ | Festigkeitskennwert der Behälterwand $K_0$ und der Verstärkungen $K_1$ und $K_2$ |
| $l$ | mm | rechnerische Nahtlänge |
| $l_k$ | mm | Knicklänge bei Druckstäben |
| $L$ | mm | ausgeführte Nahtlänge |
| $l_{kx}, l_{ky}$ | mm | Knicklänge des Stabes für Knicken um die $x$- bzw. $y$-Achse |
| $m$ | 1 | Anzahl der Scherfugen (Schnittigkeit) |
| $M, M_b$ | Nmm | Biegemoment |
| $M_{beq}$ | Nmm | äquivalentes Biegemoment bei schwingender Belastung |
| $M_{pl}$ | Nmm | Biegemoment in vollplastischem Zustand |
| $n$ | 1 | Anzahl der Schweißpunkte |
| $\Delta n$ | 1 | Korrekturwert beim Ersatzstabverfahren |
| $p_e$ | $N/mm^2$ | höchstzulässiger Betriebsdruck (Berechnungsdruck) |
| $R_e$ | $N/mm^2$ | Streckgrenze des Stabwerkstoffs |
| $S$ | 1 | Sicherheitsbeiwert für Druckbehälter |
| $S_M$ | 1 | Teilsicherheitsbeiwert |
| $t$ | mm | Blechdicke, Bauteildicke |
| $t_e$ | mm | ausgeführte Wanddicke bei Druckbehältern |
| $t_K$ | mm | Knotenblechdicke |

# 6 Schweißverbindungen

| Formelzeichen | Einheit | Benennung |
|---|---|---|
| $t_{min}$ | mm | kleinere Dicke der Bauteile (z. B. bei Punktschweißverbindungen) |
| $T_{eq}$ | Nmm | äquivalentes Torsionsmoment bei schwingender Belastung |
| $v$ | 1 | Faktor zur Berücksichtigung der Ausnutzung der zulässigen Berechnungsspannung in der Schweißnaht (Druckbehälter) |
| $W_d, W_z$ | mm³ | auf den Biegedruck- bzw. Biegezugrand bezogenes Widerstandsmoment des Stabquerschnitts |
| $W_t, W_{wt}$ | mm³ | Torsionswiderstandsmoment des Bauteiles bzw. der Schweißnaht |
| $W_w$ | mm³ | Widerstandsmoment der Schweißnahtfläche |
| $y$ | mm | bei Biegeträgern Abstand der betrachteten Querschnittstelle von der Trägerhauptachse $x$ |
| $\alpha$ | 1 | Parameter zur Berechnung des Abminderungsfaktors $\kappa$ |
| $\beta$ | 1 | Berechnungsbeiwert für gewölbte Böden |
| $\beta_m$ | 1 | Momentenbeiwert für Biegeknicken |
| $\kappa$ | 1 | Abminderungsfaktor nach den Europäischen Knickspannungslinien |
| $\kappa$ | 1 | Grenzspannungsverhältnis |
| $\lambda_a$ | 1 | Bezugsschlankheitsgrad |
| $\lambda_{kx}, \lambda_{ky}$ | 1 | Schlankheitsgrad, bezogen auf die Querschnittshauptachse $x$ bzw. $y$ |
| $\bar{\lambda}_k, \bar{\lambda}_{kx}, \bar{\lambda}_{ky}$ | 1 | bezogener Schlankheitsgrad bei Druckbeanspruchung |
| $\sigma$ | N/mm² | Normalspannung in einem Bauteil |
| $\sigma_{bz}$ | N/mm² | Biegezugspannung |
| $\sigma_{max}$ | N/mm² | maximale Normalspannung |
| $\sigma_v$ | N/mm² | Vergleichsspannung im Bauteil |
| $\sigma_{wl}, \sigma_{wl\,zul}$ | N/mm² | Lochleibungsdruck bzw. zulässiger Lochleibungsdruck am Schweißpunkt |
| $\sigma_{wv}$ | N/mm² | Vergleichswert bzw. Vergleichsspannung in Schweißnähten |
| $\sigma_z$ | N/mm² | Zugspannung im Bauteil (Zugstab) |
| $\sigma_\parallel, \sigma_\perp$ | N/mm² | Normalspannung in bzw. quer zur Nahtrichtung |
| $\bar{\sigma}_\parallel, \bar{\sigma}_\perp$ | N/mm² | zur Berechnung des Schweißnahtvergleichswertes im Kranbau zu bildender Spannungswert |
| $\sigma_{\perp b}, \sigma_{\perp zd}$ | N/mm² | Normalspannung quer zur Nahtrichtung bei Biege- bzw. Zug-/Druck-Beanspruchung |

| Formelzeichen | Einheit | Benennung |
|---|---|---|
| $\tau, \tau_t$ | N/mm² | Schubspannung bzw. Verdrehspannung im Bauteil |
| $\tau_{zul}, \tau_{w\,zul}$ | N/mm² | zulässige Schubspannung für das Bauteil bzw. die Schweißnaht (Schweißpunkt) |
| $\tau_\parallel, \tau_\perp$ | N/mm² | Schubspannung in bzw. quer zur Nahtrichtung |
| $\tau_{\parallel t}$ | N/mm² | Schubspannung in Nahtrichtung aus Torsion |

| Nr. | Formel | Hinweise |
|---|---|---|

Schweißverbindungen übertragen Kräfte, Biege- und Torsionsmomente an der Fügestelle durch stoffliches Vereinen der Bauteilwerkstoffe. Als Stoffschlussverbindungen sind sie besonders geeignet mehrachsige dynamische Lasten aufzunehmen, sind die meist kostengünstigste Fügemöglichkeit, erlauben die Verwendung von genormten Halbzeugen, lassen sich gut reparieren, sind ggf. dicht und bei höheren Temperaturen einsetzbar.

## Schweißverbindungen im Stahlbau

Fast alle in der Werkstatt hergestellten Verbindungen werden heute geschweißt. Auf der Baustelle ist die Schweißverbindung gegenüber der Schraubenverbindung allerdings oft im Nachteil wegen der erschwerten Zugänglichkeit der Bauteile, der Notwendigkeit des Schweißens in Zwangslage und dem erforderlichen Schutz der Schweißstelle gegen Witterungseinflüsse.

### Festigkeitsnachweis der Bauteile

Nach DIN 18800-1 muss für abnahmepflichtige Stahlbauten der Nachweis erbracht werden, dass die Beanspruchungen – das sind die mit Teilsicherheitsbeiwerten erhöhten ständigen oder veränderlichen Einwirkungen – kleiner sind als die Beanspruchbarkeiten der Bauteile.

Zweckmäßiger Berechnungsgang (Verfahren Elastisch – Elastisch)

1. Feststellen der Einwirkungen auf das Bauteil und prüfen, ob es sich um ständige Einwirkungen (Lasten G) handelt oder ob veränderliche Einwirkungen (Lasten Q) vorliegen.
2. Multiplizieren der Einwirkungen mit einem Teilsicherheitsbeiwert $S_F = 1{,}35$ für ständige Lasten G, 1,5 für veränderliche Lasten Q – und, wenn mehr als eine Last Q vorliegt, ggf. noch mit einem Kombinationsbeiwert $\psi$.
3. Ermitteln der Schnittgrößen (Kräfte, Momente) für das Bauteil.
4. Berechnung der im Bauteil vorhandenen Spannungen.
5. Vergleichen der Beanspruchung (vorhandene Spannungen) mit der Beanspruchbarkeit (Grenzspannungen).
6. Tragsicherheitsnachweis auf Knicken bzw. Beulen für stabilitätsgefährdete Druckstäbe bzw. plattenförmige Bauteilquerschnitte.

Die Berechnung der Bauteile geht der Berechnung der Schweißnähte voraus, da deren Abmessungen auch von der Bauteilgröße abhängen.

# 6 Schweißverbindungen

| Nr. | Formel | Hinweise |
|---|---|---|
| 1 | **mittig angeschlossene Zugstäbe**<br>– Zugspannung im Stabquerschnitt<br>$$\sigma_z = \frac{F}{A} \leq \sigma_{zul}$$ | zulässige Spannung (Grenznormalspannung) $\sigma_{zul}$<br>– 218 N/mm² für Bauteilwerkstoff S235<br>– 327 N/mm² für Bauteilwerkstoff S355<br>Querschnittsfläche des Stabes A aus Profiltabellen, z. B. aus TB 1-8 bis TB 1-13 |
| 2 | – für die Bemessung erforderliche Stabquerschnittsfläche<br>$$A_{erf} = \frac{F}{\sigma_{zul}}$$ | Mit der ermittelten Querschnittsfläche $A_{erf}$ kann aus Profiltabellen, z. B. aus TB 1-8 bis TB 1-13, ein passender Querschnitt gewählt werden. |
| 3 | **außermittig angeschlossene Zugstäbe**<br>– vorhandene Biegezugspannung am Biegezugrand<br>$$\sigma_{bz} = \frac{M_b}{W_z} = \frac{F(e + 0{,}5t)\,e}{I}$$ | Flächenmoment 2. Grades $I$ und Schwerachsenabstand $e$ aus Profiltabellen TB 1-8 bis TB 1-12 |
| 4 | – maximale Spannung am Biegezugrand<br>$$\sigma_{max} = \sigma_z + \sigma_{bz} \leq \sigma_{zul}$$ | Für Zustäbe mit Winkelquerschnitt gelten folgende Vereinfachungen:<br>1. Werden bei der Berechnung der Beanspruchungen schenkelparallele Querschnittsachsen anstelle der Hauptachsen benutzt, so sind die ermittelten Beanspruchungen um 30 % zu erhöhen (DIN 18800-1, (751)).<br>2. Werden die Flankenkehlnähte mindestens so lang wie die Schenkelbreite ausgeführt, darf die aus der Ausmittigkeit stammende Biegespannung unberücksichtigt bleiben, wenn die aus der mittig gedachten Längskraft stammende Zugspannung $0{,}8\sigma_{zul}$ nicht überschreitet (DIN 18801). |

| Nr. | Formel | Hinweise |
|---|---|---|
| 5 | **Druckstäbe** grobe Vorbemessung $A_{erf} \approx \dfrac{F}{12} \cdots \dfrac{F}{10}$ | $\begin{array}{c\|c} A_{erf} & F \\ \hline cm^2 & kN \end{array}$ |
| 6 | $I_{erf} \approx 0{,}12 \cdot F \cdot l_k^2$ | $\begin{array}{c\|c\|c} I_{erf} & F & l_k \\ \hline cm^4 & kN & m \end{array}$ |
| 7 | Biegeknicken einteiliger Druckstäbe Schlankheitsgrad $\lambda_{kx} = \dfrac{l_{kx}}{i_x}$ | Für Fachwerkstäbe gilt für das Ausknicken in der Fachwerkebene $l_k \approx 0{,}9\, l \approx l_s$ und rechtwinklig zur Fachwerkebene $l_k = l$, mit $l =$ Systemlänge des Stabes und $l_s =$ Schwerpunktabstand des Anschlusses. |
| 8 | $\lambda_{ky} = \dfrac{l_{ky}}{i_y}$ | Trägheitsradius $i_x = \sqrt{I_x/A}$ und $i_y = \sqrt{I_y/A}$ aus Profiltabellen, z. B. aus TB 1-8 bis TB 1-13 |
| 9 | Bezugsschlankheitsgrad $\lambda_a = \pi \cdot \sqrt{\dfrac{E}{R_e}}$ | $E = 210\,000$ N/mm² für Walzstahl $R_e$ nach TB 6-5 $\lambda_a = 92{,}9$ für S235 mit $R_e = 240$ N/mm² $\lambda_a = 75{,}9$ für S355 mit $R_e = 360$ N/mm² |
| 10 | bezogener Schlankheitsgrad $\bar{\lambda}_k = \dfrac{\lambda_k}{\lambda_a} = \sqrt{\dfrac{F_{pl}}{F_{ki}}}$ | Der maßgebende bezogene Schlankheitsgrad ist der größere der beiden Werte $\bar{\lambda}_{kx}$ oder $\bar{\lambda}_{ky}$ |
| 11 | $\bar{\lambda}_{kx} = \dfrac{\lambda_{kx}}{\lambda_a}$ | $F_{pl} = A \cdot R_e / S_M$ als Druckkraft in vollplastischem Zustand, $F_{ki} = \pi^2 \cdot E \cdot I / (l_k^2 \cdot S_M)$ kleinste Verzweigungslast (ideale Knicklast) nach der Elastizitätstheorie. |
| 12 | $\bar{\lambda}_{ky} = \dfrac{\lambda_{ky}}{\lambda_a}$ | |
| 13 | Abminderungsfaktor $\bar{\lambda}_k \leq 0{,}2 : \kappa = 1$ | Für $\bar{\lambda}_k \leq 0{,}2$, also $\kappa = 1{,}0$, genügt der einfache Spannungsnachweis. |
| 14 | $\bar{\lambda}_k > 0{,}2 : \kappa = \dfrac{1}{k + \sqrt{k^2 - \bar{\lambda}_k^2}}$ | wobei $k = 0{,}5[1 + \alpha(\bar{\lambda}_k - 0{,}2) + \bar{\lambda}_k^2]$ $\bar{\lambda}_k$ nach Gln. Nr. 7 bzw. 8 |
| 15 | $\bar{\lambda}_k > 3{,}0$: vereinfachend $\kappa = \dfrac{1}{\bar{\lambda}_k \cdot (\bar{\lambda}_k + \alpha)}$ | Parameter $\alpha$ zur Berechnung von $\kappa$: Knickspannungslinie nach TB 6-8 $\begin{array}{c\|c\|c\|c} a & b & c & d \\ \hline 0{,}21 & 0{,}34 & 0{,}49 & 0{,}76 \end{array}$ |

# 6 Schweißverbindungen

| Nr. | Formel | Hinweise |
|---|---|---|
| 16 | Tragsicherheitsnachweis<br>$F \leq \kappa \cdot F_{pl}$<br>bzw. | $F_{pl} = A \cdot R_e / S_M$, mit Stabquerschnittsfläche $A$ z. B. aus Profiltabellen TB 1-8 bis TB 1-13, $R_e$ nach TB 6-5 und $S_M = 1{,}1$. |
| 17 | $\dfrac{F}{\kappa \cdot F_{pl}} \leq 1$ | |
| | Mehrteilige Rahmenstäbe mit geringer Spreizung | |
| 18 | – Querschnitte mit einer stofffreien Achse<br>Abstand der Bindebleche<br>$l_1 \leq 15 \cdot i_1$ | Mehrteilige Stäbe entsprechend den skizzierten Querschnitten dürfen auch für das Ausweichen rechtwinklig zur stofffreien Achse wie einteilige Druckstäbe berechnet werden, wenn die Abstände der Bindebleche nicht mehr als $15 \cdot i_1$ betragen.<br>Bei gleichschenkligen Doppelwinkeln ist der Nachweis für Knicken um die Stoffachse maßgebend.<br>$i_1$ aus Profiltabellen, z. B. nach TB 1-8 bis TB 1-13 |
| 19 | – Querschnitte aus zwei übereck gestellten Winkelprofilen<br>maßgebender Schlankheitsgrad<br>$\lambda_x = \dfrac{l_{kx}}{i_x}$ | Nachweis nur für das Ausweichen rechtwinklig zur Stoffachse $x$ erforderlich.<br>Im Falle zweier verschiedener Knicklängen kann für $l_{kx}$ der Mittelwert gesetzt werden.<br>Trägheitsradius des Winkelquerschnitts $i_x$ ($i_u$) nach TB 1-8 |

| Nr. | Formel | Hinweise |
|---|---|---|
| 20 | rechnerischer Trägheitsradius bei ungleichschenkligen Winkelprofilen $$i_x = \frac{i_0}{1{,}15}$$ | $i_0$ des Gesamtquerschnitts bezieht sich auf die zum langen Schenkel parallele Schwerachse |
| 21 | Abstand der Bindebleche $$l_1 \leq 70 \cdot i_1$$ | Rahmenstäbe müssen an den Enden Bindebleche erhalten. Die weiteren Bindebleche bzw. Flachstahlfutterstücke sind in gleichen Abständen so anzuordnen, dass mindestens drei Felder im Abstand $l_1 \leq 70 \cdot i_1$ entstehen. Die Bindebleche und ihre Schweißanschlüsse sind auf Schub und Biegung zu bemessen, s. DIN 18800-2. |
| 22 | **Druckstäbe mit Biegebeanspruchung** $$\frac{F}{\kappa \cdot F_{pl}} + \frac{\beta_m \cdot M}{M_{pl}} + \Delta n \leq 1$$ | Bei Stäben mit geringer Druckkraft $F \leq 0{,}1 \cdot \kappa \cdot F_{pl}$ entfällt der Knicknachweis. $F_{pl} = A \cdot R_e / S_M$, mit A aus Profiltabellen (z. B. TB 1-8 bis TB 1-13), $R_e$ nach TB 6-5 und $S_M = 1{,}1$. Abminderungsfaktor $\kappa$ nach TB 6-9. Momentenbeiwert $\beta_m$ nach TB 6-10 $M_{pl} = \alpha_{pl} \cdot W \cdot R_e / S_M$, mit $\alpha_{pl} \leq 1{,}25$, W nach Profiltabellen (z. B. nach TB 1-8 bis TB 1-13), $R_e$ nach TB 6-5 und $S_M = 1{,}1$. Näherungsweise gilt: $\Delta n = 0{,}1$. |

# 6 Schweißverbindungen

| Nr. | Formel | Hinweise |
|---|---|---|
| 23 | **Biegeträger**<br>resultierende Normalspannung bei gleichzeitiger Beanspruchung durch $F_N$ und $M_x$<br>$$\sigma = \frac{F_N}{A} + \frac{M_x}{I_x} \cdot y \leq \sigma_{zul}$$ | $y$ ist der Abstand der betrachteten Querschnittstelle von der $x$-Achse.<br>$A$ und $I_x$ bei Walzprofilen aus Tabellen, z. B. nach TB 1-10 bis TB 1-12.<br>Zulässige Spannung (Grenznormalspannung) $\sigma_{zul} = R_e/S_M$<br>– 218 N/mm² für Bauteilwerkstoff S235<br>– 327 N/mm² für Bauteilwerkstoff S355 |
| 24 | Schubspannungen im Trägersteg<br>$$\tau = \frac{F_q \cdot H}{I_x \cdot t} \leq \tau_{zul}$$ | $I_x$ für Walzprofile nach Tabellen TB 1-10 bis TB 1-12.<br>Flächenmoment 1. Grades z. B. für $\tau$ im Stegblech neben dem Flansch: $H = A_F \cdot y_F$<br>zulässige Schubspannung (Grenzschubspannung) $\tau_{zul} = R_e/(\sqrt{3} \cdot S_M)$<br>– 126 N/mm² für Bauteilwerkstoff S235<br>– 189 N/mm² für Bauteilwerkstoff S355 |

| Nr. | Formel | Hinweise |
|---|---|---|
| 25 | mittlere Schubspannung im Trägersteg $$\tau_m = \frac{F_q}{A_S} \leq \tau_{zul}$$ | Bei $I$-förmigen Trägern mit ausgeprägten Flanschen ($A_F/A_S > 0{,}6$) darf mit der mittleren Schubspannung gerechnet werden. Rechnerische Stegfläche: $A_S = t_S \cdot (h - t_F)$, vergleiche Bild unter Nr. 23. |
| 26 | Vergleichsspannung $$\sigma_v = \sqrt{\sigma^2 + 3\tau^2} \leq \sigma_{zul}$$ | Anmerkung: $\sigma$ und $\tau$ sind Spannungen an derselben Querschnittsstelle. Für Walzprofile liegt die maßgebende Stelle am Beginn der Ausrundung zwischen Steg und Flansch, bei geschweißten I-Profilen am Trägerhals. Der Nachweis der Vergleichsspannungen darf entfallen, wenn $\sigma/\sigma_{zul} \leq 0{,}5$ oder $\tau/\tau_{zul} \leq 0{,}5$ ist. |
| 27 | **Knotenbleche** Tragsicherheitsnachweis $$\sigma = \frac{F}{b \cdot t_K} \leq \sigma_{zul}$$ | Es wird eine Lastausbreitung unter einem Winkel von $30°$ vom Nahtanfang bis zum Nahtende angenommen. Damit wird die mittragende Breite $b = 2 \cdot \tan 30° \cdot l_w$. Zulässige Spannung (Grenznormalspannung) $\sigma_{zul}$ − $218$ N/mm² für Bauteilwerkstoff S235 − $327$ N/mm² für Bauteilwerkstoff S355 |
| 28 | einzuhaltende **Grenzwerte der Schlankheit** (Beulsicherheit) von Querschnittsteilen $$b/t \leq (b/t)_{grenz}$$ | Es ist grundsätzlich nachzuprüfen, dass in allen druckbeanspruchten Querschnittsteilen entweder die Grenzwerte $(b/t)_{grenz}$ nach TB 6-7 eingehalten sind oder eine ausreichende Beulsicherheit nach DIN 18800-3 vorhanden ist. |

# 6 Schweißverbindungen

| Nr. | Formel | Hinweise |
|---|---|---|

**Festigkeitsnachweis der Schweißnähte**

Grundsätzlich ist nachzuweisen, dass der Vergleichswert der Schweißnahtspannung $\sigma_{wv}$ die Grenzschweißnahtspannung (hier als $\sigma_{w\,zul}$ bzw. $\tau_{w\,zul}$ bezeichnet) nicht überschreitet.

Die Grenzschweißnahtspannung ist für alle Naht- und Beanspruchungsarten gleich und wird auf der Basis der Werkstoffkennwerte mit folgender Gleichung ermittelt:
$\sigma_{w\,zul} = \alpha_w \cdot R_e / S_M$.

$\alpha_w$ ist ein Faktor zur Berücksichtigung der Nahtgüte und liegt zwischen 1,0 und 0,8.

Der Nachweis der Nahtgüte gilt als erbracht, wenn bei der Durchstrahlungs- oder Ultraschalluntersuchung von mindestens 10 % der Nähte ein einwandfreier Befund festgestellt wird.

Durch- oder gegengeschweißte Nähte aller Güten auf Druck und mit nachgewiesener Nahtgüte auf Zug brauchen rechnerisch nicht nachgewiesen zu werden. Die zulässigen Nahtspannungen entsprechen denen des Grundwerkstoffes.

| | | | |
|---|---|---|---|
| | Grenzwerte für Kehlnahtdicken (bei $t \geq 3$ mm) | | |
| 29 | $a_{min} \geq 2$ mm | $a$ und $t$ in mm | |
| 30 | $a_{min} \geq \sqrt{t_{max}} - 0,5$ mm | | |
| 31 | $a_{max} \leq 0,7 \cdot t_{min}$ | | |

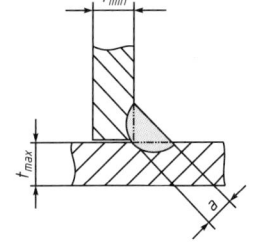

Um ein Missverhältnis von Nahtquerschnitt und verbundenen Querschnittsteilen zu vermeiden, sollte Bedingung (Nr. 30) eingehalten werden.
In Abhängigkeit von den gewählten Schweißbedingungen darf darauf verzichtet werden, jedoch sollte für $t \geq 30$ mm $a \geq 5$ mm gewählt werden.

| Nr. | Formel | Hinweise |
|---|---|---|
| 32 | Schweißnaht-Normalspannung quer zur Nahtrichtung $$\sigma_\perp = \frac{F}{\Sigma(a \cdot l)} \leq \sigma_{w\,zul}$$ | Normalspannungen $\sigma_\perp$ sind maßgebend für die Berechnung der Stumpf- und Kehlnähte. Anmerkung: Die Schweißnahtspannung $\sigma_\parallel$ in Richtung der Naht braucht nicht berücksichtigt zu werden. |
| 33 | Schweißnaht-Schubspannung — in Nahtrichtung $$\tau_\parallel = \frac{F}{\Sigma(a \cdot l)} \leq \tau_{w\,zul}(\sigma_{w\,zul})$$ | |
| 34 | — quer zur Nahtrichtung $$\tau_\perp = \frac{F}{\Sigma(a \cdot l)} \leq \tau_{w\,zul}(\sigma_{w\,zul})$$ | Für die Berechnung denkt man sich die in der Winkelhalbierenden liegende kleinste Nahtfläche auf die Flanken der zu verbindenden Bauteile umgeklappt. Zulässige Schweißnahtspannung (Grenzschweißnahtspannung) $\sigma_{w\,zul}(\tau_{w\,zul})$ s. TB 6-6 Die rechnerische Schweißnahtlänge $l$ ist ihre geometrische Länge. Für Kehlnähte ist sie die Länge der Wurzellinie. Sie dürfen beim Nachweis nur berücksichtigt werden, wenn $l \geq 6a$, mindestens jedoch 30 mm, ist. In unmittelbaren Laschen- und Stabanschlüssen darf als rechnerische Schweißnahtlänge $l$ der einzelnen Flankenkehlnähte höchstens $150a$ angesetzt werden. |

# 6 Schweißverbindungen

| Nr. | Formel | Hinweise |
|---|---|---|
| 35 | Vergleichswert für Stumpf- und Kehlnähte $$\sigma_{wv} = \sqrt{\sigma_\perp^2 + \tau_\parallel^2 + \tau_\perp^2} \leq \sigma_{w\,zul}$$ | Es ist stets nachzuweisen, dass der Vergleichswert der vorhandenen Schweißnahtspannung die Grenzschweißnahtspannung $\sigma_{w\,zul}$ nicht überschreitet. Bei Vorhandensein nur einer Spannungskomponente gilt z. B. $\sigma_{wv} = \tau_\parallel \leq \sigma_{w\,zul}$ Zulässige Schweißnahtspannung (Grenzschweißnahtspannung) $\sigma_{w\,zul}$ s. TB 6-6 Anmerkung: $\sigma_\perp$, $\tau_\parallel$ und $\tau_\perp$ sind Spannungen an derselben Querschnittstelle. |
| 36 | Biegebeanspruchter Kehlnahtanschluss $$\sigma_\perp = \frac{M}{I_w} y \leq \sigma_{w\,zul}$$ | Schwerpunkt von Trägerquerschnitt und Schwerpunkt des Schweißanschlusses sollen möglichst nahe beieinander liegen (Achsversatz $\Delta y$). |

Anmerkung: Für Kehlnähte ist die Schweißnahtfläche konzentriert in der Wurzellinie anzunehmen.

Der Berechnungsansatz für das Flächenmoment 2. Grades lautet z. B. für den abgebildeten Schweißanschluss:

$$I_{wx} \approx 2 \cdot a \cdot l_3^3/12 + A_{wl} \cdot y_1^2 + 2 \cdot A_{w2} \cdot y_2^2 + 2 \cdot A_{w3} \cdot y_S^2$$

Randspannung am Flansch z. B.:

$$\sigma_{\perp 1} = \frac{M}{I_{wx}} \cdot y_1$$

$\sigma_{w\,zul}$ s. TB 6-6

| Nr. | Formel | Hinweise |
|---|---|---|
| 37 | mittlere Stegnaht-Schubspannung $$\tau_\| = \frac{F_q}{A_{wS}} \leq \tau_{w\,zul}(\sigma_{w\,zul})$$ | Bei Kehlnahtanschlüssen erfolgt die Querkraftübertragung nur über die Stegnähte (Wirkungslinie der Querkraft fällt mit den Stegnähten zusammen). Ähnlich wie bei Trägern mit I-förmigem Querschnitt darf mit der mittleren Schubspannung $\tau_\|$ gerechnet werden (s. Bild unter Nr. 36). Z. B. rechnerische Schweißnahtfläche für den unter (Nr. 36) abgebildeten Steganschluss: $A_{wS} = 2 \cdot A_{w3} = 2 \cdot a \cdot l_3$ $\tau_{w\,zul}(\sigma_{w\,zul})$ s. TB 6-6 |
| 38 | Schweißnahtschubspannung in Längsnähten von Biegeträgern („Dübelformel") $$\tau_\| = \frac{F_q \cdot H}{I_x \cdot \Sigma a} \leq \tau_{w\,zul}(\sigma_{w\,zul})$$ | Da in den Hals- oder Flankenkehlnähten die Biegespannung $\sigma_\|$ nicht berücksichtigt werden muss, entfällt der Nachweis des Vergleichswertes, es gilt: $\sigma_{wv} = \tau_\| \leq \sigma_{w\,zul}(\tau_{w\,zul})$ $H$ ist das Flächenmoment 1. Grades des von der betrachteten Schweißnaht angeschlossenen Querschnittteils. $\Sigma a$ ist die Summe der Dicken der tragenden Längs-(Hals-)Nähte. Nach Bild (Nr. 24) gilt z. B.: $H = A_F \cdot y_F$ $\tau_{zul}(\sigma_{w\,zul})$ s. TB 6-6 |
| 39 | vereinfachter Nachweis für I-förmigen Trägeranschluss $\sigma_\perp = \sigma_{\perp zd} + \sigma_{\perp b}$ $= (F_N/2 + M/h_F)/A_{wF} \leq \sigma_{w\,zul}$ | Sonderregelung für doppelsymmetrische I-förmige Walz- und Biegeträger 1. Die Normalspannungen aus der Längskraft $F_N$ und dem Biegemoment $M$ werden den Flanschnähten und die Querkraft $F_q$ den Stegnähten zugewiesen. $h_F$ ist der Schwerpunktabstand der Flansche und $A_{wF}$ ihre Schweißnahtfläche |

# 6 Schweißverbindungen

| Nr. | Formel | Hinweise |
|---|---|---|
|  |  | 2. Derartige Anschlüsse dürfen auch ohne weiteren Tragsicherheitsnachweis ausgeführt werden, wenn die angegebenen Doppelkehlnahtdicken eingehalten werden. |

| Stahlsorte | Nahtdicke am Flansch | Nahtdicke am Steg |
|---|---|---|
| S235... | $a_F \geq 0{,}5 t_F$ | $a_S \geq 0{,}5 t_S$ |
| S355... | $a_F = 0{,}7 t_F$ | $a_S = 0{,}7 t_S$ |

**40** **Punktschweißverbindungen**
Schweißpunkt-Scherspannung

$$\tau_w = \frac{F}{n \cdot m \cdot A} \leq \tau_{w\,zul}$$

Punktschweißung ist zulässig für Kraft- und Heftverbindungen, wenn nicht mehr als drei Teile durch einen Schweißpunkt verbunden werden. In Kraftrichtung hintereinander sind mindestens $n \geq 2$ Schweißpunkte anzuordnen, als tragend dürfen aber maximal $n \leq 5$ in Rechnung gestellt werden.
Der Festigkeitsnachweis wird auf die Nietverbindung zurückgeführt.

Rechnerischer Schweißpunktdurchmesser $d \leq 5 \cdot \sqrt{t}$ in mm, mit $t$ als Dicke des dünnsten Teiles.
Richtwerte in mm:
kleinste Blechdicke $t$   1,5 | 2 | 3 | 4 | 5
Schweißpunktdurchmesser $d$   5 | 6 | 8 | 10 | 12
zulässige Schweißpunkt-Scherspannung
$\tau_{w\,zul} = R_e / (\sqrt{3} \cdot S_M)$, mit $R_e$ nach TB 6-5 und Teilsicherheitsbeiwert $S_M = 1{,}1$
(DIN 18801).

| Nr. | Formel | Hinweise |
|---|---|---|
| 41 | Schweißpunkt-Lochleibungsdruck $$\sigma_{wl} = \frac{F}{n \cdot d \cdot t_{min}} \leq \sigma_{wl\,zul}$$ | zulässige Lochleibungsspannung für<br>— einschnittige Verbindung:<br>$\sigma_{wl\,zul} = 1{,}8 \cdot R_e/S_M$<br>— zweischnittige Verbindung:<br>$\sigma_{wl\,zul} = 2{,}5 \cdot R_e/S_M$<br>mit $R_e$ nach TB 6-5 und Teilsicherheitsbeiwert $S_M = 1{,}1$ (DIN 18801)<br><br>Bei der Berechnung von $t_{min}$ sind bei zweischnittigen Verbindungen die Dicken beider Außenteile zu einer zusammenzufassen.<br><br>Anmerkung: Bei Wechselbeanspruchung kann die Dauerfestigkeit der Punktschweißverbindung auf ca. 10 % der statischen Bauteilfestigkeit abfallen. |
| 42 | **Entwurfsberechnung**<br>— erforderliche Anzahl der Schweißpunkte aufgrund der zulässigen Abscherspannung $$n_a \geq \frac{F}{\tau_{w\,zul} \cdot m \cdot A}$$ | Von den errechneten und ganzzahlig aufgerundeten Schweißpunktzahlen $n_a$ und $n_l$ ist die größere für die Ausführung maßgebend. |
| 43 | — erforderliche Anzahl der Schweißpunkte aufgrund des zulässigen Lochleibungsdrucks $$n_l \geq \frac{F}{\sigma_{wl\,zul} \cdot d \cdot t_{min}}$$ | |

## Schweißverbindungen im Kranbau

| | | |
|---|---|---|
| 44 | Schweißnaht-Vergleichswert nach DIN 15018-1 $$\sigma_{wv} = \sqrt{\bar{\sigma}_\perp^2 + \bar{\sigma}_\parallel^2 - \bar{\sigma}_\perp \cdot \bar{\sigma}_\parallel + 2 \cdot (\tau_\perp^2 + \tau_\parallel^2)}$$ $$\leq \sigma_{z\,zul}$$ | Bei Schweißnähten muss nach DIN 15018-1 beim allgemeinen Spannungsnachweis auf Sicherheit gegen Erreichen der Fließgrenze ein vom Stahlbau abweichender Vergleichswert gebildet werden. Dabei werden die Spannungen jeweils mit dem Quotienten aus Bauteil- und Schweißnahtspannung multipliziert.<br><br>Darin bedeuten:<br>$\bar{\sigma}_\perp = \dfrac{\sigma_{z\,zul}}{\sigma_{\perp z\,zul}} \cdot \sigma_{\perp(z)}$ oder $\bar{\sigma}_\perp = \dfrac{\sigma_{z\,zul}}{\sigma_{\perp d\,zul}} \cdot \sigma_{\perp(d)}$<br><br>$\bar{\sigma}_\parallel = \dfrac{\sigma_{z\,zul}}{\sigma_{\perp z\,zul}} \cdot \sigma_{\parallel(z)}$ oder $\bar{\sigma}_\parallel = \dfrac{\sigma_{z\,zul}}{\sigma_{\perp d\,zul}} \cdot \sigma_{\parallel(d)}$ |

# 6 Schweißverbindungen

| Nr. | Formel | Hinweise |
|---|---|---|
|  |  | mit den zulässigen Zugspannungen $\sigma_{z\,zul}$ in Bauteilen nach TB 3-3, mit den zulässigen Zugspannungen $\sigma_{\perp z\,zul}$ und den zulässigen Druckspannungen $\sigma_{\perp d\,zul}$ in den Schweißnähten nach TB 6-11 und mit den rechnerischen Spannungen $\sigma_\perp$, $\sigma_\parallel$, $\tau_\perp$ und $\tau_\parallel$ in den Schweißnähten. Wenn sich aus den einander zugeordneten Spannungen $\sigma_\perp$, $\sigma_\parallel$, $\tau_\perp$ und $\tau_\parallel$ der für die obige Bedingung ungünstigste Fall nicht erkennen lässt, müssen die Nachweise getrennt für die Fälle $\sigma_{\perp max}$, $\sigma_{\parallel max}$, $\tau_{\perp max}$ und $\tau_{\parallel max}$ mit den jeweils zugehörigen anderen Spannungen geführt werden. $\sigma_{z\,zul}$ siehe TB 3-3 |
| 45 | Schweißnaht-Vergleichswert bei einachsiger Beanspruchung $\sigma_{wv} = \sqrt{\sigma_\perp^2 + 2 \cdot \tau_\parallel^2} \leq \sigma_{z\,zul}$ | Häufigster Fall: Es tritt nur eine Normal- und eine Schubspannung auf, z. B. Kehlnahtanschlüsse. |

## Schweißverbindungen im Maschinenbau

Maschinenteile erfahren eine dynamische Beanspruchung infolge zeitlich veränderlicher Belastung. Diese Änderung kann zwischen gleichbleibenden Maximal- und Minimalwerten auftreten (Einstufenbelastung) oder sie kann als zufallsbedingte Last–Zeit–Funktion erfolgen (Betriebsbelastung).
Bei der statischen Beanspruchung einer Stumpfnahtverbindung an Baustahl tritt der Bruch nach der üblichen Einschnürung außerhalb der Naht im Grundwerkstoff ein. Die erreichte Festigkeit der Verbindung entspricht der des ungeschweißten Werkstoffs. Bei dynamischer Belastung erfolgt der Bruch im Nahtübergang durch geometrische oder strukturelle Kerbwirkung. Die dadurch verursachten Spannungsspitzen können also bei dynamischer Beanspruchung nicht durch plastische Verformungen abgebaut werden. Die Verformungsfähigkeit im kritischen Querschnitt wird herabgesetzt und es kommt zur Ausbildung von Rissen, die die Kerbwirkung noch verstärken. Die Dauerfestigkeit liegt im Vergleich zum ungeschweißten Bauteil entsprechend niedrig.
Als wesentliche Einflüsse auf die Schwingfestigkeit geschweißter Bauteile gelten neben der Nahtform, die Nahtqualität, die Nahtanordnung (längs oder quer), die Oberflächenbearbeitung, die Bauteil- bzw. Nahtdicke, das Spannungsverhältnis und die Eigenspannungen.
Ein Schwingfestigkeitsnachweis braucht im Allgemeinen nicht geführt zu werden, wenn die Spannungsschwingbreite der Nennspannung ($\Delta\sigma = \sigma_{max} - \sigma_{min}$) die Bedingung erfüllt: $\Delta\sigma \leq 36$ N/mm$^2$/1,1 für Stahl, $\Delta\sigma \leq 14$ N/mm$^2$/1,1 für Aluminium.

| Nr. | Formel | Hinweise |
|---|---|---|

**Dauerfestigkeitsnachweis nach DS 952**
Für geschweißte Fahrzeuge, Maschinen und Geräte der Deutschen Bahn AG sind in der Druckschrift DS 952 die zulässigen Spannungen für die Werkstoffe S235, S355, AlMg3 und AlMgSi1 in Abhängigkeit vom Grenzspannungsverhältnis enthalten. Sie gelten im ungeschweißten Zustand und für Schweißverbindungen bei Zug-, Druck-, Biege- und Schubbeanspruchung und enthalten bereits einen Sicherheitsfaktor von 1,5 gegenüber den ertragbaren Spannungen. Die Spannungslinien $A$ bis $H$ sind verschiedenen Stoß- und Nahtarten zugeordnet und basieren auf Ergebnissen von Einstufen-Schwingfestigkeitsversuchen ungeschweißter und geschweißter Proben. Bei Wanddicken über 10 mm ist sowohl bei Stahl als auch bei den Aluminiumlegierungen mit einer Minderung der zulässigen Spannungen zu rechnen. Schwellend oder wechselnd wirkende Angriffskräfte werden mit einer Stoßzahl (Anwendungsfaktor $K_A$) multipliziert. Beim Festigkeitsnachweis sind die größten Nennspannungen für den Schweißnahtquerschnitt und für den Schweißnahtübergangsquerschnitt (Grundwerkstoff) zu bestimmen und den zulässigen Spannungen gegenüber zu stellen.

**Zweckmäßiger Berechnungsgang**
1. Ermittlung der Schnittgrößen ($F$, $M$, $T$) für das geschweißte Bauteil.
2. Bei allgemein-dynamischer Beanspruchung mit ruhender Mittellast ($F_m$, $M_m$, $T_m$) und Lastausschlag ($F_a$, $M_a$, $T_a$) wird unter Berücksichtigung des Anwendungsfaktors $K_A$ das äquivalente Lastbild ermittelt für $\sigma_m =$ konst.:
$F_{eq} = F_m \pm K_A \cdot F_a \quad | \quad M_{eq} = M_m \pm K_A \cdot M_a \quad | \quad T_{eq} = T_m \pm K_A \cdot T_a$
3. Berechnung der in dem maßgebenden Bauteilquerschnitt vorhandenen größten Naht- und/oder Bauteilspannungen.
4. Nach der Einordnung des am geschweißten Bauteil vorliegenden Kerbfalles (TB 6-12) Ablesen der zulässigen Spannungen in Abhängigkeit der gewählten Spannungslinie und des Grenzspannungsverhältnisses aus dem Dauerfestigkeitsschaubild (TB 6-13). Bei Wanddicken über 10 mm Berücksichtigung des Größeneinflusses (TB 6-14).
5. Es ist nachzuweisen, dass für den maßgebenden
 – Schweißnahtquerschnitt: $\sigma_{w\,max} \leq \sigma_{w\,zul}$, $\tau_{w\,max} \leq \tau_{w\,zul}$, $\sigma_{wv\,max} \leq \sigma_{w\,zul}$
 – Schweißnahtübergangsquerschnitt: $\sigma_{max} \leq \sigma_{zul}$, $\tau_{max} \leq \tau_{zul}$, $\sigma_{v\,max} \leq \sigma_{zul}$
6. Tragsicherheitsnachweis auf Knicken bzw. Beulen für stabilitätsgefährdete Druckstäbe bzw. plattenförmige Bauteilquerschnitte.

**Festigkeitsnachweis im Schweißnahtübergangsquerschnitt (Grundwerkstoff)**

| 46 | Biegeträger, resultierende Normalspannung (siehe auch Nr. 23) $$\sigma_{res} = \frac{F_{N\,eq}}{A} + \frac{M_{x\,eq}}{I_x} \cdot y \leq \sigma_{zul}$$ | Belastungsbild: $F_{N\,eq\,max} = F_{Nm} + K_A \cdot F_{Na}$ $F_{N\,eq\,min} = F_{Nm} - K_A \cdot F_{Na}$ $M_{x\,eq\,max} = M_{xm} + K_A \cdot M_{xa}$ $M_{x\,eq\,min} = M_{xm} - K_A \cdot M_{xa}$ ohne Mittellast: $F_{N\,eq} = K_A \cdot F_{Na}$ $M_{x\,eq} = K_A \cdot M_{xa}$ $A$ und $I_x$ bei Walzprofilen z. B. nach TB 1-10 bis TB 1-12 $\sigma_{zul}$ nach Nr. 58 |

# 6 Schweißverbindungen

| Nr. | Formel | Hinweise |
|---|---|---|
| 47 | Biegeträger, mittlere Schubspannung im Trägersteg (siehe auch Nr. 25) $$\tau_m = \frac{F_{q\,eq}}{A_S} \leq \tau_{zul}$$ | Belastungsbild: $F_{q\,eq\,max} = F_{q\,m} + K_A \cdot F_{q\,a}$ ohne Mittellast: $F_{q\,eq} = K_A \cdot F_{q\,a}$ $A_S = t_S \cdot (h - t_F)$, siehe auch unter Nr. 24 und 25 $\tau_{zul}$ nach Nr. 60 |
| 48 | Torsionsspannung in verdrehbeanspruchtem Querschnitt $$\tau_t = \frac{T_{eq}}{W_t} \leq \tau_{zul}$$ | Belastungsbild: $T_{eq\,max} = T_m + K_A \cdot T_a$ ohne Mittellast: $F_{eq} = K_A \cdot T_a$ Torsionswiderstandsmoment (s. auch TB 1-14): — Kreisquerschnitt: $W_t = \dfrac{\pi \cdot d^3}{16}$ — Kreisringquerschnitt: $W_t = \dfrac{\pi \cdot (d_a^4 - d_i^4)}{16 \cdot d_a}$ — beliebiger Hohlquerschnitt: $W_t = 2 \cdot A_m \cdot t$ $\tau_{zul}$ nach Nr. 60 |
| | **Zusammengesetzte Beanspruchung** | |
| 49 | — Vergleichsspannung $$\sigma_v = \sqrt{\sigma^2 + 3 \cdot \tau^2} \leq \sigma_{zul}$$ | Anmerkung: $\sigma$ und $\tau$ sind Spannungen an derselben Querschnittstelle. $\sigma_{zul}$ nach Nr. 58 |
| 50 | — Interaktionsnachweis $$\left(\frac{\sigma}{\sigma_{zul}}\right)^2 + \left(\frac{\tau}{\tau_{zul}}\right)^2 \leq 1$$ | $\sigma_{zul}$ und $\tau_{zul}$ nach Nr. 58 und 60 |
| | **Festigkeitsnachweis im Schweißnahtquerschnitt** | |
| 51 | Schweißnahtnormalspannung $$\sigma_\perp = \frac{F_{eq}}{\Sigma(a \cdot l)} \leq \sigma_{w\,zul}$$ | Belastungsbild: $F_{eq\,max} = F_m + K_A \cdot F_a$ ohne Mittellast: $F_{eq} = K_A \cdot F_a$ |
| 52 | Schweißnahtschubspannung $$\tau_\parallel = \frac{F_{eq}}{\Sigma(a \cdot l)} \leq \tau_{w\,zul}$$ | Bei kurzen endlichen Nähten ($L \leq 15a$) ist die ausgeführte Nahtlänge um die Endkrater zu vermindern. Rechnerische Nahtlänge: $l = L - 2a$ $\sigma_{w\,zul}$ und $\tau_{w\,zul}$ nach Nr. 59 und 61 Anmerkung: Kehlnähte sollen mit einer Mindestdicke $a = 3$ mm ausgeführt werden (bei $t < 3$ mm: $a \geq 1{,}5$ mm) |

| Nr. | Formel | Hinweise |
|---|---|---|
| 53 | Schweißnahttorsionsspannung $$\tau_{\|t} = \frac{T_{eq}}{W_{wt}} \leq \tau_{w\,zul}$$ | Belastungsbild: $T_{eq\,max} = T_m + K_A \cdot T_a$ ohne Mittellast: $T_{eq} = K_A \cdot T_a$ $\tau_{w\,zul}$ nach Nr. 61 Torsionswiderstandsmoment: – Ringnaht: $W_{wt} = \pi[(d+a)^4 - (d-a)^4]/(16(d+a))$ – hohlrechteckförmige Naht: $W_{wt} = 2 \cdot a \cdot b \cdot t$ Anmerkung: Für Kehlnähte ist die Schweißnahtfläche konzentriert in der Wurzellinie anzunehmen. |
| 54 | biegebeanspruchter Kehlnahtanschluss (siehe auch Nr. 36) $$\sigma_\perp = \frac{M_{eq}}{I_w} y \leq \sigma_{w\,zul}$$ | Belastungsbild: $M_{eq\,max} = M_m + K_A \cdot M_a$ ohne Mittellast: $M_{eq} = K_A \cdot M_a$ $\sigma_{w\,zul}$ nach Nr. 59 |
| 55 | mittlere Stegnaht-Schubspannung (siehe auch Nr. 37) $$\tau_\| = \frac{F_{q\,eq}}{A_{wS}} \leq \tau_{w\,zul}$$ | Belastungsbild: $F_{q\,eq\,max} = F_{q\,m} + K_A \cdot F_{q\,a}$ ohne Mittellast: $F_{q\,eq} = K_A \cdot F_{q\,a}$ $\tau_{w\,zul}$ nach Nr. 61 |
| 56 | Zusammengesetzte Beanspruchung – Vergleichsspannung $$\sigma_{wv} = 0{,}5 \cdot \left(\sigma_\perp + \sqrt{\sigma_\perp^2 + 4 \cdot \tau_\|^2}\right)$$ $$\leq \sigma_{w\,zul}$$ | Anmerkung: $\sigma_\perp$ und $\tau_\|$ sind Nahtspannungen an derselben Querschnittstelle. $\sigma_{w\,zul}$ nach Nr. 59 |
| 57 | – Interaktionsnachweis $$\left(\frac{\sigma_\perp}{\sigma_{w\,zul}}\right)^2 + \left(\frac{\tau_\|}{\tau_{w\,zul}}\right)^2 \leq 1$$ | $\sigma_{w\,zul}$ und $\tau_{w\,zul}$ nach Nr. 59 und 61. |

6 Schweißverbindungen

| Nr. | Formel | Hinweise |
|---|---|---|
| | **Ermittlung der zulässigen Dauerschwingfestigkeit** | |
| 58 | zulässige Normalspannung<br>$\sigma_{zul} = b \cdot \sigma_{zul\,TB}$ | Berechnungsablauf<br>1. Ermittlung der Grenzspannungen $\sigma_{min}$ ($\sigma_{\perp\,min}$, $\sigma_{wv\,min}$) und $\sigma_{max}$ ($\sigma_{\perp\,max}$, $\sigma_{wv\,max}$) bzw. $\tau_{min}$ ($\tau_{\parallel\,min}$) und $\tau_{max}$ ($\tau_{\parallel\,max}$). |
| 59 | $\sigma_{w\,zul} = b \cdot \sigma_{w\,zul\,TB}$ | |
| | zulässige Schubspannung | 2. Berechnung des Grenzspannungsverhältnisses $\kappa = \sigma_{min}/\sigma_{max}$ bzw. $\tau_{min}/\tau_{max}$ |
| 60 | $\tau_{zul} = b \cdot \tau_{zul\,TB}$ | 3. Zuordnung einer Spannungslinie (Kerbfall) zur vorliegenden Schweißverbindung nach TB 6-12 (Linien A bis F für Normal- und G und H für Schubspannungen). |
| 61 | $\tau_{w\,zul} = b \cdot \tau_{w\,zul\,TB}$ | 4. Ablesen der zulässigen Spannung aus TB 6-13 (z. B. $\sigma_{zul\,TB}$) in Abhängigkeit des Werkstoffes, der Spannungslinie und des Grenzspannungsverhältnisses.<br>5. Ablesen des Dickenbeiwertes b aus TB 6-14 ($t \leq 10$ mm: $b = 1{,}0$)<br>6. Berechnung der zulässigen Spannung für die ausgeführte Bauteildicke nach Nr. 58 bis 61 |

## Geschweißte Druckbehälter

Die Grundbauform der Druckbehälter sind Zylinder, Kugel und Kegel oder Teile davon. Für die Behälterböden reichen die Formen von der ebenen Platte bis zum Halbkugelboden. Meist werden gewölbte Böden bevorzugt, da sie beanspruchungsmäßig günstiger sind. Die Schweißnähte an Behältern werden nicht wie sonst üblich einzeln nachgewiesen, sondern über den Festigkeitskennwert und den Ausnutzungsfaktor berücksichtigt. Die Berechnung erfolgt auf der Grundlage der AD 2000-Merkblätter und gilt für Druckbehälter mit überwiegend ruhender Beanspruchung unter innerem Überdruck.

| 62 | erforderliche Wanddicke des zylindrischen Behältermantels<br>$t = \dfrac{D_a \cdot p_e}{2\dfrac{K}{S}v + p_e} + c_1 + c_2$ | Festigkeitskennwert $K$ ($R_{p0,2/\vartheta}$, $R_{m/10^5/\vartheta}$ bzw. $R_{p1,0/10^5/\vartheta}$) bei Berechnungstemperatur nach TB 6-15<br>Berechnungsdruck $p_e$ in N/mm²<br>(1 N/mm² = 10 bar) |
|---|---|---|
| 63 | erforderliche Wanddicke für Kugelschale<br>$t = \dfrac{D_a \cdot p_e}{4\dfrac{K}{S}v + p_e} + c_1 + c_2$ | Sicherheitsbeiwert $S$ nach TB 6-17<br>Ausnutzungsfaktor: üblich $v = 1{,}0$, bei verringertem Prüfaufwand $v = 0{,}85$, für nahtlose Bauteile $v = 1{,}0$, hartgelötet $v = 0{,}8$<br>Zuschlag zur Berücksichtigung der zulässigen Wanddickenunterschreitung $c_1$ bei ferritischen Stählen nach der Maßnorm, siehe TB 1-7<br>$c_2 = 1$ mm bei ferritischen Stählen<br>$c_2 = 0$ für $t_e \geq 30$ mm und bei nichtrostenden Stählen, NE-Metallen und bei geschützten Stählen (Verbleiung, Gummierung)<br>$c_2 > 1$ mm bei starker Korrosionsgefährdung |

| Nr. | Formel | Hinweise |
|---|---|---|
| 64 | erforderliche Wanddicke gewölbter Böden (Krempe) $$t = \frac{D_a \cdot p_e \cdot \beta}{4 \frac{K}{S} v} + c_1 + c_2$$ | Die Wanddicke kann nur iterativ ermittelt werden, weil der Berechnungsbeiwert $\beta$ bereits von $t_e$ abhängig ist.<br>Berechnungsbeiwert $\beta$:<br>Für Vollböden in Halbkugelform gilt im Bereich $x = 0{,}5 \cdot \sqrt{R \cdot (t - c_1 - c_2)}$ neben der Anschlussnaht: $\beta = 1{,}1$<br>Für Vollböden und Böden mit ausreichend verstärkten Ausschnitten im Scheitelbereich $0{,}6\, D_a$ gilt mit $y = (t_e - c_1 - c_2)/D_a$ für die<br>– Klöpperform: $\beta = 1{,}9 + \dfrac{0{,}0325}{y^{0{,}7}} + y$<br>– Korbbogenform: $\beta = 1{,}55 + \dfrac{0{,}0255}{y^{0{,}625}}$<br>$v = 1{,}0$ bei einteiligen und geschweißten Böden in üblicher Ausführung. |
| 65 | erforderliche Wanddicke für runde ebene Platten und Böden $$t = C \cdot D \sqrt{\frac{p_e \cdot S}{K}} + c_1 + c_2$$ | Berechnungsbeiwert $C = 0{,}3 \ldots 0{,}5$ je nach Art der Auflage bzw. Einspannung, s. TB 6-18<br>Berechnungsdurchmesser $D$ entsprechend Lehrbuch, Bild 6-50 |
| 66 | allgemeine Festigkeitsbedingung für Ausschnitte in der Behälterwand $$\sigma_v = p_e \left( \frac{A_p}{A_\sigma} + \frac{1}{2} \right) \leq \frac{K}{S}$$ | Berechnungsschema:<br><br>Scheibenförmige (links) und rohrförmige Verstärkung (rechts) |

# 6 Schweißverbindungen

| Nr. | Formel | Hinweise |
|---|---|---|
| 67 | wie Nr. 66, aber Festigkeitskennwerte der Verstärkung $K_1$ bzw. $K_2 < K_0$ $$\left(\frac{K_0}{S} - \frac{p_e}{2}\right) A_{\sigma_0} + \left(\frac{K_1}{S} - \frac{p_e}{2}\right) A_{\sigma_1}$$ $$+ \left(\frac{K_2}{S} - \frac{p_e}{2}\right) A_{\sigma_2} \geq p_e \cdot A_p$$ | Tragende Querschnittsfläche $$A_\sigma = A_{\sigma_0} + A_{\sigma_1} + A_{\sigma_2} + \ldots$$ berechnet mit den tragenden Längen $$b = \sqrt{(D_i + t_A - c_1 - c_2) \cdot (t_A - c_1 - c_2)} \text{ und}$$ $$l_S = 1{,}25 \cdot \sqrt{(d_i + t_S - c_1 - c_2) \cdot (t_S - c_1 - c_2)}$$ Druckbelastete projizierte Fläche für den skizzierten Ausschnitt z. B. $$A_p \approx \frac{D_i}{2} \cdot \left(b + t_S + \frac{d_i}{2}\right) + \frac{d_i}{2} \cdot (l_S + t_A)$$ Festigkeitskennwert $K$ nach TB 6-15 Sicherheitsbeiwert $S$ nach TB 6-17 Anmerkung: 1. Ist der Festigkeitskennwert für die Verstärkung größer als der für die zu verstärkende Wand, so darf er nicht ausgenutzt werden. 2. Die nach (Nr. 66 bzw. 67) ermittelte Wanddicke darf nicht kleiner gewählt werden, als für die Behälterwand ohne Ausschnitte erforderlich ist. |

## Technische Regeln (Auswahl)

| Technische Regel | | Titel |
|---|---|---|
| DIN 488-1 | 11.06 | Betonstahl; Sorten, Eigenschaften, Kennzeichen |
| DIN 488-7 | 06.86 | –; Nachweis der Schweißeignung von Betonstahl; Durchführung und Bewertung der Prüfungen |
| DIN 1025-1 | 05.95 | Warmgewalzte I-Träger; schmale I-Träger, I-Reihe; Maße, Masse, statische Werte |
| DIN 1025-2 | 11.95 | –; I-Träger, IPB-Reihe; Maße, Masse, statische Werte |
| DIN 1025-5 | 03.94 | –; mittelbreite I-Träger, IPE-Reihe; Maße, Masse, statische Werte |
| DIN 1026-1 | 03.00 | Warmgewalzter U-Profilstahl, warmgewalzter U-Profilstahl mit geneigten Flanschflächen; Maße, Masse und statische Werte |
| DIN 1732-3 | 06.07 | Schweißzusätze für Aluminium und Aluminiumlegierungen; Prüfstücke, Proben, mechanisch-technologische Mindestwerte des reinen Schweißgutes |
| DIN 1910-100 | 02.08 | Schweißen und verwandte Prozesse; Begriffe; Metallschweißprozesse |

# 6 Schweißverbindungen

| Technische Regel | | Titel |
|---|---|---|
| DIN 4024-1 | 04.88 | Maschinenfundamente; elastische Stützkonstruktionen für Maschinen mit rotierenden Massen |
| DIN 4024-2 | 04.91 | –; steife (starre) Stützkonstruktionen für Maschinen mit periodischer Erregung |
| DIN 4113-1 | 05.80 | Aluminiumkonstruktionen unter vorwiegend ruhender Belastung; Berechnung und bauliche Durchbildung, mit Änderung A1 |
| DIN 4113-2 | 09.02 | –; Berechnung geschweißter Aluminiumkonstruktionen |
| DIN V 4113-3 | 11.03 | –; Ausführung und Herstellerqualifikation |
| DIN 4119-2 | 02.80 | Oberirdische zylindrische Flachboden-Tankbauwerke aus metallischen Werkstoffen; Berechnung |
| DIN 4131 | 09.08 | Antennentragwerke aus Stahl |
| DIN 4132 | 02.81 | Kranbahnen; Stahltragwerke; Grundsätze für Berechnung, bauliche Durchbildung und Ausführung |
| DIN 4178 | 04.05 | Glockentürme; Berechnung und Ausführung |
| DIN 8528-1 | 06.73 | Schweißbarkeit; metallische Werkstoffe, Begriffe |
| DIN 8552-3 | 01.06 | Schweißnahtvorbereitung; Fugenformen an Kupfer und Kupferlegierungen; Gasschmelzschweißen und Schutzgasschweißen |
| DIN 8562 | 01.75 | Schweißen im Behälterbau; Behälter aus metallischen Werkstoffen; schweißtechnische Grundsätze |
| DIN 15018-1 | 11.84 | Krane; Grundsätze für Stahltragwerke; Berechnung |
| DIN 15018-2 | 11.84 | –; Stahltragwerke; Grundsätze für die bauliche Durchbildung und Ausführung |
| DIN 15018-3 | 11.84 | –; Grundsätze für Stahltragwerke; Berechnung von Fahrzeugkranen |
| DIN 18800-1 | 11.08 | Stahlbauten; Bemessung und Konstruktion |
| DIN 18800-2 | 11.08 | –; Stabilitätsfälle; Knicken von Stäben und Stabwerken |
| DIN 18800-3 | 11.08 | –; Stabilitätsfälle; Plattenbeulen |
| DIN 18800-7 | 11.08 | –; Ausführung und Herstellerqualifikation |
| DIN 18801 | 09.83 | Stahlhochbau; Bemessung, Konstruktion, Herstellung |
| DIN 18807-3 | 06.87 | Trapezprofile im Hochbau; Stahltrapezprofile; Festigkeitsnachweis und konstruktive Ausbildung |
| DIN 18808 | 10.84 | Stahlbauten; Tragwerke aus Hohlprofilen unter vorwiegend ruhender Beanspruchung |
| DIN 18809 | 09.87 | Stählerne Straßen- und Wegbrücken; Bemessung, Konstruktion, Herstellung |
| DIN 18914 | 09.85 | Dünnwandige Rundsilos aus Stahl |
| DIN 28011 | 01.93 | Gewölbte Böden; Klöpperform |
| DIN 28013 | 01.93 | Gewölbte Böden; Korbbogenform |
| DIN 28081-1 | 08.03 | Apparatefüße aus Rohr; Maße |
| DIN 28083-1 | 01.87 | Pratzen; Maße, maximale Gewichtskräfte |

# 6 Schweißverbindungen

| Technische Regel | | Titel |
|---|---|---|
| DIN 28124-2 | 12.92 | Mannlochverschlüsse für Druckbehälter aus unlegierten Stählen |
| DIN EN 573-1 bis DIN EN 573-4 | | Aluminium und Aluminiumlegierungen; chemische Zusammensetzung und Form von Halbzeug; Bezeichnungssystem, chemische Zusammensetzung, Erzeugnisformen |
| DIN EN 757 | 05.97 | Schweißzusätze; umhüllte Stabelektroden zum Lichtbogen-Handschweißen von hochfesten Stählen; Einteilung |
| DIN EN 875 | 10.95 | Zerstörende Prüfung von Schweißverbindungen an metallischen Werkstoffen; Kerbschlagbiegeversuch; Probenlage, Kerbrichtung und Beurteilung |
| DIN EN 970 | 03.97 | Zerstörungsfreie Prüfung von Schmelzschweißnähten; Sichtprüfung |
| DIN EN 1011-1 | 09.02 | Schweißen; Empfehlungen zum Schweißen metallischer Werkstoffe; allgemeine Anleitungen für das Lichtbogenschweißen |
| E DIN EN 1090-1 | 12.04 | Tragende Stahl- und Aluminiumbauteile; allgemeine Lieferbedingungen |
| DIN EN 1090-2 | 12.08 | Ausführung von Stahltragwerken und Aluminiumtragwerken; technische Regeln für die Ausführung von Stahltragwerken |
| DIN EN 1090-3 | 09.08 | –; Technische Regeln für die Ausführung von Aluminiumtragwerken |
| DIN EN 1289 | 09.02 | Zerstörungsfreie Prüfung von Schweißverbindungen; Eindringprüfung von Schweißverbindungen; Zulässigkeitsgrenzen |
| DIN EN 1290 | 09.02 | –; Magnetpulverprüfung von Schweißverbindungen |
| DIN EN 1320 | 12.96 | Zerstörende Prüfung von Schweißverbindungen an metallischen Werkstoffen; Bruchprüfung |
| DIN EN 1435 | 09.02 | Zerstörungsfreie Prüfung von Schweißverbindungen; Durchstrahlungsprüfung von Schmelzschweißverbindungen |
| DIN EN 1600 | 10.97 | Schweißzusätze; umhüllte Stabelektroden zum Lichtbogenhandschweißen von nichtrostenden und hitzebeständigen Stählen; Einteilung |
| E DIN EN 1708-1 | 06.08 | Schweißen; Verbindungselemente beim Schweißen von Stahl; druckbeanspruchte Bauteile |
| DIN EN 1708-2 | 10.00 | –; –; nicht innendruckbeanspruchte Bauteile |
| DIN EN 1713 | 09.02 | Zerstörungsfreie Prüfung von Schweißverbindungen; Ultraschallprüfung; Charakterisierung von Anzeigen in Schweißnähten |
| DIN EN 1993-1-1 | 07.05 | Eurocode 3: Bemessung und Konstruktion von Stahlbauten; Allgemeine Bemessungsregeln und Regeln für den Hochbau |

# 6 Schweißverbindungen

| Technische Regel | | Titel |
|---|---|---|
| DIN EN 1993-1-8 | 07.05 | –; Bemessung von Anschlüssen |
| DIN EN 1993-1-9 | 07.05 | –; Ermüdung |
| DIN EN 10025-1 bis DIN EN 10025-6 | 02.05 | Warmgewalzte Erzeugnisse aus Baustählen; Lieferbedingungen für unlegierte Baustähle, für normalgeglühte/normalisierend gewalzte Feinkornbaustähle, für thermomechanisch gewalzte Feinkornbaustähle, wetterfeste Baustähle und Stähle mit höherer Streckgrenze |
| DIN EN 10028-1 bis DIN EN 10028-7 | 09.03 | Flacherzeugnisse aus Druckbehälterstählen; allgemeine Anforderungen, unlegierte und legierte Stähle, normalgeglühte Feinkornbaustähle, nickellegierte kaltzähe Stähle, thermomechanisch gewalzte Feinkornbaustähle und nichtrostende Stähle |
| DIN EN 10029 | 10.91 | Warmgewalztes Stahlblech von 3 mm Dicke an; Grenzabmaße, Formtoleranzen, zulässige Gewichtsabweichungen |
| DIN EN 10051 | 11.97 | Kontinuierlich warmgewalztes Blech und Band ohne Überzug aus unlegierten und legierten Stählen; Grenzabmaße und Formtoleranzen |
| DIN EN 10055 | 12.95 | Warmgewalzter gleichschenkliger T-Stahl mit gerundeten Kanten und Übergängen; Maße, Grenzabmaße und Formtoleranzen |
| DIN EN 10056-1 | 10.98 | Gleichschenklige und ungleichschenklige Winkel aus Stahl; Maße |
| DIN EN 10058 | 02.04 | Warmgewalzte Flachstäbe aus Stahl für allgemeine Verwendung; Maße, Formtoleranzen und Grenzabmaße |
| DIN EN 10160 | 09.99 | Ultraschallprüfung von Flacherzeugnissen aus Stahl mit einer Dicke größer oder gleich 6 mm (Reflexionsverfahren) |
| DIN EN 10163-1,-2 | 03.05 | Lieferbedingungen für die Oberflächenbeschaffenheit von warmgewalzten Stahlerzeugnissen (Blech, Breitflachstahl und Profile); allgemeine Anforderungen |
| DIN EN 10164 | 03.05 | Stahlerzeugnisse mit verbesserten Verformungseigenschaften senkrecht zur Erzeugnisoberfläche; technische Lieferbedingungen |
| DIN EN 10204 | 01.05 | Arten von Prüfbescheinigungen |
| DIN EN 10210-2 | 07.06 | Warmgefertigte Hohlprofile für den Stahlbau aus unlegierten Baustählen und aus Feinkornbaustählen; Grenzabmaße, Maße und statische Werte |
| DIN EN 10213 | 01.08 | Stahlguss für Druckbehälter |
| DIN EN 10219-2 | 07.06 | Kaltgefertigte geschweißte Hohlprofile für den Stahlbau aus unlegierten Baustählen und aus Feinkornbaustählen; Grenzabmaße, Maße und statische Werte |
| DIN EN 10238 | 11.96 | Automatisch gestrahlte und automatisch fertigungsbeschichtete Erzeugnisse aus Baustählen |

## 6 Schweißverbindungen

| Technische Regel | | Titel |
|---|---|---|
| DIN EN 12663 | 10.00 | Bahnanwendungen; Festigkeitsanforderungen an Wagenkästen von Schienenfahrzeugen |
| DIN CEN/TS 13001-3-1 | 03.05 | Krane; Konstruktion allgemein; Grenzzustände und Sicherheitsnachweis von Stahltragwerken |
| DIN EN 14610 | 02.05 | Schweißen und verwandte Prozesse; Begriffe für Metallschweißprozesse |
| DIN EN 22553 | 03.97 | Schweiß- und Lötnähte; symbolische Darstellung in Zeichnungen |
| DIN EN ISO 636 | 08.08 | Schweißzusätze; Stäbe, Drähte und Schweißgut zum Wolfram-Inertgasschweißen von unlegierten Stählen und Feinkornbaustählen; Einteilung |
| DIN EN ISO 1071 | 10.03 | Schweißzusätze; umhüllte Stabelektroden, Drähte, Stäbe und Fülldrahtelektroden zum Schmelzschweißen von Gusseisen |
| DIN EN ISO 2560 | 03.06 | –; Umhüllte Stabelektroden zum Lichtbogenhandschweißen von unlegierten Stählen und Feinkornstählen; Einteilung |
| DIN EN ISO 3580 | 08.08 | –; Umhüllte Stabelektroden zum Lichtbogenhandschweißen von warmfesten Stählen; Einteilung |
| DIN EN ISO 4063 | 04.00 | Schweißen und verwandte Prozesse; Liste der Prozesse und Ordnungsnummern |
| DIN EN ISO 5817 | 10.06 | Schweißen; Schmelzschweißverbindungen an Stahl, Nickel, Titan und deren Legierungen; Bewertungsgruppen von Unregelmäßigkeiten |
| DIN EN ISO 6520-1 | 11.07 | Schweißen und verwandte Prozesse; Einteilung von geometrischen Unregelmäßigkeiten an metallischen Werkstoffen; Schmelzschweißen |
| E DIN EN ISO 6947 | 03.08 | Schweißnähte; Arbeitspositionen; Definitionen der Winkel von Neigung und Drehung |
| DIN EN ISO 13916 | 11.96 | Schweißen; Anleitung zur Messung der Vorwärm-, Zwischenlagen- und Haltetemperatur |
| DIN EN ISO 13918 | 10.08 | Schweißen; Bolzen- und Keramikringe zum Lichtbogen-Bolzenschweißen |
| DIN EN ISO 13919-1 | 09.96 | Schweißen; Elektronen- und Laserstrahl-Schweißverbindungen; Leitfaden für Bewertungsgruppen für Unregelmäßigkeiten; Stahl |
| DIN EN ISO 13919-2 | 12.01 | –; –; Richtlinie für Bewertungsgruppen für Unregelmäßigkeiten; Aluminium und seine schweißgeeigneten Legierungen |
| DIN EN ISO 13920 | 11.96 | Schweißen; Allgemeintoleranzen für Schweißkonstruktionen; Längen- und Winkelmaße, Form und Lage |
| DIN EN ISO 14175 | 06.08 | Schweißzusätze; Gase und Mischgase für das Lichtbogenschweißen und verwandte Prozesse |

| Technische Regel | | Titel |
|---|---|---|
| DIN EN ISO 14341 | 08.08 | —; Drahtelektroden und Schweißgut zum Metall-Schutzgasschweißen von unlegierten Stählen und Feinkornstählen |
| DIN EN ISO 14555 | 12.06 | Schweißen; Lichtbogen-Bolzenschweißen von metallischen Werkstoffen |
| DIN EN ISO 17632 | 08.08 | —; Fülldrahtelektroden zum Metall-Lichtbogenschweißen mit und ohne Schutzgas von unlegierten Stählen und Feinkornstählen; Einteilung |
| E DIN EN ISO 17640 | 05.08 | Zerstörungsfreie Prüfung von Schweißverbindungen; Ultraschallprüfung von Schweißverbindungen |
| DASt 006 | 01.80 | Überschweißen von Fertigungsbeschichtungen im Stahlbau |
| DASt 009 | 01.05 | Stahlsortenauswahl für geschweißte Stahlbauten |
| DASt 014 | 01.81 | Empfehlungen zum Vermeiden von Terrassenbrüchen in geschweißten Konstruktionen aus Baustahl |
| DASt 016 | 1992 | Bemessung und konstruktive Gestaltung von Tragwerken aus dünnwandigen kaltgeformten Bauteilen |
| DASt 103 | 11.93 | Richtlinie zur Anwendung von DIN V ENV 1993-1-1 |
| DVS 0602 | 02.08 | Schweißen von Gusseisenwerkstoffen |
| DVS 0603 | 03.86 | Schweißen von Gusseisenwerkstoffen; Gütesicherung |
| DVS 0916 | 11.97 | Metall-Schutzgasschweißen von Feinkornbaustählen |
| DVS 1002-1 | 12.83 | Schweißeigenspannungen; Einteilung; Benennung; Erklärung |
| DVS 1003-2 | 07.89 | Verfahren der zerstörungsfreien Prüfung in der Schweißtechnik; Verfahrensarten; Aussagefähigkeit und Anwendungsbereiche der Verfahren |
| DVS 1612 | 01.84 | Gestaltung und Bewertung von Stumpf- und Kehlnähten im Schienenfahrzeugbau; Bauformen-Katalog |
| DVS 1612 (Entwurf) | 04.07 | Gestaltung und Dauerfestigkeitsbewertung von Schweißverbindungen an Stählen im Schienenfahrzeugbau |
| DVS 2402 | 06.87 | Festigkeitsverhalten geschweißter Bauteile |
| DVS 2902-1 | 09.01 | Widerstandspunktschweißen von Stählen bis 3 mm Einzeldicke; Übersicht |
| AD2000-Merkblatt B0 | 05.07 | Berechnung von Druckbehältern |
| AD2000-Merkblatt B1 | 10.00 | Zylinder- und Kugelschalen unter innerem Überdruck |
| AD2000-Merkblatt B3 | 10.00 | Gewölbte Böden unter innerem und äußerem Überdruck |
| AD2000-Merkblatt B5 | 08.07 | Ebene Böden und Platten nebst Verankerungen |
| AD2000-Merkblatt B9 | 11.07 | Ausschnitte in Zylindern, Kegeln und Kugeln |
| AD2000-Merkblatt HP0 | 02.07 | Allgemeine Grundsätze für Auslegung, Herstellung und damit verbundene Prüfungen |
| AD2000-Merkblatt W0 | 07.06 | Allgemeine Grundsätze für Werkstoffe |
| DS 804 | 01.97 | Vorschrift für Eisenbahnbrücken und sonstige Ingenieurbauwerke (VEI) |

# 6 Schweißverbindungen

| Technische Regel | | Titel |
|---|---|---|
| DS 952 | 01.77 | Schweißen metallischer Werkstoffe an Schienenfahrzeugen und maschinentechnischen Anlagen; Anhang II: Richtlinien für die Berechnung der Schweißverbindungen |
| SEW 088 | 10.93 | Schweißgeeignete Feinkornbaustähle; Richtlinien für die Verarbeitung, besonders für das Schmelzschweißen |

# 7 Nietverbindungen

| Formelzeichen | Einheit | Benennung |
|---|---|---|
| $A$ | mm² | Querschnittsfläche des geschlagenen Niets |
| $c$ | 1 | Faktor im Lastfall $H_S$ zur Berücksichtigung des Kriecheinflusses bei Aluminiumkonstruktionen |
| $d$ | mm | Schaftdurchmesser des geschlagenen Niets |
| $d_1$ | mm | Nenndurchmesser des ungeschlagenen Niets (Rohnietdurchmesser) |
| $F$ | N | zu übertragende Kraft der Nietverbindung |
| $l$ | mm | Rohniet-Schaftlänge |
| $l_ü$ | mm | zur Schließkopfbildung und Nietlochfüllung erforderlicher Überstand des Nietschaftes |
| $m$ | 1 | Anzahl der Scherfugen (Schnittigkeit) |
| $n$ | 1 | Anzahl der kraftübertragenden Niete |
| $n_a, n_l$ | 1 | erforderliche Nietzahl aufgrund der zulässigen Abscherspannung bzw. des zulässigen Lochleibungsdruckes |
| $t$ | mm | Blechdicke, Bauteildicke |
| $t_{min}$ | mm | kleinste Summe der Blechdicken mit in gleicher Richtung wirkendem Lochleibungsdruck |
| $\Sigma t$ | mm | Klemmlänge, d. h. die Gesamtdicke aller zu vernietenden Teile |
| $\alpha_l$ | 1 | Abstandsbeiwert zur Berechnung des zulässigen Lochleibungsdrucks |
| $\sigma_{c\,zul}, \tau_{c\,zul}$ | N/mm² | zulässige Spannungen im Lastfall $H_S$ für Konstruktionsteile und Verbindungsmittel bei Aluminiumkonstruktionen |
| $\sigma_H, \sigma_{H_S}, \tau_H, \tau_{H_S}$ | N/mm² | vorhandene Spannungen im Lastfall $H$ bzw. $H_S$ bei Aluminiumkonstruktionen |
| $\sigma_l$ | N/mm² | Lochleibungsdruck zwischen Niet und Lochwand des Bauteiles |
| $\sigma_{l\,zul}$ | N/mm² | zulässiger Lochleibungsdruck |
| $\tau_a$ | N/mm² | Abscherspannung im Niet |
| $\tau_{a\,zul}$ | N/mm² | zulässige Abscherspannung im Niet |

# 7 Nietverbindungen

| Nr. | Formel | Hinweise |
|---|---|---|
| | | |

Nietverbindungen sind nicht lösbare feste (oder bewegliche) Verbindungen eines oder mehrerer Teile mit einem Hilfsfügeteil (Niet) oder einem Gestaltelement eines Verbindungspartners, das bei der Montage plastisch verformt wird. Bei Blindnietverbindungen genügt die Zugänglichkeit von einer Seite, „Nichtblindniet-Verbindungen" müssen von beiden Seiten zugänglich sein. Nietverbindungen werden häufig an Stelle von Schraubenverbindungen eingesetzt, wenn
 – es nicht auf eine genau aufrecht zu erhaltende Vorspannkraft ankommt,
 – Demontierbarkeit nicht erforderlich oder sogar unerwünscht ist,
 – Schraubenverbindungen zu teuer wären,
 – glatte Oberflächen bei sicherer Befestigung verlangt werden (Flugzeugaußenhaut, Verbindungen mit Textilien und Leder).

**Nietabmessungen**

1 günstiger Rohnietdurchmesser (Stahlbau)
$d_1 \approx \sqrt{50 \cdot t} - 2$ mm

| $d_1$ | $t$ |
|---|---|
| mm | mm |

Genormte Rohnietdurchmesser und Empfehlungen für die Zuordnung der Nietdurchmesser zur Bauteildicke s. TB 7-4

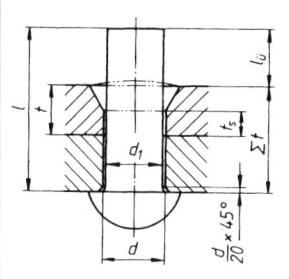

2 Rohnietlänge
$l = \Sigma t + l_{ü}$

Überstand bei Schließkopf als
– Halbrundkopf:
  bei Maschinennietung: $l_{ü} \approx (4/3) \cdot d_1$
  bei Handnietung: $l_{ü} \approx (7/4) \cdot d_1$
– Senkkopf:
  $l_{ü} \approx (0{,}6 \ldots 1{,}0) \cdot d_1$

Stufung der genormten Nietlängen s. TB 7-4

Anmerkung:
Die größte Klemmlänge für Halbrundniete nach DIN 124 beträgt $\Sigma t \leq 0{,}2 \cdot d^2$ (mit $d$ und $\Sigma t$ in mm)

| Nr. | Formel | Hinweise |
|---|---|---|
| | **Tragfähigkeit der Niete** | |
| 3 | Abscherspannung $$\tau_a = \frac{F}{n \cdot m \cdot A} \leq \tau_{a\,zul}$$ | Zulässige Abscherspannung $\tau_{a\,zul}$<br>– für Stahlbauten nach DIN 18800-1:<br>158 N/mm² für Nietwerkstoff QSt32-3 oder QSt36-3 mit $R_{m\,min} = 290$ N/mm² (0,6 · 290 N/mm²/1,1)<br>– im Kranbau nach TB 3-3b<br>– für Aluminium-Konstruktionen nach TB 3-4<br>– für den Betriebsfestigkeitsnachweis dynamisch beanspruchter Bauteile (DIN 15018-1):<br>1-schnittige Verbindung: $\tau_{a\,zul} = 0{,}6 \cdot \sigma_{zul}$<br>mehrschnittige Verbindung:<br>$\tau_{a\,zul} = 0{,}8 \cdot \sigma_{zul}$<br>mit der zul. Bauteilspannung $\sigma_{zul}$ nach TB 7-5<br>– für Kunststoff-Nietungen nach TB 7-6<br>für dynamisch belastete Verbindungen gilt für die übertragbare Kraft: $F_{eq} = K_A \cdot F$, mit dem Anwendungsfaktor $K_A$ nach TB 3-5c<br>Nietlochdurchmesser $d$ = Schaftdurchmesser des geschlagenen Niets nach DIN 101:<br>... 4,2 5,2 6,3 7,3 8,4 10,5 13 15 17 19 21 23 25 28 31 34 37 mm |
| 4 | Lochleibungsdruck $$\sigma_l = \frac{F}{n \cdot d \cdot t_{min}} \leq \sigma_{l\,zul}$$ | zulässiger Lochleibungsdruck $\sigma_{l\,zul}$<br>– für Stahlbauten nach DIN 18800-1<br>Der größtmögliche rechnerische Lochleibungsdruck wird für die Rand- und Lochabstände $e_1$ und $e_3 = 3d$, $e_2 = 1{,}5d$ und $e = 3{,}5d$ erreicht:<br>655 N/mm² für Bauteilwerkstoff S235<br>982 N/mm² für Bauteilwerkstoff S355<br>Für kleinere Rand- und Lochabstände gilt mit dem Abstandsbeiwert $\alpha_l$:<br>$\sigma_{l\,zul} = \alpha_l \cdot R_e/1{,}1$<br>– im Kranbau nach TB 3-3b<br>– für Aluminium-Konstruktionen nach TB 3-4<br>– für den Betriebsfestigkeitsnachweis dynamisch beanspruchter Bauteile (DIN 15018-1):<br>1-schnittige Verbindung: $\sigma_{l\,zul} = 1{,}5 \cdot \sigma_{zul}$<br>mehrschnittige Verbindung: $\sigma_{l\,zul} = 2 \cdot \sigma_{zul}$<br>mit der zulässigen Bauteilspannung $\sigma_{zul}$ nach TB 7-5<br>– für Kunststoffnietungen nach TB 7-6 |

# 7 Nietverbindungen

| Nr. | Formel | Hinweise |
|---|---|---|
| 5 | **Entwurfsberechnung**<br>erforderliche Nietzahl aufgrund der zulässigen Abscherspannung<br>$$n_a \geq \frac{F}{\tau_{a\,zul} \cdot m \cdot A}$$ | In Anschlüssen und Stößen sollten mindestens zwei Niete angeordnet sein. Bei unmittelbaren Laschen- und Stabanschlüssen dürfen in Kraftrichtung hintereinander höchstens 8 Niete im Stahlbau und 5 Niete im Kran- und Aluminiumbau als tragend berücksichtigt werden. |
| 6 | erforderliche Nietzahl aufgrund des zulässigen Lochleibungsdruck<br>$$n_l \geq \frac{F}{\sigma_{l\,zul} \cdot d \cdot t_{min}}$$ | Von den errechneten und ganzzahlig aufgerundeten Nietzahlen $n_a$ bzw. $n_l$ ist die größere für die Ausführung maßgebend. |

## Technische Regeln (Auswahl)

| Technische Regel | | Titel |
|---|---|---|
| DIN 101 | 05.93 | Niete; technische Lieferbedingungen |
| DIN 124 | 05.93 | Halbrundniete; Nenndurchmesser 10 bis 36 mm |
| DIN 302 | 05.93 | Senkniete; Nenndurchmesser 10 bis 36 mm |
| DIN 660 | 05.93 | Halbrundniete; Nenndurchmesser 1 bis 8 mm |
| DIN 661 | 05.93 | Senkniete; Nenndurchmesser 1 bis 8 mm |
| DIN 662 | 05.93 | Linsenniete; Nenndurchmesser 1,6 bis 6 mm |
| DIN 674 | 05.93 | Flachrundniete; Nenndurchmesser 1,4 bis 6 mm |
| DIN 675 | 10.93 | Flachsenkniete (Riemenniete); Nenndurchmesser 3 bis 5 mm |
| DIN 997 | 10.70 | Anreißmaße (Wurzelmaße) für Formstahl und Stabstahl |
| DIN 998 | 10.70 | Lochabstände in ungleichschenkligen Winkelstählen |
| DIN 999 | 10.70 | Lochabstände in gleichschenkligen Winkelstählen |
| DIN 4113-1 | 05.80 | Aluminiumkonstruktionen unter vorwiegend ruhender Belastung; Berechnung und bauliche Durchbildung |
| DINV 4113-3 | 11.03 | –; Ausführung und Herstellerqualifikation |
| DIN 4113-1/A1 | 09.02 | –; Berechnung und bauliche Durchbildung; Änderung A1 |
| DIN 6791 | 05.93 | Halbhohlniete mit Flachrundkopf; Nenndurchmesser 1,6 bis 10 mm |
| DIN 6792 | 05.93 | Halbhohlniete mit Senkkopf; Nenndurchmesser 1,6 bis 10 mm |
| DIN 7331 | 05.93 | Hohlniete, zweiteilig |
| DIN 7338 | 08.93 | Niete für Brems- und Kupplungsbeläge |
| DIN 7339 | 05.93 | Hohlniete, einteilig, aus Band gezogen |
| DIN 7340 | 05.93 | Rohrniete, aus Rohr gefertigt |
| DIN 7341 | 07.77 | Nietstifte |
| DIN 8593-5 | 09.03 | Fertigungsverfahren Fügen; Fügen durch Umformen; Einordnung, Unterteilung, Begriffe |
| DIN 15018-1 | 11.84 | Krane; Grundsätze für Stahltragwerke; Berechnung |
| DIN 15018-2 | 11.84 | Krane; Stahltragwerke; Grundsätze für die bauliche Durchbildung und Ausführung |
| DIN 18800-1 | 11.08 | Stahlbauten; Bemessung und Konstruktion |
| DIN 18800-7 | 11.08 | Stahlbauten; Ausführung und Herstellerqualifikation |
| DIN 18801 | 09.83 | Stahlhochbau; Bemessung, Konstruktion, Herstellung |
| DIN 18809 | 09.87 | Stählerne Straßen- und Wegbrücken; Bemessung, Konstruktion, Herstellung |
| DINV ENV 1999-1-1 | 10.00 | Eurocode 9: Bemessung und Konstruktion von Aluminiumbauten; allgemeine Bemessungsregeln; Bemessungsregeln für Hochbauten |
| DIN EN ISO 14588 | 08.01 | Blindniete; Begriffe und Definitionen |
| DIN EN ISO 14589 | 08.01 | Blindniete; mechanische Prüfung |

# 7 Nietverbindungen

| Technische Regel | | Titel |
|---|---|---|
| DIN EN ISO 15 973 | 08.01 | Geschlossene Blindniete mit Sollbruchdorn und Flachkopf; AlA/St |
| DIN EN ISO 15 974 | 08.01 | Geschlossene Blindniete mit Sollbruchdorn und Senkkopf; AlA/St |
| DIN EN ISO 15 975 | 04.03 | Geschlossene Blindniete mit Sollbruchdorn und Flachkopf; Al/AlA |
| DIN EN ISO 15 976 | 04.03 | Geschlossene Blindniete mit Sollbruchdorn und Flachkopf; St/St |
| DIN EN ISO 15 977 | 04.03 | Offene Blindniete mit Sollbruchdorn und Flachkopf; AlA/St |
| DIN EN ISO 15 978 | 04.03 | Offene Blindniete mit Sollbruchdorn und Senkkopf; AlA/St |
| DIN EN ISO 15 979 | 04.03 | Offene Blindniete mit Sollbruchdorn und Flachkopf; St/St |
| DIN EN ISO 15 980 | 04.03 | Offene Blindniete mit Sollbruchdorn und Senkkopf; St/St |
| DIN EN ISO 15 981 | 04.03 | Offene Blindniete mit Sollbruchdorn und Flachkopf; AlA/AlA |
| DIN EN ISO 15 982 | 04.03 | Offene Blindniete mit Sollbruchdorn und Senkkopf; AlA/AlA |
| DIN EN ISO 15 983 | 04.03 | Offene Blindniete mit Sollbruchdorn und Flachkopf; A2/A2 |
| DIN EN ISO 15 984 | 04.03 | Offene Blindniete mit Sollbruchdorn und Senkkopf; A2/A2 |
| DIN EN ISO 16 582 | 04.03 | Offene Blindniete mit Sollbruchdorn und Flachkopf; Cu/St oder Cu/Br oder Cu/SSt |
| DIN EN ISO 16 583 | 04.03 | Offene Blindniete mit Sollbruchdorn und Senkkopf; Cu/St oder Cu/Br oder Cu/SSt |
| DIN EN ISO 16 584 | 04.03 | Offene Blindniete mit Sollbruchdorn und Flachkopf; NiCu/St oder NiCu/SSt |
| DIN EN ISO 16 585 | 04.03 | Geschlossene Blindniete mit Sollbruchdorn und Flachkopf; A2/SSt |
| DIN ISO 5261 | 04.97 | Technische Zeichnungen; vereinfachte Angabe von Stäben und Profilen |

Viele weitere Voll-, Blind-, Pass- und Schraubniete sowie Nietrechnungswerte enthalten die oben nicht erwähnten Normen der Luft- und Raumfahrt.

# 8 Schraubenverbindungen

| **Befestigungsschrauben** | | |
|---|---|---|
| Formelzeichen | Einheit | Benennung |
| $A$ | mm² | Querschnittsfläche der Schraube |
| $A_{ers}$ | mm² | Querschnittsfläche eines Ersatzhohlzylinders mit der gleichen elastischen Nachgiebigkeit wie die der verspannten Teile |
| $A_i$ | mm² | Querschnittsfläche eines zylindrischen Einzelelementes einer Schraube |
| $A_N$ | mm² | Nennquerschnitt der Schraube |
| $A_p$ | mm² | Auflagefläche des Schraubenkopfes bzw. der Mutter |
| $A_s$ | mm² | Spannungsquerschnitt des Schraubengewindes |
| $A_T$ | mm² | Taillen- oder Dehnschaftquerschnitt |
| $A_0$ | mm² | zutreffende kleinste Querschnittsfläche der Schraube |
| $A_3$ | mm² | Kernquerschnitt des Schraubengewindes |
| $D_A$ | mm | Außendurchmesser einer verspannten Hülse |
| $d$ | mm | Gewindeaußendurchmesser (Nenndurchmesser) |
| $d_h$ | mm | Durchmesser des Durchgangsloches in den verspannten Teilen |
| $d_K$ | mm | wirksamer Reibungsdurchmesser in der Schraubenkopf- oder Mutterauflage |
| $d_s$ | mm | Durchmesser zum Spannungsquerschnitt $A_s$ |
| $d_T$ | mm | Dehnschaftdurchmesser |
| $d_w$ | mm | Außendurchmesser der ebenen Kopfauflagefläche |
| $d_2$ | mm | Flankendurchmesser des Schraubengewindes |
| $d_3$ | mm | Kerndurchmesser des Schraubengewindes |
| $E$ | N/mm² | Elastizitätsmodul, allgemein |
| $E_S$ | N/mm² | Elastizitätsmodul des Schraubenwerkstoffes |
| $E_T$ | N/mm² | Elastizitätsmodul der verspannten Teile |
| $F$ | N | Kraft, allgemein |
| $F_a$ | N | Ausschlagkraft bei schwingender Belastung der Schraube |
| $F_B$ | N | Betriebskraft in Längsrichtung der Schraube |

# 8 Schraubenverbindungen

| Formelzeichen | Einheit | Benennung |
|---|---|---|
| $F_{Bo}$, $F_{Bu}$ | N | oberer bzw. unterer Grenzwert der axialen Betriebskraft |
| $F_{BS}$ | N | Zusatzkraft; Anteil der Betriebskraft, mit der die Schraube zusätzlich belastet wird |
| $F_{BSo}$, $F_{BSu}$ | N | oberer bzw. unterer Grenzwert der Zusatzkraft $F_{BS}$ |
| $F_{BT}$ | N | Entlastungskraft; Anteil der Betriebskraft, der die verspannten Teile entlastet |
| $F_{Kl}$ | N | Klemmkraft, die für Dichtfunktionen, Reibschluss und Verhinderung des einseitigen Abhebens an der Trennfuge erforderlich ist |
| $F_m$ | N | Mittelkraft; ruhend gedachte Kraft, um die bei schwingender Beanspruchung der Schraube die Ausschlagkraft pendelt |
| $F_n$ | N | Normalkraft |
| $F_{Q\,ges}$ | N | Gesamtquerkraft; von der Schraubenverbindung aufzunehmende, senkrecht zur Schraubenachse gerichtete Kraft |
| $F_{S\,ges}$ | N | Gesamtschraubenkraft |
| $F_{sp}$ | N | axiale Spannkraft der Schraube bei 90%iger Ausnutzung der Streckgrenze durch die Vergleichsspannung |
| $F_V$ | N | Vorspannkraft der Schraube |
| $F_{VM}$ | N | Montagevorspannkraft |
| $F_{V\,min}$ | N | kleinste Montagevorspannkraft die sich bei $F_{VM}$ infolge Ungenauigkeit des Anziehverfahrens einstellt |
| $F_{0,2}$ | N | Schraubenkraft an der Mindeststreckgrenze bzw. 0,2%-Dehngrenze |
| $F_Z$ | N | Vorspannkraftverlust infolge Setzens im Betrieb |
| $f_S$ | mm | Verlängerung der Schraube durch $F_V$ |
| $f_T$ | mm | Verkürzung der verspannten Teile durch $F_V$ |
| $f_Z$ | mm | Setzbetrag |
| $k$ | 1 | Faktor zur Berücksichtigung des Bauteilwerkstoffes |
| $k_A$ | 1 | Anziehfaktor |
| $k_\tau$ | 1 | Reduktionskoeffizient |
| $l$ | mm | Länge, allgemein |
| $l_k$ | mm | Klemmlänge |
| $l_1, l_2 \ldots$ | mm | Länge der federnden Einzelelemente der Schraube |
| $M_A$ | Nm | Anziehdrehmoment bei der Montage |
| $M_G$ | Nm | Gewindemoment |
| $M_{sp}$ | Nm | Spannmoment (Anziehmoment zum Vorspannen einer Schraube auf $F_{sp}$) |

| Formelzeichen | Einheit | Benennung |
|---|---|---|
| $n$ | 1 | Krafteinleitungsfaktor; $n \cdot l_k$ gibt die Dicke des durch die Betriebskraft entlasteten Bereichs der verspannten Teile an; Gangzahl bei mehrgängigem Gewinde |
| $P$ | mm | Steigung bei eingängigen Gewinden bzw. Teilung bei mehrgängigen Gewinden |
| $P_h$ | mm | Steigung bei mehrgängigen Gewinden |
| $p$ | N/mm² | Flächenpressung |
| $p_G$ | N/mm² | Grenzflächenpressung, maximal zulässige Pressung unter dem Schraubenkopf |
| $R_{p0,2}$ | N/mm² | 0,2%-Dehngrenze bzw. Streckgrenze des Schraubenwerkstoffes |
| $z$ | 1 | Anzahl der kraftübertragenden Schrauben |
| $\beta$ | 1 | Nachgiebigkeitsfaktor der Schraube |
| $\delta$ | mm/N | elastische Nachgiebigkeit |
| $\delta_G, \delta_M$ | mm/N | elastische Nachgiebigkeit des Gewindes bzw. der Mutter |
| $\delta_i$ | mm/N | elastische Nachgiebigkeit des zylindrischen Elementes $i$ |
| $\delta_K$ | mm/N | elastische Nachgiebigkeit des Schraubenkopfes |
| $\delta_S, \delta_T$ | mm/N | elastische Nachgiebigkeit der Schraube bzw. der verspannten Teile |
| $\varepsilon$ | 1 | Dehnung |
| $\kappa$ | 1 | Reduktionsfaktor ($\sigma_{red}/\sigma_{VM}$) |
| $\mu$ | 1 | Reibungszahl |
| $\mu_G$ | 1 | Reibungszahl im Gewinde |
| $\mu_{ges}$ | 1 | Gesamtreibungszahl (mittlere Reibungszahl für Gewinde und Kopfauflage) |
| $\mu_K$ | 1 | Reibungszahl in der Kopfauflage |
| $\nu$ | 1 | Ausnutzungsgrad |
| $\varrho'$ | ° | Reibungswinkel des Gewindes |
| $\sigma_A$ | N/mm² | Ausschlagfestigkeit der Schraube |
| $\sigma_a$ | N/mm² | Dauerschwingbeanspruchung der Schraube (Ausschlagspannung) |
| $\sigma_M$ | N/mm² | Montagezugspannung in der Schraube |
| $\sigma_{red}$ | N/mm² | reduzierte Spannung |
| $\tau_i$ | N/mm² | Verdrehspannung |
| $\Phi$ | 1 | Kraftverhältnis $F_{BS}/F_B$ |
| $\Phi_k$ | 1 | vereinfachtes Kraftverhältnis für Krafteinleitung in Ebenen durch die Schraubenkopf- und Mutterauflage |
| $\varphi$ | ° | Steigungswinkel des Schraubengewindes |

# 8 Schraubenverbindungen

| Nr. | Formel | Hinweise |
|---|---|---|
| | **Befestigungsschrauben** | |

Vorgespannte Schraubenverbindungen können durch in Längsrichtung der Schraubenachse zentrisch oder exzentrisch wirkende Betriebskräfte $F_B$ (Bild a, b und c) und durch Querkräfte $F_Q$ (Bild d) beansprucht werden. Die angegebenen Gleichungen gelten nur für zentrischen Kraftangriff von $F_B$ (näherungsweise auch bei steifen Flanschen, z. B. Bild b). Bei exzentrischem Kraftangriff oder schiefer Verspannung der Schraube (Bild c) – es treten zusätzliche Biegemomente auf – sollte die Berechnung nach VDI 2230 erfolgen.

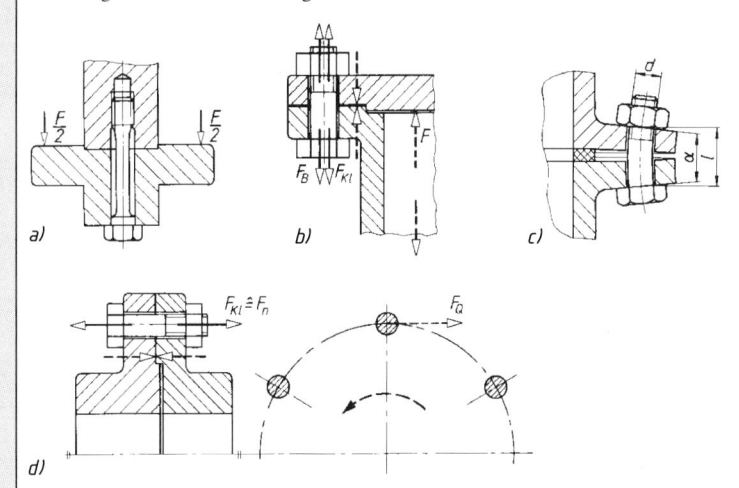

| 1 | Steigungswinkel des Gewindes $$\tan\varphi = \frac{P_h}{d_2 \cdot \pi}$$ Gewindesteigung bei mehrgängigem Gewinde $P_h = P \cdot n$ | 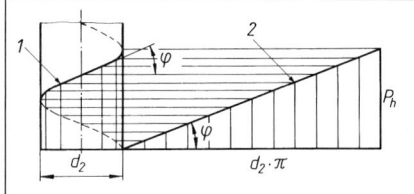 **1** Schraubenlinie<br>**2** abgewickelte Schraubenlinie<br><br>$P$ für metrisches Regel- und Feingewinde<br>s. TB 8-1 und TB 8-2 |

| Nr. | Formel | Hinweise |
|---|---|---|
| | **Vorauslegung vorgespannter Schraubenverbindungen** (s. auch Ablaufplan A 8-1) | |
| 2 | erforderlicher Spannungs- bzw. Taillenquerschnitt $$A_s \text{ bzw. } A_T \geq \frac{F_B + F_{Kl}}{\frac{R_{p0,2}}{\kappa \cdot k_A} - \beta \cdot E \cdot \frac{f_Z}{l_k}}$$ | $f_Z$ nach Nr. 22<br>mittlerer Wert: 0,011 mm<br>Nachgiebigkeitsfaktor $\beta$:<br>1,1 für Schaftschrauben<br>   (z. B. DIN EN ISO 4014)<br>0,8 für Ganzgewindeschrauben<br>   (z. B. DIN EN ISO 4017)<br>0,6 für Dehnschrauben mit $d_T \approx 0{,}9 d_3$<br>Reduktionsfaktor $\kappa$ ($= \sigma_{red}/\sigma_{VM}$)<br><br>| | $\mu_G$ | 0,08 | 0,10 | 0,12 | 0,14 | 0,20 |<br>\|---\|---\|---\|---\|---\|---\|---\|<br>\| $\kappa$ \| Schaftschraube \| 1,11 \| 1,15 \| 1,19 \| 1,24 \| 1,41 \|<br>\| \| Dehnschraube \| 1,15 \| 1,20 \| 1,25 \| 1,32 \| 1,52 \|<br><br>$\mu_G$ nach TB 8-12b<br>$k_A$ nach TB 8-11<br>$R_{p0,2}$ nach TB 8-4 |
| 3 | Ausschlagspannung $$\sigma_a \approx \pm k \frac{F_{Bo} - F_{Bu}}{A_s} \leq \sigma_A$$ | \| Bauteilwerkstoff \| Stahl \| Grauguss \| Al \|<br>\|---\|---\|---\|---\|<br>\| $k$ \| 0,1 \| 0,125 \| 0,15 \|<br><br>$A_s$ nach TB 8-1 bzw. TB 8-2<br>$\sigma_A$ nach Nr. 25 bzw. 26 |
| 4 | Flächenpressung $$p \approx \frac{F_{sp}/0{,}9}{A_p} \leq p_G$$ | $F_{sp}$ nach TB 8-14<br>$A_p$ nach TB 8-8 und TB 8-9<br>$p_G$ nach TB 8-10 |
| | **Kraft- und Verformungsverhältnisse bei vorgespannten Schraubenverbindungen** | |
| 5 | elastische Längenänderung $$f = \varepsilon \cdot l = \frac{l \cdot \sigma}{E} = \frac{F \cdot l}{E \cdot A}$$ | – Schraubenkopf: $\delta_K = \dfrac{0{,}4 d}{E_S \cdot A_N}$ |
| 6 | elastische Nachgiebigkeit $$\delta = \frac{1}{C} = \frac{f}{F} = \frac{1}{E} \frac{l}{A}$$ | – Schaft und nicht eingeschraubtes Gewinde (bei Gewinde $A_i \triangleq A_3$): $$\delta_i = \frac{l_i}{E_S \cdot A_i}$$ |

# 8 Schraubenverbindungen

| Nr. | Formel | Hinweise |
|---|---|---|
| 7 | elastische Nachgiebigkeit der Schraube $\delta_S = \delta_K + \delta_1 + \delta_2 + \delta_3 + \ldots + \delta_G + \delta_M$ | – eingeschraubtes Schraubengewinde: $\delta_G = \dfrac{0{,}5d}{E_S \cdot A_3}$ <br> – Mutter: $\delta_M = \dfrac{0{,}4d}{E_S \cdot A_N}$ |
| 8 | $\delta_S = \dfrac{f_S}{F_V} = \dfrac{1}{E_S}\left(\dfrac{0{,}4d}{A_N} + \dfrac{l_1}{A_1} + \dfrac{l_2}{A_2} + \dfrac{l_3}{A_3} + \dfrac{0{,}5d}{A_3} + \dfrac{0{,}4d}{A_N}\right)$ | $E_S$ nach TB 1-1 bis TB 1-3, für Stahl: $E_S = 210\,000$ N/mm² <br> $A_3$ nach TB 8-1 bzw. TB 8-2 <br> $A_N = \dfrac{\pi \cdot d^2}{4}$ |
| 9 | elastische Nachgiebigkeit der verspannten Teile $\delta_T = \dfrac{f_T}{F_V} = \dfrac{l_k}{A_{ers} \cdot E_T}$ | |
| 10 | mit Ersatzquerschnitt <br> – bei $d_w \leq D_A \leq d_w + l_k$ <br> $A_{ers} = \dfrac{\pi}{4}(d_w^2 - d_h^2) + \dfrac{\pi}{8} \cdot d_w (D_A - d_w) \cdot [(x+1)^2 - 1]$ <br> wobei $x = \sqrt[3]{\dfrac{l_k \cdot d_w}{D_A^2}}$ | |
| 11 | – bei $D_A < d_w$ <br> $A_{ers} = \dfrac{\pi}{4}(D_A^2 - d_h^2)$ | Außendurchmesser der ebenen Kopfauflagefläche $d_w$ näherungsweise gleich Kopfdurchmesser bzw. Schlüsselweite. Genauwerte s. Normen. |
| 12 | – bei $D_A > d_w + l_k$ <br> $A_{ers} = \dfrac{\pi}{4}\cdot(d_w^2 - d_h^2) + \dfrac{\pi}{8}\cdot d_w \cdot l_k \cdot [(x+1)^2 - 1]$ <br> wobei $x = \sqrt[3]{\dfrac{l_k \cdot d_w}{(d_w + l_k)^2}}$ | $d_h$ nach DIN EN 20273, s. TB 8-8 <br> Für von der Kreisform abweichende Trennfugenfläche empfiehlt es sich, für $D_A$ den Durchmesser des Innenkreises zu setzen. <br> $E_T$ nach TB 1-1 bis TB 1-3, für Stahl: $E_T = 210\,000$ N/mm² |

# 8 Schraubenverbindungen

| Nr. | Formel | Hinweise |
|---|---|---|
| 13 | Zusatzkraft für die Schraube infolge der axialen Betriebskraft $$F_{BS} = F_B \frac{\delta_T}{\delta_S + \delta_T} = F_B \cdot \Phi$$ | Verspannungsschaubild<br>– mit schwellender Betriebszugkraft $F_B$ |
| 14 | Anteil der axialen Betriebskraft der die verspannten Teile entlastet $$F_{BT} = F_B - F_{BS} = F_B(1 - \Phi)$$ $$= F_B \frac{\delta_S}{\delta_S + \delta_T}$$ | |
| 15 | Klemmkraft in der Trennfuge $$F_{Kl} = F_V - F_{BT} = F_V - F_B(1 - \Phi)$$ | |
| 16 | Gesamtschraubenkraft $$F_{S\,ges} = F_V + F_{BS} = F_{Kl} + F_B$$ | |
| 17 | Ausschlagkraft bei schwingender Belastung der Schraube $$F_a = \pm \frac{F_{BSo} - F_{BSu}}{2}$$ $$= \pm \frac{F_{Bo} - F_{Bu}}{2} \cdot \Phi$$ | – mit Hauptdimensionierungsgrößen |
| 18 | Mittelkraft $$F_m = F_V + \frac{F_{Bo} + F_{Bu}}{2} \cdot \Phi$$ | – – Montagezustand |
| 19 | Kraftverhältnis $$\Phi = n \cdot \Phi_k = n \frac{\delta_T}{\delta_S + \delta_T}$$ | Richtwerte $n$ für die Höhe der Krafteinleitung |
| 20 | erforderliche Klemmkraft/Schraube bei querbeanspruchten reibschlüssigen Schraubenverbindungen $$F_{Kl} = \frac{F_{Q\,ges}}{\mu \cdot z}$$ | $n \approx 0{,}7 \quad n \approx 0{,}5 \quad n \approx 0{,}3$<br>$\mu$ nach TB 4-1 |
| **Setzverhalten der Schraubenverbindungen** | | |
| 21 | Vorspannkraftverlust infolge Setzens $$F_Z = \frac{f_Z}{\delta_S + \delta_T} = \frac{f_Z}{\delta_T} \Phi_k = \frac{f_Z}{\delta_S}(1 - \Phi_k)$$ | $$\Phi_k = \frac{\delta_T}{\delta_S + \delta_T}$$ $f_Z$ nach TB 8-10a |

# 8 Schraubenverbindungen

| Nr. | Formel | Hinweise |
|---|---|---|
|  | **Dauerhaltbarkeit der Schraubenverbindungen, dynamische Sicherheit** | |
| 22 | Dauerschwingbeanspruchung der Schraube (Ausschlagspannung) $$\sigma_a = \pm\frac{F_a}{A_s} \leq \sigma_A$$ | $A_s$ nach TB 8-1 bzw. TB 8-2 Nachweis der dynamischen Sicherheit s. auch Ablaufplan A 8-5 |
| 23 | Ausschlagfestigkeit bei — schlussvergütetem Gewinde (SV) $$\sigma_{A(SV)} \approx \pm 0{,}85\left(\frac{150}{d}+45\right)$$ | gültig für Festigkeitsklassen 8.8 bis 12.9 $$\begin{array}{c\|c}\sigma_{A(SV)} & d \\ \hline \text{N/mm}^2 & \text{mm}\end{array}$$ |
| 24 | — schlussgewalztem Gewinde (SG) $$\sigma_{A(SG)} \approx \pm\left(2-\frac{F_m}{F_{0,2}}\right)\cdot\sigma_{A(SV)}$$ | $F_m$ nach Nr. 18 $F_{0,2} = A_s \cdot R_{p0,2}$ (Bei Dehnschrauben $A_T$ für $A_s$) |
| 25 | dynamische Sicherheit $$S_D = \frac{\sigma_A}{\sigma_a} \geq S_{D\,erf}$$ | $S_{D\,erf} \geq 1{,}2$ |
|  | **Anziehen der Schraubenverbindungen** | |
| 26 | Gewindemoment $$M_G = F_u \cdot d_2/2$$ $$= F_{VM} \cdot d_2/2 \cdot \tan(\varphi \pm \varrho')$$ | $\varrho'$ aus $\tan\varrho' = \mu_G' = \mu_G/\cos(\beta/2) = 1{,}155\cdot\mu_G$ bei metrischen Gewinden mit $\beta = 60°$ $M_G = F_{VM}\cdot(0{,}159\cdot P + 0{,}577\cdot\mu_G\cdot d_2)$ |
| 27 | Anziehdrehmoment, allgemein $$M_A = F_{VM}[d_2/2\cdot\tan(\varphi+\varrho') + \mu_K\cdot d_K/2]$$ | $P$, $d_2$ und $\varphi$ nach TB 8-1 und TB 8-2 $\mu_{ges}$, $\mu_G$ und $\mu_K$ nach TB 8-12 |
| 28 | Anziehdrehmoment bei Schrauben mit metrischem Gewinde $$M_A = F_{VM}(0{,}159P + 0{,}577\cdot\mu_G\cdot d_2 + \mu_K\cdot d_K/2)$$ | $d_w$ näherungsweise gleich Kopfdurchmesser bzw. Schlüsselweite; überschlägig: $d_w \approx 1{,}4d$ (mit $d$ als Nenndurchmesser der Schraube). Genauwerte s. Normen. |
| 29 | Anziehdremoment bei metrischem Gewinde und $\mu_G = \mu_K = \mu_{ges}$ $$M_A = 0{,}5\cdot F_{VM}\cdot d_2\left[\mu_{ges}\cdot\left(\frac{1}{\cos(\beta/2)} + \frac{d_w+d_h}{2\cdot d_2}\right) + \tan\varphi\right]$$ | $d_K/2 \approx (d_w+d_h)/4$, überschlägig für Sechskant- und Zylinderschrauben: $d_K/2 \approx 0{,}65d$ $d_h$ nach DIN EN 20273, s. TB 8-8 |
| 30 | $$M_A = F_{VM}[0{,}159P + \mu_{ges}(0{,}577d_2 + d_K/2)]$$ | |

| Nr. | Formel | Hinweise |
|---|---|---|
| 31 | Anziehdrehmoment für Befestigungsschrauben (Faustformel) $M_A \approx 0{,}17 \cdot F_{VM} \cdot d$  $M_A \approx 0{,}9 \cdot M_{sp}$ für $k_A = 4$ | $\begin{array}{c\|c\|c} M_A & F_{VM} & d \\ \hline Nm & kN & mm \end{array}$ |
| | **Montagevorspannkraft** | |
| 32 | – Hauptdimensionierungsformel $F_{VM} = k_A \cdot F_{V\,min}$ $= k_A[F_{Kl} + F_B(1-\Phi) + F_Z]$ | Gesucht wird eine Schraube (Durchmesser und Festigkeitsklasse) nach TB 8-14 für die $F_{sp} \geq F_{VM}$ ist. $k_A$ nach TB 8-11 $\Phi$ nach Nr. 19 $F_Z$ nach Nr. 21 |
| 33 | – keine Betriebskraft in Längsrichtung der Schraube $F_{VM} = k_A(F_{Kl} + F_Z)$ | Berechnung der Montagevorspannkraft s. auch Ablaufplan A 8-2 |
| | **Beanspruchung der Schraube beim Anziehen** | |
| 34 | Vergleichsspannung $\sigma_{red} = \sqrt{\sigma_M^2 + 3\tau_t^2} \leq \nu \cdot R_{p0,2}$ | $\tau_t = M_G/W_t$ $M_G$ nach Nr. 26 und 28 $W_t = \pi \cdot d_0^3/12$ $R_{p0,2}$ nach TB 8-4 $P$, $d_2$, $d_3$ und $A_s$ nach TB 8-1 und TB 8-2 $\nu = 0{,}9$ bei 90%iger Ausnutzung der Mindestdehngrenze |
| 35 | Montagezugspannung $\sigma_M = \dfrac{\nu \cdot R_{p0,2}}{\sqrt{1 + 3\left[\dfrac{3}{d_0}(0{,}159P + 0{,}577 \cdot \mu_G \cdot d_2)\right]^2}}$ | $\mu_G$ nach TB 8-12b Für $d_0$ setze man für – Schaftschrauben: $d_s = (d_2 + d_3)/2$ – Dehnschrauben: $d_T \approx 0{,}9d_3$ |
| 36 | Spannkraft – für Schaftschrauben ($d \geq d_s$) $F_{sp} = F_{VM90} = \sigma_M \cdot A_s$ $= \sigma_M \dfrac{\pi}{4}\left(\dfrac{d_2 + d_3}{2}\right)^2$ | Spannkräfte $F_{sp}$ und zugehörige Spannmomente $M_{sp}$ für Schaft- und Dehnschrauben bei verschiedenen Gesamtreibungszahlen $\mu_{ges}$ s. TB 8-14. |
| 37 | – für Dehnschrauben ($d_T < d_s$) $F_{sp} = F_{VM90} = \sigma_M \cdot A_T$ $= \sigma_M \cdot (\pi/4) \cdot d_T^2$ | $d_T \approx 0{,}9d_3$ |

# 8 Schraubenverbindungen

| Nr. | Formel | Hinweise |
|---|---|---|
|  | **Einhaltung der maximal zulässigen Schraubenkraft** (s. auch Ablaufplan A 8-4) | |
| 38 | Die maximal zulässige Schraubenkraft wird nicht überschritten, wenn die Zusatzkraft<br>— bei Schaftschrauben<br>$F_{BS} = \Phi \cdot F_B \leq 0{,}1 \cdot R_{p0,2} \cdot A_s$ | $R_{p0,2}$ nach TB 8-4<br>$\Phi$ nach Nr. 19<br>$A_s$ nach TB 8-1 und TB 8-2 |
| 39 | — bei Dehnschrauben<br>$F_{BS} = \Phi \cdot F_B \leq 0{,}1 \cdot R_{p0,2} \cdot A_T$ | $A_T = (\pi/4) \cdot d_T^2$, wobei $d_T \approx 0{,}9 d_3$ |
|  | **statische Sicherheit** (s. auch Ablaufplan A 8-3) | |
| 40 | Vergleichsspannung<br>$\sigma_{red} = \sqrt{\sigma_{z\,max}^2 + 3(k_\tau \cdot \tau_t)^2}$<br>mit maximaler Zugspannung<br>$\sigma_{z\,max} = F_{s\,ges}/A_0$<br>$= (F_{VM} + \Phi \cdot F_B)/A_0$ | $k_\tau \approx 0{,}5$<br>$\tau_t = M_G/W_t$<br>$M_G$ nach Nr. 26<br>$W_t = \pi \cdot d_0^3/16$<br>$d_0$ s. Nr. 35<br>$A_0 = A_s$ bei Schaftschrauben<br>$A_0 = A_T$ bei Dehnschrauben s. Nr. 38 und 39 |
| 41 | statische Sicherheit<br>$S_F = \dfrac{R_{p0,2}}{\sigma_{red}} \geq S_{F\,erf}$ | |
|  | **Flächenpressung an den Auflageflächen** | |
| 42 | Flächenpressung<br>— bei elastischem Anziehen<br>$p = \dfrac{F_{sp} + \Phi \cdot F_B}{A_p} \approx \dfrac{F_{sp}/0{,}9}{A_p} \leq p_G$ | $F_{sp}$ nach TB 8-14<br>$A_p$ nach TB 8-8 und TB 8-9<br>$\Phi$ nach Nr. 19<br>$p_G$ nach TB 8-10b |
| 43 | — bei streckgrenz- und drehwinkelgesteuertem Anziehen<br>$p \approx 1{,}2 \, \dfrac{F_{sp}/0{,}9}{A_p} \leq p_G$ | |
|  | **Berechnung nicht vorgespannter Schrauben im Maschinenbau** | |
| 44 | erforderlicher Spannungsquerschnitt<br>— statische Belastung<br>$A_s \geq \dfrac{F}{\sigma_{z(d)zul}} = \dfrac{F \cdot S}{R_{p0,2}}$<br>— dynamische Belastung<br>$A_s \geq \dfrac{F_a}{\sigma_A} = \dfrac{F_{Bo} - F_{Bu}}{2 \cdot \sigma_A}$ | $S = 1{,}5$ bei „Anziehen unter Last", sonst $S = 1{,}25$<br>$R_{p0,2}$ nach TB 8-4<br>$\sigma_A$ s. Nr. 23 und 24 |

## Schraubenverbindungen im Stahlbau

| Formelzeichen | Einheit | Benennung |
|---|---|---|
| $A$ | mm² | Schaftquerschnittsfläche der Schraube, Stabquerschnittsfläche |
| $A_n$ | mm² | nutzbare Stabquerschnittsfläche in der ungünstigsten Risslinie |
| $d, d_{Sch}$ | mm | Schaftdurchmesser, Passschaftdurchmesser |
| $e, e_1, e_2, e_3$ | mm | Rand- und Lochabstände der Schrauben |
| $F$ | N | Kraft, allgemein |
| $F_{max}$ | N | größte, tangential gerichtete Schraubenkraft bei momentbelasteten Anschlüssen |
| $F_{res}$ | N | resultierende Schraubenkraft in momentbelasteten Anschlüssen |
| $F_V$ | N | Vorspannkraft in der Schraube |
| $F_x, F_y$ | N | auf einen momentbelasteten Anschluss wirkende Normal- bzw. Querkraft |
| $F_{xges}, F_{yges}$ | N | waagerechte bzw. senkrechte Komponente der Schraubenkraft in momentbelasteten Anschlüssen |
| $F_z$ | N | in Richtung der Schraubenachse wirkende Zugkraft je Schraube |
| $F_{zul}$ | N | zulässige übertragbare Kraft je Schraube und je Scher- bzw. Reibungsfläche |
| $l_1, l_2 \ldots$ | mm | bei Konsolanschlüssen Abstände der zugbeanspruchten Schrauben vom Druckmittelpunkt |
| $M_b$ | Nm | Biegemoment |
| $M_S$ | Nm | Anschlussmoment im Schwerpunkt $S$ der Schraubenverbindung bei momentbelasteten Anschlüssen |
| $m$ | 1 | Anzahl der Scher- bzw. Reibungsflächen zwischen den verschraubten Bauteilen |
| $n$ | 1 | Anzahl der Schrauben |
| $r$ | mm | direkter Abstand der Schraube vom Schwerpunkt der Verbindung |
| $r_{max}$ | mm | Abstand der am weitesten vom Schwerpunkt entfernten Schraube |
| $S_M$ | 1 | Teilsicherheitsbeiwert |
| $t_{min}$ | mm | kleinste Summe der Bauteildicken mit in gleicher Richtung wirkendem Lochleibungsdruck |
| $v$ | 1 | Schwächungsverhältnis (Verhältnis der geschwächten zur ungeschwächten Querschnittsfläche eines Stabes) |
| $x, y$ | mm | Koordinatenabstände der Schrauben vom Schwerpunkt der Verbindung |
| $x_{max}, y_{max}$ | mm | Koordinatenabstand der am weitesten vom Schwerpunkt der Verbindung entfernten Schraube |

# 8 Schraubenverbindungen

| Formelzeichen | Einheit | Benennung |
|---|---|---|
| $z$ | 1 | Anzahl der von der größten Zugkraft beanspruchten Schrauben in Konsolanschlüssen |
| $\alpha_a$ | 1 | Festigkeitsfaktor |
| $\alpha_l$ | 1 | Abstandsfaktor |
| $\mu$ | 1 | Reibungszahl |
| $\sigma_l$ | N/mm² | Lochleibungsdruck zwischen Schraube und Lochwand |
| $\sigma_{l\,zul}$ | N/mm² | zulässiger Lochleibungsdruck |
| $\sigma_z, \sigma_{z\,zul}$ | N/mm² | Zugspannung, zulässige Zugspannung |
| $\tau_s, \tau_{s\,zul}$ | N/mm² | Abscherspannung im Schraubenschaft, zulässige Abscherspannung |

| Nr. | Formel | Hinweise |
|---|---|---|
| | **Schraubenverbindungen im Stahlbau** | |
| | Im Stahlbau muss bei Verschraubungen ein Tragfähigkeitsnachweis auf Abscheren und Lochleibungsdruck und zusätzlich bei gleitfesten planmäßig vorgespannten Verbindungen (GV- und GVP-Verbindungen) ein Gebrauchstauglichkeitsnachweis gegen Gleiten durchgeführt werden. Bei auf Zug und Abscheren beanspruchten Schrauben ist ein Interaktionsnachweis zu führen. Bei zugbeanspruchten Bauteilen sind Querschnittsschwächungen zu berücksichtigen. Die Grenztragfähigkeit eines geschraubten Anschlusses ergibt sich aus Tragfähigkeit der Bauteile und der Schrauben. Der kleinere Wert ist entscheidend. Die Grenzabscherkräfte und Grenzlochleibungskräfte innerhalb eines Anschlusses dürfen addiert werden. Mit der Annahme gleichmäßiger Verteilung der Schraubenkräfte in einem Anschluss liegt man auf der sicheren Seite. | |
| | **Zug- und Druckstabanschlüsse im Stahlbau** | |
| | **Scher-Lochleibungsverbindungen** | |
| 45 | Abscherspannung $$\tau_s = \frac{F}{A} \leq \tau_{s\,zul}$$ | |
| 46 | Lochleibungsdruck $$\sigma_l = \frac{F}{d_{Sch} \cdot t_{min}} \leq \sigma_{l\,zul}$$ | |

| Nr. | Formel | Hinweise |
|---|---|---|
| 47 | zulässige Abscherspannung<br>$\tau_{s\,zul} = \alpha_a \cdot R_m/S_M$ | Bei Senkschrauben für $t_{min}$ den größeren der beiden Werte $0,8t$ oder $t_s$ (zylindrische Länge des Schaftbereiches, ohne Kopfhöhe) setzen. |
| 48 | zulässiger Lochleibungsdruck<br>$\sigma_{l\,zul} = \alpha_l \cdot R_e/S_M$ | |
| 49 | Zugbeanspruchung in Richtung der Schraubenachse<br>$\sigma_z = \dfrac{F}{A} \leq \sigma_{z\,zul}$ | Kranbau, Alu-Konstruktionen:<br>– $A \stackrel{\wedge}{=} A_3$ bei Zugspannung<br>– $\tau_{s\,zul}$, $\sigma_{l\,zul}$, $\sigma_{z\,zul}$ nach TB 3-3b bzw. TB 3-4 |
| 50 | zulässige Zugspannung (Stahlbau)<br>$\sigma_{z\,zul} = R_e/(1,1 \cdot S_M)$ bzw.<br>$\sigma_{z\,zul} = R_m/(1,25 \cdot S_M)$<br>(der kleinere der beiden Werte) | Stahlbau:<br>– $A \stackrel{\wedge}{=} A_s$ oder $A_{Sch}$ bei Zug<br>– $R_e$, $R_m$ nach TB 8-4<br>– $S_M = 1,1$ |

| Festigkeitsklasse | $\alpha_a$ |
|---|---|
| 4.6, 5.6, 8.8 | 0,60 |
| 10.9 | 0,55 |
| 10.9 (Scherfuge im Gewinde) | 0,44 |

| Randabstand in Kraftrichtung ist maßgebend | |
|---|---|
| $e_2 \geq 1,5d$ und $e_3 \geq 3,0d$ | $\alpha_l = 1,1\dfrac{e_1}{d} - 0,3$ |
| $e_2 \geq 1,2d$ und $e_3 \geq 2,4d$ | $\alpha_l = 0,73\dfrac{e_1}{d} - 0,2$ |
| Lochabstand in Kraftrichtung ist maßgebend | |
| $e_2 \geq 1,5d$ und $e_3 \geq 3,0d$ | $\alpha_l = 1,08\dfrac{e}{d} - 0,77$ |
| $e_2 \geq 1,2d$ und $e_3 \geq 2,4d$ | $\alpha_l = 0,72\dfrac{e}{d} - 0,51$ |

Bei gleichzeitiger Beanspruchung auf Zug und Abscheren sind getrennte Nachweise nach Nr. 49 und 51 erforderlich.

| 51 | Interaktionsnachweis<br>$(\sigma_z/\sigma_{z\,zul})^2 + (\tau_s/\tau_{s\,zul})^2 \leq 1$ | |

# 8 Schraubenverbindungen

| Nr. | Formel | Hinweise |
|---|---|---|
|  | **Verbindungen mit hochfesten Schrauben** | |
| 52 | zulässige übertragbare Kraft einer Schraube je Reibungs- bzw. Scherfläche senkrecht zur Schraubenachse<br>— in GV-Verbindungen<br>$F_{zul} = \mu \dfrac{F_V}{1{,}15 \cdot S_M}$ | $F_V$ nach TB 8-17<br>$\mu = 0{,}5$ bei entsprechender Reibflächenvorbereitung<br>$S_M = 1{,}0$ |
| 53 | — in gleichzeitig zugbeanspruchten GV- bzw. GVP-Verbindungen<br>$F_{zul} = \mu \dfrac{F_V - F_z}{1{,}15 \cdot S_M}$ | |
| 54 | erforderliche Schraubenanzahl<br>$n \geq \dfrac{F}{F_V} \cdot \dfrac{1{,}15 \cdot S_M}{\mu \cdot m}$ | |
|  | **Berechnung der Bauteile** | |
| 55 | Zugspannung im gelochten Stab<br>$\sigma_z = \dfrac{F}{A_n} \leq \sigma_{z\,zul}$ | Bei GV-Verbindungen und Einschrauben-Anschlüssen beachte Hinweise im Lehrbuch |
| 56 | erforderliche ungeschwächte Stabquerschnittsfläche<br>$A \approx \dfrac{F}{v \cdot \sigma_{z\,zul}}$ | $v \approx 0{,}8$<br>$\sigma_{z\,zul}$<br>Kranbau nach TB 3-3a<br>Stahlbau $= R_e/S_M$ mit $R_e$ nach TB 6-5 und $S_M = 1{,}1$<br>nicht geregelter Bereich $= R_m/S$ mit $R_m$ nach TB 1-1a und $S \approx 2{,}0$<br>Berechnung der Zug- und Druckstäbe s. unter 6. Schweißverbindungen, Nr. 1 bis 8 |

| Nr. | Formel | Hinweise |
|---|---|---|
| | **Moment(schub)belastete Anschlüsse** | |
| 57 | Für die am höchsten belastete äußere Schraube beträgt<br>– die tangential gerichtete Schraubenkraft<br>$$F_{max} = F_1 = \frac{M_S \cdot r_{max}}{\Sigma r^2} = \frac{M_S \cdot r_{max}}{\Sigma (x^2 + y^2)}$$ | |
| 58 | – die waagerechte Komponente der Schraubenkraft<br>$$F_{x\,ges} = F_{max} \cdot \frac{y_{max}}{r_{max}} + \frac{F_x}{n}$$<br>$$= \frac{M_S \cdot y_{max}}{\Sigma (x^2 + y^2)} + \frac{F_x}{n}$$ | |
| 59 | – die senkrechte Komponente der Schraubenkraft<br>$$F_{y\,ges} = F_{max} \cdot \frac{x_{max}}{r_{max}} + \frac{F_y}{n}$$<br>$$= \frac{M_S \cdot x_{max}}{\Sigma (x^2 + y^2)} + \frac{F_y}{n}$$ | |
| 60 | – die resultierende Schraubenkraft<br>$$F_{res} = \sqrt{F_{x\,ges}^2 + F_{y\,ges}^2}$$ | |
| | **Konsolanschlüsse** | |
| 61 | größte Zugkraft in einer Schraube<br>$$F_{max} = \frac{M_b}{z} \cdot \frac{l_1}{l_1^2 + l_2^2 + \ldots + l_n^2}$$ | $\sigma_{z\,zul}$ nach Nr. 49 bzw. 50<br>$A$ nach Nr. 49<br>$M_b = F \cdot l_a$ |
| 62 | größte Zugbeanspruchung in einer Schraube<br>$$\sigma_z = \frac{F_{max}}{A} \leq \sigma_{z\,zul}$$ | |

# 8 Schraubenverbindungen

## Bewegungsschrauben

| Formelzeichen | Einheit | Benennung |
|---|---|---|
| $A_3$ | mm² | Kernquerschnitt des Schraubengewindes |
| $d_L$ | mm | mittlerer Durchmesser Spindelauflage – Reibfläche |
| $d_2$ | mm | Flankendurchmesser des Schraubengewindes |
| $d_3$ | mm | Kerndurchmesser des Schraubengewindes |
| $E$ | N/mm² | Elastizitätsmodul des Schraubenwerkstoffes |
| $F$ | N | Druck-(Zug-)kraft in der Spindel |
| $H_1$ | mm | Flankenüberdeckung des Gewindes |
| $l_k$ | mm | rechnerische Knicklänge |
| $l_1$ | mm | Länge des Muttergewindes |
| $n$ | 1 | Gangzahl |
| $P$ | mm | Steigung bei eingängigen Gewinden bzw. Teilung bei mehrgängigen Gewinden |
| $P_h$ | mm | Steigung bei mehrgängigen Gewinden |
| $p, p_{zul}$ | N/mm² | Flächenpressung, zul. Flächenpressung der Gewindeflanken |
| $R_{p0,2}, R_e$ | N/mm² | 0,2 %-Dehn- bzw. Streckgrenze des Schraubenwerkstoffes |
| $S$ | 1 | Sicherheit |
| $S_{erf}$ | 1 | erforderliche Sicherheit |
| $T$ | Nm | Torsionsmoment, Drehmoment |
| $W_t$ | mm³ | polares Widerstandsmoment |
| $\alpha_0$ | 1 | Anstrengungsverhältnis |
| $\eta$ | 1 | Wirkungsgrad der Schraube |
| $\lambda$ | 1 | Schlankheitsgrad der Gewindespindel |
| $\lambda_0$ | 1 | Grenzschlankheit (Übergang vom elastischen in den unelastischen Bereich) |
| $\mu_L$ | 1 | Reibungszahl der Spindelauflage – Reibfläche |
| $\varrho'$ | ° | Reibungswinkel des Gewindes |
| $\sigma_{d(z)}, \sigma_{d(z)zul}$ | N/mm² | Druck-(Zug-)spannung, zulässige Druck-(Zug-)spannung |
| $\sigma_K$ | N/mm² | Knickspannung |
| $\sigma_v$ | N/mm² | Vergleichsspannung |
| $\sigma_{vorh}$ | N/mm² | vorhandene Spannung |
| $\sigma_z, \sigma_{z\,zul}$ | N/mm² | Zugspannung, zulässige Zugspannung |
| $\tau_t, \tau_{t\,zul}$ | N/mm² | Verdrehspannung, zulässige Verdrehspannung |
| $\varphi$ | ° | Steigungswinkel des Schraubengewindes; Faktor für Anstrengungsverhältnis |

| Nr. | Formel | Hinweise |
|---|---|---|

**Bewegungsschrauben**
Bewegungsschrauben müssen auf Festigkeit (Zug/Druck und Verdrehung) und Knickung überprüft werden. Beim Festigkeitsnachweis kann zweckmäßig zwischen Beanspruchungsfall 1 (linkes Bild) und 2 (rechtes Bild) unterschieden werden. Beanspruchungsfall 1 liegt vor, wenn die Reibung an der Auflage $A$ sehr klein ist, wodurch das Verdrehmoment vernachlässigbar wird.

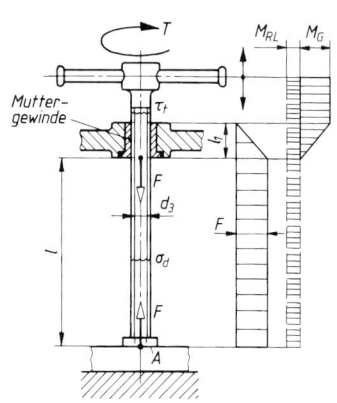

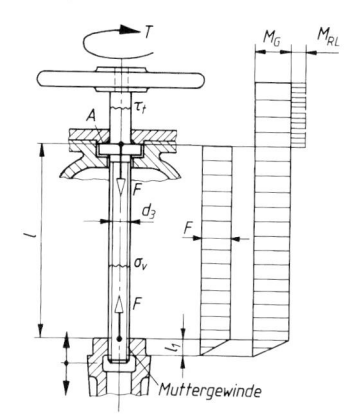

**Entwurf**

| 63 | erforderlicher Kernquerschnitt nicht knickgefährdeter Schrauben $$A_3 \geq \frac{F}{\sigma_{d(z)\,zul}}$$ | ruhende Belastung: $\sigma_{d(z)\,zul} = R_e(R_{p0,2})/1{,}5$ Schwellbelastung: $\sigma_{d(z)\,zul} = \sigma_{zd\,Sch}/2$ Wechselbelastung: $\sigma_{d(z)\,zul} = \sigma_{z\,dW}/2$ $R_e$ bzw. $R_{p0,2}$ nach TB 1-1 bzw. TB 8-4 $\sigma_{zd\,Sch}$ und $\sigma_{z\,dW}$ nach TB 1-1 |
| 64 | erforderlicher Kerndurchmesser langer, druckbeanspruchter Schrauben $$d_3 = \sqrt[4]{\frac{64 \cdot F \cdot S \cdot l_k^2}{\pi^3 \cdot E}}$$ | $S \approx 6 \ldots 8$ $l_k \approx 0{,}7 \cdot l$ (Euler-Knickfall 3) bei geführten Spindeln Gewindegröße z. B. nach TB 8-3 wählen |

**Nachprüfung auf Festigkeit** (s. auch Ablaufplan A 8-6)

| 65 | Verdrehspannung $$\tau_t = \frac{T}{W_t} \leq \tau_{t\,zul}$$ | ruhende Belastung: $\tau_{t\,zul} = \tau_{tF}/1{,}5$ Schwellbelastung: $\tau_{t\,zul} = \tau_{t\,Sch}/2$ Wechselbelastung: $\tau_{t\,zul} = \tau_{t\,W}/2$ $\tau_{tF} \approx 1{,}2 R_{p0,2}/\sqrt{3}$ $\tau_{t\,Sch}$ und $\tau_{t\,W}$ nach TB 1-1 $W_t = \frac{\pi}{16} \cdot d_3^3$ |
| 66 | Druck-(Zug-)spannung $$\sigma_{d(z)} = \frac{F}{A_3} \leq \sigma_{d(z)\,zul}$$ | $\sigma_{d(z)\,zul}$ wie zu Nr. 63 |

# 8 Schraubenverbindungen

| Nr. | Formel | Hinweise |
|---|---|---|
| 67 | Vergleichsspannung $$\sigma_v = \sqrt{\sigma_{d(z)}^2 + 3\left(\frac{\sigma_{d(z)\,zul}}{\varphi \cdot \tau_{t\,zul}} \cdot \tau_t\right)^2}$$ $$\sigma_v = \sqrt{\sigma_{d(z)}^2 + 3\left(\alpha_0 \cdot \tau_t\right)^2} \leq \sigma_{d(z)\,zul}$$ | $\alpha_0 = 1$, wenn $\sigma_{d(z)}$ und $\tau_t$ im gleichen Belastungsfall $\varphi = 1{,}73$ $\sigma_{d(z)\,zul}/\tau_{t\,zul} \approx 1{,}73$ Regelfall $\sigma_{d(z)\,zul}$ wie zu Nr. 63 |
| 68 | erforderliches Drehmoment (Gewindemoment) $$T = F \cdot d_2/2 \cdot \tan(\varphi \pm \varrho')$$ | Werkstoff der Mutter (Spindel: St) / $\varrho'$  Gusseisen — trocken 12°, geschmiert 6°  CuZn- und CuSn-Leg. — trocken 10°, geschmiert 6°  Spezialkunststoff — trocken 6°, geschmiert 2,5°  $\varphi$ nach Nr. 1 |
| | **Nachprüfung auf Knickung** (s. auch Ablaufplan A 8-7) | |
| 69 | Schlankheitsgrad der Spindel $$\lambda = \frac{4 \cdot l_k}{d_3}$$ | $l_k$ wie zu Nr. 64 |
| 70 | Knickspannung nach Euler $$\sigma_K = \frac{E \cdot \pi^2}{\lambda^2} \approx \frac{12 \cdot 10^5}{\lambda^2}$$ | gilt wenn $\lambda \geq 105$ (S235) bzw. $\lambda \geq 89$ (E295 und E335) |
| 71 | Knickspannung nach Tetmajer für S235 ($\lambda < 105$) $$\sigma_K = 310 - 1{,}14 \cdot \lambda$$ | in N/mm² |
| 72 | Knickspannung nach Tetmajer für E295 und E335 ($\lambda < 89$) $$\sigma_K = 335 - 0{,}62 \cdot \lambda$$ | in N/mm² |
| 73 | Sicherheit gegen Knicken $$S = \frac{\sigma_K}{\sigma_{vorh}} \geq S_{erf}$$ | $S_{erf} \approx 3\ldots 6$ bei $\sigma_K$ nach Nr. 70 $S_{erf} \approx 4\ldots 2$ bei $\sigma_K$ nach Nr. 71 und Nr. 72 (je schlanker die Spindel umso höher die erforderliche Sicherheit) |
| 74 | Flächenpressung des Gewindes $$p = \frac{F \cdot P}{l_1 \cdot d_2 \cdot \pi \cdot H_1} \leq p_{zul}$$ | $P$ = Gewindeteilung (bei mehrgängigen Gewinden ist $P = P_h/n$) $l_1 \leq 2{,}5d$ einhalten $H_1$ z. B. nach TB 8-3 $p_{zul}$ nach TB 8-18 |
| 75 | Wirkungsgrad $$\eta = \frac{\tan \varphi}{\tan(\varphi + \varrho')}$$ | $\varphi$ nach Nr. 1 $\varrho'$ wie zu Nr. 68 |

# 8 Schraubenverbindungen

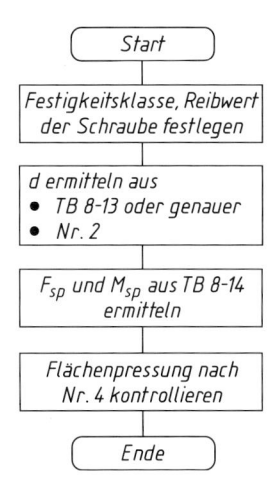

```
        ┌─────────────┐
        │    Start    │
        └──────┬──────┘
   ┌───────────┴───────────┐
   │ Festigkeitsklasse, Reibwert│
   │  der Schraube festlegen │
   └───────────┬───────────┘
   ┌───────────┴───────────┐
   │ d ermitteln aus       │
   │ • TB 8-13 oder genauer│
   │ • Nr. 2               │
   └───────────┬───────────┘
   ┌───────────┴───────────┐
   │ F_sp und M_sp aus TB 8-14│
   │      ermitteln        │
   └───────────┬───────────┘
   ┌───────────┴───────────┐
   │ Flächenpressung nach  │
   │   Nr. 4 kontrollieren │
   └───────────┬───────────┘
        ┌──────┴──────┐
        │    Ende     │
        └─────────────┘
```

**A 8-1** Vorgehensweise beim Entwurf von Befestigungsschrauben

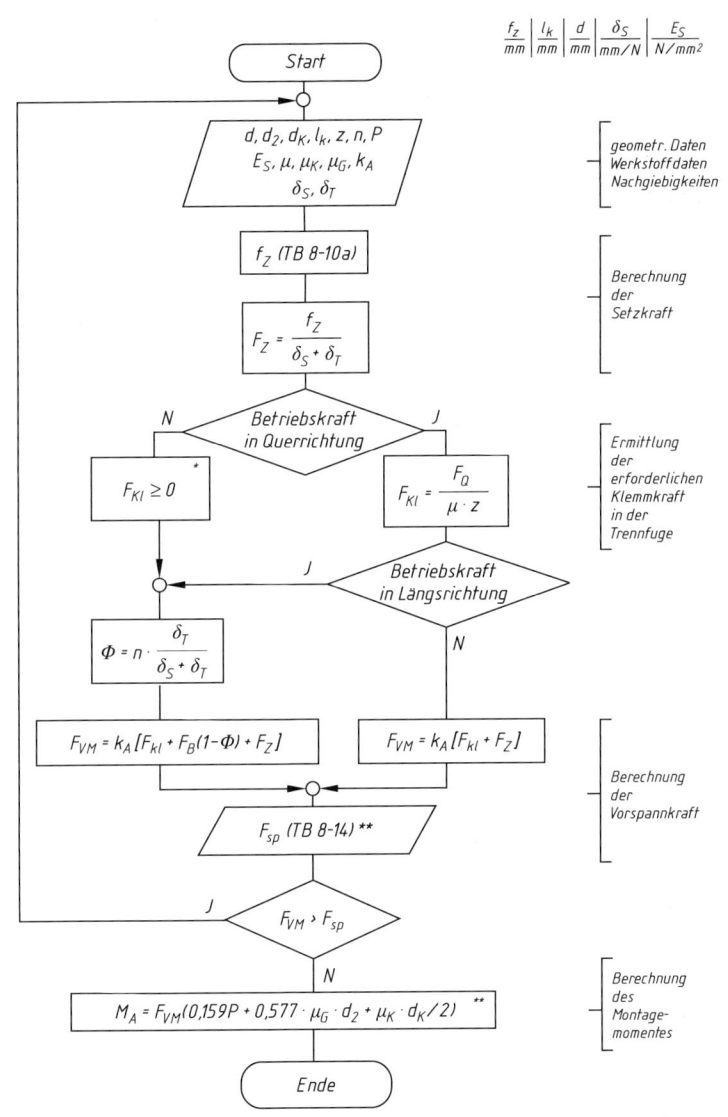

# 8 Schraubenverbindungen

$\frac{f_z}{mm} \left| \frac{l_k}{mm} \right| \frac{d}{mm} \left| \frac{\delta_S}{mm/N} \right| \frac{E_S}{N/mm^2}$

**Start**

$d, d_2, d_K, l_k, z, n, P$
$E_S, \mu, \mu_K, \mu_G, k_A$
$\delta_S, \delta_T$

— geometr. Daten
  Werkstoffdaten
  Nachgiebigkeiten

$f_Z$ (TB 8-10a)

$F_Z = \dfrac{f_Z}{\delta_S + \delta_T}$

— Berechnung der Setzkraft

Betriebskraft in Querrichtung — N / J

$F_{Kl} \geq 0$ *

$F_{Kl} = \dfrac{F_Q}{\mu \cdot z}$

— Ermittlung der erforderlichen Klemmkraft in der Trennfuge

Betriebskraft in Längsrichtung — J / N

$\Phi = n \cdot \dfrac{\delta_T}{\delta_S + \delta_T}$

$F_{VM} = k_A [F_{kl} + F_B (1-\Phi) + F_Z]$

$F_{VM} = k_A [F_{kl} + F_Z]$

$F_{sp}$ (TB 8-14) **

— Berechnung der Vorspannkraft

$F_{VM} > F_{sp}$ — J / N

$M_A = F_{VM}(0{,}159 P + 0{,}577 \cdot \mu_G \cdot d_2 + \mu_K \cdot d_K / 2)$ **

— Berechnung des Montagemomentes

**Ende**

---

\* Hat die Schraubenverbindung eine Dichtfunktion zu erfüllen, z. B. bei Druckbehälterverschraubungen, so ergibt sich die Klemmkraft aus der für die Dichtfunktion erforderlichen Kraft.

\*\* In der Regel sollte $F_{VM} = F_{sp}$ gewählt werden, auch wenn die berechnete Montagevorspannkraft $F_{VM}$ viel kleiner als $F_{sp}$ ist. Dann ist $M_A = M_{sp}$ aus TB 8-14.
Bei anderen Ausnutzungsgraden ν als 90% der Mindestdehngrenze $R_{p0,2}$ (z. B. bei drehwinkelgesteuertem Anziehen ν = 1,0) sind die Tabellenwerte aus TB 8-14 mit ν/0,9 zu multiplizieren.

```
                    ┌─────────┐
                    │  Start  │
                    └─────────┘
                         │
           ╱ d₂, d₃, d_T, P, μ_G           ╱
          ╱ F_B, F_Kl, F_Z, R_{p 0,2}, k_A, k_τ, n, δ_S, δ_T ╱
                         │
              J    ╱ Schaft- ╲    N
         ┌────────┤ schrauben├────────┐
         │         ╲         ╱        │
┌─────────────────┐               ┌─────────┐
│ d₀ = (d₂+d₃)/2  │               │ d₀ = d_T│
└─────────────────┘               └─────────┘
         │                             │
         └──────────────┬──────────────┘
                        │
                ┌───────────────┐
                │ A₀ = π·d₀²/4  │
                └───────────────┘
                        │
              ┌──────────────────┐
              │ Φ = n · δ_T/(δ_S+δ_T) │
              └──────────────────┘
                        │
         ┌─────────────────────────────────┐
         │ F_VM = k_A[F_Kl + F_B(1-Φ) + F_Z] │  *
         └─────────────────────────────────┘
```

$$d_0 = (d_2+d_3)/2 \quad \text{oder} \quad d_0 = d_T$$

$$A_0 = \frac{\pi \cdot d_0^2}{4}$$

$$\Phi = n \cdot \frac{\delta_T}{\delta_S + \delta_T}$$

$$F_{VM} = k_A[F_{Kl} + F_B(1-\Phi) + F_Z] \quad *$$

$$F_{S\,ges} = F_{VM} + \Phi \cdot F_B$$

$$\sigma_{z\,max} = \frac{F_{S\,ges}}{A_0}$$ ⎫ Zugspannung

$$M_G = F_{VM}(0{,}159 P + 0{,}577 \cdot \mu_G \cdot d_2)$$

$$\tau_t = \frac{M_G}{W_t} = \frac{16 \cdot M_G}{\pi \cdot d_0^3}$$ ⎫ Torsionsspannung

$$\sigma_{red} = \sqrt{\sigma_{z\,max}^2 + 3(k_\tau \cdot \tau_t)^2}$$

\* In der Regel $F_{VM} = F_{sp}$ wählen

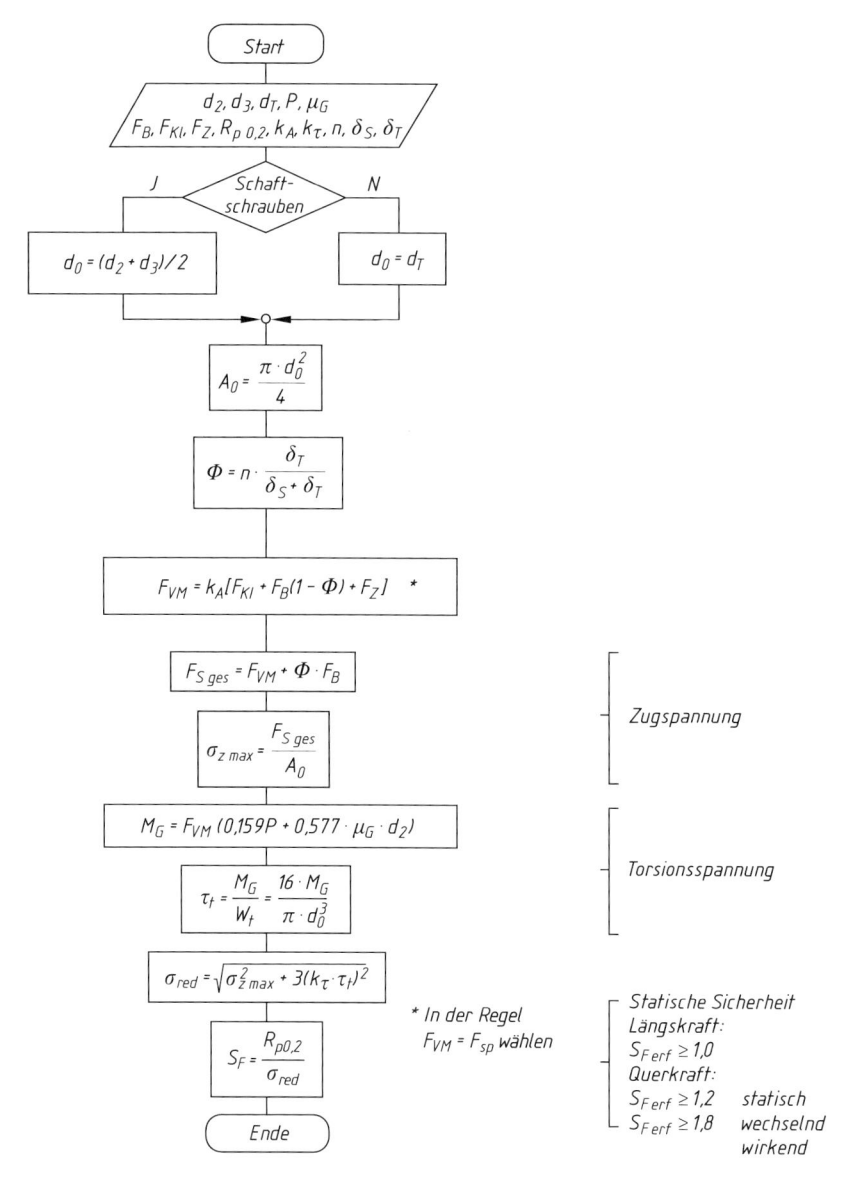

$$S_F = \frac{R_{p0,2}}{\sigma_{red}}$$

Ende

Statische Sicherheit
Längskraft:
$S_{F\,erf} \geq 1{,}0$
Querkraft:
$S_{F\,erf} \geq 1{,}2$ statisch
$S_{F\,erf} \geq 1{,}8$ wechselnd wirkend

**A 8-3** Ablaufplan zur Berechnung der statischen Sicherheit (bei Normschrauben genügt in der Regel der Nachweis nach A 8-4)

◀

**A 8-2** Ablaufplan zur Berechnung der erforderlichen Schrauben-Vorspannkraft und des erforderlichen Anziehmomentes

# 8 Schraubenverbindungen

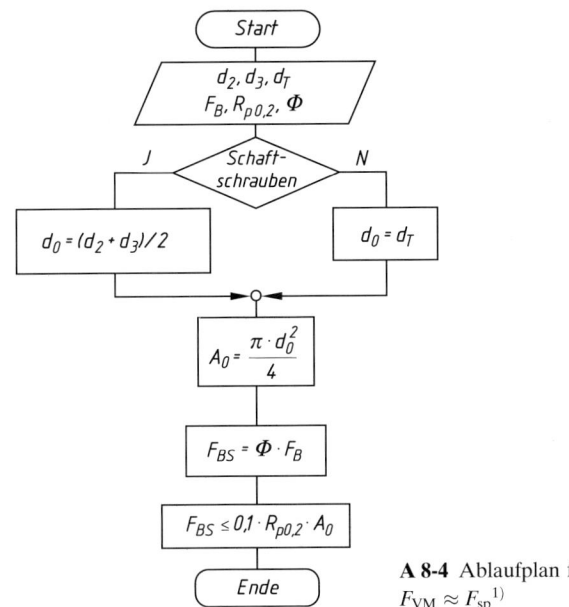

```
                    ┌─────────┐
                    │  Start  │
                    └────┬────┘
                  ╱─────────────╱
                 ╱  d₂, d₃, d_T ╱
                ╱  F_B, R_p0,2, Φ╱
               ╱───────────────╱
                      │
                 ╱─────────╲
              J ╱  Schaft-  ╲ N
         ┌─────╲ schrauben  ╱─────┐
         │      ╲──────────╱      │
  ┌──────┴──────┐              ┌──┴────┐
  │d₀=(d₂+d₃)/2 │              │d₀ = d_T│
  └──────┬──────┘              └──┬────┘
         └───────────┬────────────┘
                    │
         ┌──────────────────┐
         │  A₀ = π·d₀²/4    │
         └────────┬─────────┘
         ┌──────────────────┐
         │  F_BS = Φ·F_B    │
         └────────┬─────────┘
         ┌──────────────────┐
         │ F_BS ≤ 0,1·R_p0,2·A₀│
         └────────┬─────────┘
              ┌───┴───┐
              │  Ende │
              └───────┘
```

**A 8-4** Ablaufplan für den statischen Nachweis bei $F_{VM} \approx F_{sp}$[1]

---

[1] $F_{sp}$ nach TB 8-14 bei 90 %iger Ausnutzung der Streckgrenze durch $F_{VM}$

# 8 Schraubenverbindungen

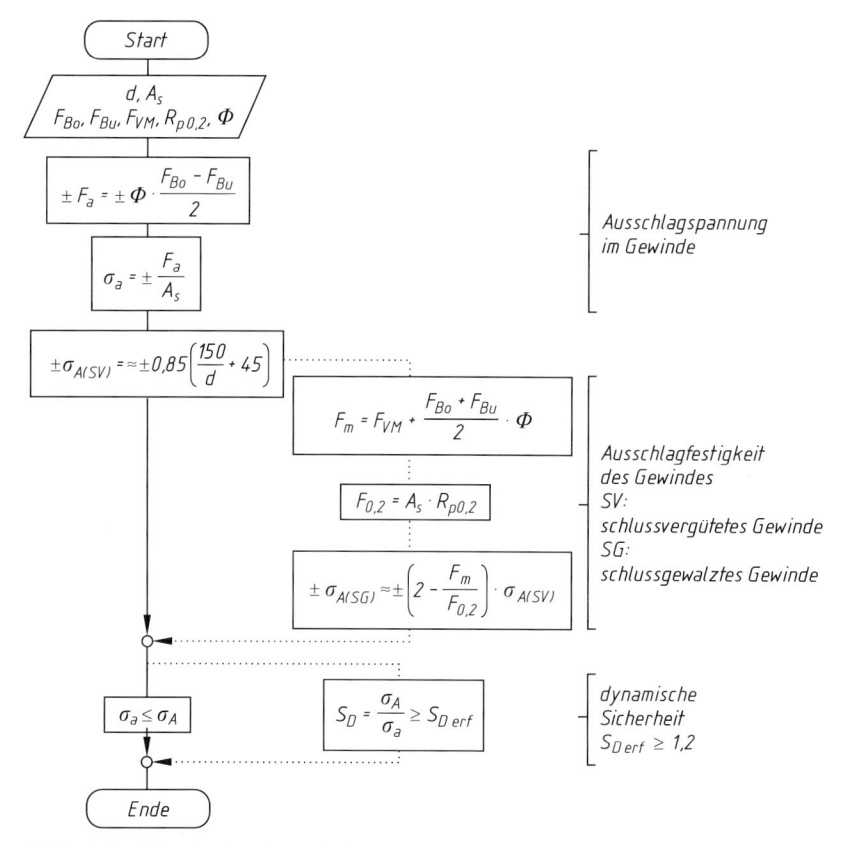

```
Start
↓
d, A_s, F_Bo, F_Bu, F_VM, R_p0,2, Φ
↓
±F_a = ±Φ · (F_Bo − F_Bu)/2        ⎤
↓                                    ⎥ Ausschlagspannung
σ_a = ±F_a/A_s                       ⎦ im Gewinde
↓
±σ_A(SV) = ≈ ±0,85(150/d + 45)       ⎤
                                      ⎥
    F_m = F_VM + (F_Bo + F_Bu)/2 · Φ ⎥ Ausschlagfestigkeit
                                      ⎥ des Gewindes
    F_0,2 = A_s · R_p0,2              ⎥ SV: schlussvergütetes Gewinde
                                      ⎥ SG: schlussgewalztes Gewinde
    ±σ_A(SG) ≈ ±(2 − F_m/F_0,2)·σ_A(SV) ⎦
↓
σ_a ≤ σ_A     S_D = σ_A/σ_a ≥ S_D erf   ⎤ dynamische Sicherheit
                                           ⎦ S_D erf ≥ 1,2
↓
Ende
```

**A 8-5** Ablaufplan für den dynamischen Nachweis

# 8 Schraubenverbindungen

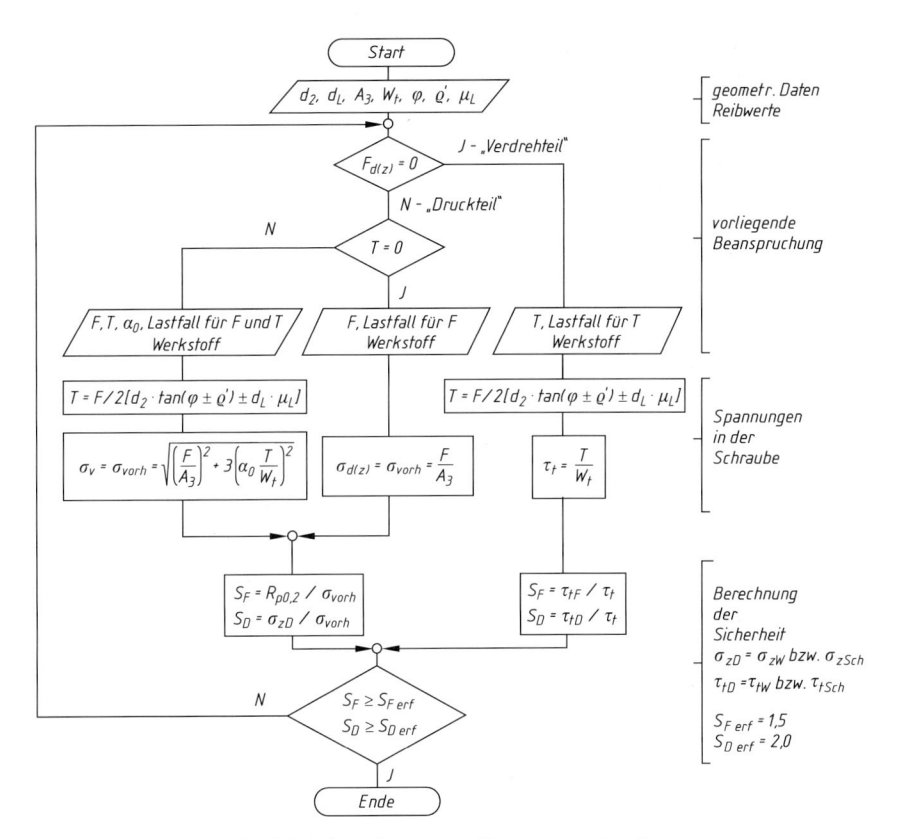

```
                    ┌─────────┐
                    │  Start  │                    ┌ geometr. Daten
                    └────┬────┘                    │ Reibwerte
                  d₂, d_L, A₃, W_t, φ, ϱ', μ_L
                         │
                         ▼                          J - „Verdrehteil"
                    ◇ F_d(z) = 0 ◇──────────────┐
                         │ N - „Druckteil"      │   vorliegende
                    N    │                      │   Beanspruchung
           ┌─────────────┤                      │
           │        ◇ T = 0 ◇                   │
           │             │ J                    │
           ▼             ▼                      ▼
   F,T,α₀, Lastfall    F, Lastfall für F    T, Lastfall für T
   für F und T         Werkstoff            Werkstoff
   Werkstoff

   T = F/2[d₂·tan(φ±ϱ')±d_L·μ_L]    T = F/2[d₂·tan(φ±ϱ')±d_L·μ_L]   ┌ Spannungen
                                                                    │ in der
   σ_v = σ_vorh =      σ_d(z) = σ_vorh = F/A₃    τ_t = T/W_t        │ Schraube
   √((F/A₃)² + 3(α₀ T/W_t)²)

            │                                      │
            ▼                                      ▼
   S_F = R_p0,2 / σ_vorh              S_F = τ_tF / τ_t
   S_D = σ_zD / σ_vorh                S_D = τ_tD / τ_t     ┌ Berechnung
                                                           │ der
            └──────────────┬───────────────────────┘       │ Sicherheit
                           ▼                               │ σ_zD = σ_zW bzw. σ_zSch
                    ◇ S_F ≥ S_F erf ◇                      │ τ_tD = τ_tW bzw. τ_tSch
              N     ◇ S_D ≥ S_D erf ◇                      │
           ┌────────       │                               │ S_F erf = 1,5
           │               │ J                             │ S_D erf = 2,0
           │          ┌────▼────┐
           │          │  Ende   │
           │          └─────────┘
```

**A 8-6** Ablaufplan zur Festigkeitsberechnung von Bewegungsschrauben

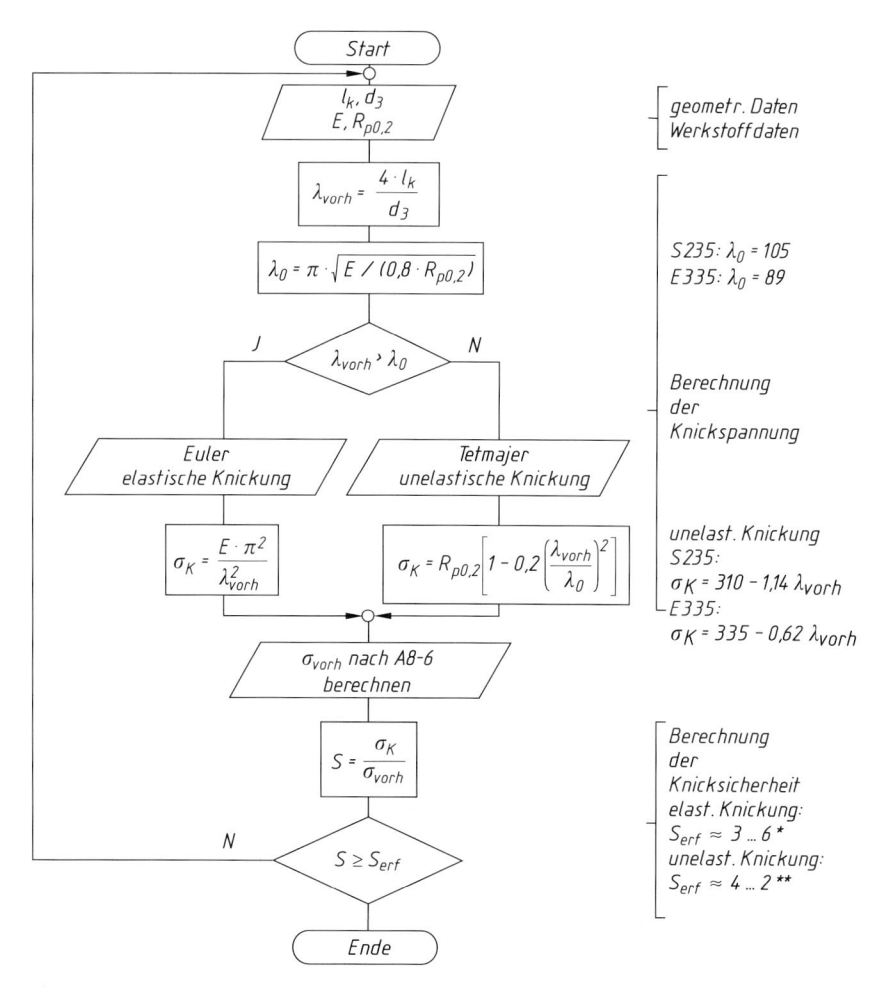

## Start

geometr. Daten
Werkstoffdaten

$l_k, d_3$
$E, R_{p0,2}$

$\lambda_{vorh} = \dfrac{4 \cdot l_k}{d_3}$

$\lambda_0 = \pi \cdot \sqrt{E / (0{,}8 \cdot R_{p0,2})}$

S235: $\lambda_0 = 105$
E335: $\lambda_0 = 89$

Berechnung der Knickspannung

$\lambda_{vorh} > \lambda_0$ ?

**J:** Euler elastische Knickung

$\sigma_K = \dfrac{E \cdot \pi^2}{\lambda_{vorh}^2}$

**N:** Tetmajer unelastische Knickung

$\sigma_K = R_{p0,2} \left[ 1 - 0{,}2 \left( \dfrac{\lambda_{vorh}}{\lambda_0} \right)^2 \right]$

unelast. Knickung
S235:
$\sigma_K = 310 - 1{,}14 \, \lambda_{vorh}$
E335:
$\sigma_K = 335 - 0{,}62 \, \lambda_{vorh}$

$\sigma_{vorh}$ nach A8-6 berechnen

$S = \dfrac{\sigma_K}{\sigma_{vorh}}$

Berechnung der Knicksicherheit
elast. Knickung:
$S_{erf} \approx 3 \ldots 6$ *
unelast. Knickung:
$S_{erf} \approx 4 \ldots 2$ **

$S \geq S_{erf}$ ?

**N** → (zurück)

**Ende**

\* mit zunehmendem Schlankheitsgrad
\*\* mit abnehmendem Schlankheitsgrad

**A 8-7** Ablaufplan zur Stabilitätsberechnung von Bewegungsschrauben

# 8 Schraubenverbindungen

## Technische Regeln (Auswahl)

| Technische Regeln | | Titel |
|---|---|---|
| | | **Grundnormen** |
| DIN 74-1 | 04.03 | Senkungen für Senkschraube |
| DIN 76-1 | 06.04 | Gewindeausläufe, Gewindefreistiche für Metrisches ISO-Gewinde nach DIN 13-1 |
| DIN 78 | 03.01 | Gewindeenden, Schraubenüberstände für Metrische ISO-Gewinde nach DIN 13 |
| DIN 267-2 ... 28 | 11.84 ... 11.07 | Mechanische Verbindungselemente; Technische Lieferbedingungen |
| DIN 475-1 | 01.84 | Schlüsselweiten für Schrauben, Armaturen, Fittings |
| DIN 918 | 09.79 | Mechanische Verbindungselemente; Begriff, Schreibweise der Benennungen, Abkürzungen |
| DIN 962 | 11.01 | Schrauben und Muttern; Bezeichnungsangaben; Formen und Ausführungen |
| DIN 974-1 | 02.08 | Senkdurchmesser – Konstruktionsmaße; Schrauben mit Zylinderkopf |
| DIN 974-2 | 05.91 | Senkdurchmesser für Sechskantschrauben und Sechskantmuttern; Konstruktionsmaße |
| DIN EN 20273 | 02.92 | Mechanische Verbindungselemente; Durchgangslöcher für Schrauben |
| DIN EN ISO 898-1 | 11.99 | Mechanische Eigenschaften von Verbindungselementen; Schrauben |
| DIN EN 20898-2 | 02.94 | –; Muttern mit festgelegten Prüfkräften; Regelgewinde |
| DIN EN ISO 898-5 | 10.98 | –; Gewindestifte und ähnliche nicht auf Zug beanspruchte Verbindungselemente |
| DIN EN ISO 15065 | 05.05 | Senkungen für Senkschrauben mit Kopfform nach ISO 7721 |
| DIN ISO 272 | 10.79 | Mechanische Verbindungselemente; Schlüsselweiten für Sechskantschrauben und -muttern |
| DIN ISO 1891 | 09.79 | Mechanische Verbindungselemente; Schrauben, Muttern und Zubehör, Benennungen |
| DIN ISO 8992 | 09.05 | Verbindungselemente; Allgemeine Anforderungen für Schrauben und Muttern |
| VDI 2230 | 02.03 | Systematische Berechnung hochbeanspruchter Schraubenverbindungen; Zylindrische Enschraubenverbindungen |
| | | **Gewinde** |
| DIN 13-1 | 11.99 | Metrisches ISO-Gewinde allgemeiner Anwendung; Nennmaße für Regelgewinde; Gewinde-Nenndurchmesser von 1 bis 68 mm |
| DIN 13-2 ... 11 | 11.99 | –; Nennmaße für Feingewinde |

| Technische Regeln | | Titel |
|---|---|---|
| DIN 13-28 | 09.75 | —; Regel- und Feingewinde von 1 bis 250 mm Gewindedurchmesser, Kernquerschnitte, Spannungsquerschnitte und Steigungswinkel |
| DIN 103-1 | 04.77 | Metrisches ISO-Trapezgewinde; Gewindeprofile |
| DIN 103-4 | 04.77 | — —; Nennmaße |
| DIN 202 | 11.99 | Gewinde; Übersicht |
| DIN 380-2 | 04.85 | Flaches Metrisches Trapezgewinde; Gewindereihen |
| DIN 405-1 | 11.97 | Rundgewinde allgemeiner Anwendung; Gewindeprofile, Nennmaße |
| DIN 513-2 | 04.85 | Metrisches Sägengewinde; Gewindereihen |
| DIN 2244 | 05.02 | Gewinde; Begriffe und Bestimmungsgrößen |
| DIN 2781 | 09.90 | Werkzeugmaschinen; Sägengewinde 45°, eingängig, für hydraulische Pressen |
| DIN 3858 | 08.05 | Whitworth-Rohrgewinde für Rohrverschraubungen; Zylindrisches Innengewinde und kegeliges Außengewinde; Maße |
| DIN 15403 | 12.69 | Lasthaken für Hebezeuge; Rundgewinde |
| DIN 20401 | 12.04 | Sägengewinde — Steigung 0,8 bis 2 mm; Maßangaben |
| DIN 30295-1 | 05.73 | Gerundetes Trapezgewinde; Nennmaße |
| DIN EN ISO 228-1 | 05.03 | Rohrgewinde für nicht im Gewinde dichtende Verbindungen; Maße, Toleranzen und Bezeichnung |
| DIN ISO 262 | 11.99 | Metrisches ISO-Gewinde; Auswahlreihen für Schrauben, Bolzen und Muttern |
| | | **Schrauben** |
| DIN 261 | 01.87 | Hammerschrauben |
| DIN 316 | 07.98 | Flügelschrauben, runde Flügelform |
| DIN 427 | 09.86 | Schaftschrauben mit Schlitz und Kegelkuppe |
| DIN 444 | 04.83 | Augenschrauben |
| DIN 478 | 02.85 | Vierkantschrauben mit Bund |
| DIN 529 | 12.86 | Steinschrauben |
| DIN 571 | 12.86 | Sechskant-Holzschrauben |
| DIN 580 | 08.03 | Ringschrauben |
| DIN 603 | 10.81 | Flachrundschrauben mit Vierkantansatz |
| DIN 609 | 02.95 | Sechskant-Passschrauben mit langem Gewindezapfen |
| DIN 938 | 02.95 | Stiftschrauben, Einschraubende $\approx 1$ d |
| DIN 939 | 02.95 | Stiftschrauben, Einschraubende $\approx 1,25$ d |
| DIN 940 | 02.95 | Stiftschrauben, Einschraubende $\approx 2,5$ d |
| DIN 2509 | 09.86 | Schraubenbolzen |
| DIN 2510-1 | 09.74 | Schraubenverbindungen mit Dehnschaft; Übersicht, Anwendungsbereich und Einbaubeispiele |
| DIN 6900-5 | 09.04 | Kombi-Schrauben mit Regelgewinde; Mit Spannscheibe |
| DIN 6912 | 12.02 | Zylinderschrauben mit Innensechskant, niedriger Kopf mit Schlüsselführung |

# 8 Schraubenverbindungen

| Technische Regeln | | Titel |
|---|---|---|
| DIN 7500-1 | 03.07 | Gewindefurchende Schrauben für metrisches ISO-Gewinde; Formen, Bezeichnung, Anforderungen |
| DIN 7513 | 09.95 | Gewinde-Schneidschrauben; Sechskantschrauben, Schlitzschrauben; Maße, Anforderungen, Prüfungen |
| DIN 7968 | 07.07 | Sechskant-Passschrauben mit Sechskantmutter für Stahlkonstruktionen |
| DIN 7984 | 12.02 | Zylinderschrauben mit Innensechskant und niedrigem Kopf |
| DIN 7990 | 07.07 | Sechskantschrauben mit Sechskantmutter für Stahlkonstruktionen |
| DIN 34821 | 11.05 | Zylinderschrauben mit Innenvielzahn mit Gewinde bis Kopf |
| DIN EN 1665 | 11.98 | Sechskantschrauben mit Flansch, schwere Reihe |
| DIN EN 14399 | 06.06 | Hochfeste planmäßig vorgespannte Schraubenverbindungen für den Metallbau |
| DIN EN 27435 | 10.92 | Gewindestifte mit Schlitz und Zapfen |
| DIN EN ISO 1207 | 10.94 | Zylinderschrauben mit Schlitz; Produktklasse A |
| DIN EN ISO 1580 | 10.94 | Flachkopfschrauben mit Schlitz; Produktklasse A |
| DIN EN ISO 2009 | 10.94 | Senkschrauben mit Schlitz (Einheitskopf) – Produktklasse A |
| DIN EN ISO 2342 | 05.04 | Gewindestifte mit Schlitz mit Schaft |
| DIN EN ISO 4014 | 03.01 | Sechskantschrauben mit Schaft; Produktklassen A und B |
| DIN EN ISO 4016 | 03.01 | Sechskantschrauben mit Schaft; Produktklasse C |
| DIN EN ISO 4017 | 03.01 | Sechskantschrauben mit Gewinde bis Kopf; Produktklassen A und B |
| DIN EN ISO 4026 | 05.04 | Gewindestifte mit Innensechskant mit Kegelstumpf |
| DIN EN ISO 4762 | 06.04 | Zylinderschrauben mit Innensechskant |
| DIN EN ISO 7046 | 10.94 | Senkschrauben (Einheitskopf) mit Kreuzschlitz |
| DIN EN ISO 8676 | 03.01 | Sechskantschrauben mit Gewinde bis Kopf; Metrisches Feingewinde; Produktklassen A und B |
| DIN EN ISO 8765 | 03.01 | Sechskantschrauben mit Schaft und metrischem Feingewinde; Produktklassen A und B |
| DIN EN ISO 10642 | 01.03 | Senkschrauben mit Innensechskant |
| DIN EN ISO 10666 | 02.00 | Bohrschrauben mit Blechschraubengewinde; Mechanische und funktionelle Eigenschaften |
| DIN EN ISO 14579 | 05.02 | Zylinderschrauben mit Innensechsrund |
| DIN EN ISO 15480 | 02.00 | Sechskant-Bohrschrauben mit Bund mit Blechschraubengewinde |
| | | **Muttern** |
| DIN 546 | 09.86 | Schlitzmuttern |
| DIN 547 | 08.06 | Zweilochmuttern |
| DIN 548 | 01.07 | Kreuzlochmuttern |
| DIN 557 | 01.94 | Vierkantmuttern; Produktklasse C |

| Technische Regeln | | Titel |
|---|---|---|
| DIN 582 | 08.03 | Ringmuttern |
| DIN 929 | 01.00 | Sechskant-Schweißmuttern |
| DIN 935-1 | 10.00 | Kronenmuttern; Metrisches Regel- und Feingewinde; Produktklassen A und B |
| DIN 1480 | 09.05 | Spannschlösser, geschmiedet (offene Form) |
| DIN 1587 | 10.00 | Sechskant-Hutmuttern, hohe Form |
| DIN 1804 | 03.71 | Nutmuttern; Metrisches ISO-Feingewinde |
| DIN 1816 | 03.71 | Kreuzlochmuttern; Metrisches ISO-Feingewinde |
| DIN EN 1661 | 02.98 | Sechskantmuttern mit Flansch |
| DIN EN ISO 4032 | 03.01 | Sechskantmuttern, Typ 1; Produktklassen A und B |
| DIN EN ISO 4035 | 03.01 | Sechskantmuttern, niedrige Form (mit Fase); Produktklassen A und B |
| DIN EN ISO 7040 | 02.98 | Sechskantmuttern mit Klemmteil (mit nichtmetallischem Einsatz), Typ 1 – Festigkeitsklasen 5, 8 und 10 |
| DIN EN ISO 7042 | 02.98 | – – (Ganzmetallmuttern), Typ 2 – Festigkeitsklassen 5, 8, 10 und 12 |
| DIN EN ISO 8673 | 03.01 | Sechskantmuttern, Typ 1; mit metrischem Feingewinde, Produktklassen A und B |
| DIN EN ISO 8675 | 03.01 | Niedrige Sechskantmuttern (mit Fase) mit metrischem Feingewinde; Produktklassen A und B |
| | | **Mitverspannte Zubehörteile** |
| DIN 434 | 04.00 | Scheiben, vierkant, keilförmig für U-Träger |
| DIN 435 | 01.00 | Scheiben, vierkant, keilförmig, für I-Träger |
| DIN 6796 | 10.87 | Spannscheiben für Schraubverbindungen |
| DIN 7349 | 07.74 | Scheiben für Schrauben mit schweren Spannhülsen |
| DIN 7989-1...2 | 04.01 | Scheiben für Stahlkonstruktionen; Produktklasse A und C |
| DIN EN 14399-6 | 06.05 | Hochfeste planmäßig vorgespannte Schraubenverbindungen für den Metallbau; Flache Scheiben mit Fase |
| DIN EN ISO 7089 | 11.00 | Flache Scheiben, Normale Reihe, Produktklasse A |
| DIN EN ISO 7090 | 11.00 | Scheiben mit Nase, Normale Reihe, Produktklasse A |
| DIN EN ISO 7091 | 11.00 | Flache Scheiben, Normale Reihe, Produktklasse C |
| DIN EN ISO 7092 | 11.00 | –, Kleine Reihe, Produktklasse A |

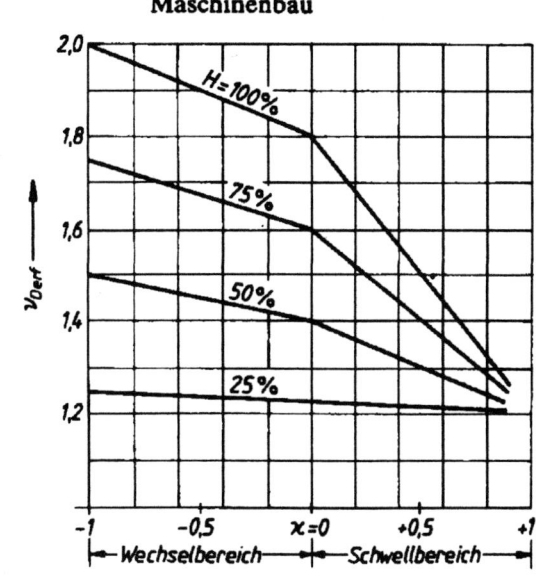

## TB 3-13 Übliche Sicherheitswerte $v_{Derf}$ für den Anwendungsbereich Maschinenbau

**Einige Richtangaben zur Höchstlasthäufigkeit H**

- H = 100 %: Pumpen, Turbinen im Dauerbetrieb, Fördermaschinen mit ständig gleichgroßem Massenumschlag (Bandanlagen, Hafenumschlagkrane) Werkzeugmaschinen im Takteinsatz.
- H = 75 %: Fördermaschinen im allgemeinen Umschlagbetrieb, Baumaschinen, Werkzeugmaschinen im Serienfertigungseinsatz.
- H = 50 %: Werkzeugmaschinen, eingesetzt zur Einzelfertigung, Sortierbandanlagen, Krananlagen in Produktionsstätten.
- H = 25 %: Hebezeuge überwiegend im Teillastbetrieb (Werkstattkrane), Werkzeugmaschinen in Werkstätten.

# 9 Bolzen-, Stiftverbindungen, Sicherungselemente

| Formelzeichen | Einheit | Benennung |
|---|---|---|
| $A_{proj}$ | mm² | Projektionsfläche zur Berechnung der mittleren Flächenpressung |
| $A_S$ | mm² | Querschnittsfläche des Bolzens |
| $a$ | mm | Scheitelhöhe beim Augenstab |
| $c$ | mm | Wangenbreite beim Augenstab |
| $d$ | mm | Bolzen- bzw. Stiftdurchmesser |
| $d_L$ | mm | Lochdurchmesser |
| $d_W$ | mm | Wellendurchmesser |
| $F_{nenn}$ | N | Nenn-Betriebskraft senkrecht zur Bolzen- bzw. Stiftachse |
| $k$ | 1 | Einspannfaktor, abhängig vom Einbaufall |
| $K_A$ | 1 | Anwendungsfaktor zur Berücksichtigung stoßartiger Belastung |
| $l$ | mm | Hebelarm der Biegekraft, tragende Stiftlänge bei Längsstiftverbindungen |
| $M_{b\,nenn}$, $M_{b\,max}$ | Nmm | Nenn-Biegemoment, maximales Biegemoment |
| $p$, $p_{max}$ | N/mm² | mittlere Flächenpressung |
| $p_N$, $p_W$ | N/mm² | mittlere Flächenpressung in der Naben- bzw. Wellenbohrung bei Querstift-Verbindungen |
| $p_{zul}$ | N/mm² | zulässige mittlere Flächenpressung |
| $R_e$ | N/mm² | Streckgrenze des Bauteilwerkstoffes |
| $R_m$ | N/mm² | Mindestzugfestigkeit des Bauteilwerkstoffes |
| $s$ | mm | Nabendicke, Einstecktiefe, Laschenspiel |
| $t_M$, $t_A$ | mm | Dicke der Mittel- bzw. Außenlaschen |
| $t_S$, $t_G$ | mm | Dicke des Stangen- bzw. Gabelauges |
| $T_{nenn}$ | Nmm | Nenn-Torsionsmoment |
| $W$ | mm³ | Widerstandsmoment |
| $S_M$ | 1 | Teilsicherheitsbeiwert für die Widerstandsgrößen (Stahlbau) |
| $\sigma_b$ | N/mm² | Biegespannung |
| $\sigma_{b\,zul}$ | N/mm² | zulässige Biegespannung |

# 9 Bolzen-, Stiftverbindungen, Sicherungselemente

| Formelzeichen | Einheit | Benennung |
|---|---|---|
| $\sigma_l$ | N/mm² | Lochleibungsspannung |
| $\sigma_{l\,zul}$ | N/mm² | zulässige Lochleibungsspannung |
| $\sigma_{zul}$ | N/mm² | zulässige Normalspannung |
| $\tau_a$ | N/mm² | mittlere Scherspannung (Schubspannung) im Bolzen- bzw. Stiftquerschnitt |
| $\tau_{a\,zul}$ | N/mm² | zulässige Scherspannung |
| $\tau_{max}$ | N/mm² | größte Schubspannung in der Nulllinie |

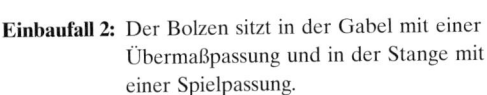

# 9 Bolzen-, Stiftverbindungen, Sicherungselemente

| Nr. | Formel | Hinweise |
|---|---|---|
| | | **Bolzenverbindungen im Maschinenbau** |
| | | Die Bolzenverbindungen werden im Prinzip wie im Bild dargestellt, gestaltet. Die Bolzen werden dabei auf Biegung, Schub und Flächenpressung beansprucht. Die Fügebedingungen des Bolzens in der Gabel und in der Stange haben einen erheblichen Einfluss auf die Größe der im Bolzen auftretenden Biegemomente. |
| | | Entsprechend der Fügebedingungen werden unterschieden: |
| | | **Einbaufall 1:** Der Bolzen sitzt in der Gabel und in der Stange mit einer Spielpassung. <br> 1: Bolzen als frei aufliegender Träger <br> 2: Querkraftfläche <br> 3: Momentenfläche <br> Größtes Biegemoment im Bolzenquerschnitt: |
| — | $$M_{b\,max} = \frac{F \cdot (t_S + 2 \cdot t_G)}{8}$$ | |
| | | **Einbaufall 2:** Der Bolzen sitzt in der Gabel mit einer Übermaßpassung und in der Stange mit einer Spielpassung. <br> 4: Bolzen als beidseitig eingespannter Träger <br> 5: Querkraftfläche im Bereich der Stange <br> 6: Momentenfläche im Bereich der Stange <br> Gleichgroßes Biegemoment in den Bolzenquerschnitten $A-B$ und $A-D$ |
| — | $$M_{b\,max} = \frac{F \cdot t_S}{8}$$ | |
| | | **Einbaufall 3:** Der Bolzen sitzt in der Stange mit einer Übermaßpassung und in der Gabel mit einer Spielpassung. <br> 7: Bolzen als mittig eingespannter Träger <br> 8: Querkraftfläche im Bereich der Gabel <br> 9: Momentenfläche im Bereich der Gabel <br> Größtes Biegemoment in den Einspannquerschnitten $A-B$ |
| — | $$M_{b\,max} = \frac{F \cdot t_G}{4}$$ | |

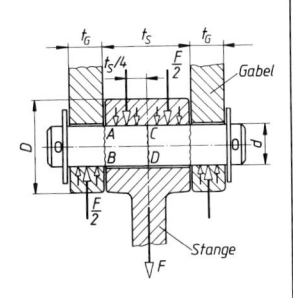

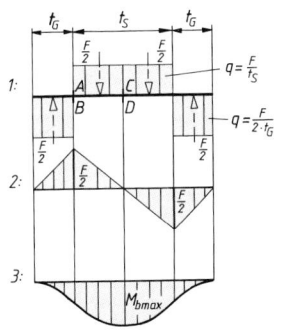

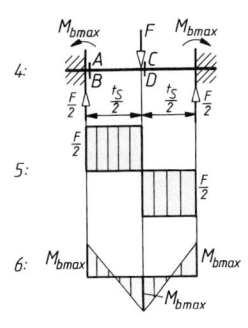

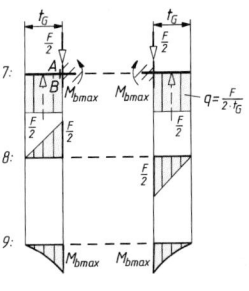

# 9 Bolzen-, Stiftverbindungen, Sicherungselemente

| Nr. | Formel | Hinweise |
|---|---|---|
| 1 | **Bolzendurchmesser (Entwurfsberechnung)** $$d \approx k \cdot \sqrt{\frac{K_A \cdot F_{nenn}}{\sigma_{b\,zul}}}$$ | Bolzen sitzt / Einbaufall / $k$ (Flächen nicht gleitend / gleitend)<br><br>| Bolzen sitzt | Einbaufall | nicht gleitend | gleitend |<br>|---|---|---|---|<br>| lose | 1 | 1,6 | 1,9 |<br>| fest in Gabel | 2 | 1,1 | 1,4 |<br>| fest in Stange | 3 | 1,1 | 1,2 | |
| 2 | **Biegespannung (Vollbolzen)** $$\sigma_b = \frac{K_A \cdot M_{b\,nenn}}{W} \approx \frac{K_A \cdot M_{b\,nenn}}{0{,}1 \cdot d^3} \leq \sigma_{b\,zul}$$ | | | $t_S/d$ | $t_G/d$ |<br>|---|---|---|<br>| nicht gleitende Flächen | 1,0 | 0,5 |<br>| gleitende Flächen | 1,6 | 0,6 |<br><br>| Belastung | ruhend | schwellend | wechselnd |<br>|---|---|---|---|<br>| $\sigma_{b\,zul}$ | $0{,}3R_m$ | $0{,}2R_m$ | $0{,}15R_m$ |<br><br>$K_A$ nach TB 3-5c<br>$R_m = K_t \cdot R_{mN}$ (mit $K_t$ nach TB 3-11a und $R_{mN}$ nach TB 1-1) |
| 3 | **größte Schubspannung in der Nulllinie (Vollbolzen)** $$\tau_{max} \approx \frac{4}{3} \cdot \frac{K_A \cdot F_{nenn}}{2 \cdot A_S} \leq \tau_{a\,zul}$$ | Hohlbolzen ($t > d/6$):<br>$\tau_{max} = 2 \cdot \tau_m \approx K_A \cdot F_{nenn}/A_S$<br>$\tau_{max}$ bei Einbaufall 3 stets nachprüfen.<br><br>| Belastung | ruhend | schwellend | wechselnd |<br>|---|---|---|---|<br>| $\tau_{a\,zul}$ | $0{,}2R_m$ | $0{,}15R_m$ | $0{,}1R_m$ | |
| 4 | **mittlere Flächenpressung** $$p = \frac{K_A \cdot F_{nenn}}{A_{proj}} \leq p_{zul}$$ | Stangenkopf: $A_{proj} = d \cdot t_S$<br>Gabel: $A_{proj} = 2 \cdot d \cdot t_G$<br><br>| Belastung | ruhend | schwellend | gleitend |<br>|---|---|---|---|<br>| $p_{zul}$ | $0{,}35R_m$ | $0{,}25R_m$ | nach TB 9-1 | |
| 5 | **größte Normalspannung im Wangenquerschnitt des Stangenkopfes** $$\sigma = \frac{K_A \cdot F_{nenn}}{2 \cdot c \cdot t} \cdot \left[1 + \frac{3}{2} \cdot \left(\frac{d_L}{c} + 1\right)\right] \leq \sigma_{zul}$$ | | Werkstoff | St, GS | | GJL | |<br>|---|---|---|---|---|<br>| Belastung | stat. | dyn. | stat. | dyn. |<br>| $\sigma_{zul}$ | $0{,}5R_e$ | $0{,}2R_e$ | $0{,}5R_m$ | $0{,}2R_m$ |<br><br>$R_{mN}$ und $R_{eN}$ nach TB 1-1 und TB 1-2 |

# 9 Bolzen-, Stiftverbindungen, Sicherungselemente

| Nr. | Formel | Hinweise |
|---|---|---|
| | **Bolzenverbindungen im Stahlbau** | |
| | Im Stahlbau werden Laschenstäbe (Augenstäbe) mit Bolzen verbunden, wenn häufiges und einfaches Lösen der Verbindung verlangt wird (z. B. Gerüste) oder wenn eine Drehfähigkeit gefordert wird (z. B. Zugstangen). Die Stahlbaunorm DIN 18800-1 gibt für übliche Verbindungen mit Bolzen- und Laschenspiel Richtwerte für Grenzabmessungen an, mit deren Einhaltung ausgewogene Beanspruchungsverhältnisse erreicht werden. Diese Form der Bolzenverbindung ist auch im Maschinenbau als Leichtbauausführung anwendbar. | |
| 6 | Dicke der Mittellasche $t_M \geq 0{,}7 \cdot \sqrt{\dfrac{F}{R_e/S_M}}$ | |
| 7 | Lochdurchmesser im Augenstab $d_L \geq 2{,}5 \cdot t_M$ | |
| 8 | Scheitelhöhe des Augenstabes $a \geq \dfrac{F}{2 \cdot t_M \cdot R_e/S_M} + \dfrac{2}{3} \cdot d_L$ | |
| 9 | Wangenbreite des Augenstabes $c \geq \dfrac{F}{2 \cdot t_M \cdot R_e/S_M} + \dfrac{d_L}{3}$ | Richtwerte: $c/d_L = 0{,}73$, $a/d_L = 1{,}06$, $d_L = 2{,}5 \cdot t_M$ $R_e$ nach TB 1-1 bzw. DIN 18800-1 $S_M = 1{,}1$ nach DIN 18800-1 |
| | **Festigkeitsnachweis für zweischnittige Bolzen bei $0{,}1 \cdot d_L \leq \Delta d \leq 3$ mm** | *s. Auflage 11.* |
| 10 | – maximales Biegemoment $M_{b\,max} = F \cdot \dfrac{t_M + 2 \cdot t_A + 4 \cdot s}{8}$ | |
| 11 | – auf Biegung $\sigma_b = \dfrac{M_{b\,max}}{W} \leq \sigma_{b\,zul}$ | $\sigma_{b\,zul} = 0{,}8 \cdot R_e/S_M$ |
| 12 | – auf Abscheren $\tau_a = \dfrac{F}{2 \cdot A_S} \leq \tau_{a\,zul}$ | $\tau_{a\,zul} = 0{,}6 \cdot R_m/S_M$ (4.6, 5.6, 8.8) $\tau_{a\,zul} = 0{,}55 \cdot R_m/S_M$ (10.9) |
| 13 | – auf Lochleibung $\sigma_l = \dfrac{F}{d \cdot t_M}$ bzw. $\dfrac{F}{2 \cdot d \cdot t_A} \leq \sigma_{l\,zul}$ | $\sigma_{l\,zul} = 1{,}5 \cdot R_e/S_M$ $R_e$ und $R_m$ nach TB 1-1 bzw. DIN 18800-1 $S_M = 1{,}1$ nach DIN 18800-1 |

| Nr. | Formel | Hinweise |
|---|---|---|
| 14 | – auf Biegung und Abscheren in den maßgebenden Schnitten $$\left(\frac{\sigma_b}{\sigma_{b\,zul}}\right)^2 + \left(\frac{\tau_a}{\tau_{a\,zul}}\right)^2 \leq 1$$ | Es sind nur die im gleichen Querschnitt auftretenden Wertepaare einzusetzen. Auf den Interaktionsnachweis darf verzichtet werden, $\sigma_b/\sigma_{b\,zul}$ oder $\tau_a/\tau_{a\,zul}$ kleiner als 0,5 ist. |
|  | **Querstiftverbindungen**<br>Querstiftverbindungen, die ein Drehmoment zu übertragen haben, wie z. B. Hebelnaben, werden bei größeren Kräften auf Flächenpressung und auf Abscheren nachgeprüft. | |
| 15 | mittlere Flächenpressung (Nabe) $$p_N = \frac{K_A \cdot T_{nenn}}{d \cdot s \cdot (d_W + s)} \leq p_{zul}$$ | $d = (0{,}2 \ldots 0{,}3) \cdot d_W$<br>$s = (0{,}25 \ldots 0{,}5) \cdot d_W$ für Stahl- und Stahlguss-Naben<br>$s \approx 0{,}75 \cdot d_W$ für Grauguss-Naben |
| 16 | maximale mittlere Flächenpressung (Welle) $$p_W = \frac{6 \cdot K_A \cdot T_{nenn}}{d \cdot d_W^2} \leq p_{zul}$$ | $p_{zul}$ und $\tau_{a\,zul}$ s. Nr. 3 und 4, Hinweise.<br>Für Kerbstifte gelten die 0,7fache bzw. 0,8fache Werte. |
| 17 | Scherspannung im Stift $$\tau_a = \frac{4 \cdot K_A \cdot T_{nenn}}{d^2 \cdot \pi \cdot d_W} \leq \tau_{a\,zul}$$ | |
|  | **Steckstiftverbindungen**<br>Bei Steckstiftverbindungen entsprechend Bild wird der Stift durch das Moment $M = F \cdot l$ auf Biegung und durch $F$ als Querkraft auf Schub, der jedoch vernachlässigt werden kann, sowie auf Flächenpressung beansprucht. | |
| 18 | Biegespannung $$\sigma_b = \frac{K_A \cdot M_{b\,nenn}}{W} \approx \frac{K_A \cdot M_{b\,nenn}}{0{,}1 \cdot d^3} \leq \sigma_{b\,zul}$$ | $\sigma_{b\,zul}$, $p_{zul}$ s. Nr. 2 und 4, Hinweise.<br>Für Kerbstifte gelten die 0,8fache bzw. 0,7fache Werte. |
| 19 | Maximale mittlere Flächenpressung $$p_{max} = \frac{K_A \cdot F_{nenn} \cdot (6 \cdot l + 4 \cdot s)}{d \cdot s^2} \leq p_{zul}$$ | |

# 9 Bolzen-, Stiftverbindungen, Sicherungselemente

| Nr. | Formel | Hinweise |
|---|---|---|
|  | **Längsstiftverbindungen**<br>Längsstiftverbindungen, die entsprechend Bild ein Drehmoment zu übertragen haben, werden auf Flächenpressung und Abscheren des Stiftes beansprucht. Da rechnerisch die mittlere Flächenpressung doppelt so groß wie die Abscherspannung ist, kann die Scherbeanspruchung in Vollstiften vernachlässigt werden, solange $2 \cdot \tau_{a\,zul} \geq p_{zul}$ ist, was für alle üblichen Werkstoffpaarungen zutrifft | |
| 20 | mittlere Flächenpressung<br>$$p = \frac{4 \cdot K_A \cdot T_{nenn}}{d \cdot d_W \cdot l} \leq p_{zul}$$ | $d = (0{,}15 \ldots 0{,}2) \cdot d_W$<br>$l = (1 \ldots 1{,}5) \cdot d_W$<br>$p_{zul}$ s. Nr. 4, Hinweise.<br>Für Kerbstifte gelten die 0,7fache Werte. |

## Technische Regeln (Auswahl)

| Technische Regeln |  | Titel |
|---|---|---|
| DIN 471 | 09.81 | Sicherungsringe (Halteringe) für Wellen; Regelausführung und schwere Ausführung |
| DIN 472 | 09.81 | Sicherungsringe (Halteringe) für Bohrungen; Regelausführung und schwere Ausführung |
| DIN 983 | 09.81 | Sicherungsringe mit Lappen (Halteringe) für Wellen |
| DIN 984 | 09.81 | Sicherungsringe mit Lappen (Halteringe) für Bohrungen |
| DIN 988 | 03.90 | Passscheiben und Stützscheiben |
| DIN 1442 | 03.63 | Schmierlöcher für Bolzen; Baumaße |
| DIN 1445 | 02.77 | Bolzen mit Kopf und Gewindezapfen |
| DIN 1469 | 11.78 | Passkerbstifte mit Hals |
| DIN 1498 | 08.65 | Einspannbuchsen für Lagerungen |
| DIN 1499 | 08.65 | Aufspannbuchsen für Lagerungen |
| DIN 5417 | 12.76 | Befestigungsteile für Wälzlager; Sprengringe für Lager mit Ringnut |
| DIN 6799 | 09.81 | Sicherungsscheiben (Haltescheiben) für Wellen |

# 9 Bolzen-, Stiftverbindungen, Sicherungselemente

| Technische Regeln | | Titel |
|---|---|---|
| DIN 7993 | 04.70 | Runddraht-Sprengringe und -Sprengringnuten für Wellen und Bohrungen |
| DIN 11 024 | 01.73 | Federstecker |
| DIN 15 058 | 08.74 | Hebezeuge, Achshalter |
| DIN 18 800-1 | 11.08 | Stahlbauten; Bemessung und Konstruktion |
| DIN EN 22 339 | 10.92 | Kegelstifte, ungehärtet |
| DIN EN 22 340 | 10.92 | Bolzen ohne Kopf |
| DIN EN 22 341 | 10.92 | Bolzen mit Kopf |
| DIN EN 28 736 | 10.92 | Kegelstifte mit Innengewinde; ungehärtet |
| DIN EN 28 737 | 10.92 | Kegelstifte mit Gewindezapfen; ungehärtet |
| DIN EN 28 738 | 10.92 | Scheiben für Bolzen; Produktklasse A |
| DIN EN ISO 1234 | 02.98 | Splinte |
| DIN EN ISO 2338 | 02.98 | Zylinderstifte aus ungehärtetem Stahl und austenitischem nichtrostendem Stahl |
| DIN EN ISO 8733 | 03.98 | Zylinderstifte mit Innengewinde aus ungehärtetem Stahl und austenitischem nichtrostendem Stahl |
| DIN EN ISO 8734 | 03.98 | Zylinderstifte aus gehärtetem Stahl und martensitischem nichtrostendem Stahl |
| DIN EN ISO 8735 | 03.98 | Zylinderstifte mit Innengewinde aus gehärtetem Stahl und martensitischem nichtrostendem Stahl |
| DIN EN ISO 8739 | 03.98 | Zylinderkerbstifte mit Einführende |
| DIN EN ISO 8740 | 03.98 | Zylinderkerbstifte mit Fase |
| DIN EN ISO 8741 | 03.98 | Steckkerbstifte |
| DIN EN ISO 8742 | 03.98 | Knebelkerbstifte mit kurzen Kerben |
| DIN EN ISO 8743 | 03.98 | Knebelkerbstifte mit langen Kerben |
| DIN EN ISO 8744 | 03.98 | Kegelkerbstifte |
| DIN EN ISO 8745 | 03.98 | Passkerbstifte |
| DIN EN ISO 8746 | 03.98 | Halbrundkerbnägel |
| DIN EN ISO 8747 | 03.98 | Senkkerbnägel |
| DIN EN ISO 8748 | 07.07 | Spiralspannstifte; schwere Ausführung |
| DIN EN ISO 8750 | 07.07 | Spiralspannstifte; Regelausführung |
| DIN EN ISO 8751 | 07.07 | Spiralspannstifte; leichte Ausführung |
| DIN EN ISO 8752 | 01.08 | Spannstifte, geschlitzt, schwere Ausführung |
| E DIN EN ISO 13 337 | 01.08 | Spannstifte, geschlitzt, leichte Ausführung |

# 10 Elastische Federn

**Federrate; Federkennlinien**

| Formelzeichen | Einheit | Benennung |
|---|---|---|
| $F; F_1, F_2, \ldots \Delta F$ | N | Federkraft; zugeordnet den Federwegen $s_1, s_2, \ldots$ bzw. Differenzkraft |
| $T; T_1, T_2, \ldots \Delta T$ | Nmm | Federmoment; zugeordnet den Verdrehwinkeln $\varphi_1, \varphi_2, \ldots$ bzw. Differenzmoment |
| $R, R_{ges}$ | N/mm | Federrate der Einzelfeder bzw. des Federsystems |
| $R_\varphi, R_{\varphi\,ges}$ | Nmm/° | Federrate der Einzelfeder bzw. des Federsystems bei Verdrehfedern |
| $s, s_1, s_2 \ldots \Delta s$ | mm | Federweg bzw. Durchbiegung; zugeordnet den Federkräften $F_1, F_2, \ldots$ bzw. Federhub $\Delta F$ |
| $\varphi, \varphi_1, \varphi_2 \ldots \Delta\varphi$ | ° | Verdrehwinkel; zugeordnet den Federmomenten $T_1, T_2, \ldots$ bzw. Federhub $\Delta T$ |

| Nr. | Formel | Hinweise |
|---|---|---|
|  |  | Die Federkennlinie als charakteristische Größe beschreibt das Kraft-Weg-Verhalten der Feder. Sie ist in der Regel durch die Aufgabenstellung vorgegeben. Der Kennlinienverlauf ist von der Federart abhängig und kann *linear*, *progressiv* oder *degressiv* sein. Je steiler der Kennlinienverlauf ist, desto steifer (härter) ist die Feder. Das Verhältnis aus Federkraft und Federweg (oder Moment und Verdrehwinkel) wird als *Federrate R ($R_\varphi$)* bezeichnet. Werden mehrere Federn zu einem Federsystem zusammengeschaltet, so ergibt sich aus den Einzelfederraten $R_1, R_2, R_3 \ldots$ je nach Art des Zusammenschaltens (parallel, in Reihe oder auch gemischt) eine Federrate $R_{ges}$ ($R_{\varphi\,ges}$) des Federsystems. |

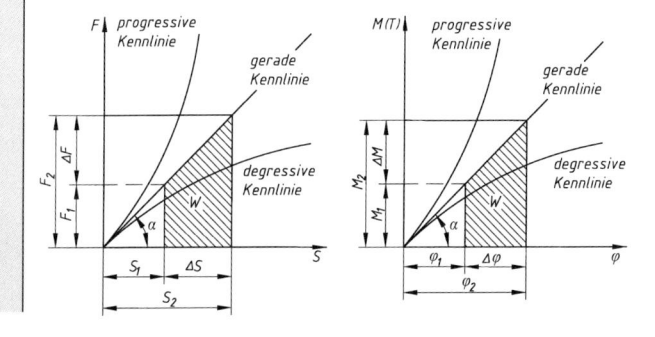

| Nr. | Formel | Hinweise |
|---|---|---|
| 1 | *allgemein* $$R = \tan\alpha = \frac{\Delta F}{\Delta s}; \quad R_\varphi = \tan\alpha = \frac{\Delta T}{\Delta \varphi}$$ | das Moment $T$ kann auch durch $M$ ausgedrückt werden |
| 2 | für die *lineare* Kennung $$R = \tan\alpha = \frac{F_1}{s_1} = \frac{F_2}{s_2} = \frac{F_2 - F_1}{s_2 - s_1} = \frac{\Delta F}{\Delta s}$$ $$R_\varphi = \tan\alpha = \frac{T_1}{\varphi_1} = \frac{T_2}{\varphi_2}$$ $$= \frac{T_2 - T_1}{\varphi_2 - \varphi_1} = \frac{\Delta T}{\Delta \varphi}$$ | |
| 3 | für ein Federsystem aus *parallel* geschalteten Federn mit jeweils linearer Kennung $$R_{ges} = R_1 + R_2 + \ldots R_n$$ $$R_{\varphi\,ges} = R_{\varphi 1} + R_{\varphi 2} + \ldots R_{\varphi n}$$ | |
| 4 | für ein Federsystem aus *hintereinander* geschalteten Federn mit jeweils linearer Kennung $$\frac{1}{R_{ges}} = \frac{1}{R_1} + \frac{1}{R_2} + \ldots \frac{1}{R_n}$$ $$\frac{1}{R_{\varphi\,ges}} = \frac{1}{R_{\varphi 1}} + \frac{1}{R_{\varphi 2}} + \ldots \frac{1}{R_{\varphi n}}$$ | |
| 5 | für ein Mischsystem aus parallel- und in Reihe geschalteten Einzelfedern $$\frac{1}{R_{ges}} = \frac{1}{R_1 + R_2} + \frac{1}{R_3}$$ $$\frac{1}{R_{\varphi\,ges}} = \frac{1}{R_{\varphi 1} + R_{\varphi 2}} + \frac{1}{R_{\varphi 3}}$$ | Deckplatten |

# 10 Elastische Federn

## Blattfedern

| Formelzeichen | Einheit | Benennung |
|---|---|---|
| $b$ | mm | Breite des Federblattes |
| $b'$ | mm | kleinere Breite des Federblattes bei Trapezfedern |
| $E$ | N/mm² | Elastizitätsmodul |
| $F; F_1, F_2, \ldots F_{max}$ | N | Federkraft; zugeordnet den Federwegen $s, s_1, s_2 \ldots s_{max}$ |
| $h$ | mm | Dicke bzw. Höhe des Federblattes |
| $l$ | mm | wirksame Länge (Einspannlänge) der einarmigen Feder |
| $M$ | Nmm | von der Feder aufzunehmendes Biegemoment |
| $q, q_1, q_2$ | 1 | Beiwerte für Durchbiegung |
| $s, s_1, s_2 \ldots s_{max}$ | mm | Federweg bzw. Durchbiegung; zugeordnet den Federkräften $F; F_1, F_2, \ldots F_{max}$ |
| $V$ | mm³ | Federvolumen |
| $W$ | Nmm; mm³ | Federungsarbeit; Widerstandsmoment |
| $\sigma_b, \sigma_{b\,zul}$ | N/mm² | Biegespannung; zulässige Biegespannung |

| Nr. | Formel | Hinweise |
|---|---|---|
| | | Die einfache Blattfeder mit linearem Kennlinienverlauf kann als Freiträger betrachtet werden, der sich bei Belastung durch die Kraft $F$ um den Federweg $s$ verformt. Blattfedern werden unterschieden in *Rechteck-, Trapez-* und *Dreieckfedern*. Während die Rechteckfeder herstellungsmäßig einfach ist, so ist eine gute Werkstoffausnutzung – im Gegensatz zur Dreieckfeder – nur an der Einspannstelle gegeben. |
| 6 | Biegespannung $$\sigma_b = \frac{M}{W} = \frac{6 \cdot F \cdot l}{b \cdot h^2} \leq \sigma_{b\,zul}$$ | |
| 7 | maximale Federkraft $$F_{max} \leq \frac{W \cdot \sigma_{b\,zul}}{l} = \frac{b \cdot h^2 \cdot \sigma_{b\,zul}}{6 \cdot l}$$ | $\sigma_{b\,zul}, E$ nach TB 10-1 |

| Nr. | Formel | Hinweise |
|---|---|---|
| 8 | Federweg (Durchbiegung) <br> a) *allgemein* <br> $s = q_1 \cdot \dfrac{l^3}{b \cdot h^3} \cdot \dfrac{F}{E}$ | Faktoren $q$ zur Berücksichtigung der Bauformen: <br> $q_1 \approx 4$ für Rechteckfeder <br> $\approx 6$ für Dreieckfeder <br> $\approx 4 \cdot [3/(2 + b'/b)]$ für Trapezfeder |
| 9 | b) *maximal zulässig* <br> $s \leq q_2 \cdot \dfrac{l^2}{h} \cdot \dfrac{\sigma_{b\,zul}}{E}$ | $q_2 \approx 2/3$ für Rechteckfeder <br> $\approx 1$ für Dreieckfeder <br> $\approx (2/3) \cdot [3/(2 + b'/b)]$ für Trapezfeder |
| 10 | zulässige Federblattdicke <br> $h \leq q_2 \cdot \dfrac{l^2}{s} \cdot \dfrac{\sigma_{b\,zul}}{E}$ | die Überschreitung der zulässigen Blattdicke führt zu unzulässig hohen Biegespannung |
| 11 | maximale Federungsarbeit <br> $W_{max} = q_3 \cdot V \cdot \dfrac{\sigma_{b\,zul}^2}{E}$ | $q_3 \approx 1/18$ für Rechteckfeder; $V = b \cdot h \cdot l$ <br> $\approx 1/6$ für Dreieckfeder; $V = 0{,}5 \cdot b \cdot h \cdot l$ <br> $\approx (1/9) \cdot [3/(2 + b'/b)] \cdot [1/(1 + b'/b)]$ für Trapezfeder mit dem Federvolumen <br> $V = 0{,}5 \cdot b \cdot h \cdot l(1 + b'/b)$ |

**Drehfeder**

| Formelzeichen | Einheit | Benennung |
|---|---|---|
| $a$ | mm | (lichter) Abstand zwischen den federnden Windungen der unbelasteten Feder |
| $D_e, D_i$ | mm | äußerer, innerer Windungsdurchmesser |
| $D$ | mm | mittlerer Windungsdurchmesser |
| $d; d_B$ | mm | Draht- bzw. Stabdurchmesser; Bolzendurchmesser (Dorn-) |
| $E$ | N/mm$^2$ | Elastizitätsmodul des Federwerkstoffes |
| $F; F_1, F_2, F_{max}$ | N | Federkraft am Hebelarm $H$ senkrecht zu $F$; zugeordnet den Drehwinkeln $\varphi_1, \varphi_2 \ldots \varphi_{max}$ |
| $H$ | mm | Länge des Hebelarms senkrecht zu $F$ |
| $I$ | mm$^2$ | axiales Flächenmoment 2. Grades |
| $k$ | 1 | Beiwert zur Abschätzung des Drahtdurchmessers |
| $L_{K0}$ | mm | Länge des unbelasteten Federkörpers |
| $l$ | mm | gestreckte Länge der federnden Windungen |
| $M; M_1, M_2, \Delta M$ | Nmm | Federmoment; zugeordnet den Drehwinkeln $\varphi_1, \varphi_2, \Delta\varphi$ |

# 10 Elastische Federn

| Formelzeichen | Einheit | Benennung |
|---|---|---|
| $n$ | 1 | Anzahl der federnden Windungen |
| $q$ | 1 | Spannungsbeiwert (infolge Drahtkrümmung), abhängig vom Drahtdurchmesser |
| $w = D/d$ | 1 | Wickelverhältnis |
| $\varphi_1, \varphi_2, \Delta\varphi$ | ° | Drehwinkel; zugeordnet den Federmomenten $M_1$, $M_2$, $\Delta M$ |
| $\sigma_q, \sigma_i$ | N/mm² | Biegespannung mit und ohne Berücksichtigung der Drahtkrümmung |

| Nr. | Formel | Hinweise |
|---|---|---|
| | Drehfedern werden hauptsächlich als Scharnier-, Rückstell- und Andrückfedern verwendet. Ihre Kennlinie ist eine Gerade, die anstelle der Kraft-Weg-Linie durch den Verlauf des Kraftmoments $M$ in Abhängigkeit vom Drehwinkel $\varphi$ im Federdiagramm dargestellt wird. Drehfedern werden auf Biegung beansprucht. Bei der Festigkeitsberechnung ist die ungleichmäßige Spannungsverteilung infolge der Drahtkrümmung durch den Spannungsbeiwert $q$ zu berücksichtigen. | |
| 12 | **Entwurfsberechnung** Drahtdurchmesser $d$ (überschlägige Ermittlung) $$d \approx 0{,}23 \cdot \frac{\sqrt[3]{F \cdot H}}{1-k} = 0{,}23 \cdot \frac{\sqrt[3]{M}}{1-k}$$ mit $$k \approx 0{,}06 \frac{\sqrt[3]{F \cdot H}}{D_i}$$ bzw. $$k \approx 0{,}06 \frac{\sqrt[3]{M}}{D_i}$$ | $d$ nach DIN 2076 (TB 10-2) vorläufig festlegen. Ein anschließender Spannungsnachweis und evtl. Korrektur des Drahtdurchmessers ist erforderlich.<br><br>\| $M$ \| $F$ \| $H, d, D_i$ \|<br>\|---\|---\|---\|<br>\| Nmm \| N \| mm \| 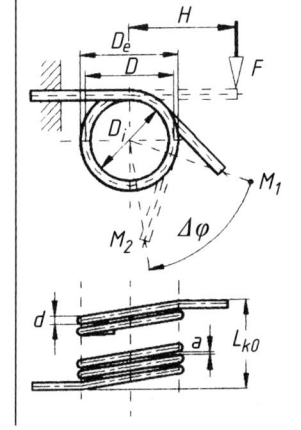 |

| Nr. | Formel | Hinweise |
|---|---|---|
| 13 | Anzahl der federnden Windungen $$n \approx \frac{(\pi/64) \cdot \varphi° \cdot E \cdot d^4}{180° \cdot M \cdot D}$$ mit $M = F \cdot H$ | Windungszahl je nach geforderter Schenkelstellung sinnvoll auf $n = \ldots, 0; \ldots, 25; \ldots, 5; \ldots, 75$ runden<br><br>$n = \ldots, 0 \quad \ldots, 25 \quad \ldots, 5 \quad \ldots, 75$ |
| 14 | Länge des unbelasteten Federkörpers<br>a) bei *anliegenden* Windungen $$L_{K0} = (n + 1{,}5) \cdot d$$ | |
| 15 | b) bei *Windungsabstand* $$L_{K0} = n \cdot (a + d) + d$$ | |
| 16 | gestreckte Drahtlänge des Federkörpers (ohne Schenkel) $$l = D \cdot \pi \cdot n \text{ bei } (a+d) \leq D/4$$ $$l = n \cdot \sqrt{(D \cdot \pi)^2 + (a+d)^2}$$ bei $(a+d) > D/4$ | $D = D_i + d = D_e - d$ |
| 17 | Biegespannung unter Berücksichtigung der Spannungserhöhung durch die Drahtkrümmung $$\sigma_q = q \cdot \sigma_i = \frac{q \cdot M}{(\pi/32) \cdot d^3}$$ $$= \frac{q \cdot F \cdot H}{(\pi/32) \cdot d^3} \leq \sigma_{b\,zul}$$ | $\sigma_{b\,zul}$ zulässige Spannung für kaltgeformte Drehfedern nach TB 10-3;<br>$E$ Elastizitätsmodul nach TB 10-1<br>$q = f(w = D_m/d)$ Spannungskorrekturbeiwert nach TB 10-4 |
| 18 | Drehwinkel $$\varphi° = \frac{180°}{\pi} \cdot \frac{M \cdot l}{E \cdot (\pi/64) \cdot d^4}$$ $$\approx \frac{1167° \cdot M \cdot l}{E \cdot d^4}$$ | |
| 19 | mit $l$ für $(a+d) \leq D/4$ $$\varphi° \approx \frac{3667° \cdot F \cdot H \cdot D \cdot n}{E \cdot d^4}$$ $$\approx \frac{360° \cdot \sigma_i \cdot D \cdot n}{E \cdot d}$$ | |

# 10 Elastische Federn

## Tellerfeder

| Formelzeichen | Einheit | Benennung |
|---|---|---|
| $D_e, D_i$ | mm | Außen-, Innendurchmesser der Tellerfeder (Einzelteller) |
| $E$ | N/mm² | Elastizitätsmodul des Federwerkstoffes |
| $F; F_{ges}$ | N | Federkraft, Gesamtfederkraft des Einzeltellers bzw. des Federpaketes |
| $F_{0,25}, F_{0,5}, F_{0,75}$ | N | Federkraft zugeordnet den Federwegen $s$; $s_{0,25} = 0,25 \cdot h_0$, $s_{0,5} = 0,5 \cdot h_0$, $s_{0,75} = 0,75 \cdot h_0$ |
| $F_B, F_E$ | N | Belastungs-, Entlastungskraft |
| $F_{ges\,R}$ | N | Gesamtfederkraft unter Berücksichtigung der Reibung |
| $F_c$ | N | (errechnete) Federkraft im plattgedrückten Zustand (Planlage) |
| $h_0$ | mm | theoretischer Federweg bis zur Planlage ($s = h_0$) |
| $i$ | 1 | Anzahl der wechselsinnig ineinandergereihten Einzelteller (oder Federpakete) zu einer Federsäule |
| $K_1, K_2, K_3$ | 1 | Berechnungsfaktoren |
| $L_0$ | mm | Länge der unbelasteten Säule oder des Paketes |
| $L_1, L_2 \ldots$ | mm | Länge der belasteten Säule oder des Paketes |
| $l_0$ | mm | Bauhöhe des unbelasteten Einzeltellers |
| $n$ | 1 | Anzahl der gleichsinnig geschichteten Einzelteller zu einem Federpaket |
| $R$ | N/mm | Federrate |
| $s; s_1, s_2 \ldots$ | mm | Federweg; zugeordnet $F_1, F_2 \ldots$ |
| $\Delta s = s_2 - s_1$ | mm | Federhub |
| $s_{0,25}, s_{0,5}, s_{0,75}$ | mm | Federweg bei $0,25 \cdot h_0$, $0,5 \cdot h_0$, $0,75 \cdot h_0$ |
| $s_{ges}$ | mm | Federweg der Säule (oder des Paketes) |
| $t, t'$ | mm | Dicke des Einzeltellers, reduzierte Dicke bei Federn mit Auflageflächen |
| $w_M, w_R$ | 1 | Reibungsfaktoren (Mantel-, Randreibung) |
| $\delta = D_e/D_i$ | 1 | Durchmesserverhältnis |
| $\sigma, \sigma_1, \sigma_2 \ldots$ | N/mm² | rechnerische Spannung; Vorspannung bzw. Unterspannung, Oberspannung zugeordnet $s_1, s_2 \ldots$ |
| $\sigma_{0,25}, \sigma_{0,5}, \sigma_{0,75}$ | N/mm² | Spannung; zugeordnet $s_{0,25}, s_{0,5}, s_{0,75}$ |
| $\sigma_C$ | N/mm² | rechnerische Spannung bei Planlage ($s = h_0$) |
| $\sigma_I, \sigma_{II} \ldots$ | N/mm² | rechnerische Spannung für die Stelle I, II ... (negative Werte zeigen Druck-, positive Werte Zugspannungen an) |
| $\sigma_{OM}$ | N/mm² | rechnerische Spannung an der oberen Mantelfläche |
| $\mu$ | 1 | Poissonzahl |

| Nr. | Formel | Hinweise |
|---|---|---|
| | Tellerfedern sind kegelförmige Ringschalen, die als Einzelteller oder kombiniert zu Federpaketen und Federsäulen in axialer Richtung belastet werden. Die nach DIN 2093 genormten Federn werden entsprechend den Verhältnissen $h_0/t$ und $D_e/t$ eingeteilt in drei Reihen: *Reihe A* (harte Feder mit annähernd linearer Kennlinie), *Reihe B* (weiche Feder) und *Reihe C* (besonders weiche Feder mit degressivem Kennlinienverlauf). Zusätzlich werden entsprechend der Tellerdicke $t$ und der Herstellungsart (kalt- oder warmgeformt, bearbeitet) die Gruppen 1, 2 (ohne Auflageflächen) und 3 (mit Auflageflächen) unterschieden. Nachfolgend aufgeführte Berechnungsgleichungen gelten für Tellerfedern der Gruppen 1 und 2. | |
| 20 | **Entwurfsberechnung** (ohne Berücksichtigung der Reibung) Tellerzahl je Federpaket $$n = \frac{F_{ges}}{F_{0,75}}$$ | folgende Grenzwerte sollten eingehalten werden: $n = 1 \ldots 4$, $i < 20$, $F_{max} \leq F_{0,75}$, $s_{max} \leq s_{0,75}$; die Planlage ($s = h_0$) ist zu vermeiden Werte für $F_{0,75}$, $s_{0,75}$ nach TB 10-6 |
| 21 | Paketzahl der Federsäule $$i = \frac{s_{ges}}{s_{0,75}}$$ | 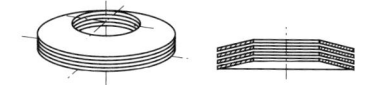 |
| 22 | Länge der Federsäule a) *unbelastet* $L_0 = i \cdot [l_0 + (n-1) \cdot t]$ $= i \cdot (h_0 + n \cdot t)$ b) *belastet* $L = L_0 - s_{ges} = i \cdot [l_0 + (n-1) \cdot t - s]$ $= i \cdot (h_0 + n \cdot t - s)$ | 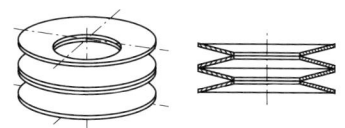 *Tellerfederpaket aus vier Einzeltellern* *Tellerfedersäule aus vier Einzeltellern* |
| 23 | rechnerische Federkraft a) *für den Federweg s* $$F = \frac{4 \cdot E}{1 - \mu^2} \cdot \frac{t^4}{K_1 \cdot D_e^2} \cdot \frac{s}{t}$$ $$\times \left[ \left( \frac{h_0}{t} - \frac{s}{t} \right) \cdot \left( \frac{h_0}{t} - \frac{s}{2 \cdot t} \right) + 1 \right]$$ | $s_{max} = s_{0,75} = 0,75 \cdot h_0$ $h_0$, $t$, $D_e$ nach TB 10-6 $K_1$, $K_2$, $K_3$ nach TB 10-8a, b $E$ nach TB 10-1 $\mu = \varepsilon_q / \varepsilon \approx 0,3$ für Federstahl |
| 24 | b) *im plangedrückten Zustand* ($s = h_0$) $$F_c = \frac{4 \cdot E}{1 - \mu^2} \cdot \frac{h_0 \cdot t^3}{K_1 \cdot D_e^2}$$ | Mit dem Verhältnis $F/F_c$ kann für die jeweilige Kraft $F'$ der zugehörige Federweg $s'$ oder umgekehrt für jeden Federweg $s'$ die erforderliche Federkraft $F'$ nach TB 10-8c ermittelt werden. |

# 10 Elastische Federn

| Nr. | Formel | Hinweise |
|---|---|---|
| 25 | Federrate $\Delta F / \Delta s$ $$R = \frac{4 \cdot E}{1 - \mu^2} \cdot \frac{t^3}{K_1 \cdot D_e^2}$$ $$\times \left[ \left(\frac{h_0}{t}\right)^2 - 3 \cdot \frac{h_0}{t} \cdot \frac{s}{t} + \frac{3}{2} \cdot \left(\frac{s}{t}\right)^2 + 1 \right]$$ | |
| 26 | rechnerische Lastspannungen a) *an der oberen Mantelfläche* $$\sigma_{OM} = -\frac{4 \cdot E}{1 - \mu^2} \cdot \frac{t^2}{K_1 \cdot D_e^2} \cdot \frac{s}{t} \cdot \frac{3}{\pi}$$ | $D_e, t, h_0$ nach TB 10-6; $s \leq 0{,}75 \cdot h_0$ $E = 206 \cdot 10^3$ N/mm² für Federstahl nach TB 10-1 $\mu = \varepsilon_q / \varepsilon \approx 0{,}3$ für Stahl die größte Zugspannung ist für den Festigkeitsnachweis maßgebend. Bei dynamischer Belastung muss die Bedingung erfüllt sein, dass $\sigma_{max} \leq \sigma_O$ und $\sigma_h = \sigma_o - \sigma_u \leq \sigma_H$ mit $\sigma_O$ und $\sigma_H$ nach TB 10-9 Setzt man in die Gleichung zur Ermittlung von $\sigma_I$ für $s = h_0$, so ergibt sich die Spannung $\sigma_C$ bei Planlage der Feder. Für den Federweg $0 < s \leq h_0$ können nach TB 10-8d die Spannungen ermittelt werden. $K_1, K_2, K_3$ nach TB 10-8a, b |
| 27 | b) *an der Stelle I* $$\sigma_I = -\frac{4 \cdot E}{1 - \mu^2} \cdot \frac{t^2}{K_1 \cdot D_e^2} \cdot \frac{s}{t}$$ $$\times \left[ K_2 \cdot \left(\frac{h_0}{t} - \frac{s}{2 \cdot t}\right) + K_3 \right]$$ | |
| 28 | c) *an der Stelle II* $$\sigma_{II} = -\frac{4 \cdot E}{1 - \mu^2} \cdot \frac{t^2}{K_1 \cdot D_e^2} \cdot \frac{s}{t}$$ $$\times \left[ K_2 \cdot \left(\frac{h_0}{t} - \frac{s}{2 \cdot t}\right) - K_3 \right]$$ | |
| 29 | d) *an der Stelle III* $$\sigma_{III} = -\frac{4 \cdot E}{1 - \mu^2} \cdot \frac{t^2}{K_1 \cdot D_e^2} \cdot \frac{s}{t} \cdot \frac{1}{\delta}$$ $$\times \left[ (K_2 - 2 \cdot K_3) \cdot \left(\frac{h_0}{t} - \frac{s}{2 \cdot t}\right) - K_3 \right]$$ | |
| 30 | e) *an der Stelle IV* $$\sigma_{IV} = -\frac{4 \cdot E}{1 - \mu^2} \cdot \frac{t^2}{K_1 \cdot D_e^2} \cdot \frac{s}{t} \cdot \frac{1}{\delta}$$ $$\times \left[ (K_2 - 2 \cdot K_3) \cdot \left(\frac{h_0}{t} - \frac{s}{2 \cdot t}\right) + K_3 \right]$$ | $\delta = D_e / D_i$ |
| 31 | *Federungsarbeit* $$W = \frac{2 \cdot E}{1 - \mu^2} \cdot \frac{t^5}{K_1 \cdot D_e^2} \cdot \left(\frac{s}{t}\right)^2$$ $$\times \left[ \left(\frac{h_0}{t} - \frac{s}{2 \cdot t}\right)^2 + 1 \right]$$ | $D_e, t$ nach TB 10-6; $s \leq 0{,}75 \cdot h_0$ $E = 206 \cdot 10^3$ N/mm² für Federstahl nach TB 10-1 $\mu = \varepsilon_q / \varepsilon \approx 0{,}3$ für Stahl |

| Nr. | Formel | Hinweise |
|---|---|---|
| 32 | Der dauerfeste Arbeitsbereich der Feder und der zulässige Federhub $\Delta s_{zul}$ kann aus der $F$-$s$- und der $\sigma$-$s$-Kennlinie bestimmt werden. Mit den Werten für $F_{0,25}$, $F_{0,5}$ und $F_{0,75}$ sowie $\sigma_{0,25} = 0,25 \cdot h_0$, $\sigma_{0,5} = 0,5 \cdot h_0$ und $\sigma_{0,75} = 0,75 \cdot h_0$ aus TB 10-6 wird für den jeweiligen Federweg $s_{0,25}$, $s_{0,5}$ und $s_{0,75}$ die Federkraft- und die Spannungskennlinie im Diagramm dargestellt. Wird die Oberspannung $\sigma_O$ der Dauerschwingfestigkeit für die Lastspielzahl $N$ nach TB 10-9a, b, c eingetragen, dann liegt auch der maximal zulässige Federweg $s_{max}$ für die Federkraft $F_{max}$ fest und damit auch der zulässige Hub $s_{h\,zul} \cong s_H$. Die Dauerhaltbarkeit der Feder ist gewährleistet, wenn $s_2 < s_{max}$ oder $\Delta s < \Delta s_{zul}$ ist. | |

### Drehstabfeder

| Formelzeichen | Einheit | Benennung |
|---|---|---|
| $d$ | mm | Stab- bzw. Schaftdurchmesser (zylindrischer Teil des Stabes) |
| $d_a$ | mm | Kopfkreisdurchmesser |
| $d_f$ | mm | Fußkreisdurchmesser des Kopfprofils |
| $G$ | N/mm² | Schub-(Gleit-)modul |
| $L$ | mm | Gesamtlänge des Drehstabes |
| $l$ | mm | freie Schaftlänge (des zylindrischen Teils mit $2 \cdot l_h$) |
| $l_e$ | mm | Ersatzlänge |
| $l_f$ | mm | federnde Länge |
| $l_h$ | mm | Hohlkehlenlänge |
| $l_k$ | mm | Kopflänge |
| $p$, $p_{zul}$ | N/mm² | Flächenpressung, zulässige Flächenpressung |
| $R$ | Nmm/° | Federrate |

# 10 Elastische Federn

| Formelzeichen | Einheit | Benennung |
|---|---|---|
| $r$ | mm | Hohlkehlenradius |
| $T$ | Nmm | wirkendes Drehmoment |
| $W_p$ | mm³ | polares Widerstandsmoment |
| $z$ | 1 | Zähnezahl der verzahnten Köpfe |
| $\varphi°, \varphi$ | °, rad | Verdrehwinkel; Winkelmaß, Bogenmaß |
| $\tau_t, \tau_{zul}$ | N/mm² | rechnerische Schubspannung, zulässige Schubspannung |
| $v$ | 1 | Verhältniswert |

| Nr. | Formel | Hinweise |
|---|---|---|
|  | Drehstabfedern werden u. a. in Drehkraftmessern, in nachgiebigen Kupplungen und als Tragfedern im Kfz-Fahrgestell eingesetzt. Sie sind wegen der leichten Bearbeitung mit optimaler Oberflächenqualität (schälen, schleifen, polieren) und der besseren Werkstoffausnutzung meist Rundstäbe aus warmgewalztem vergütbaren Stahl, die vorwiegend auf Verdrehen beansprucht werden. Die Kennlinie für die Drehstabfeder mit der Federrate $R_\varphi = T/\varphi$ ist eine Gerade. ||
| 33 | **Entwurfsberechnung** <br> erforderliche Stabdurchmesser <br> $d \approx \sqrt[3]{\dfrac{T}{(\pi/16) \cdot \tau_{t\,zul}}}$ | |
| 34 | Schub- bzw. Verdrehspannung <br> $\tau_t = \dfrac{T}{W_p} = \dfrac{T}{(\pi/16) \cdot d^3} \leq \tau_{t\,zul}$ | |
| 35 | Verdrehwinkel <br> $\varphi° = \left(\dfrac{180°}{\pi}\right) \cdot \varphi = \dfrac{(180°/\pi) \cdot T \cdot l_f}{(\pi/32) \cdot d^4 \cdot G}$ <br> $= \dfrac{(360°/\pi) \cdot \tau_t \cdot l_f}{G \cdot d}$ | Eine hohe Lebensdauer ist zu erwarten, wenn für $d_f/d \geq 1{,}3$ die Kopflänge $0{,}5 \cdot d_f < l_k < 1{,}5 \cdot d_f$ und die Hohlkehlenlänge $l_h = 0{,}5 \cdot (d_f - f) \cdot \sqrt{\dfrac{4 \cdot r}{(d_f - d) - 1}}$ beträgt. |
| 36 | Federrate <br> $R = \dfrac{T}{\varphi°} = \dfrac{(\pi/32) \cdot G \cdot d^4}{(180°/\pi) \cdot l_f}$ | Bei der freien Schaftlänge $l$ gilt für die federnde Länge $l_f = l - 2(l_h - l_e)$ für die Ersatzlänge $l_e = v \cdot l_h$, wenn $v$ abhängig von $r/d$ und $d_f/d$ aus TB 10-10a abgelesen wird. |

| Nr. | Formel | Hinweise |
|---|---|---|
| 37 | Flächenpressung für verzahnte Köpfe $$p \approx \frac{12 \cdot d_a \cdot T}{z \cdot l_k \cdot (d_a^3 - d_f^3)} \leq p_{zul}$$ | $d_a$ \| 10 \| 12 \| 14 \| 17 \| 20 \| 24 \| 30 \| 34 \| 40 \| <br> $z$ \| 28 \| 30 \| 31 \| 32 \| 33 \| 34 \| 35 \| 36 \| 37 \| <br> Anhaltswerte $p_{zul}$ aus TB 12-1b <br> Kopflänge $0,5 \cdot d_f < l_k < 1,5 \cdot d_f$; <br> $d_f$ Fusskreisdurchmesser ca. <br> $d_f = 0,927 \cdot d_a - 1,1389$ |
| 38 | Sechskantköpfe $$p \approx \frac{6 \cdot T}{l_k \cdot d_f^2} \leq p_{zul}$$ | |
| 39 | Vierkantköpfe $$p \approx \frac{3 \cdot T}{l_k \cdot d_f^2} \leq p_{zul}$$ | |

**Zylindrische Schraubenfedern mit Kreisquerschnitt**

| Formelzeichen | Einheit | Benennung |
|---|---|---|
| $D_e, D_i$ | mm | äußerer, innerer Windungsdurchmesser |
| $D = 0,5(D_e + D_i)$ | mm | mittlerer Windungsdurchmesser |
| $d$ | mm | Drahtdurchmesser |
| $F, \Delta F = F_2 - F_1$ | N | Federkraft; zugeordnet $\Delta s$ |
| $F_1, F_2 \ldots; F_n$ | N | Federkraft; zugeordnet $s_1, s_2, s_n$ bzw. $L_1, L_2, L_n$ |
| $F_0$ | N | innere Vorspannkraft |
| $F_c$ | N | Blockkraft (theoretische Federkraft; zugeordnet $s_c$ bzw. $L_c$) |
| $G$ | N/mm² | Schub-(Gleit-)modul |
| $n$ | 1 | Anzahl der federnden Windungen |
| $n_t$ | 1 | Gesamtwindungszahl |
| $k$ | 1 | Beiwert zur Berücksichtigung der Spannungserhöhung infolge der Drahtkrümmung |
| $k_1, k_2$ | 1 | Beiwert zur angenäherten Vorwahl der Drahtstärke $d$ |
| $L_0$ | mm | Länge der unbelasteten Feder |
| $L_1, L_2 \ldots$ | mm | Länge der belasteten Feder zugeordnet $F_1, F_2 \ldots$ |
| $L_c$ | mm | Blocklänge der Feder (alle Windungen liegen aneinander) |
| $L_H$ | mm | Abstand der Ösenkante vom Federkörper |

# 10 Elastische Federn

| Formelzeichen | Einheit | Benennung |
|---|---|---|
| $L_K$ | mm | Länge des unbelasteten Federkörpers mit eingewundener Vorspannung |
| $L_n$ | mm | kleinste zulässige Federlänge |
| $N$ | 1 | Lastspielzahl |
| $R$ | N/mm | Federrate |
| $Sa, Sa'$ | mm | Summe der Mindestabstände zwischen den einzelnen federnden Windungen |
| $s, s_{max}, s_1, s_2 \ldots$ | mm | Federweg, maximal; zugeordnet $F_1, F_2 \ldots$ |
| $\Delta s = s_2 - s_1$ | mm | Hub (Arbeitsweg) |
| $s_c = L_0 - L_c$ | mm | Federweg zugeordnet $F_c$ |
| $V$ | mm³ | Federvolumen |
| $W$ | Nmm | Federungsarbeit |
| $w = D/d$ | 1 | Wickelverhältnis |
| $\alpha$ | 1 | Korrekturfaktor zur Berücksichtigung des Herstellverfahrens (Zugfeder) |
| $\tau, \tau_1, \tau_2$ | N/mm² | vorhandene Schubspannung, zugeordnet $F_1, F_2 \ldots$ (ohne Berücksichtigung der Drahtkrümmung) |
| $\tau_k; \tau_{k1}, \tau_{k2}$ | N/mm² | vorhandene Schubspannung, zugeordnet $F_1, F_2 \ldots$ (unter Berücksichtigung der Drahtkrümmung) |
| $\tau_0, \tau_{0zul}$ | N/mm² | innere Schubspannung, zulässige Schubspannung für Zugfedern |
| $\tau_c, \tau_{zul}$ | N/mm² | Schubspannung, zugeordnet $F_c$; zulässige Schubspannung |
| $\tau_{kH} = \tau_O - \tau_U$ | N/mm² | Dauerhubfestigkeit, vorhandene Hubspannung zugeordnet $\Delta s$ bei Berücksichtigung der Drahtkrümmung |
| $\tau_{kh} = \tau_{k2} - \tau_{k1}$ | N/mm² | vorhandene Hubspannung zugeordnet $\Delta s$ bei Berücksichtigung der Drahtkrümmung |
| $\tau_{kU}, \tau_{kO}$ | N/mm² | Unter-, Oberspannung der Dauerfestigkeit |
| $\omega_e$ | 1/s | niedrigste Eigenfrequenz |

| Nr. | Formel | Hinweise |
|---|---|---|
| | Schraubenfedern sind schraubenförmig um einen Dorn gewickelte Drehstabfedern; sie werden meist aus Runddraht hergestellt. Sie zeichnen sich durch eine hohe Werkstoffausnutzung aus und weisen deshalb ein geringes Federgewicht auf. Neben der Verwendung im Maschinenbau werden Schraubenfedern (Druckfedern) bevorzugt im Fahrzeugbau (Tragfedern im PKW) eingesetzt und haben in dieser Funktion die Blattfedern fast gänzlich abgelöst. Je nach Windungsabstand $a \geq 0$ können die Schraubenfedern auf Druck und/oder Zug belastet werden. Die Kennlinie ist eine Gerade. | |
| | **Schraubendruckfedern** | |
| 40 | **Entwurfsberechnung** *Drahtdurchmesser*, Vorwahl $d \approx k_1 \cdot \sqrt[3]{F \cdot D_e}$ $d \approx k_1 \cdot \sqrt[3]{F \cdot D_i} + k_2$ mit $k_2 \approx \dfrac{2 \cdot (k_1 \cdot \sqrt[3]{F \cdot D_i})^2}{3 \cdot D_i}$ | $\begin{array}{c\|c\|c} d, D_e, D_i & F & k_1, k_2 \\ \hline mm & N & 1 \end{array}$ für Drahtsorten SL, SM, DM, SH, DH wird $k_1 = 0{,}15$ bei $d < 5$ mm $k_1 = 0{,}16$ bei $d = 5 \ldots 14$ mm für Drahtsorten FD, TD, VD wird $k_1 = 0{,}17$ bei $d < 5$ mm $k_1 = 0{,}18$ bei $d = 5 \ldots 14$ mm Vorzugsdurchmesser $d$ nach TB 10-2 und Windungsdurchmesser $D = D_e - d = D_i + d$ nach DIN 323 (TB 1-16) festlegen, Werte für $G$ aus TB 10-1. |
| 41 | *Anzahl der wirksamen Windungen* $n' = \dfrac{G}{8} \cdot \dfrac{d^4}{D^3 \cdot R_{(\text{soll})}}$ | 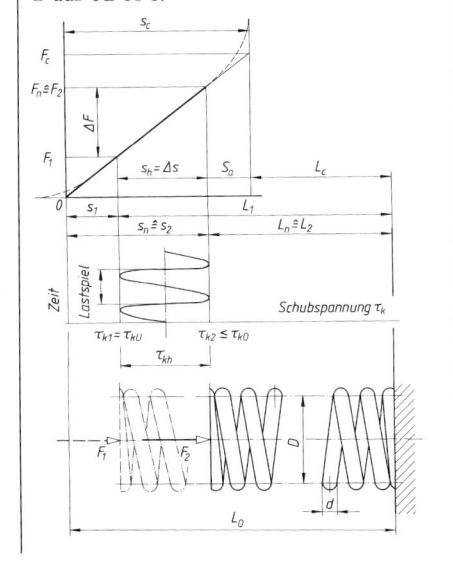 |

# 10 Elastische Federn

| Nr. | Formel | Hinweise |
|---|---|---|
| 42 | Gesamtzahl der Windungen<br>a) *kaltgeformt*<br>$n_t = n + 2$<br>b) *warmgeformt*<br>$n_t = n + 1{,}5$ | Die Anzahl der federnden Windungen $n \geq 2{,}5$ sollte auf „Halbe" enden (z. B. 4,5, 5,5 …), um nach dem Bearbeiten der Federenden eine möglichst stabile Auflage sicherzustellen.<br>Die Folgerechnung ist mit der *festgelegten* Windungszahl $n$ zu führen |
| 43 | Summe der Mindestabstände zwischen den einzelnen Windungen<br>a) bei *statischer* Beanspruchung<br>*kaltgeformt*<br>$S_a = [0{,}0015 \cdot (D^2/d) + 0{,}1 \cdot d] \cdot n$<br>*warmgeformt*<br>$S_a = 0{,}02 \cdot (D + d) \cdot n$ | $S_a$ muss selbst bei der größten Belastung der Feder sichergestellt sein, um die Funktion nicht in Frage zu stellen. Ein evtl. „Aufsetzen" der Feder ist durch entsprechende konstruktive Maßnahmen zu verhindern. Der Drahtdurchmesser $d$ wird zunächst überschlägig ermittelt und nach vorläufiger Festlegung der Federabmessungen muss der Spannungsnachweis geführt werden (u. U. ist eine wiederholte Korrektur der vorgewählten Abmessungen erforderlich). |
| 44 | b) bei *dynamischer* Beanspruchung<br>*kaltgeformt*<br>$S'_a \approx 1{,}5 \cdot S_a$<br>*warmgeformt*<br>$S'_a \approx 2 \cdot S_a$ | |
| 45 | Blocklänge; *kaltgeformt*;<br>Federenden *angelegt* und *planbearbeitet*<br>$L_c \leq n_t \cdot d_{max}$<br>Federenden *angelegt* und *unbearbeitet*<br>$L_c \leq (n_t + 1{,}5) \cdot d_{max}$ | |
| 46 | Blocklänge, *warmgeformt*;<br>Federenden *angelegt* und *planbearbeitet*<br>$L_c \leq (n_t - 0{,}3) \cdot d_{max}$<br>Federenden *unbearbeitet*<br>$L_c \leq (n_t + 1{,}1) \cdot d_{max}$ | a) unbelastete Feder mit angelegten Federenden, geschliffen<br>b) angelegtes, unbearbeitetes Federende<br>c) angelegtes geschmiedetes Federende |

| Nr. | Formel | Hinweise |
|---|---|---|
| 47 | kleinste zulässige Federlänge<br>$L_n = L_c + S_a$<br>$L_n = L_c + S'_a$ | |
| 48 | Länge der unbelasteten Feder<br>$L_0 = s_c + L_c = s_n + S_a + L_c$<br>$L_0 = s_c + L_c = s_n + S'_a + L_c$ | |
| 49 | Schubspannungsnachweis<br>a) bei *statischer* Beanspruchung<br>$\tau_{1,2}$ bzw. $\tau_{u,o} = \dfrac{F_{1,2} \cdot D/2}{\pi/16 \cdot d^3} \leq \tau_{zul}$ | die zulässige Schubspannung $\tau_{zul}$ aus TB 10-11a |
| 50 | b) bei *dynamischer* Beanspruchung<br>$\tau_{k\,1,2} = k \cdot \tau_{1,2} \leq \tau_{kO}$ | Spannungskorrekturfaktor $k$ abhängig vom Wickelverhältnis $w = D/d$ nach TB 10-11d<br>$\tau_{kO}$ aus TB 10-13 bis TB 10-16 |
| 51 | *Hubspannung*<br>$\tau_{kh} = \tau_{k2} - \tau_{k1} \leq \tau_{kH}$ | die Hubfestigkeit $\tau_{kH}$ aus TB 10-13 bis TB 10-16 |
| 52 | *Schubspannung bei Blocklänge*<br>$\tau_c = \dfrac{F_c \cdot D/2}{\pi/16 \cdot d^3} \leq \tau_{c\,zul}$ | die theoretische Blockkraft $F_c$ ist erforderlich, um die Feder auf Blocklänge $L_c$ zusammenzudrücken (Windungen liegen aneinander)<br>$\tau_{c\,zul}$ aus TB 10-11b, c |
| 53 | *Federrate*<br>$R_{ist} = \dfrac{G}{8} \cdot \dfrac{d^4}{D^3 \cdot n}$ | Da in den meisten Fällen $R_{(ist)}$ von $R_{(soll)}$ abweicht, ist entweder bei $F = $ konstant der Federweg $s$ zu korrigieren oder umgekehrt bei $s = $ konstant die zugehörige Federkraft $F$, Werte für $G$ aus TB 10-1 |
| 54 | für den Federweg $s$ aufzubringende *Federkraft*<br>$F = R_{ist} \cdot s = \dfrac{G}{8} \cdot \dfrac{d^4 \cdot s}{D^3 \cdot n}$ | |
| 55 | Federweg durch die Federkraft $F$<br>$s = \dfrac{F}{R_{ist}} = \dfrac{8}{G} \cdot \dfrac{D^3 \cdot n \cdot F}{d^4}$ | |
| 56 | Federarbeit<br>$W = \dfrac{F \cdot s}{2} = \dfrac{1}{4} \cdot \dfrac{V \cdot \tau^2}{G}$ | das Federvolumen aus<br>$V \approx (d^2 \cdot \pi/4) \cdot D \cdot \pi \cdot n$ |
| 57 | Eigenkreisfrequenz (niedrigster Wert) bei schwingender Beanspruchung<br>$f_e \approx 3{,}63 \cdot 10^5 \cdot \dfrac{d}{n \cdot D^2}$<br>$f_e \approx 13{,}7 \cdot \sqrt{\dfrac{\tau_{kh}}{k \cdot \Delta s}}$ | $\begin{array}{c\|c\|c\|c} f_e & d, D, \Delta s & n, k & \tau_{kh} \\ \hline 1/\text{s} & \text{mm} & 1 & \text{N/mm}^2 \end{array}$ |

# 10 Elastische Federn 117

| Nr. | Formel | Hinweise |
|---|---|---|
|  | **Schraubenzugfedern** Zur Vermeidung des gegenüber den Druckfedern meist größeren Einbauraumes (bedingt durch entsprechende Ausführung der Federenden s. u. Bilder a) ... g)) werden die Zugfedern zur Verringerung des Vorspannfederweges vielfach mit innerer Vorspannung kaltgewickelt (bis $d = 17$ mm). Federn mit $d > 17$ mm werden warmgewickelt und sind somit ohne Vorspannung. Zur Überleitung der Federkraft dienen die Ösen in verschiedenen Ausführungsformen. Schraubenzugfedern sollten nur statisch beansprucht werden, da aufgrund der angebogenen Ösen bzw. Haken eine rechnerische Erfassung der wirklichen Spannungsverhältnisse nicht möglich ist. | |
| 58 | **Entwurfsberechnung** *Drahtdurchmesser*, Vorwahl a) $D_e$ ist vorgegeben $$d \approx k_1 \cdot \sqrt[3]{F_{max} \cdot D_e}$$ b) $D_i$ ist vorgegeben $$d \approx k_1 \cdot \sqrt[3]{F_{max} \cdot D_i} + k_2$$ mit $$k_2 \approx \frac{2 \cdot (k_1 \cdot \sqrt[3]{F_{max} \cdot D_i})^2}{3 \cdot D_i}$$ | $d, D_e, D_i$ \| $F$ \| $k_1, k_2$ mm \| N \| 1  für Drahtsorten SL, SM, DM, SH, DH wird $k_1 = 0{,}15$ bei $d < 5$ mm $k_1 = 0{,}16$ bei $d = 5 \ldots 14$ mm für Drahtsorten FD, TD, VD wird $k_1 = 0{,}17$ bei $d < 5$ mm $k_1 = 0{,}18$ bei $d = 5 \ldots 14$ mm Vorzugsdurchmesser $d$ nach TB 10-2 und Windungsdurchmesser $D = D_e - d = D_i + d$ nach DIN 323 (TB 1-16) festlegen. |

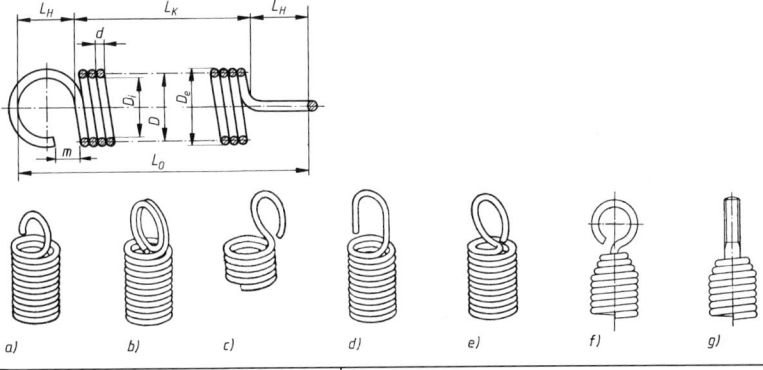

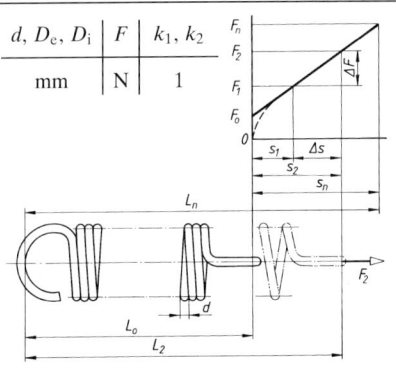

| Nr. | Formel | Hinweise |
|---|---|---|
| 59 | Anzahl der federnden Windungen $$n = \frac{G \cdot d^4 \cdot s}{8 \cdot D^3 \cdot (F - F_0)}$$ | |
| 60 | Gesamtzahl der Windungen bei gegebener Länge des Federkörpers $$n_t = \frac{L_K}{d} - 1$$ | $n_t = n$ mit angebogenen Ösen<br>$n < n_t$ mit eingerollten Haken oder Einschraubstücken je nach Stellung der Ösen zueinander festlegen (auf ...,0 ...,25...,5 ...,75 endend)<br>$L_H \approx (0{,}8 \ldots 1{,}1) \cdot D_i$ für eine „ganze Deutsche Öse" |
| 61 | Länge des unbelasteten Federkörpers $$L_K \approx (n_t + 1) \cdot d_{max}$$ | $d_{max} = d + es$ Höchstmaß des Drahtdurchmessers mit $es$ nach TB 10-2; |
| 62 | Länge der unbelasteten Feder zwischen den Öseninnenkanten $$L_0 \approx L_K + 2 \cdot L_H$$ | |
| 63 | Federrate $$R_{soll} = \frac{\Delta F}{\Delta s} = \frac{F - F_0}{s}$$ $$R_{ist} = \frac{G \cdot d^4}{8 \cdot D^3 \cdot n}$$ | |
| 64 | innere Vorspannkraft, zum Öffnen der Feder erforderliche $$F_0 = F - R \cdot s = F - \frac{G \cdot d^4 \cdot s}{8 \cdot D^3 \cdot n}$$ | es ist zu unterscheiden zwischen $R_{(ist)}$ und $R_{(soll)}$ |
| 65 | innere Vorspannkraft, maximal erreichbare $$F_0 \leq \tau_{0zul} \cdot \frac{0{,}4 \cdot d^3}{D}$$ | $\tau_{0zul} = \alpha \cdot \tau_{zul}$ mit dem Korrekturfaktor $\alpha$ entsprechend dem Herstellverfahren nach TB 10-19b |
| 66 | vorhandene Schubspannung<br>a) infolge Federkraft $F$ $$\tau = \frac{F \cdot D/2}{\pi/16 \cdot d^3} \leq \tau_{zul}$$ | die zulässige Spannung $\tau_{zul} = 0{,}45 \cdot R_m$ entsprechend der Drahtsorte nach TB 10-19a |
| 67 | b) infolge innerer Vorspannkraft $F_0$ $$\tau_0 = \frac{F_0 \cdot D/2}{\pi/16 \cdot d^3} \leq \tau_{0zul}$$ | $\tau_{0zul} = \alpha \cdot \tau_{zul}$ mit dem Korrekturfaktor $\alpha$ entsprechend dem Herstellverfahren nach TB 10-19b |

# 10 Elastische Federn

**Federn aus Gummi**

| Formelzeichen | Einheit | Benennung |
|---|---|---|
| $A$ | mm² | Bindungsfläche zwischen Gummi und Metall |
| $d$ | mm | innerer Durchmesser des Gummielements |
| $D$ | mm | äußerer Durchmesser des Gummielements |
| $E$ | N/mm² | Elastizitätsmodul des Gummiwerkstoffes |
| $F$ | N | Federkraft |
| $G$ | N/mm² | Schubmodul des Gummiwerkstoffes |
| $h$ | mm | federnde Gummihöhe |
| $r = d/2$ | mm | innerer Radius des Gummielements |
| $R = D/2$ | mm | äußerer Radius des Gummielements |
| $s$ | mm | Federweg |
| $T$ | Nmm | aufzunehmendes Federmoment |
| $\gamma$ | ° | Verschiebewinkel |
| $\sigma$ | N/mm² | Normalspannung (Druckspannung) |
| $\tau$ | N/mm² | Schubspannung |
| $\varepsilon$ | 1 | Dehnung |
| $\varphi$ | ° | Verdrehwinkel |

| Nr. | Formel | Hinweise |
|---|---|---|
| | Gummifedern werden in Form einbaufertiger Konstruktionselemente verwendet. Bei diesen werden die Kräfte reibungsfrei und gleichmäßig in den Gummi eingeleitet. Gummifedern werden hauptsächlich als Druck- und Schubfedern zur Abfederung von Maschinen und Maschinenteilen, zur Dämpfung von Stößen und Schwingungen sowie zur Verminderung von Geräuschen eingesetzt. | |
| 68 | **Schubscheibenfeder** *Schubspannung* $$\tau = \frac{F}{A} = \gamma \cdot G \leq \tau_{zul}$$ | Werte für $G$ aus TB 10-1 Werte für $\tau_{zul}$ aus TB 10-1 |
| 69 | *Verschiebewinkel* ($\gamma \leq 20°$) $$\gamma° = \frac{180°}{\pi} \cdot \frac{\tau}{G}$$ | |

| Nr. | Formel | Hinweise |
|---|---|---|
| 70 | *Federweg* $s = h \cdot \tan\gamma$ | $s < 0{,}35 \cdot h$ |
| | **Schub-Hülsenfeder** | |
| 71 | *Schubspannung* $\tau = \dfrac{F}{A_i} \leq \tau_{zul}$ | Werte für $\tau_{zul}$ aus TB 10-1 |
| 72 | *Verschiebeweg* $s = \ln\left(\dfrac{D}{d}\right) \cdot \dfrac{F}{2 \cdot \pi \cdot h \cdot G}$ | $s < 0{,}2(D - d)$ |
| | **Drehschubfeder** | |
| 73 | *Schubspannung* $\tau = \dfrac{T}{A_i \cdot r} \leq \tau_{zul}$ | Werte für $\tau_{zul}$ aus TB 10-1 |
| 74 | *Verdrehwinkel* ($\varphi \leq 40°$) $\varphi° = \dfrac{180°}{\pi} \cdot \dfrac{T}{4 \cdot \pi \cdot h \cdot G} \cdot \left(\dfrac{1}{r^2} - \dfrac{1}{R^2}\right)$; $\varphi_{max} \leq 40°$ | |
| | **Drehschub-Scheibenfeder** | |
| 75 | *Schubspannung* $\tau = \dfrac{2}{\pi} \cdot \dfrac{T \cdot R}{R^4 - r^4} \leq \tau_{zul}$ | Werte für $\tau_{zul}$ aus TB 10-1 |
| 76 | *Verdrehwinkel* ($\varphi \leq 20°$) $\varphi° \approx \dfrac{360°}{\pi^2} \cdot \dfrac{T \cdot h}{(R^4 - r^4) \cdot G}$; $\varphi_{max} \leq 20°$ | |
| | **Druckfeder** | |
| 77 | *Druckspannung* $\sigma_d = \dfrac{F}{A} = \dfrac{4 \cdot F}{\pi \cdot d^2} \leq \sigma_{d\,zul}$ | Werte für $\sigma_{d\,zul}$ aus TB 10-1 |
| 78 | *Federweg* ($s \leq 0{,}2 \cdot h$) $s = \dfrac{F \cdot h}{A \cdot E} = \dfrac{4 \cdot F \cdot h}{\pi \cdot d^2 \cdot E}$; $s_{max} \leq 0{,}2 \cdot h$ | |

# 10 Elastische Federn

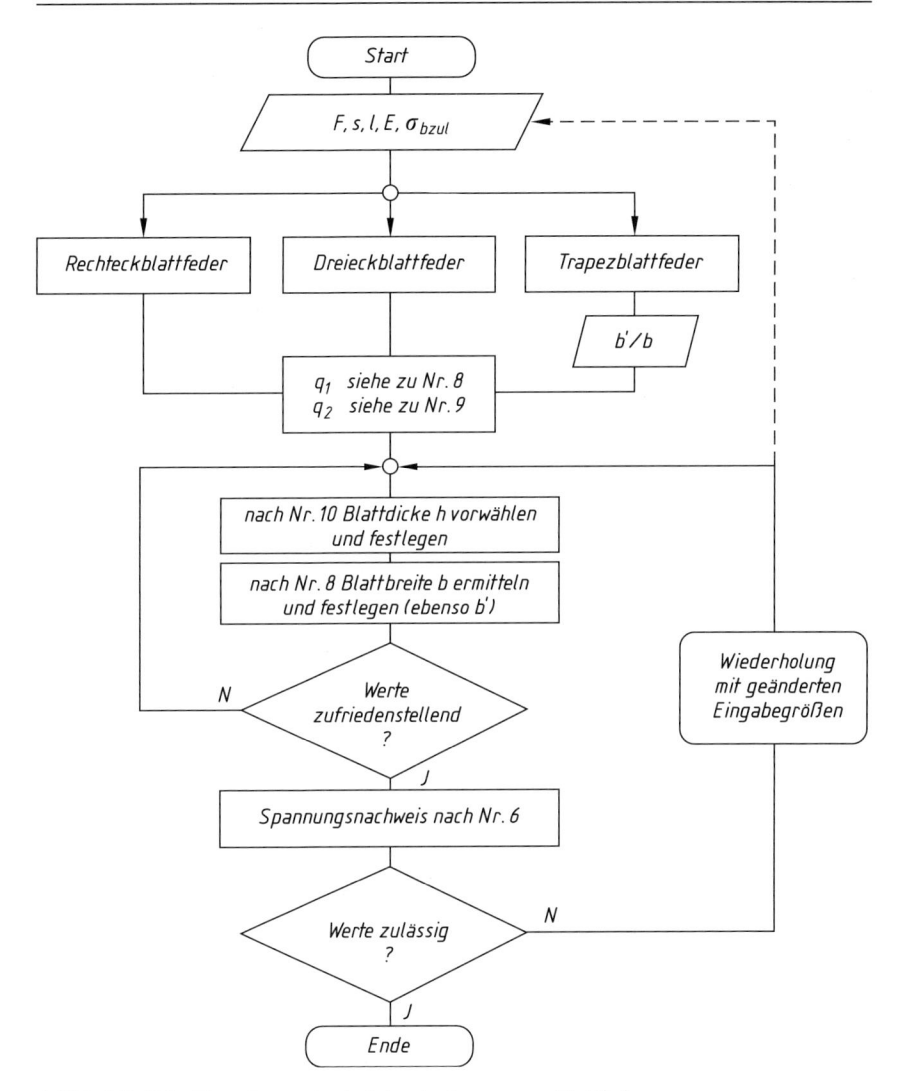

**A 10-1** Mögliche Vorgehensweise bei der Auslegung von Blattfedern

# 10 Elastische Federn

```
                    ┌─────────┐
                    │  Start  │
                    └────┬────┘ ←─────────────────┐
                         │                         │
              M, D_i, E, φ_soll, σ_bzul            │
                         │                         │
              d überschlägig nach Nr. 12           │
                         │                         │
                         ○ ←────────────────────────┤
                         │                         │
                    d festlegen                    │
                         │                         │
              n überschlägig nach Nr. 13           │
              ermitteln und festlegen              │
                         │                         │
                q siehe zu Nr. 17                  │
                         │                         │
              Länge des Federkörpers               │
                   nach Nr. 14                     │
                         │                         │
              gestreckte Drahtlänge       ┌──────────────┐
                   nach Nr. 16            │ Wiederholung │
                         │                │ mit geänderten│
              Spannungsnachweis           │ Eingabegrößen │
                   nach Nr. 17            └──────────────┘
                         │                         ↑
              Drehwinkel nach Nr. 18, 19           │
                (Funktionsnachweis)                │
                         │                         │
              Vergleich Soll- und Istwert φ        │
                         │                         │
                    ╱ Werte ╲    N                 │
                   ╱zufriedenstellend╲────────────┘
                    ╲    ?   ╱
                         │ J
                    ┌─────────┐
                    │  Ende   │
                    └─────────┘
```

**A 10-2** Mögliche Vorgehensweise bei der Auslegung von Drehfedern

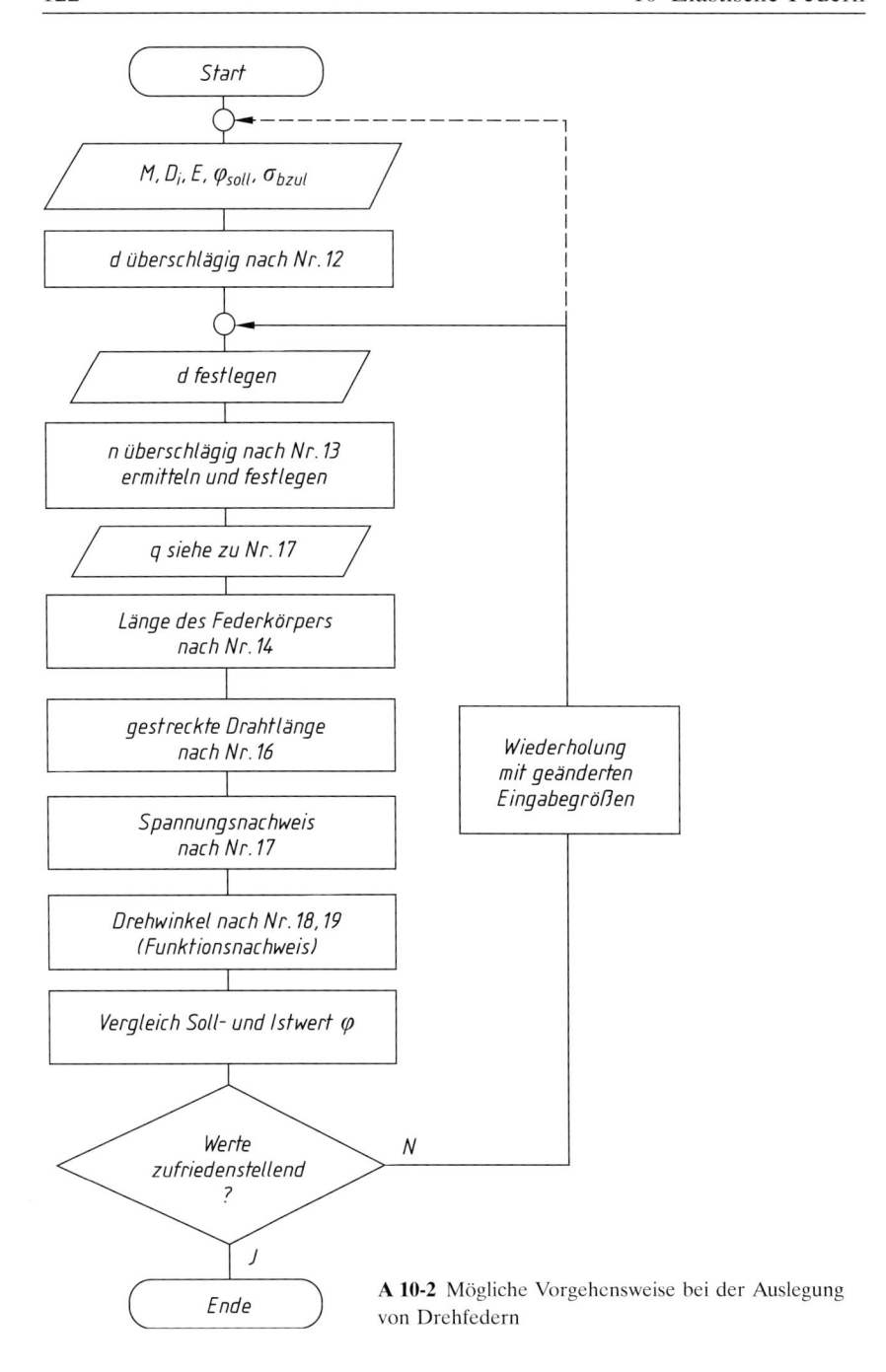

# 10 Elastische Federn

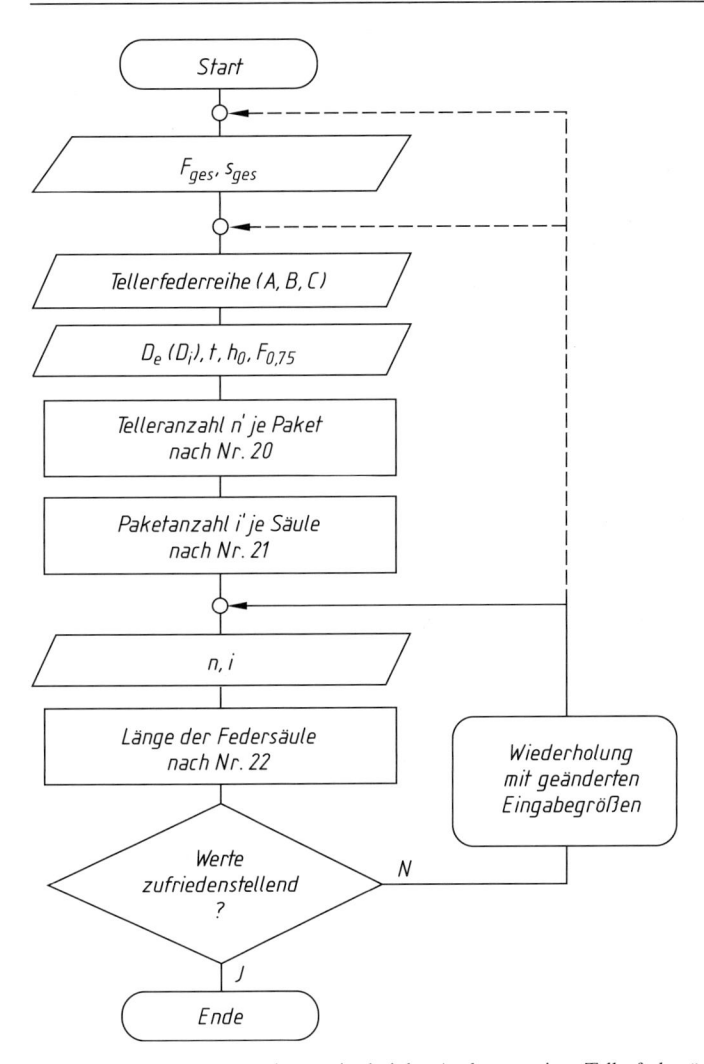

```
                    ┌─────────┐
                    │  Start  │
                    └────┬────┘
                         │ ◄─────────────────┐
                   ╱ F_ges, s_ges ╱          │
                         │ ◄─────────────┐   │
                  ╱ Tellerfederreihe (A, B, C) ╱   │   │
                  ╱ D_e (D_i), t, h_0, F_{0,75} ╱  │   │
                ┌──────────────────┐        │   │
                │ Telleranzahl n' je Paket │   │   │
                │    nach Nr. 20           │   │   │
                └──────────────────┘        │   │
                ┌──────────────────┐        │   │
                │ Paketanzahl i' je Säule  │   │   │
                │    nach Nr. 21           │   │   │
                └──────────────────┘        │   │
                         │ ◄──────────┐     │   │
                      ╱ n, i ╱        │     │   │
                ┌──────────────────┐  │     │   │
                │ Länge der Federsäule │     │   │
                │    nach Nr. 22       │     │   │
                └──────────────────┘  │     │   │
                         ◇            │     │   │
                       Werte          │  ┌──────────────┐
                  zufriedenstellend ──N──│ Wiederholung │
                         ?              │ mit geänderten│
                         │ J            │ Eingabegrößen │
                    ┌─────────┐         └──────────────┘
                    │  Ende   │
                    └─────────┘
```

**A 10-3** Vereinfachte Vorgehensweise bei der Auslegung einer Tellerfedersäule

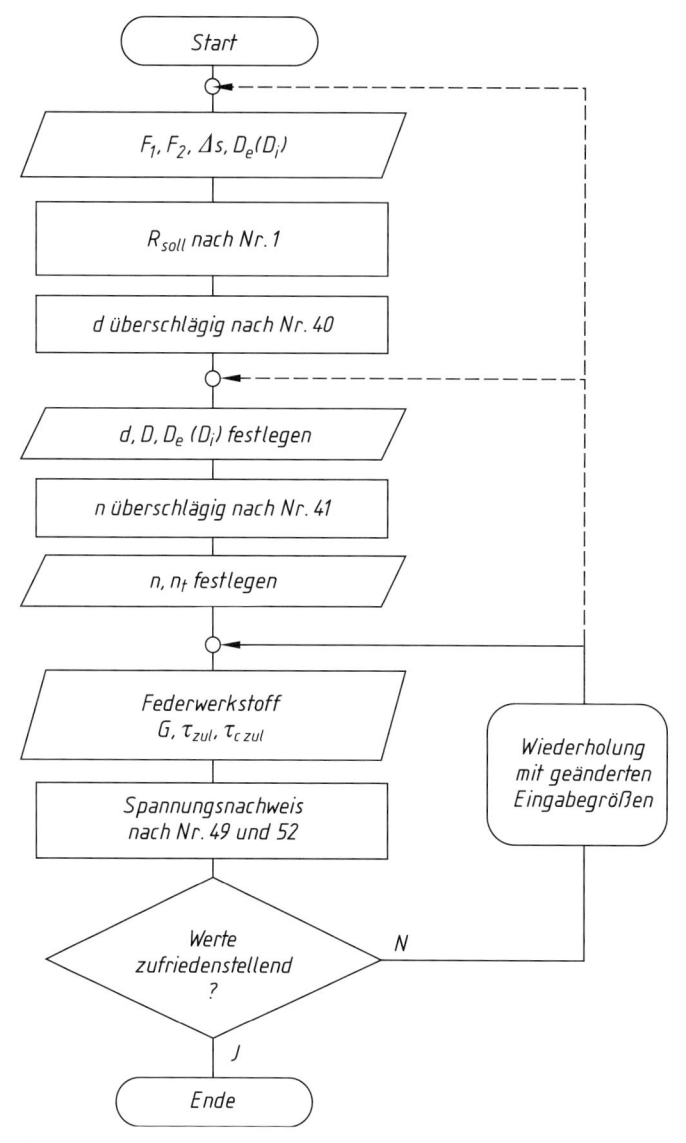

A 10-4 Mögliche Vorgehensweise bei der Auslegung von statisch belasteten Schraubendruckfedern

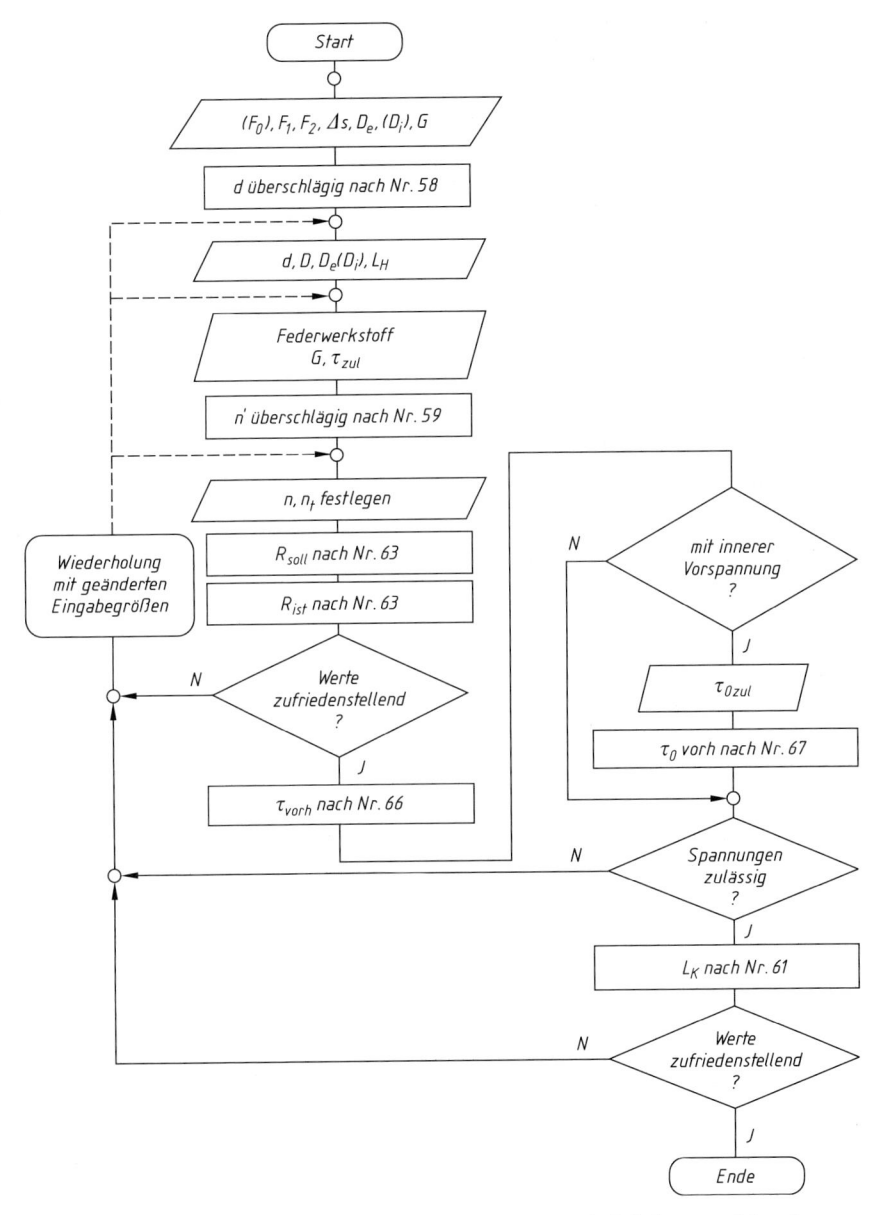

# 10 Elastische Federn

**A 10-5** Mögliche Vorgehensweise bei der Auslegung von statisch belasteten Schraubenzugfedern

## Technische Regeln (Auswahl)

| Technische Regel | | Titel |
|---|---|---|
| DIN 2090 | 01.71 | Zylindrische Schraubendruckfedern aus Flachstahl; Berechnung |
| DIN 2091 | 06.81 | Drehstabfedern mit rundem Querschnitt; Berechnung und Konstruktion |
| DIN 2092 | 03.06 | Tellerfedern; Berechnung |
| DIN 2093 | 03.06 | – –; Maße, Qualitätsanforderungen |
| DIN 2094 | 09.06 | Blattfedern für Straßenfahrzeuge; Anforderungen, Prüfung |
| DIN 2095 | 05.73 | Zylindrische Schraubenfedern aus runden Drähten; Gütevorschriften für kaltgeformte Druckfedern |
| DIN 2096-1 | 11.81 | Zylindrische Schraubendruckfedern aus runden Drähten und Stäben; Güteanforderungen bei warmgeformten Druckfedern |
| DIN 2096-2 | 01.79 | Zylindrische Schraubendruckfedern aus runden Stäben; Güteanforderungen für Großserienfertigung |
| DIN 2097 | 05.73 | Zylindrische Schraubenfedern aus runden Drähten; Gütevorschriften für kaltgeformte Zugfedern |
| DIN 2098-1 | 10.68 | – –; Baugrößen für kaltgeformte Druckfedern ab 0,5 mm Drahtdurchmesser |
| DIN 2098-2 | 08.70 | – –; Baugrößen für kaltgeformte Druckfedern unter 0,5 mm Drahtdurchmesser |
| DIN 2099-1 | 02.03 | Zylindrische Schraubenfedern aus runden Drähten und Stäben; Angaben für kaltgeformte Druckfedern, Vordruck A |
| DIN 2099-2 | 05.04 | – –; Angaben für kaltgeformte Zugfedern, Vordruck B |
| DIN 2099-3 | 05.04 | – –; Angaben für warmgeformte Druckfedern, Vordruck C |
| DIN 2192 | 08.02 | Flachfedern; Güteanforderungen |
| DIN 2194 | 08.02 | Zylindrische Schraubenfedern aus runden Drähten und Stäben; Gütevorschrift für kaltgeformte Drehfedern (Schenkelfedern) |
| DIN 4000-11 | 04.87 | Sachmerkmal-Leisten für Federn |
| DIN 4621 | 12.95 | Geschichtete Blattfedern; Federklammern |
| DIN 9835-1 Beiblatt 1 | 03.87 | Elastomer-Druckfedern für Werkzeuge der Stanztechnik; Feder-Kennlinien |
| DIN 9835-3 | 03.84 | – –; Anforderungen und Prüfung |
| DIN EN 10132-4 | 04.03 | Kaltband aus Stahl für eine Wärmebandlung; Technische Lieferbedingungen; Federstähle und andere Anwendungen |
| DIN EN 10270-1 | 12.01 | Stahldraht für Federn; Patentiert gezogener unlegierter Federstahldraht |
| DIN EN 10270-2 | 12.01 | – –; Ölschlussvergüteter Federstahldraht |
| DIN EN 10270-3 | 08.01 | – –; Nichtrostender Federstahldraht |

# 10 Elastische Federn

| Technische Regel | | Titel |
|---|---|---|
| DIN EN 13906-1 | 07.02 | Zylindrische Schraubenfedern aus runden Drähten und Stäben-Berechnung und Konstruktion; Druckfedern |
| DIN EN 13906-2 | 07.02 | – –; Zugfedern |
| DIN EN 13906-3 | 07.02 | – –; Drehfedern |
| DIN ISO 2162-1 ... 3 | 09.91 | Technische Produktdokumentation Federn |
| VDI/VDE 2255 | 05.92 | Feinwerkelemente; Energiespeicherelemente |

# 11 Achsen, Wellen und Zapfen

| Formelzeichen | Einheit | Benennung |
|---|---|---|
| $a_1, a_2 \ldots$ | mm | Abstände zu den Lagerstellen |
| $b_1, b_2 \ldots$ | mm | Abstände zu den Lagerstellen |
| $c$ | N/m | Federsteife für elastische Biegung |
| $c_t$ | Nm/rad | Drehfedersteife |
| $d, d'$ | mm | Wellen- bzw. Achsdurchmesser |
| $d_1, d_2 \ldots$ | mm | Durchmesser der betreffenden Teillängen |
| $d_a, d'_a$ | mm | Außendurchmesser der Hohlwelle bzw. -achse |
| $d_{a1}, d_{a2} \ldots$ | mm | Durchmesser der Wellenabsätze |
| $d_{b1}, d_{b2} \ldots$ | mm | Durchmesser der Wellenabsätze |
| $d_i$ | mm | Innendurchmesser der Hohlwelle bzw. -achse |
| $F_A, F_B$ | N | Auflagerkräfte |
| $f$ | mm | Durchbiegung |
| $f_A, f_B$ | mm | durch die Lagerkraft hervorgerufene Durchbiegung |
| $f_{max}$ | mm | maximale Durchbiegung an den Stellen der umlaufenden Massen (nicht identisch mit der maximalen Durchbiegung der Welle) |
| $f_{res}$ | mm | resultierende Durchbiegung |
| $E$ | N/mm$^2$ | Elastizitätsmodul |
| $G$ | N/mm$^2$ | Schubmodul |
| $I_t$ | mm$^4$ | polares Flächenmoment 2. Grades |
| $J, J_1, J_2$ | kgm$^2$ | Massenmoment 2. Grades (Trägheitsmoment) |
| $k$ | 1 | Korrekturfaktor zur Berücksichtigung der Einspannung; Durchmesserverhältnis $k = d_i/d_a$ |
| $K_A$ | 1 | Anwendungsfaktor zur Berücksichtigung stoßartiger Belastung |
| $l, l_1, l_2$ | mm | Länge bzw. Teillänge |
| $M_b$ | Nmm, Nm | Biegemoment |
| $M_{eq}$ | Nmm, Nm | äquivalentes Biegemoment |
| $M_v$ | Nmm, Nm | Vergleichsmoment (vergleichbares Biegemoment) |

# 11 Achsen, Wellen und Zapfen

| Formelzeichen | Einheit | Benennung |
|---|---|---|
| $m$ | kg | Masse der umlaufenden Scheibe |
| $n$ | min$^{-1}$ | Drehzahl |
| $n_{kb}, n_{kt}$ | min$^{-1}$ | biegekritische bzw. verdrehkritische Drehzahl |
| $P$ | kW | von der Welle zu übertragende Leistung |
| $T$ | Nmm, Nm | Drehmoment |
| $T_{eq}$ | Nmm, Nm | äquivalentes Drehmoment |
| $T_{nenn}$ | Nmm, Nm | Nenndrehmoment |
| $\alpha_x, \alpha_y, \alpha_{res}$ | ° | Neigungswinkel |
| $\beta, \beta'$ | ° | Neigungswinkel |
| $\alpha_0$ | 1 | Anstrengungsverhältnis |
| $S_D$ | 1 | vorhandene Sicherheit gegen Dauerbruch |
| $S_{D\,erf}$ | 1 | erforderliche Sicherheit gegen Dauerbruch |
| $S_F$ | 1 | vorhandene Sicherheit gegen Fließen |
| $S_{F\,min}$ | 1 | Mindestsicherheit gegen Fließen |
| $S_z$ | 1 | Sicherheitsfaktor zur Kompensation der Berechnungsvereinfachung |
| $\sigma_{ba}$ | N/mm$^2$ | Biegeausschlagspannung |
| $\sigma_b$ | N/mm$^2$ | Biegespannung |
| $\sigma_{bD}$ | N/mm$^2$ | Biegedauerfestigkeit des Probestabes entsprechend Beanspruchungsfall |
| $\sigma_{bF}$ | N/mm$^2$ | Biegefließgrenze |
| $\sigma_{GD}, \sigma_{GW}$ | N/mm$^2$ | Dauergestaltfestigkeit, Gestaltwechselfestigkeit |
| $\tau_{tF}$ | N/mm$^2$ | Torsionsfließgrenze |
| $\tau_{GD}, \tau_{GW}$ | N/mm$^2$ | Dauergestaltfestigkeit, Gestaltwechselfestigkeit |
| $\tau_t$ | N/mm$^2$ | Verdrehspannung, Torsionsspannung |
| $\tau_{ta}$ | N/mm$^2$ | Torsionsausschlagspannung |
| $\tau_{tD}$ | N/mm$^2$ | Torsionsdauerfestigkeit des Probestabes entsprechend Beanspruchungsfall |
| $\varphi$ | 1 | Faktor für Anstrengungsverhältnis |
| $\varphi$ | ° | Verdrehwinkel |
| $\omega_k$ | s$^{-1}$ | Eigenkreisfrequenz |

| Nr. | Formel | Hinweise |
|---|---|---|
| | **Achsen (Durchmesserermittlung)** | |
| | *Achsen* sind Elemente zum Tragen und Lagern von Laufrädern, Seilrollen und ähnlichen Bauteilen. Sie werden im Wesentlichen durch Querkräfte auf *Biegung*, seltener durch Längskräfte zusätzlich noch auf Zug oder Druck beansprucht. Achsen übertragen kein Drehmoment.<br>Für jeden Querschnitt ist nachzuweisen, dass die vorhandene Spannung den zulässigen Wert nicht überschreitet. | |
| 1 | Überschlägige Ermittlung des Durchmessers einer Achse mit Kreisquerschnitt<br>$d' \approx 3{,}4 \cdot \sqrt[3]{M_\text{b}/\sigma_\text{bD}}$ | $M_\text{b} = M_\text{b eq} = K_\text{A} \cdot M_\text{b nenn}$<br>$\sigma_\text{bD} \approx \sigma_\text{bSch N}$ bzw. $\sigma_\text{bW N}$<br>$\sigma_\text{bSch N}$ bzw. $\sigma_\text{bW N}$ nach TB 1-1 |
| 2 | Überschlägige Ermittlung des Außendurchmessers der Hohlachse mit Kreisquerschnitt<br>$d_\text{a} \approx 3{,}4 \cdot \sqrt[3]{\dfrac{M_\text{b}}{(1-k^4) \cdot \sigma_\text{bD}}}$ | eventuelle Querschnittsschwächungen sind zu berücksichtigen<br>$k = d_\text{i}/d_\text{a}$<br>$0 < k < 1$; günstig $k < 0{,}6$ |
| 3 | Innendurchmesser<br>$d_\text{i} \leq k \cdot d_\text{a}$ | zu 1 bis 3 s. auch Ablaufplan A 11-2 |

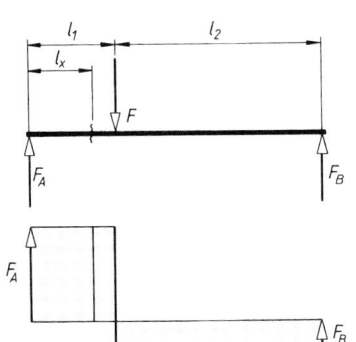

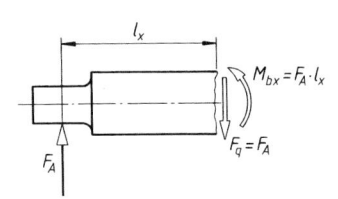

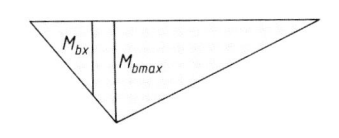

# 11 Achsen, Wellen und Zapfen

| Nr. | Formel | Hinweise |
|---|---|---|
| 4 | Überschlägige Ermittlung des Durchmessers an beliebiger Stelle $x$ $$d_x \approx 3{,}4 \cdot \sqrt[3]{\frac{F_A \cdot x}{\sigma_{bD}}}$$ | |
| | **Wellen (Durchmesserermittlung)** *Wellen* laufen ausschließlich um und dienen dem Übertragen von Drehmomenten, die durch Zahnräder, Riemenscheiben, Kupplungen u. dgl. ein- und weitergeleitet werden. Sie werden auf *Torsion* und vielfach durch Querkräfte zusätzlich auf *Biegung* beansprucht. Längskräfte treten auf, wenn auf der Welle z. B. Kegelräder, schrägverzahnte Stirnräder oder ähnliche Bauteile angeordnet sind. Für jeden Querschnitt ist nachzuweisen, dass die vorhandene Spannung den zulässigen Wert nicht überschreitet. | |
| 5 | **a) reine Verdrehbeanspruchung** von der Welle zu übertragendes Nenndrehmoment $$T_{nenn} = \frac{P}{2 \cdot \pi \cdot n}$$ | |

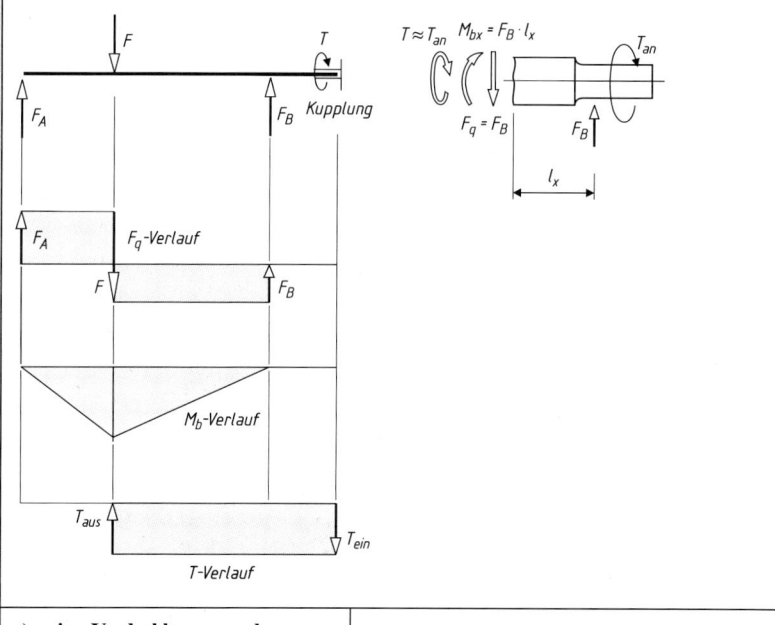

| Nr. | Formel | Hinweise |
|---|---|---|
| 6 | das für die Berechnung maßgebende Drehmoment $$T_{eq} = K_A \cdot T_{nenn} \approx 9550 \cdot \frac{K_A \cdot P}{n}$$ | $T_{nenn}$, $T_{eq}$ \| $K_A$ \| $P$ \| $n$ <br> Nm \| 1 \| kW \| min$^{-1}$ <br> $K_A$ nach TB 3-5 <br> Bei statischer Beanspruchung ist $T_{max}$ anstatt $T_{eq}$ maßgebend, Bestimmung der Ausschlagwerte $T_{acq}$ s. Kap. 3, Hinweise zu Nr. 4. |
| 7 | Überschlägige Ermittlung des Durchmessers für die Vollwelle mit Kreisquerschnitt $$d' \approx 2{,}7 \cdot \sqrt[3]{\frac{T}{\tau_{tD}}}$$ bzw. | $d'$ \| $K_A$ \| $P$ \| $T$ \| $n$ \| $\tau_{tD}$ <br> mm \| 1 \| kW \| Nmm \| min$^{-1}$ \| N/mm$^2$ <br> $T = T_{eq}$ nach Nr. 6 bzw. $T_{max}$ <br> $\tau_{tD} \approx \tau_{tSch\,N}$ bzw. $\tau_{tW\,N}$ <br> $\tau_{tSch\,N}$ bzw. $\tau_{tW\,N}$ nach TB 1-1 <br> bei statischer Beanspruchung ist <br> $\tau_{tF} \approx 1{,}2 \cdot R_{p0{,}2\,N}/\sqrt{3}$ für $\tau_{tD}$ zu setzen |
| 8 | $$d' \approx 570 \cdot \sqrt[3]{\frac{K_A \cdot P}{n \cdot \tau_{tD}}}$$ | |
| 9 | Überschlägige Ermittlung des Außendurchmessers für die Hohlwelle mit Kreisringquerschnitt $$d'_a \approx 2{,}7 \cdot \sqrt[3]{\frac{T}{(1-k^4) \cdot \tau_{tD}}}$$ bzw. | $d'_a$ \| $k$ \| $K_A$ \| $P$ \| $T$ \| $n$ \| $\tau_{tD}$ <br> mm \| 1 \| 1 \| kW \| Nmm \| min$^{-1}$ \| N/mm$^2$ <br> $T$ und $\tau_{tD}$ wie bei Nr. 7 |
| 10 | $$d'_a \approx 570 \cdot \sqrt[3]{\frac{K_A \cdot P}{n \cdot (1-k^4) \cdot \tau_{tD}}}$$ | $k = d_i/d_a$ <br> $0 < k < 1$; günstig $k < 0{,}6$ <br> eventuelle Querschnittsschwächungen sind zu berücksichtigen |
| 11 | Innendurchmesser $$d_i \leq k \cdot d_a$$ **b) gleichzeitig verdreh- und biegebeanspruchte Welle** | |
| 12 | Überschlägige Ermittlung des erforderlichen Durchmessers für die Vollwelle mit Kreisquerschnitt bei bekanntem Biegemoment $$d' \approx 3{,}4 \cdot \sqrt[3]{\frac{M_v}{\sigma_{bD}}}$$ | $\sigma_{bD} \approx \sigma_{bSch\,N}$ bzw. $\sigma_{bW\,N}$ <br> $\sigma_{bSch\,N}$ bzw. $\sigma_{bW\,N}$ nach TB 1-1 <br> eventuelle Querschnittsschwächungen sind zu berücksichtigen |

11 Achsen, Wellen und Zapfen      133

| Nr. | Formel | Hinweise |
|---|---|---|
| 13 | das für die Berechnung maßgebende Vergleichsmoment $$M_v = \sqrt{M_b^2 + \left(\frac{\sigma_{bD}}{2 \cdot \tau_{tD}} \cdot T\right)^2}$$ $$M_v = \sqrt{M_b^2 + 0{,}75 \cdot \left(\frac{\sigma_{bD}}{\varphi \cdot \tau_{tD}} \cdot T\right)^2}$$ | $M_b = M_{b\,eq} = K_A \cdot M_{b\,res}$   $\varphi = 1{,}73$ <br> $\sigma_{bD}/(\varphi \cdot \tau_{tD}) \approx 0{,}7$, wenn Biegung wechselnd und Torsion statisch oder schwellend <br> $\sigma_{bD}/(\varphi \cdot \tau_{tD}) = 1$, wenn Biegung und Torsion im *gleichen* Lastfall <br> $\sigma_{bD}/(\varphi \cdot \tau_{tD}) \approx 1{,}5$, wenn Torsion wechselnd und Biegung statisch oder schwellend <br> $T = T_{eq}$ nach Nr. 6 bzw. $T_{max}$ |
| 14 | Überschlägige Ermittlung des erforderlichen Durchmessers für die Vollwelle mit Kreisquerschnitt bei unbekanntem Biegemoment <br> a) bei relativ kleinem Lagerabstand <br> $d' \approx 3{,}4 \cdot \sqrt[3]{\dfrac{M_V}{\sigma_{bD}}}$   bzw. | $M_V \approx 1{,}17 \cdot T$ |
| 15 | $d' \approx 760 \cdot \sqrt[3]{\dfrac{K_A \cdot P}{n \cdot \sigma_{bD}}}$ | $\sigma_{bD}$ wie bei Nr. 12 <br> $P, n$ s. zu Nr. 7 |
| 16 | b) bei relativ großem Lagerabstand <br> $d' \approx 3{,}4 \cdot \sqrt[3]{\dfrac{M_V}{\sigma_{bD}}}$   bzw. | $M_V \approx 2{,}1 \cdot T$ |
| 17 | $d' \approx 920 \cdot \sqrt[3]{\dfrac{K_A \cdot P}{n \cdot \sigma_{bD}}}$ | |
| 18 | Überschlägige Ermittlung des erforderlichen Außendurchmessers für die Hohlwelle mit Kreisquerschnitt bei bekanntem Biegemoment <br> $d'_a \approx 3{,}4 \cdot \sqrt[3]{\dfrac{M_V}{(1 - k^4) \cdot \sigma_{bD}}}$ | $k$ s. zu Nr. 10 <br> Innendurchmesser $d_i$ nach Nr. 11 <br> zu 7 … 18 s. auch Ablaufplan A 11-2 |
| | **Festigkeitsnachweis** <br> Nach dem Entwurf und der Gestaltung der Achsen und Wellen ist für die *kritischen Querschnitte*, z. B. Wellenabsätze, Eindrehungen, Gewindefreistiche u. a. als auch für die Querschnitte mit *maximaler Belastung*, der *statische* (auch bei dynamischer Belastung) und der *dynamische Sicherheitsnachweis* zu führen. | |
| 19 | Nachweis der statischen Sicherheit $$S_F = \frac{1}{\sqrt{\left(\dfrac{\sigma_{b\,max}}{\sigma_{bF}}\right)^2 + \left(\dfrac{\tau_{t\,max}}{\tau_{tF}}\right)^2}} \geq S_{F\,min}$$ | s. Ablaufplan A 11-3 $\sigma_{b\,max}, \tau_{t\,max}$ nach den Gesetzen der Technischen Mechanik mit $F_{max}$ bzw. $T_{max}$ bestimmen <br> $\sigma_{bF} \approx 1{,}2 \cdot R_{p0,2\,N} \cdot K_t$ <br> $\tau_{tF} \approx 1{,}2 \cdot R_{p0,2\,N} \cdot K_t/\sqrt{3}$ <br> $R_{p0,2\,N}$ nach TB 1-1 <br> $K_t$ nach TB 3-11a für Streckgrenze |

| Nr. | Formel | Hinweise |
|---|---|---|
| 20 | **Vereinfachter Nachweis der dynamischen Sicherheit** $$S_D = \frac{1}{\sqrt{\left(\frac{\sigma_{ba}}{\sigma_{bGW}}\right)^2 + \left(\frac{\tau_{ta}}{\tau_{tGW}}\right)^2}} \geq S_{D\,erf}$$ $$= S_{D\,min} \cdot S_z$$ | s. Ablaufplan A 11-3<br>Genauerer dynamischer Nachweis nach Kapitel 3<br>$\sigma_{ba}$, $\tau_{ta}$ nach den Gesetzen der technischen Mechanik mit $F_{eq}$ bzw. $T_{eq}$ bestimmen<br>$\sigma_{bGW} = \sigma_{bWN} \cdot K_t/K_{Db}$<br>$\tau_{tGW} = \tau_{tWN} \cdot K_t/K_{Dt}$<br>$\sigma_{bWN}$, $\tau_{tWN}$ nach TB 1-1<br>$K_t$ nach TB 3-11a für Zugfestigkeit<br>$K_{Db}$, $K_{Dt}$ s. Ablaufplan A 3-3<br>$S_{D\,min}$, $S_z$ nach TB 3-14 |

**Kontrolle der elastischen Verformungen der Achsen und Wellen**
Bei Torsionsbelastung ist die zulässige Verdrehung, bei Belastung durch Querkräfte sind die zulässige Durchbiegung und Schiefstellung an kritischen Schnittstellen und die zulässigen Neigungen in den Lagerstellen, zu kontrollieren.

| Nr. | Formel | Hinweise |
|---|---|---|
| 21 | **a) Verformung bei Torsionsbeanspruchung**<br>Verdrehwinkel für *glatte Wellen*<br>$$\varphi° = \frac{180°}{\pi} \cdot \frac{l \cdot \tau_t}{r \cdot G} = \frac{180°}{\pi} \cdot \frac{T \cdot l}{G \cdot I_t}$$ | |
| 22 | erforderlicher Durchmesser der glatten Welle aus Stahl für einen zulässigen Verdrehwinkel $\varphi = 0{,}25°/m$<br>$$d = 2{,}32 \cdot \sqrt[4]{T} \approx 129 \cdot \sqrt[4]{\frac{K_A \cdot P}{n}}$$ | $T$ nach Nr. 5<br>$G$ nach TB 1-1<br>$I_t = I_p$ nach TB 11-3<br>Richtwerte für $\varphi_{zul}$: $0{,}25\ldots0{,}5°/m$ Wellenlänge<br><br>\| $d$ \| $T$ \| $K_A$ \| $P$ \| $n$ \|<br>\|---\|---\|---\|---\|---\|<br>\| mm \| Nmm \| 1 \| kW \| min$^{-1}$ \| |

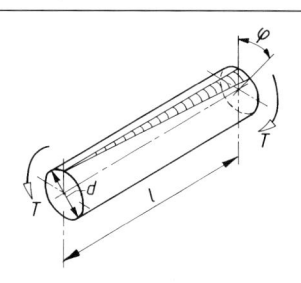

# 11 Achsen, Wellen und Zapfen

| Nr. | Formel | Hinweise |
|---|---|---|
| 23 | für abgesetzte Wellen mit den Durchmessern $d_1, d_2 \ldots d_n$ und den zugehörigen Längen $l_1, l_2 \ldots l_n$ $$\varphi° \approx \frac{180°}{\pi} \cdot \frac{(32/\pi) \cdot T}{G} \cdot \Sigma\left(\frac{l}{d^4}\right)$$ | Welle mit drei Absätzen und mit Antriebs- und Abtriebszapfen |
| | **b) Verformung bei Biegebeanspruchung** Zweifach gelagerte Welle (Achse) mit *gleichbleibenden* Querschnitt u. einer angreifenden Kraft $F$: | |
| 24 | Durchbiegung unter der Kraft $F$: $$f = \frac{F \cdot a^2 \cdot b^2}{3 \cdot E \cdot I \cdot l}$$ | |
| 25 | Maximale Durchbiegung: bei $a > b$: $$f_m = \frac{F \cdot b \cdot \sqrt{(l^2 - b^2)^3}}{9 \cdot \sqrt{3} \cdot E \cdot I \cdot l}$$ | $E$ nach TB 1-1 $I$ nach TB 11-3 |
| 26 | im Abstand $x_m = \sqrt{(l^2 - b^2)/3}$ bei $a < b$: $$f_m = \frac{F \cdot a \cdot \sqrt{(l^2 - a^2)^3}}{9 \cdot \sqrt{3} \cdot E \cdot I \cdot l}$$ | Richtwerte für zulässige Verformungen nach TB 11-5 |
| 27 | im Abstand $x_m = l - \sqrt{(l^2 - a^2)/3}$ Durchbiegung an der Stelle $x$, wenn $0 \leq x \leq a$: $$f_{(x)} = \frac{F \cdot a \cdot b^2}{6 \cdot E \cdot I} \cdot \left[\left(1 + \frac{l}{b}\right) \cdot \frac{x}{l} - \frac{x^3}{a \cdot b \cdot l}\right]$$ | |

| Nr. | Formel | Hinweise |
|---|---|---|
| 28 | wenn $a \leq x \leq l$:<br>$f_{(x)} = \dfrac{F \cdot a^2 \cdot b}{6 \cdot E \cdot I}$<br>$\cdot \left[ \left(1 + \dfrac{l}{a}\right) \cdot \dfrac{l-x}{l} - \dfrac{(l-x)^3}{a \cdot b \cdot l} \right]$ | |
| 29 | Neigungen:<br>$\tan \alpha_A = \dfrac{F \cdot a \cdot b \cdot (l+b)}{6 \cdot E \cdot I \cdot l}$ | Richtwerte für zulässige Neigungen nach TB 11-5 |
| 30 | $\tan \alpha_B = \dfrac{F \cdot a \cdot b \cdot (l+a)}{6 \cdot E \cdot I \cdot l}$ | Weitere Belastungsfälle s. TB 11-6 |
| | Zweifach gelagerte, abgesetzte Welle (Achse) mit Kreisquerschnitt und einer wirkenden Kraft $F$ | |
| 31 | Durchbiegung unter der Kraft $F$<br>$f_A = \dfrac{6{,}79 \cdot F_A}{E}$<br>$\cdot \left( \dfrac{a_1^3}{d_{a1}^4} + \dfrac{a_2^3 - a_1^3}{d_{a2}^4} + \dfrac{a_3^3 - a_2^3}{d_{a3}^4} + \ldots \right)$ | |
| 32 | $f_B = \dfrac{6{,}79 \cdot F_B}{E}$<br>$\cdot \left( \dfrac{b_1^3}{d_{b1}^4} + \dfrac{b_2^3 - b_1^3}{d_{b2}^4} + \dfrac{b_3^3 - b_2^3}{d_{b3}^4} + \ldots \right)$ | |
| 33 | $f = f_A + \dfrac{a}{l} \cdot (f_B - f_A)$ | |
| 34 | Neigungen in den Zapfen<br>$\tan \alpha' \approx \dfrac{10{,}19 \cdot F_A}{E}$<br>$\cdot \left( \dfrac{a_1^2}{d_{a1}^4} + \dfrac{a_2^2 - a_1^2}{d_{a2}^4} + \ldots \right)$ | |
| 35 | $\tan \beta' \approx \dfrac{10{,}19 \cdot F_B}{E}$<br>$\cdot \left( \dfrac{b_1^2}{d_{b1}^4} + \dfrac{b_2^2 - b_1^2}{d_{b2}^4} + \ldots \right)$ | |
| 36 | $\tan \alpha \approx \alpha' + \dfrac{f_B - f_A}{l}$ | |
| 37 | $\tan \beta \approx \beta' - \dfrac{f_B - f_A}{l}$ | |

# 11 Achsen, Wellen und Zapfen 137

| Nr. | Formel | Hinweise |
|---|---|---|
| 38 | resultierende Durchbiegung (aus Durchbiegungen in $x$- und $y$-Ebene) $$f_{res} = \sqrt{f_x^2 + f_y^2}$$ | $f_x$ bzw. $f_y$ s. Nr. 24ff. bzw. nach TB 11-6 allgemein $f \leq l_a/3000$ mit Lagerabstand $l_a$ in mm |
| 39 | resultierende Neigung $$\tan \alpha_{res} = \sqrt{\tan^2 \alpha_x + \tan^2 \alpha_y}$$ | $\tan \alpha$ s. Nr. 29, 30 bzw. nach TB 11-6 ($\tan \beta$ analog) |
| 40 | $\tan \beta_{res} = \sqrt{\tan^2 \beta_x + \tan^2 \beta_y}$ | |

**Kontrolle der kritischen Drehzahl**

An Wellen können erzwungene Schwingungen als Biege- und Torsionsschwingungen (bei umlaufenden Achsen nur Biegeschwingungen) auftreten. Ursache hierfür sind dynamisch wirkende Momente. Stimmt dabei die Erregerfrequenz $\omega$ der erzwungenen Schwingung mit der Eigenkreisfrequenz $\omega_0$ der Welle (Achse) überein, kommt es zur Resonanz, in deren Folge sehr große Durchbiegungen und Verdrehwinkel an der Welle (Achse) auftreten, die zu Brüchen führen können. Die Betriebsdrehzahl $n$ sollte deshalb stets kleiner oder größer sein als die kritische Drehzahl $n_{kr}$.

**a) biegekritische Drehzahl**

| 41 | Eigenkreisfrequenz allgemein $$\omega_k = \sqrt{\frac{c}{m}}$$ | |
|---|---|---|
| 42 | biegekritische Drehzahl bei zweifach gelagerten Wellen (umlaufenden Achsen) mit mehreren Einzelmassen $$n_{kb} \approx 946 \cdot \sqrt{\frac{1}{f_{max}}}$$ | $\begin{array}{c\|c\|c} n_{kb} & k & f \\ \hline \min^{-1} & 1 & mm \end{array}$ <br><br> $f$ Durchbiegung durch Massen (Gewichtskräfte), nicht durch äußere Kräfte |
| 43 | biegekritische Drehzahl unter Berücksichtigung der Lagerung bzw. Einspannung $$n_{kb} \approx k \cdot 946 \cdot \sqrt{\frac{1}{f}}$$ | Einspannung \| $k$ <br>---\|---<br> frei gelagerte umlaufende Achsen und Wellen (Normalfall) \| 1 <br> an den Enden eingespannte feststehende Achsen \| 1,3 |

| Nr. | Formel | Hinweise |
|---|---|---|
| | **b) verdrehkritische Drehzahl** | |
| 44 | Fall 1: Torsionspendel Eigenkreisfrequenz $$\omega_k = \sqrt{\frac{c_t}{J}}$$ | |
| 45 | verdrehkritische Drehzahl $$n_{kt} = \frac{30}{\pi} \cdot \sqrt{\frac{c_t}{J}} \approx 72{,}3 \cdot \sqrt{\frac{T}{\varphi \cdot J}}$$ | Drehschwinger<br>a) mit zwei Scheibenmassen (Zweimassensystem),<br>b) Torsionspendel (ein Wellenende fest eingespannt) |
| 46 | Fall 2: Welle mit zwei Massen Eigenkreisfrequenz $$\omega_k = \sqrt{c_t \cdot \left(\frac{1}{J_1}+\frac{1}{J_2}\right)}$$ | |
| 47 | verdrehkritische Drehzahl $$n_{kt} = \frac{30}{\pi} \cdot \sqrt{c_t \cdot \left(\frac{1}{J_1}+\frac{1}{J_2}\right)}$$ $$\approx 72{,}3 \cdot \sqrt{\frac{T}{\varphi} \cdot \left(\frac{1}{J_1}+\frac{1}{J_2}\right)}$$ | $\begin{array}{c\|c\|c\|c\|c} n_{kt} & T & \varphi & J & c_t \\ \hline \min^{-1} & \text{Nm} & ° & \text{kgm}^2 & \text{Nm} \end{array}$<br><br>$T$ nach Nr. 5 |

# 11 Achsen, Wellen und Zapfen

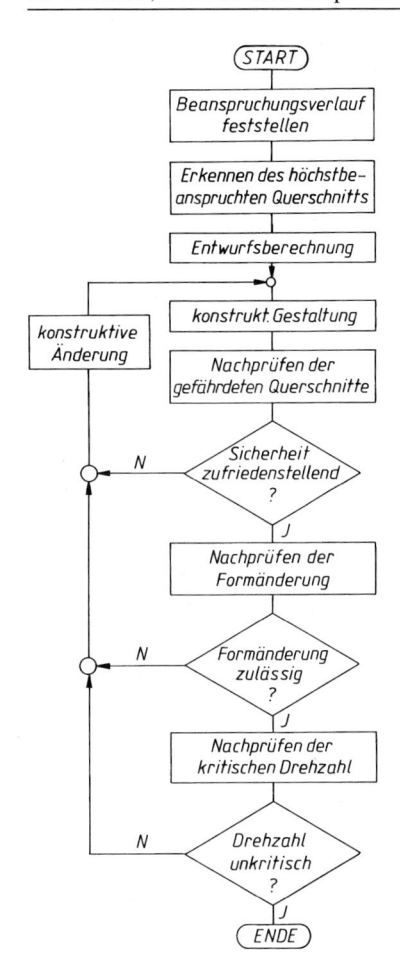

**A 11-1** Vorgehensweise zur Berechnung von Achsen und Wellen

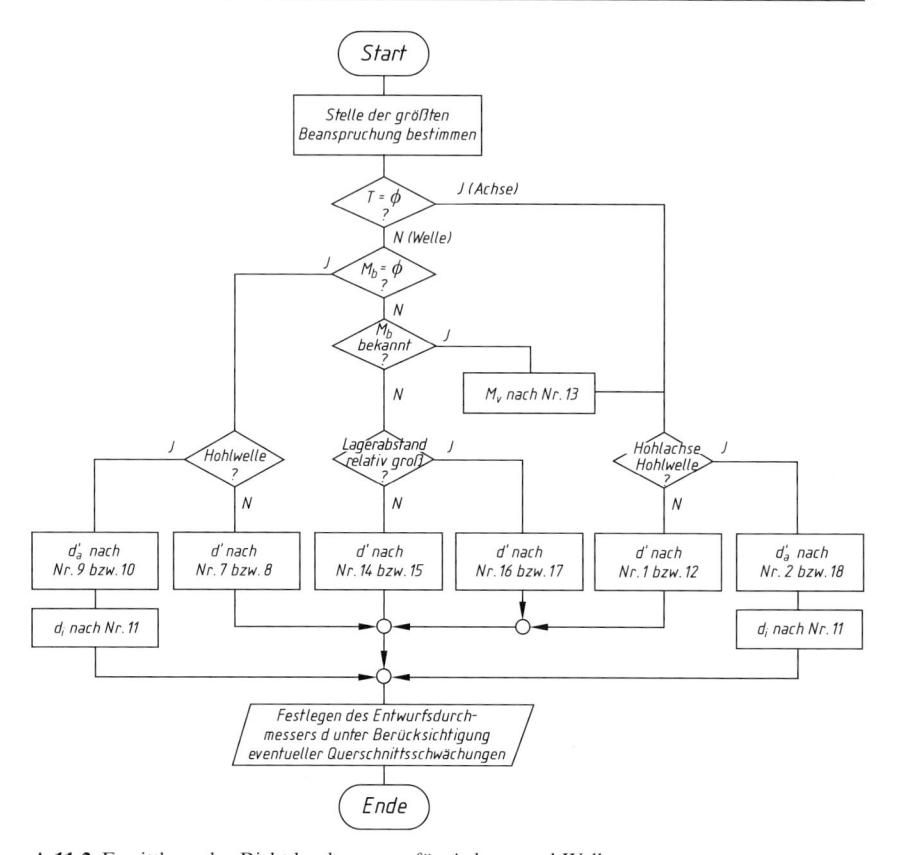

**A 11-2** Ermittlung des Richtdurchmessers für Achsen und Wellen

# 11 Achsen, Wellen und Zapfen

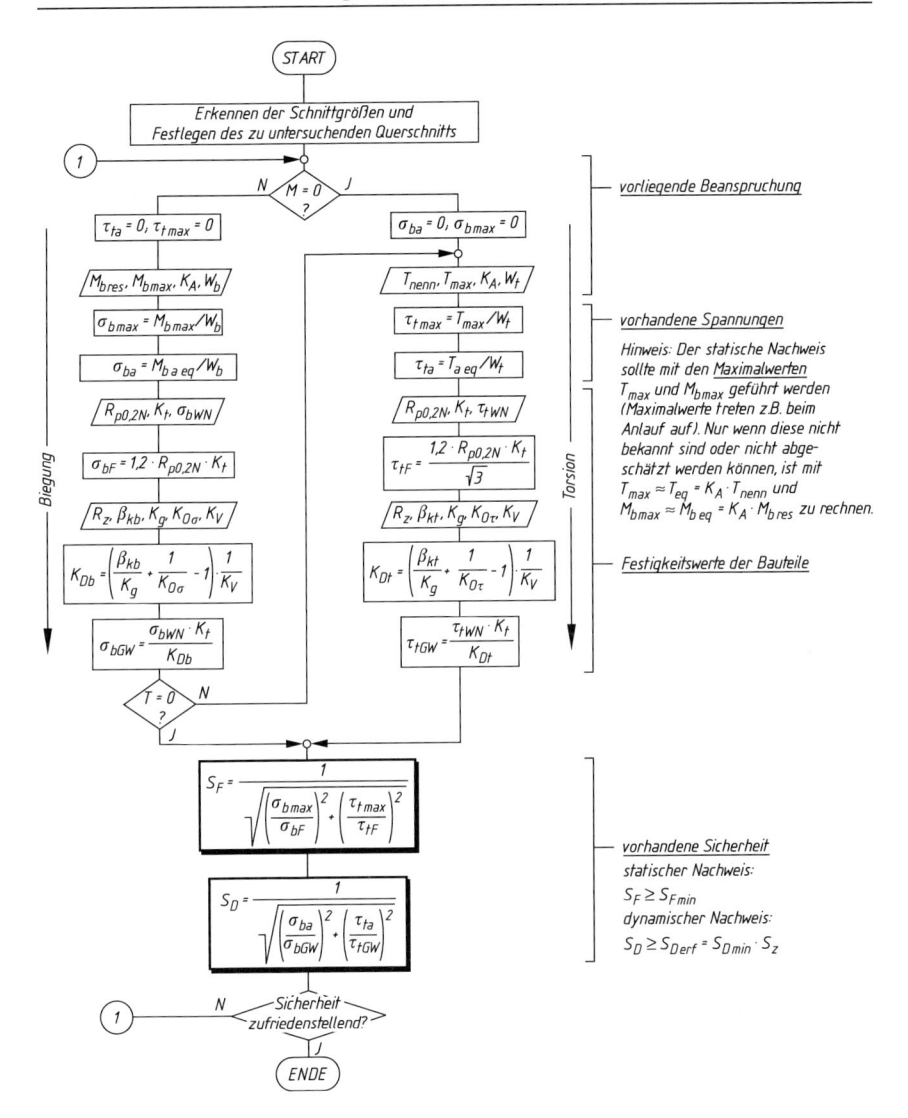

**A 11-3** Vereinfachter Nachweis der statischen und dynamischen Sicherheit

## Technische Regeln (Auswahl)

| Technische Regeln | | Titel |
|---|---|---|
| DIN 250 | 04.02 | Radien |
| DIN 509 | 12.06 | Freistiche |
| DIN 668 | 10.81 | Blanker Rundstahl; Maße, zulässige Abweichungen nach ISO-Toleranzfeld h 11 |
| DIN 743-1 | 10.00 | Tragfähigkeitsberechnung von Wellen und Achsen; Einführung, Grundlagen |
| DIN 743-2 | 10.00 | –; Formzahlen und Kerbwirkungszahlen |
| DIN 743-3 | 10.00 | –; Werkstoff-Festigkeitswerte |
| DIN 748-1 | 01.70 | Zylindrische Wellenenden; Abmessungen, Nenndrehmomente |
| DIN 1448-1 | 01.70 | Kegelige Wellenenden mit Außengewinde; Abmessungen |
| DIN 1449 | 01.70 | Kegelige Wellenenden mit Innengewinde; Abmessungen |
| DIN EN 10 277-1 | 06.08 | Blankstahl; Technische Lieferbedingungen; Allgemeines |
| DIN EN 10 277-4 | 06.08 | –; Technische Lieferbedingungen; Blankstahl aus Einsatzstählen |
| DIN EN 10 277-5 | 06.08 | –; Technische Lieferbedingungen; Blankstahl aus Vergütungsstählen |
| DIN 5418 | 02.93 | Wälzlager; Maße für den Einbau |
| DIN 75 532-2 | 04.79 | Übertragung von Drehbewegungen; Biegsame Wellen |
| VDI 3840 | 01.89 | Schwingungstechnische Berechnungen – Berechnungen für Maschinensätze |

# 12 Elemente zum Verbinden von Wellen und Naben

| Formelzeichen | Einheit | Benennung |
|---|---|---|
| $A_F$ | mm² | Fugenfläche |
| $A_{proj}$ | mm² | projizierte Fläche |
| $a_{min}, a_{max}$ | µm | Mindest-, Höchstaufschubweg |
| $C$ | 1 | Kegelverhältnis |
| $D, D_1, D_2$ | mm | Durchmesser |
| $D_A, D_I$ | mm | Durchmesser des Außen- bzw. Innenteils |
| $D_F$ | mm | Fugendurchmesser |
| $D_{Fm}$ | mm | mittlerer Fugendurchmesser |
| $d, d_r$ | mm | Durchmesser, rechnerischer Durchmesser |
| $d_m$ | mm | mittlerer Profildurchmesser |
| $E_A, E_I$ | N/mm² | E-Modul des Außen- bzw. Innenteils |
| $F_a$ | N, kN | Axialkraft |
| $F_e$ | N, kN | Einpresskraft |
| $F_{Kl}$ | N, kN | Klemmkraft |
| $F_l$ | N | Längskraft |
| $F_N, F_N'$ | N | Anpresskraft (Normalkraft) |
| $F_R$ | N | Reibkraft, Rutschkraft |
| $F_{Rl}$ | N | Rutschkraft in Längsrichtung |
| $F_{Rt}$ | N | Rutschkraft in Umfangsrichtung |
| $F_{R\,res}$ | N | resultierende Rutschkraft aus Längs- und Umfangskraft |
| $F_{res}$ | N | resultierende Kraft aus Längs- und Tangentialkraft |
| $F_S, F_S'$ | N | erforderliche Spannkraft |
| $F_t$ | N | Tangentialkraft (Umfangskraft) |
| $F_{t\,eq}$ | N | äquivalente Tangentialkraft am Fugendurchmesser $d$ |
| $F_{VM}$ | N | Montagevorspannkraft der Schraube |
| $f_H$ | – | Härteeinflussfaktor |
| $f_S$ | – | Stützfaktor |
| $f_n$ | 1 | Anzahlfaktor bei Spannelementen |
| $G$ | µm | Glättungstiefe |
| $h'$ | mm | tragende Passfederhöhe, -Profilhöhe |

| Formelzeichen | Einheit | Benennung |
|---|---|---|
| $K$ | 1 | Hilfsgröße zur Berücksichtigung des elastischen Verhaltens; Korrekturfaktor für die Flächenpressung |
| $K_A$ | 1 | Anwendungsfaktor |
| $K_\lambda$ | 1 | Lastverteilungsfaktor |
| $L$ | mm | Nabenlänge |
| $l, l_1, l_2$ | mm | Längen- bzw. Wirkabstände |
| $l_F$ | mm | Fugenlänge |
| $l'$ | mm | tragende Passfederlänge, -Profillänge |
| $n$ | 1, min$^{-1}$ | Anzahl, Betriebsdrehzahl |
| $n_g$ | min$^{-1}$ | Grenzdrehzahl für den Fugendruck $p_F = 0$ |
| $P_T$ | µm | Passtoleranz |
| $p_F, p_m$ | N/mm$^2$ | Fugendruck, mittlere Flächenpressung |
| $p_{Fg}, p_{Fk}$ | N/mm$^2$ | größter bzw. kleinster Fugendruck |
| $p_{Fzul}, p_{zul}$ | N/mm$^2$ | zulässiger Fugendruck, zulässige Flächenpressung |
| $p_N, p_W$ | N/mm$^2$ | Fugendruck auf die Nabe, – Welle bei Spannelementen |
| $Q_A, Q_I$ | 1 | Durchmesserverhältnis |
| $R_{eA}, R_{eI}$ | N/mm$^2$ | Streckgrenze des Außenteil- bzw. Innenteilwerkstoffes |
| $R_m$ | N/mm$^2$ | Zugfestigkeit |
| $Rz_{Ai}, Rz_{Ia}$ | µm | gemittelte Rautiefe der Fugenflächen des Außenteils innen bzw. des Innenteiles außen |
| $S_H$ | 1 | Haftsicherheit |
| $S_F$ | 1 | Sicherheit gegen plastische Verformung |
| $S_u$ | µm | Einführspiel |
| $T_B, T_W$ | µm | Toleranz der Bohrung, – der Welle |
| $T_{eq}$ | Nmm, Nm | äquivalentes Nenndrehmoment |
| $T_n$ | Nmm, Nm | übertragbares Drehmoment bei der Betriebsdrehzahl $n$ |
| $T_{nenn}$ | Nmm, Nm | Nenndrehmoment |
| $T_{Tab}$ | Nm | von einem Spannelement übertragbares Drehmoment bei einer Fugenpressung $p_W$ bzw. $p_N$ (Tabellenwert) |
| $Ü_o, Ü_u$ | µm | Höchst- bzw. Mindestübermaß |
| $Ü'_o, Ü'_u$ | µm | tatsächlich vorhandenes Höchst- bzw. Mindestübermaß |
| $Z_g, Z_k$ | µm | größtes bzw. kleinstes Haftmaß |
| $\alpha$ | ° | Kegelwinkel, Einstellwinkel |

# 12 Elemente zum Verbinden von Wellen und Naben

| Formelzeichen | Einheit | Benennung |
|---|---|---|
| $\alpha_A, \alpha_I$ | $K^{-1}$ | Längenausdehnungskoeffizient des Außen- bzw. Innenteiles |
| $\vartheta$ | °C, K | Raumtemperatur |
| $\vartheta_A, \vartheta_I$ | °C, K | Fügetemperatur des Außen- bzw. Innenteiles |
| $\mu$ | 1 | Reibungszahl, Haftbeiwert |
| $\mu_e$ | 1 | Einpress-Haftbeiwert |
| $\nu_A, \nu_I$ | 1 | Querdehnzahl für das Außen- bzw. Innenteil |
| $\varrho$ | kg/m³, 1 | Dichte, Reibungswinkel |
| $\sigma_{tAa}, \sigma_{tAi}$ | N/mm² | Tangentialspannung im Außenteil außen bzw. innen |
| $\sigma_{tIa}, \sigma_{tIi}$ | N/mm² | Tangentialspannung im Innenteil außen bzw. innen |
| $\sigma_{rAi}$ | N/mm² | Radialspannung im Außenteil innen |
| $\sigma_{rIa}$ | N/mm² | Radialspannung im Innenteil außen |
| $\sigma_{vAi}, \sigma_{vIi}$ | N/mm² | Vergleichsspannung im Außenteil innen bzw. Innenteil innen |
| $\varphi$ | 1 | Tragfaktor zur Berücksichtigung der Passfederanzahl |

| Nr. | Formel | Hinweise |
|---|---|---|
| | **Passfederverbindungen** | |
| | Passfederverbindungen brauchen im Allgemeinen nur bei kurzen Federn ($l < 0{,}8 \cdot d$) an den Seitenflächen (Tragflächen) der Nuten des festigkeitsmäßig schwächeren Teiles (meist Nabe) auf Flächenpressung nachgerechnet werden. Die ebenfalls auftretende Scherspannung ist bei Normabmessungen unkritisch. Die Berechnung nach DIN 6892, Methode C, gilt für einseitig wirkende Betriebskraft und annähernd gleichmäßiger Pressungsverteilung über der Passfederlänge. Bei anderen Kraftverteilungen oder wechselnder Betriebskraft sollte nach Methode B gerechnet werden. | |
| 1 | *Flächenpressung* auf die Seitenflächen von Welle, Nabe bzw. Passfeder $$p_\mathrm{m} \approx \frac{2 \cdot T \cdot K_\lambda}{d \cdot h' \cdot l' \cdot n \cdot \varphi} \leq p_\mathrm{zul}$$ mit $p_\mathrm{zul} = f_\mathrm{S} \cdot f_\mathrm{H} \cdot R_\mathrm{e}/S_\mathrm{F}$ bzw. $p_\mathrm{zul} = f_\mathrm{S} \cdot R_\mathrm{m}/S_\mathrm{B}$ | 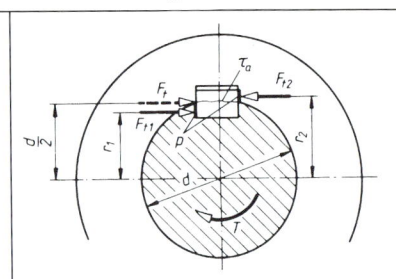 |
| 2 | *erforderliche Mindestlänge* zur Übertragung des Drehmomentes $$l' \geq \frac{2 \cdot T \cdot K_\lambda}{d \cdot h' \cdot n \cdot \varphi \cdot p_\mathrm{zul}}$$ Hinweis: Aufgrund der ungleichmäßigen Flächenpressung wegen der relativen Verdrillung von Welle und Nabe kann nur mit einer tragenden Länge $l' \leq 1{,}3 \cdot d$ gerechnet werden | $T = K_\mathrm{A} \cdot T_\mathrm{nenn}$ bzw. $T = T_\mathrm{max}$ $K_\mathrm{A}$ nach TB 3-5 $T_\mathrm{nenn} \approx 9550 \cdot \dfrac{P}{n}$ <br> \| $T_\mathrm{nenn}$ \| $P$ \| $n$ \| <br> \| Nm \| kW \| min$^{-1}$ \| <br> Regelfall $n = 1 \to \varphi = 1$ <br> Ausnahme $n = 2 \to \varphi = 0{,}75$ <br> $h' \approx 0{,}45 \cdot h$; Werte für $h, l, b$ aus TB 12-2 <br> $l' = l - b$ für Passfederform A, C, E <br> $l' = l$ für Passfederform B, D, F ... J <br> Methode C: $K_\lambda$, $f_\mathrm{S}$ und $f_\mathrm{H} = 1$ <br> Methode B: $K_\lambda$ nach TB 12-2c <br> $f_\mathrm{H}, f_\mathrm{S}$ nach TB 12-2d <br> $S_\mathrm{F}(S_\mathrm{B})$ Richtwerte nach TB 12-1b <br> $R_\mathrm{e} = K_\mathrm{t} \cdot R_\mathrm{eN}$, $R_\mathrm{m} = K_\mathrm{t} \cdot R_\mathrm{mN}$ |
| | **Keil- und Zahnwellenverbindungen** Sie sind für größere, wechselnd und stoßhaft wirkende Drehmomente (bei Flankenzentrierung) geeignet. Die Berechnung ist wie bei Passfederverbindungen im Allgemeinen nur bei kurzen Traglängen erforderlich. | |
| 3 | vorhandene mittlere *Flächenpressung* der *Keilwellenverbindung* $$p_\mathrm{m} \approx \frac{2 \cdot T}{d_\mathrm{m} \cdot L \cdot h' \cdot 0{,}75 \cdot n} \leq p_\mathrm{zul}$$ $L \leq 1{,}3 \cdot d$ | $h' \approx 0{,}4 \cdot (D - d)$; $d_\mathrm{m} = (D + d)/2$ mit $D$ und $d$ aus TB 12-3a $n$ aus TB 12-3a $T$ wie zu Nr. 1, $p_\mathrm{zul}$ s. TB 12-1b; $L \leq 1{,}3 \cdot d$ |

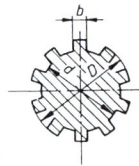

# 12 Elemente zum Verbinden von Wellen und Naben

| Nr. | Formel | Hinweise |
|---|---|---|
| 4 | *Zahnwellenverbindung*<br>– *Kerbzahnprofil*<br>$p_m \approx \dfrac{2 \cdot T}{d_5 \cdot L \cdot h' \cdot 0{,}75 \cdot n} \leq p_{zul}$ | für das Kerbzahnprofil wird $h' \approx 0{,}5(d_3 - d_1)$; |
| 5 | – *Evolventenzahnprofil*<br>$p_m \approx \dfrac{2 \cdot T}{d \cdot L \cdot h' \cdot 0{,}75 \cdot n} \leq p_{zul}$ | für das Evolventenzahnprofil<br>$h' \approx 0{,}5[d_{a1} - (d_{a2} + 0{,}16 \cdot m)]$;<br>mit den Werten aus TB 12-4<br>$T$, $p_{zul}$ und $L$ wie zu Nr. 3 |
|   | **Polygonverbindungen**<br>Sie sind zum Übertragen stoßartiger Drehmomente geeignet. Unter Last längsverschiebbar ist nur das P4C-Profil |   |
| 6 | mittlere Flächenpressung für das Profil<br>– P3G<br>$p_m \approx \dfrac{T}{l' \cdot (0{,}75 \cdot \pi \cdot e_1 \cdot d_1 + 0{,}05 \cdot d_1^2)}$ |  |
| 7 | – P4C<br>$p_m \approx \dfrac{T}{l' \cdot (\pi \cdot e_r \cdot d_r + 0{,}05 \cdot d_r^2)} \leq p_{zul}$ | P3G   P4C<br>$T$ wie zu Nr. 1 |
| 8 | Mindest-Nabenwandstärke<br>$s \geq c \cdot \sqrt{\dfrac{T}{\sigma_{zzul} \cdot L}}$ | $\begin{array}{\|c\|c\|c\|c\|}\hline p, \sigma & T & l, d, e, s, L & K_A, c \\ \hline \text{N/mm}^2 & \text{Nmm} & \text{mm} & 1 \\ \hline \end{array}$<br>Profilgrößen aus TB 12-5;<br>$p_{zul} (\approx \sigma_{zzul})$ aus TB 12-1<br>Richtwerte für Profilfaktor $c$<br><br>$\begin{array}{\|c\|c\|c\|}\hline d_4 & \text{P3G} & \text{P4C} \\ \hline \leq 35 & 1{,}44 & \\ >35 & 1{,}2 & 0{,}7 \\ \hline \end{array}$<br><br>$e_r = (d_1 - d_2)/4$<br>$d_r = d_2 + 2e_r$ |

| Nr. | Formel | Hinweise |
|---|---|---|
| | **Zylindrische Pressverbände**<br>Sie können als Quer- oder Längspressverband hergestellt werden, wobei sich ihre Berechnung nur durch die Montagebedingungen – Erwärmung/Unterkühlung um $\Delta\vartheta$ bzw. Einpresskraft $F_e$ – unterscheidet. | |
| 9 | Durchmesserverhältnisse $$Q_A = \frac{D_F}{D_{Aa}} < 1; \quad Q_I = \frac{D_{Ii}}{D_F} < 1$$ | |
| 10 | auftretende *Spannungen* bei rein elastischer Pressung<br>– Innenteil als *Hohlwelle*<br>$$\sigma_{tAi} = p_F \cdot \frac{1+Q_A^2}{1-Q_A^2}$$<br>$$\sigma_{tAa} = p_F \cdot \frac{1+Q_A^2}{1-Q_A^2} - p_F = \sigma_{tAi} - p_F$$<br>$$-\sigma_{tIi} = p_F \cdot \frac{1+Q_I^2}{1-Q_I^2} + p_F = \frac{2 \cdot p_F}{1-Q_I^2}$$<br>$$-\sigma_{tIa} = p_F \cdot \frac{1+Q_I^2}{1-Q_I^2}$$<br>$$|\sigma_{rAi}| = |\sigma_{rIa}| = |p_F|$$ | Bedeutung der Indizes:<br>$t$ tangential<br>$r$ radial<br>$A_a$ Außenteil außen<br>$A_i$ Außenteil innen<br>$I_a$ Innenteil außen<br>$I_i$ Innenteil innen |
| 11 | – Innenteil als Vollwelle ($D_{ii} = 0$)<br>$\sigma_{tIi} = \sigma_{tIa} = -p_F$ | |
| 12 | Vergleichsspannung an den gefährdeten Stellen<br>$$\sigma_{vAi} = \frac{2 \cdot p_F}{1-Q_A^2}$$<br>$$\leq \frac{2}{\sqrt{3}} \cdot \frac{R_{eA} \text{ (bzw. } R_{p0,2A})}{S_{FA}}$$<br>$$\sigma_{vIi} = \sigma_{tIi} = \left|-\frac{2 \cdot p_F}{1-Q_I^2}\right|$$<br>$$\leq \frac{2}{\sqrt{3}} \cdot \frac{R_{eI} \text{ (bzw. } R_{p0,2I})}{S_{FI}}$$ | $R_{eA} = K_t \cdot R_{eN}$ bzw. $R_{p0,2A} = K_t \cdot R_{p0,2N}$<br>$R_{eN}, R_{p0,2N}$ nach TB 1-1 bis TB 1-2, bei spröden Werkstoffen (z. B. Grauguss) ist $R_{eN}$ durch $R_{mN}$ zu ersetzen<br>$K_t$ nach TB 3-11a bis b<br>$S_F \approx 1(1,1)\ldots 1,3$ bei duktilen Werkstoffen<br>Klammerwert gilt für $R_{p0,2}$<br>bei spröden Werkstoffen ist $S_F$ durch $S_B = 2\ldots 3$ zu ersetzen |

## 12 Elemente zum Verbinden von Wellen und Naben

| Nr. | Formel | Hinweise |
|---|---|---|
| 13 | Rutschkraft in Längs-, Umfangs- und resultierender Richtung $F_{Rl} = (K_A \cdot S_H) \cdot F_l$ $F_{Rt} = (K_A \cdot S_H) \cdot F_t$ $F_{R\,res} = (K_A \cdot S_H) \cdot F_{res}$ | $K_A$ nach TB 3-5 $S_H \approx 1{,}5 \ldots 2$ für $K_A \cdot F_l$ bzw. $K_A \cdot F_t$ bei statischem Nachweis maximale Kräfte $F_{l\,max}$ bzw. $F_{t\,max}$ einsetzen $F_{res} = \sqrt{F_l^2 + F_t^2}$ |
| 14 | erforderliche kleinste Fugenpressung zur Übertragung der Rutschkraft $p_{Fk} = \dfrac{F_{Rl}}{A_F \cdot \mu}$ $p_{Fk} = \dfrac{F_{Rt}}{A_F \cdot \mu}$ $p_{Fk} = \dfrac{F_{R\,res}}{A_F \cdot \mu}$ | $A_F = D_F \cdot \pi \cdot l_F$ $\mu$ nach TB 12-6a |
| 15 | Hilfsgröße zur Berücksichtigung des elastischen Verhaltens $K = \dfrac{E_A}{E_I}\left(\dfrac{1+Q_I^2}{1-Q_I^2} - \nu_I\right)$ $\quad + \dfrac{1+Q_A^2}{1-Q_A^2} + \nu_A$ | $\nu_A, \nu_I$ nach TB 12-6b $E_A, E_I$ nach TB 1-1 bis TB 1-3 |
| 16 | kleinstes erforderliches Haftmaß $Z_k = \dfrac{p_{Fk} \cdot D_F}{E_A} \cdot K$ | |
| 17 | beim Fügen auftretende Glättung $G = 0{,}8 \cdot (Rz_{Ai} + Rz_{Ia})$ | $Rz_{Ai}, Rz_{Ia}$ aus TB 2-12 |
| 18 | *kleinstes* messbares erforderliches *Übermaß* (Mindestübermaß) vor dem Fügen $Ü_u = Z_k + G$ | |
| 19 | größte zulässige Fugenpressung – für die Nabe (Außenteil Innen) $p_{Fg} \leq \dfrac{R_{eA}}{S_{FA}} \cdot \dfrac{1-Q_A^2}{\sqrt{3}}$ | |
| 20 | – für die Hohlwelle (Innenteil Innen) $p_{FgI} \leq \dfrac{R_{eI}}{S_{FI}} \cdot \dfrac{1-Q_I^2}{\sqrt{3}}$ | $R_e, S_F$ siehe zu Nr. 12 |

| Nr. | Formel | Hinweise |
|---|---|---|
| 21 | – für die Vollwelle $$p_{Fgl} \leq \frac{R_{el}}{S_{Fl}} \cdot \frac{2}{\sqrt{3}}$$ | Es ist stets der kleinere Wert $p_{Fg}$ oder $p_{Fgl}$ maßgebend |
| 22 | größtes zulässiges Haftmaß $$Z_g = \frac{p_{Fg} \cdot D_F}{E_A} \cdot K$$ | $K$ siehe zu Nr. 15 |
| 23 | *größtes* messbares erforderliches Übermaß (Höchstübermaß) vor dem Fügen $$Ü_o = Z_g + G$$ | $G$ siehe zu Nr. 17 |
| 24 | Passtoleranz $$P_T = Ü_o - Ü_u$$ $$P_T = T_B + T_W$$ | |
| 25 | von der Verbindung *übertragbares* Nenn-Drehmoment – bei vollem Außenteil $$T_{nenn} = \frac{p'_{Fk} \cdot D_F^2 \cdot \pi \cdot l_F \cdot \mu}{2 \cdot K_A \cdot S_H}$$ mit $$p'_{Fk} = \frac{(Ü'_u - G) \cdot E_A}{D_F \cdot K}$$ – bei unterschiedlichen Außenteildurchmessern $$T_{ges} = T_1 + T_2 + \ldots + T_n$$ Hinweis: Für jede Teillänge ($l_{F1} \ldots l_{Fn}$) mit dem zugehörigen Außendurchmesser ($D_{Aa1} \ldots D_{Aan}$) des Außenteils wird das übertragbare Moment ($T_1 \ldots T_n$) einzeln ermittelt | für das System *Einheitsbohrung* wird empfohlen 1. Bohrung H6 mit Welle des 5. Toleranzgrades, 2. Bohrung H7 mit Welle des 6. Toleranzgrades, 3. Bohrung H8 mit Welle des 7. Toleranzgrades, 4. Bohrungen H8, H9 usw. mit Wellen der gleichen Toleranzgrade Bei Paarungen 1. bis 3. gilt: $T_B \approx 0{,}6 \cdot P_T$, bei 4: $T_B \approx 0{,}5 \cdot P_T$ |

## 12 Elemente zum Verbinden von Wellen und Naben

| Nr. | Formel | Hinweise |
|---|---|---|
| 26 | erforderliche Einpresskraft zum Fügen eines *Längspressverbandes* $$p'_{Fg} = \frac{(\ddot{U}'_o - G) \cdot p_{Fg}}{Z_g} = \frac{(\ddot{U}'_o - G) \cdot E_A}{D_F \cdot K}$$ $$F_e \approx A_F \cdot p'_{Fg} \cdot \mu_e$$ | $\mu_e$ nach TB 12-6a |
| 27 | erforderliche Temperaturdifferenz zum Fügen eines *Querpressverbandes* $$\vartheta_A \approx \vartheta + \frac{\ddot{U}'_o + S_u}{\alpha_A \cdot D_F} + \frac{\alpha_I}{\alpha_A}(\vartheta_I - \vartheta)$$ | $\ddot{U}'_o$ als *wirkliches* Größtübermaß zwischen beiden Teilen<br>$\mu_e$ nach TB 12-6a<br>$S_u \approx D_F/1000$ oder vorteilhafter<br>$S_u \approx \ddot{U}'_o/2$<br>$\alpha_A$, $\alpha_I$ nach TB 12-6b<br>Hinweis: Die Fügetemperatur $\vartheta_A$ darf die Werte nach TB 12-6c nicht überschreiten. |
| 28 | *Grenzdrehzahl*, bei der durch Einfluss der Fliehkraft der Fugendruck aufgehoben wird ($p_F = 0$) $$n_g = \frac{2}{\pi \cdot D_{Aa}} \sqrt{\frac{2 \cdot p'_{Fk}}{(3+\nu) \cdot (1-Q_A^2) \cdot \varrho}}$$ Gebrauchsformel $$n_g \approx 29{,}7 \cdot 10^6 \cdot \sqrt{\frac{p'_{Fk}}{D_{Aa}^2 \cdot (1-Q_A^2) \cdot \varrho}}$$ | Die Gleichung gilt nur für Rotationskörper als Vollscheiben aus Stahl.<br>Der Einfluss der Fliehkraft ist für „normale" Drehzahlen unbedeutend.<br>$\nu$, $\varrho$ nach TB 12-6b<br>$D_{Aa}$, $Q_A$ s. Nr. 9<br>$p'_{Fk}$ ähnlich wie zu Nr. 26<br>Für die Gebrauchsformel gilt:<br><br>\| $n_g$ \| $D_{Aa}$ \| $Q_A$ \| $p'_{Fk}$ \| $\varrho$ \|<br>\|---\|---\|---\|---\|---\|<br>\| min$^{-1}$ \| mm \| 1 \| N/mm$^2$ \| kg/m$^3$ \| |
| 29 | bei der Betriebsdrehzahl $n$ übertragbares Drehmoment $$T_n = T\left[1 - \left(\frac{n}{n_g}\right)^2\right]$$ | |
| | **Kegelpressverbände** | |
| 30 | Kegelverhältnis $$C = \frac{1}{x} = \frac{D_1 - D_2}{l}$$ | |
| 31 | Kegel-Neigungswinkel (Einstellwinkel) $$\tan\left(\frac{\alpha}{2}\right) = \frac{D_1 - D_2}{2 \cdot l}$$ | |

| Nr. | Formel | Hinweise |
|---|---|---|
| 32 | Mindestaufschubweg zur Erzeugung des erforderlichen Fugendruckes $$a_{min} = \frac{Ü_u}{2 \cdot \tan(\alpha/2)} = \frac{Z_k + G}{2 \cdot \tan(\alpha/2)}$$ | $C$, $(\alpha/2)$ s. TB 12-8 |
| 33 | maximal zulässiger Aufschubweg $$a_{max} = \frac{Ü_o}{2 \cdot \tan(\alpha/2)} = \frac{Z_g + G}{2 \cdot \tan(\alpha/2)}$$ | |
| 34 | kleinstes Haftmaß $$Z_k = \frac{p_{Fk} \cdot D_{mF} \cdot K}{E_A \cdot \cos(\alpha/2)}$$ | $$D_{mF} = \frac{D_1 + D_2}{2}$$ $K$ nach Nr. 15 |
| 35 | größtes zulässiges Haftmaß $$Z_g = \frac{p_{Fg} \cdot D_{mF} \cdot K}{E_A \cdot \cos(\alpha/2)}$$ | Hinweis: bei $(\alpha/2) = 0°$ liegen die Verhältnisse des zylindrischen Pressverbandes vor |
| 36 | erforderliche *axiale Einpresskraft* zur Übertragung des Drehmoments $$F_e \geq \frac{2 \cdot S_H \cdot T}{D_{mF} \cdot \mu} \cdot \frac{\sin(\varrho_e + \alpha/2)}{\cos \varrho_e}$$ | $T = K_A \cdot T_{nenn}$ bzw. $T = T_{max}$ $K_A$ aus TB 3-5 $S_H \approx 1{,}2 \ldots 1{,}5$ $\varrho_e = \arctan \mu_e$ $\mu, \mu_e$ nach TB 12-6a |
| 37 | erforderliche *kleinste Fugenpressung* zur Übertragung des Drehmoments $$p_{Fk} = \frac{2 \cdot S_H \cdot T \cdot \cos(\alpha/2)}{D_{mF}^2 \cdot \pi \cdot \mu \cdot l} \leq p_{Fg}$$ | $l$ = tragende Kegellänge $p_{Fg}$ nach Nr. 19 bis Nr. 21 mit $Q_A = D_{mF}/D_{Aa}$ und $Q_I = D_{Ii}/D_{mF}$ |
| 38 | von der Verbindung *übertragbares Nenn-Drehmoment* $$T_{nenn} = \frac{Z_k \cdot E_A \cdot D_{mF} \cdot \pi \cdot \mu \cdot l}{2 \cdot K_A \cdot S_H \cdot K}$$ | $Z_k$ nach Nr. 32 |

**Spannelement-Verbindungen**

Die Auslegung von Spannelement-Verbindungen erfolgt nach Herstellerangaben. Die Hersteller ermitteln in der Regel in Versuchen die übertragbaren Momente bzw. Längskräfte für vorgegebene Fugendrücke. Weicht der erforderliche Fugendruck zur Übertragung des Momentes/der Längskraft bzw. der maximal zulässige Fugendruck von diesen Werten ab, sind die übertragbaren Werte nach Nr. 43 zu korrigieren.

| 39 | von $n$ Elementen übertragbares äquivalentes Drehmoment $$T \leq T_{Tab} \cdot f_n = T_{ges}$$ | $T_{Tab}$ Tabellenwerte aus TB 12-9 $K_A$ nach TB 3-5 $T = K_A \cdot T_{nenn}$ bzw. $T = T_{max}$ |

# 12 Elemente zum Verbinden von Wellen und Naben

| Nr. | Formel | Hinweise |
|---|---|---|
| 40 | von der Verbindung übertragbare äquivalente Axialkraft $F_a \leq F_{a\,Tab} \cdot f_n = F_{a\,ges}$ | $F_{a\,Tab}$ Tabellenwerte aus TB 12-9 $F_a = K_A \cdot F_{a\,nenn}$ bzw. $F_a = F_{a\,max}$ <br><br> Anzahl der Elemente: 1, 2, 3, 4 <br> Faktor $f_n$ bei geölten Elementen: 1; 1,55; 1,85; 2,02 |
| 41 | übertragbares Drehmoment bei gleichzeitig wirkender Axialkraft $$T_{res} \approx \sqrt{T^2 + \left(F_a \cdot \frac{D_F}{2}\right)^2} \leq T_{ges}$$ $= T_{Tab} \cdot f_n$ | |
| 42 | erforderlicher Außendurchmesser bzw. Innendurchmesser der Radnabe $$D_{Aa} \geq D \cdot \sqrt{\frac{R_{eA} + p_N \cdot C}{R_{eA} - p_N \cdot C}} + d$$ $$D_{Ii} \geq D_F \cdot \sqrt{\frac{R_{eI} - 2p_W \cdot C_W}{R_{eI}}} - d$$ | $C \approx 1$ für Nabenlänge = Spannsatzbreite <br> $C \approx 0{,}6$ für Nabenlänge $\geq 2 \cdot$ Spannsatzbreite <br> $C \approx 0{,}8$ für Nabenlänge $\geq 2 \cdot$ Spannsatzbreite und Schrauben in Nabe <br> $C_W \approx 0{,}8\ldots 1{,}0$ <br> $d \approx$ Gewinde-Nenndurchmesser <br> $R_{eA}, R_{eI}$ aus TB 1-1 bis TB 1-2; bei spröden Werkstoffen ersatzweise $0{,}5 \cdot R_m$ <br> Hinweis: Die Werkstoffkennwerte müssen mit $K_t$ aus TB 3-11a bis b auf die Bauteilgröße umgerechnet werden. |
| 43 | erforderliche Spannkraft (Anpresskraft) zum Aufbau des Fugendruckes $$F'_S = F_S \frac{T}{T_{ges}} = F_S \frac{p'_N}{p_N}$$ $$= F_S \frac{p'_W}{p_W} \leq F_S \frac{p_{Fg}}{p_N}$$ | $p_N, p_W, F_S$ Tabellenwerte aus TB 12-9 <br> $p'_N, p'_W$ tatsächlich realisierte Fugenpressung <br> $p_{Fg}$ nach Nr. 19 bis Nr. 21 mit $Q_A = D/D_{Aa}$ und $Q_I = D_{Ii}/D_F$ <br> (Bei der Berechnung von $p_{Fg}$ für die Welle gilt $F'_S \leq F_S \cdot p_{Fg}/p_W$) |

| Nr. | Formel | Hinweise |
|---|---|---|
| | **Klemmverbindungen** | |
| 44 | **geteilte Scheibennabe** <br> erforderliche kleinste Fugenpressung zur Übertragung des Drehmomentes <br> $$p_{Fk} \geq \frac{2 \cdot T \cdot S_H}{\pi \cdot D_F^2 \cdot l_F \cdot \mu} \cdot K \leq p_{F\,zul}$$ | $p_F$ gleichmäßig <br><br> $p_F$ cosinusförmig |
| 45 | erforderliche Klemmkraft je Schraube <br> $$F_{Kl} \geq \frac{2 \cdot T \cdot S_H \cdot K}{n \cdot \pi \cdot D_F \cdot \mu}$$ | |
| 46 | tatsächliche mittlere Fugenpressung im Montagezustand <br> $$p'_F = \frac{n \cdot F_{VM}}{D_F \cdot l_F} \leq p_{F\,zul}$$ | $T = K_A \cdot T_{nenn}$ bzw. $T = T_{max}$ <br> $K_A$ nach TB 3-5 <br> $T_{nenn} \approx 9550 \frac{P}{n}$ <br><br> \| $T_{nenn}$ \| $P$ \| $n$ \| <br> \|---\|---\|---\| <br> \| Nm \| kW \| min$^{-1}$ \| <br><br> $\mu$ aus TB 12-6a (Querpressverband) <br> $S_H \approx 1{,}5 \ldots 2$ <br> $K = 1$ für gleichmäßige Flächenpressung <br> $K = \pi^2/8$ für cosinusförmige Flächenpressung <br> $K = \pi/2$ für linienförmige Berührung <br> Für genauere Berechnungen cosinusförmige Flächenpressung verwenden <br> $p_{F\,zul}$ Anhaltswerte nach TB 12-1; der „schwächere" Werkstoff von Welle bzw. Nabe ist entscheidend <br> $F_{VM}$ nach Kapitel 8 |
| 47 | **geschlitzte Hebelnabe** <br> erforderliche Anpresskraft je Nabenhälfte <br> $$F_N \geq \frac{T}{D_F \cdot \mu}$$ | |
| 48 | erforderliche Klemmkraft je Schraube <br> $$F_{Kl} \geq \frac{T \cdot S_H \cdot l_1}{n \cdot D_F \cdot \mu \cdot l_2}$$ | |
| 49 | tatsächliche mittlere Fugenpressung im Montagezustand <br> $$p'_F = \frac{n \cdot F_{VM}}{D_F \cdot l_F} \cdot \frac{l_2}{l_1} \leq p_{F\,zul}$$ | $T$, $S_H$, $\mu$, $p_{F\,zul}$ siehe Nr. 45 und 46 <br> $F_{VM}$ nach Kapitel 8 |

## 12 Elemente zum Verbinden von Wellen und Naben

| $F$ | $D,l$ | $R_e, E$ | $R_z, \ddot{U}, P_T$ | $K_A, S, \nu, \mu$ |
|---|---|---|---|---|
| $N$ | mm | N/mm² | μm | 1 |

Start

$F_t, F_l, K_A, S_H$ — Belastungsdaten

$D_F, D_{Aa}, D_{Ii}, l_F, Rz_{Ai}, Rz_{Ia}$ — geometr. Daten

$R_{eA}, E_A, \nu_A, R_{eI}, E_I, \nu_I, \mu$ — Werkstoffdaten

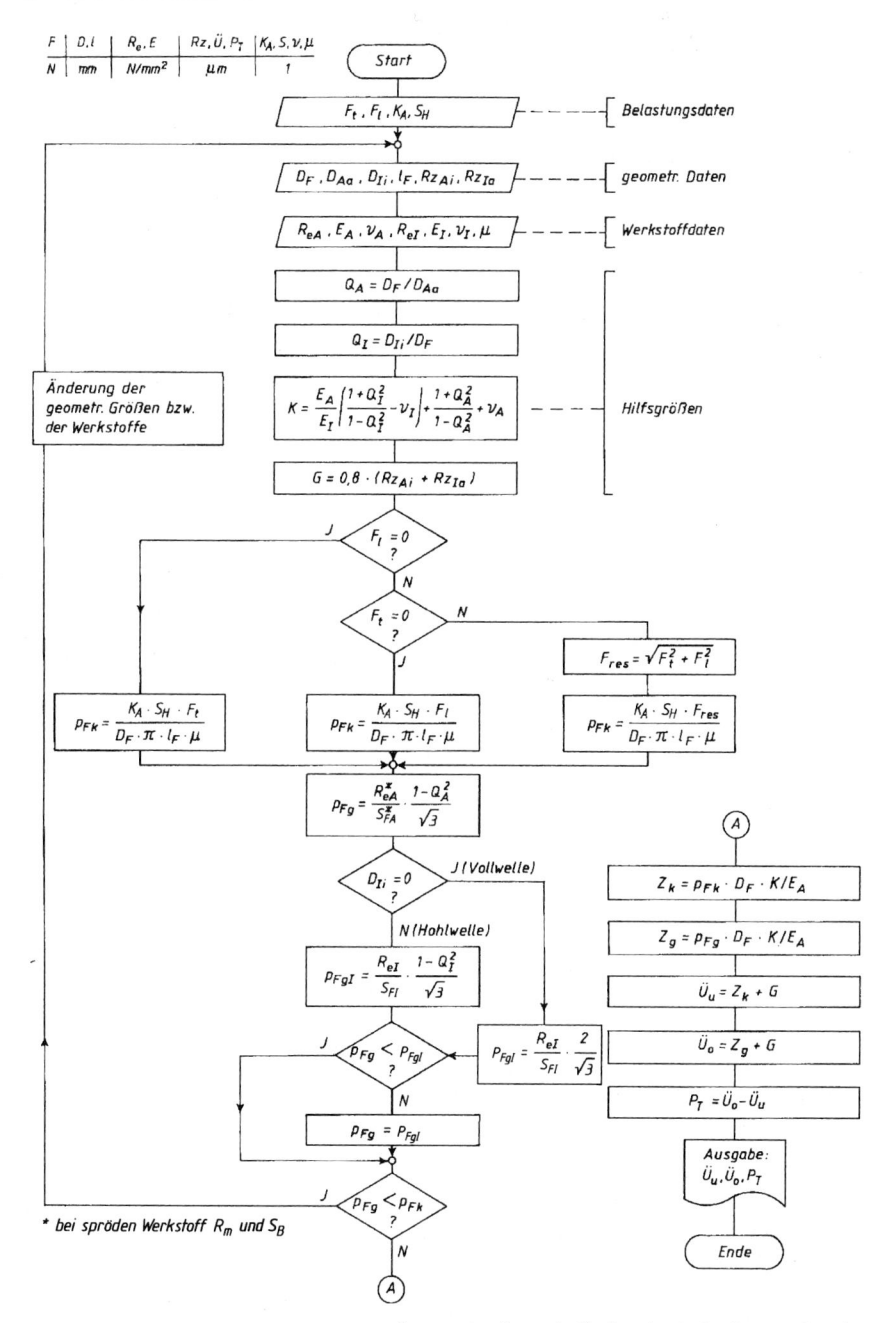

$Q_A = D_F / D_{Aa}$

$Q_I = D_{Ii} / D_F$

Änderung der geometr. Größen bzw. der Werkstoffe

$K = \dfrac{E_A}{E_I}\left(\dfrac{1+Q_I^2}{1-Q_I^2} - \nu_I\right) + \dfrac{1+Q_A^2}{1-Q_A^2} + \nu_A$ — Hilfsgrößen

$G = 0.8 \cdot (Rz_{Ai} + Rz_{Ia})$

$F_l = 0$?  J →

N ↓

$F_t = 0$? N → $F_{res} = \sqrt{F_t^2 + F_l^2}$

J ↓

$p_{Fk} = \dfrac{K_A \cdot S_H \cdot F_t}{D_F \cdot \pi \cdot l_F \cdot \mu}$   $p_{Fk} = \dfrac{K_A \cdot S_H \cdot F_l}{D_F \cdot \pi \cdot l_F \cdot \mu}$   $p_{Fk} = \dfrac{K_A \cdot S_H \cdot F_{res}}{D_F \cdot \pi \cdot l_F \cdot \mu}$

$p_{Fg} = \dfrac{R_{eA}^*}{S_{FA}^*} \cdot \dfrac{1-Q_A^2}{\sqrt{3}}$

$D_{Ii} = 0$? J (Vollwelle) →

N (Hohlwelle) ↓

$p_{FgI} = \dfrac{R_{eI}}{S_{FI}} \cdot \dfrac{1-Q_I^2}{\sqrt{3}}$

$p_{Fg} < p_{Fgl}$? → $p_{Fgl} = \dfrac{R_{eI}}{S_{FI}} \cdot \dfrac{2}{\sqrt{3}}$

N ↓

$p_{Fg} = p_{Fgl}$

J ↑  $p_{Fg} < p_{Fk}$?

N ↓ A

* bei sprödem Werkstoff $R_m$ und $S_B$

$Z_k = p_{Fk} \cdot D_F \cdot K / E_A$

$Z_g = p_{Fg} \cdot D_F \cdot K / E_A$

$\ddot{U}_u = Z_k + G$

$\ddot{U}_o = Z_g + G$

$P_T = \ddot{U}_o - \ddot{U}_u$

Ausgabe: $\ddot{U}_u, \ddot{U}_o, P_T$

Ende

**A 12-1** Ablaufplan zur Bestimmung der Übermaße $\ddot{U}_u$ und $\ddot{U}_o$ für elastische Pressverbände

## Technische Regeln (Auswahl)

| Technische Regel | | Titel |
|---|---|---|
| DIN 228-1 | 05.87 | Morsekegel und metrische Kegel; Kegelschäfte |
| DIN 228-2 | 03.87 | –; Kegelhülsen |
| DIN 254 | 04.03 | Geometrische Produktspezifikation, Reihen von Kegeln und Kegelwinkeln |
| DIN 268 | 09.74 | Tangentialkeile und Tangentialkeilnuten für stoßartige Wechselbeanspruchungen |
| DIN 271 | 09.74 | Tangentialkeile und Tangentialkeilnuten für gleichbleibende Beanspruchungen |
| DIN 1448-1 | 01.70 | Kegelige Wellenenden mit Außengewinde; Abmessungen |
| DIN 1449 | 01.70 | Kegelige Wellenenden mit Innengewinde; Abmessungen |
| DIN 5464 | 09.65 | Keilwellen-Verbindungen mit geraden Flanken; Schwere Reihe |
| DIN 5466-1 | 10.00 | Tragfähigkeitsberechnung von Zahn- und Keilwellen-Verbindungen; Grundlagen |
| DIN 5466-2E | 11.02 | –, Zahnwellen-Verbindungen nach DIN 5480 |
| DIN 5472 | 12.80 | Werkzeugmaschinen; Keilwellen- und Keilnaben-Profile mit 6 Keilen, Innenzentrierung, Maße |
| DIN 5480-1...16 | 03.06 | Passverzahnungen mit Evolventenflanken und Bezugsdurchmesser |
| DIN 5481 | 06.05 | Passverzahnungen mit Kerbflanken |
| DIN 6880 | 04.75 | Blanker Keilstahl; Maße, zulässige Abweichungen; Gewichte |
| DIN 6881 | 02.56 | Spannungsverbindungen mit Anzug; Hohlkeile, Abmessungen und Anwendung |
| DIN 6883 | 02.56 | –, Flachkeile, Abmessungen und Anwendung |
| DIN 6884 | 02.56 | –, Nasenflachkeile, Abmessungen und Anwendung |
| DIN 6885-1 | 08.68 | Mitnehmerverbindungen ohne Anzug; Passfedern, Nuten, hohe Form |
| DIN 6885-2 | 12.67 | –, Passfedern, Nuten, hohe Form für Werkzeugmaschinen, Abmessungen und Anwendung |
| DIN 6885-3 | 02.56 | –, Passfedern, niedrige Form, Abmessungen und Anwendung |
| DIN 6886 | 12.67 | Spannungsverbindungen mit Anzug; Keile, Nuten, Abmessungen und Anwendung |
| DIN 6887 | 04.86 | –, Nasenkeile, Nuten, Abmessungen und Anwendung |
| DIN 6888 | 08.56 | Mitnehmerverbindungen ohne Anzug; Scheibenfedern, Abmessungen und Anwendung |
| DIN 6889 | 02.56 | Spannungsverbindungen mit Anzug; Nasenhohlkeile, Abmessungen und Anwendung |

# 12 Elemente zum Verbinden von Wellen und Naben

| Technische Regel | | Titel |
|---|---|---|
| DIN 6892 | 11.98 | Mitnehmerverbindungen ohne Anzug – Passfedern – Berechnung und Gestaltung |
| DIN 7190 | 02.01 | Pressverbände; Berechnungsgrundlagen und Gestaltungsregeln |
| DIN 15055 | 07.82 | Hütten- und Walzwerksanlagen; Drucköl-Pressverbände; Anwendung, Maße, Gestaltung |
| DIN 32711 | 03.79 | Antriebselemente; Polygonprofile P3G |
| DIN 32712 | 03.79 | – –; Polygonprofile P4C |
| DIN ISO 14 | 12.86 | Keilwellen-Verbindungen mit geraden Flanken und Innenzentrierung; Maße, Toleranzen, Prüfung |

# 13 Kupplungen und Bremsen

| Formelzeichen | Einheit | Benennung |
|---|---|---|
| $C_a$ | N/mm | Axialfedersteife |
| $C_r$ | N/mm | Radialfedersteife |
| $C_w$ | Nm/rad | Winkelfedersteife |
| $C_{T\,dyn}$ | Nm/rad | dynamische Drehfedersteife der elastischen Kupplung |
| $F_a, F_r$ | N | axiale bzw. radiale Rückstellkraft |
| $i$ | 1 | Übersetzung, Anzahl der Schwingungen je Umdrehung (Ordnungszahl) |
| $J, J_{red}$ | kgm$^2$ | auf Kupplungswelle reduziertes Trägheitsmoment aller bewegten Massen |
| $J_A, J_L$ | kgm$^2$ | Summe der Trägheitsmomente auf der Antriebs- bzw. Lastseite, bezogen auf die Brems- bzw. Kupplungswelle |
| $J_0, J_1, J_2$ | kgm$^2$ | Trägheitsmomente der mit $\omega_0, \omega_1, \omega_2 \ldots$ umlaufenden Drehmassen |
| $K_A$ | 1 | Anwendungsfaktor |
| $\Delta K_a, \Delta K_r$ | mm | zulässiger axialer bzw. radialer Versatz der Kupplungshälften |
| $\Delta K_w$ | rad, ° | zulässiger winkliger Versatz der Kupplungshälften |
| $M_w$ | Nm | winkliges Rückstellmoment |
| $m_1, m_2 \ldots$ | kg | geradlinig bewegte Massen der Anlage |
| $n$ | min$^{-1}$ | Drehzahl |
| $S_A, S_L$ | 1 | Stoßfaktor der Antriebs- bzw. Lastseite |
| $S_f, S_t, S_z$ | 1 | Frequenzfaktor, Temperaturfaktor, Anlauffaktor |
| $T_A, T_{AN}$ | Nm | Drehmoment bzw. Nenndrehmoment der Antriebsseite |
| $T_{Ai}, T_{Li}$ | Nm | erregendes Drehmoment auf der Antriebs- bzw. Lastseite (periodischer Drehmomentausschlag $i$-ter Ordnung, z. B. bei Dieselmotoren) |
| $T_{AS}, T_{LS}$ | Nm | Stoßdrehmoment der Antriebs- bzw. Lastseite |
| $T_a$ | Nm | Beschleunigungsdrehmoment |
| $T_{an}$ | Nm | Anlaufdrehmoment der Antriebsseite |
| $T_{Br}$ | Nm | in der Bremse erzeugtes Bremsmoment |
| $T'_{Br}$ | Nm | erforderliches Bremsmoment |

# 13 Kupplungen und Bremsen

| Formelzeichen | Einheit | Benennung |
|---|---|---|
| $T_K$ | Nm | Kupplungsdrehmoment |
| $T'_K$ | Nm | fiktives Drehmoment zur Bestimmung der Kupplungsgröße |
| $T_{K\,max}$ | Nm | von der Kupplung übertragbares Maximaldrehmoment |
| $T_{KN}$ | Nm | Nenndrehmoment das dauernd übertragen werden kann und die Baugröße der Kupplung abgibt |
| $T_{KNs}$ | Nm | schaltbares Nenndrehmoment der Reibkupplung |
| $T_{Ks}$ | Nm | erforderliches schaltbares Drehmoment der Reibkupplung |
| $T_{KW}$ | Nm | zulässiges Dauerwechseldrehmoment der nachgiebigen Kupplung |
| $T_{ki}$ | Nm | Kippdrehmoment (Stoßdrehmoment) bei Drehstrommotoren |
| $T_L, T_{LN}$ | Nm | Drehmoment bzw. Nenndrehmoment der Lastseite |
| $T_N$ | Nm | von der Kupplung zu übertragendes Nenndrehmoment |
| $t_a$ | s | Beschleunigungszeit |
| $t_R$ | s | Bremszeit; Rutschzeit der Reibkupplung |
| $V$ | 1 | Vergrößerungsfaktor |
| $V_R$ | 1 | Resonanzfaktor |
| $v_1, v_2 \ldots$ | m/s | Geschwindigkeiten der geradlinig bewegten Massen $m_1, m_2$ |
| $W, W_{zul}$ | Nm, J | Schaltarbeit bzw. zulässige Schaltarbeit bei einmaliger Schaltung |
| $W_h, W_{h\,zul}$ | Nm/h, J/h | bei Dauerschaltung Schaltarbeit pro Stunde bzw. zulässige Schaltarbeit pro Stunde |
| $W_{zul}$ | Nm, J | zulässige Reibarbeit der Bremse |
| $\Delta W_a, \Delta W_r$ | mm | maximal auftretende axiale bzw. radiale Verlagerung der Wellen |
| $\Delta W_w$ | rad | maximal auftretende winklige Verlagerung der Wellen |
| $z_h$ | 1/h | Schaltzahl pro Stunde |
| $\alpha$ | $s^{-2}$ (rad/$s^2$) | Winkelbeschleunigung |
| $\alpha$ | ° | Ablenkungswinkel zwischen An- und Abtriebswelle bei Kreuzgelenken |
| $\varphi_1, \varphi_2$ | ° | Drehwinkel der An- und Abtriebswelle bei Kreuzgelenken |
| $\omega$ | $s^{-1}$ | Betriebskreisfrequenz |

# 13 Kupplungen und Bremsen

| Formelzeichen | Einheit | Benennung |
|---|---|---|
| $\omega_A$ | $s^{-1}$ | Winkelgeschwindigkeit der Bremswelle bzw. der Kupplungswelle auf der Antriebsseite |
| $\omega_{L0}$ | $s^{-1}$ | Winkelgeschwindigkeit der Bremswelle nach dem Bremsen bzw. der Kupplungswelle auf der Antriebs-(Last-)Seite vor dem Schalten |
| $\omega_e$ | $s^{-1}$ | Eigenkreisfrequenz der Anlage |
| $\omega_k$ | $s^{-1}$ | kritische (Resonanz-)Kreisfrequenz bei Antrieben mit periodischer Drehmomentschwankung |
| $\omega_0$ | $s^{-1}$ | Winkelgeschwindigkeit auf die alle Massen reduziert werden sollen (meist Kupplungswelle) |
| $\omega_1, \omega_2$ | $s^{-1}$ | Winkelgeschwindigkeit der Drehmassen $J_1, J_2 \ldots$ bzw. der treibenden und getriebenen Welle oder zu Beginn und am Ende des Beschleunigungsvorganges |

| Nr. | Formel | Hinweise |
|---|---|---|
| 1 | Anlaufdrehmoment $T_{an} = T_L + T_a$ | |
| 2 | Beschleunigungsdrehmoment $T_a = T_{an} - T_L = J \cdot \alpha = J \cdot \dfrac{\omega_2 - \omega_1}{t_a}$ | |
| 3 | Verhältnis der Winkelgeschwindigkeiten $\dfrac{\omega_1}{\omega_2} = \dfrac{n_1}{n_2} = i \approx \dfrac{T_2}{T_1}$ | |
| 4 | reduziertes Trägheitsmoment $J_{red} = J_0 + J_1 \left(\dfrac{\omega_1}{\omega_0}\right)^2 + J_2 \left(\dfrac{\omega_2}{\omega_0}\right)^2 + \ldots$ $+ m_1 \left(\dfrac{v_1}{\omega_0}\right)^2 + m_2 \left(\dfrac{v_2}{\omega_0}\right)^2 + \ldots$ | $J$-Werte von Kupplungen und Motorläufern s. TB 13-1 bis TB 13-7 und TB 16-21 Vollzylinder $J = m \cdot d^2 / 8$ Hohlzylinder $J = m(d_a^2 + d_i^2)/8$ |

# 13 Kupplungen und Bremsen

| Nr. | Formel | Hinweise |
|---|---|---|
| | **Kupplungsdrehmoment (Anlage als Zweimassensystem)** | |
| 5a | Kupplungsdrehmoment beim Anfahren ohne Last $$T_K = \alpha \cdot J_L = \frac{J_L}{J_A + J_L} T_A$$ | |
| 5b | Kupplungsdrehmoment beim Anfahren mit Last $$T_K = \alpha \cdot J_L + T_L$$ $$= \frac{J_L}{J_A + J_L}(T_A - T_L) + T_L$$ $$= \frac{J_L}{J_A + J_L} T_A + \frac{J_A}{J_A + J_L} T_L$$ | |
| 6 | Kupplungsdrehmoment bei beidseitigem Stoß $$T_{KS} = \frac{J_L}{J_A + J_L} T_{ki} \cdot S_A$$ $$+ \frac{J_A}{J_A + J_L} T_{LS} \cdot S_L$$ | $S_A = S_L = 1{,}8$ |
| 7 | Eigenfrequenz der Anlage $$\omega_e = \sqrt{C_{Tdyn} \frac{J_A + J_L}{J_A \cdot J_L}}$$ | $C_{Tdyn}$ nach Herstellerangaben bzw. TB 13-4 und TB 13-5 |
| 8 | kritische Kreisfrequenz (Resonanzfrequenz) $$\omega_k = \frac{\omega_e}{i}$$ | |
| 9 | in der Kupplung auftretendes Wechseldrehmoment $$T_W = \pm T_{Ai} \cdot \frac{J_L}{J_A + J_L} \cdot V$$ Vergrößerungsfaktor $$V = \sqrt{\frac{1 + \left(\frac{\psi}{2\pi}\right)^2}{\left(1 - \frac{\omega^2}{\omega_k^2}\right)^2 + \left(\frac{\psi}{2\pi}\right)^2}}$$ | Forderung: $\omega_k/\sqrt{2} > \omega > \sqrt{2} \cdot \omega_k$ günstig ist eine weit unterhalb der Betriebskreisfrequenz liegende kritische Kreisfrequenz (s. Bild) in Resonanznähe: $V = V_R \approx 2\pi/\psi$, außerhalb der Resonanz: $V \approx \dfrac{1}{\left\lvert\left(\dfrac{\omega}{\omega_k}\right)^2 - 1\right\rvert}$ mit $\omega = 2\pi \cdot n$ $V_R$ und $\psi$ nach Herstellerangaben bzw. TB 13-4 u. TB 13-5 |

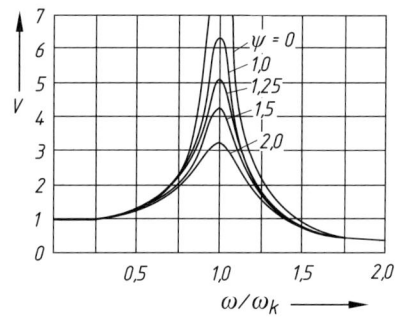

| Nr. | Formel | Hinweise |
|---|---|---|
|  | **Auslegung nachgiebiger Kupplungen**<br>Die Baugröße nachgiebiger Kupplungen wird nach DIN 740 T2 über fiktive Drehmomente $T'_K$ bestimmt. Diese werden unter Berücksichtigung der an- und abtriebsseitigen Trägheitsmomente $J_A$ und $J_L$ sowie der Faktoren $S_A$, $S_L$, $S_t$ und $S_z$ mit der auftretenden Belastung $T_A$ bzw. $T_L$ berechnet. Aus den Herstellerkatalogen bzw. den Kupplungstabellen im Tabellenbuch ist dann eine Kupplung zu wählen, deren zulässige Drehmomente in jedem Betriebszustand über den berechneten fiktiven Drehmomenten liegen müssen. Bei periodisch auftretenden Drehmomentschwankungen, verursacht z. B. durch Dieselmotoren oder Kolbenverdichter, ist zu prüfen, ob die kritische Kreisfrequenz $\omega_k$ nach Nr. 7 und 8 außerhalb des Betriebs-Kreisfrequenz-Bereiches liegt (s. hierzu Hinweis zu Nr. 9). Liegt $\omega$ im kritischen Frequenzbereich ist eine Kupplung mit einer anderen Drehfedersteife zu wählen. Die Berechnung der fiktiven Drehmomente für das Durchfahren der Resonanz kann entfallen, wenn $\omega \leq \omega_k/\sqrt{2}$ ist.<br>Zur endgültigen Auslegung gehört auch die Nachprüfung auf zulässige Wellenverlagerungen nach Nr. 19 bis 21 und die Kontrolle der daraus entstehenden Momente und Rückstellkräfte auf die benachbarten Bauteile. | |
| 10 | mit Hilfe von Betriebsfaktoren<br>$T'_K = T_N \cdot K_A \leq T_{KN}$ | $T_N \approx 9550\,\dfrac{P}{n}$ <br><br>\| $T_N$ \| $P$ \| $n$ \|<br>\|---\|---\|---\|<br>\| Nm \| kW \| min$^{-1}$ \|<br><br>$K_A$ nach Herstellerangaben bzw. TB 3-5<br>$T_{KN}$ nach Herstellerangaben bzw. TB 13-2 bis TB 13-5 |
| 11 | Belastung durch das Nenndrehmoment<br>$T'_K = T_{LN} \cdot S_t \leq T_{KN}$ | $S_t$ nach Herstellerangaben bzw. TB 13-8b<br>$T_{KN}$ s. Nr. 10 |
| 12 | **Belastung durch Drehmomentstöße:**<br>– antriebsseitiger Stoß (z. B. Anfahren mit Drehstrommotor)<br>$T'_K = \dfrac{J_L}{J_A + J_L} \cdot T_{AS} \cdot S_A \cdot S_z \cdot S_t$<br>$\leq T_{K\,max}$ | $T_{AS} \mathrel{\hat{=}} T_{ki}$ bei Drehstrommotoren, s. TB 16-21<br>$T_{K\,max}$ nach Herstellerangaben bzw. TB 13-2 bis TB 13-5<br>$S_A = S_L = 1{,}8$<br>$S_z$, $S_t$ nach Herstellerangaben bzw. TB 13-8a/b |
| 13 | – lastseitiger Stoß (z. B. Laständerungen und Bremsungen)<br>$T'_K = \dfrac{J_A}{J_A + J_L} \cdot T_{LS} \cdot S_L \cdot S_z \cdot S_t$<br>$\leq T_{K\,max}$ | |

# 13 Kupplungen und Bremsen

| Nr. | Formel | Hinweise |
|---|---|---|
| 14 | — beidseitiger Stoß<br>$T'_K = \left( \dfrac{J_L}{J_A + J_L} \cdot T_{AS} \cdot S_A \right.$<br>$\left. + \dfrac{J_A}{J_A + J_L} \cdot T_{LS} \cdot S_L \right) \cdot S_z \cdot S_t$<br>$\leq T_{K\,max}$ | |
| | **Belastung durch ein periodisches Wechseldrehmoment:** | |
| 15 | — antriebsseitige Schwingungserregung (z. B. Antrieb durch Dieselmotor)<br>a) bei Durchfahren der Resonanz<br>$T'_K = \dfrac{J_L}{J_A + J_L} \cdot T_{Ai} \cdot V_R \cdot S_z \cdot S_t$<br>$\leq T_{K\,max}$ | $T_{K\,max}$, $T_{KW}$ nach Herstellerangaben bzw. TB 13-2 bis TB 13-5<br>$V$, $V_R$ s. Nr. 9<br>$S_z$, $S_t$, $S_f$ nach Herstellerangaben bzw. TB 13-8<br>Durchfahren der Resonanz liegt bei $\omega > \omega_k$ vor. Siehe Hinweise zu Nr. 9 |
| 16 | b) bei Betriebsdrehzahl $n$<br>$T'_K = \dfrac{J_L}{J_A + J_L} \cdot T_{Ai} \cdot V \cdot S_t \cdot S_f \leq T_{KW}$ | |
| 17 | — lastseitige Schwingungserregung (z. B. durch Kolbenverdichter)<br>a) bei Durchfahren der Resonanz<br>$T'_K = \dfrac{J_A}{J_A + J_L} \cdot T_{Li} \cdot V_R \cdot S_z \cdot S_t$<br>$\leq T_{K\,max}$ | |
| 18 | b) bei Betriebsdrehzahl $n$<br>$T'_K = \dfrac{J_A}{J_A + J_L} \cdot T_{Li} \cdot V \cdot S_t \cdot S_f \leq T_{KW}$ | |
| | **Belastung durch Wellenverlagerungen:** | |
| 19 | — axialer Versatz<br>$\Delta K_a \geq \Delta W_a \cdot S_t$ | |
| 20 | — radialer Versatz<br>$\Delta K_r \geq \Delta W_r \cdot S_t \cdot S_f$ | |
| 21 | — winkliger Versatz<br>$\Delta K_w \geq \Delta W_w \cdot S_t \cdot S_f$ | $\Delta K_a$, $\Delta K_r$, $\Delta K_w$ nach Herstellerangaben bzw. TB 13-2, TB 13-4 und TB 13-5<br>$S_t$, $S_f$ nach Herstellerangaben bzw. TB 13-8b/c |
| 22 | — axiale Rückstellkraft<br>$F_a = \Delta W_a \cdot C_a$ | |

| Nr. | Formel | Hinweise |
|---|---|---|
| 23 | – radiale Rückstellkraft<br>$F_r = \Delta W_r \cdot C_r$ | $C_a$, $C_r$, $C_w$ nach Herstellerangaben bzw. TB 13-2 und TB 13-5 |
| 24 | – winkliges Rückstellmoment:<br>$M_w = \Delta W_w \cdot C_w$ | |

**Auslegung schaltbarer Reibkupplungen**

Für die Größenbestimmung einer Reibkupplung kann das schaltbare oder übertragbare Drehmoment, die geforderte Schaltzeit oder die zulässige Erwärmung der Kupplung maßgebend sein. Bei Lastschaltungen sollte das schaltbare Drehmoment $T_{Ks}$ in der Regel mindestens doppelt so groß sein wie das Lastmoment $T_L$, damit genügend Reserve für die Beschleunigung der Drehmassen bleibt. Das nach dem Schaltvorgang erforderliche übertragbare Drehmoment $T_{Kü}$ kann analog Nr. 10 bestimmt werden mit $T'_K = T_N \cdot K_A \leq T_{KNü}$, mit $T_{KNü}$ als übertragbarem Nenndrehmoment der Kupplung.

| Nr. | Formel | Hinweise |
|---|---|---|
| 25 | erforderliches schaltbares Drehmoment<br>$T_{Ks} = J_L \dfrac{\omega_A - \omega_{L0}}{t_R} + T_L \leq T_{KNs}$ | 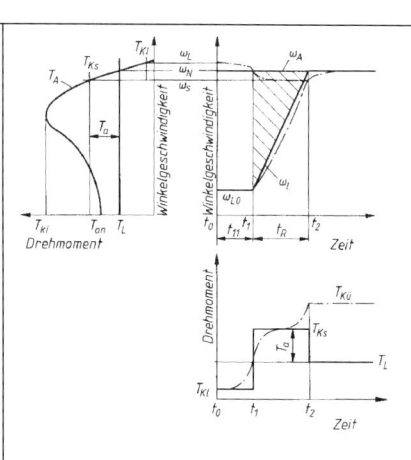 |
| 26 | Rutschzeit (Beschleunigungszeit)<br>$t_R = \dfrac{J_L}{T_{KNs} - T_L} (\omega_A - \omega_{L0})$ | |
| 27 | Schaltarbeit bei einmaliger Schaltung<br>$W = 0{,}5\, T_{KNs}(\omega_A - \omega_{L0})\, t_R$<br>$= 0{,}5\, J_L(\omega_A - \omega_{L0})^2 \dfrac{T_{KNs}}{T_{KNs} - T_L}$<br>$< W_{zul}$ | |
| 28 | Schaltarbeit bei Dauerschaltung<br>$W_h = W \cdot z_h < W_{h\,zul}$ | $T_{KNs}$ nach Herstellerangaben bzw. TB 13-6 und TB 13-7<br>Bei $T_L = 0$ und $\omega_{L0} = 0$ gilt:<br>$T_{Ks} = J_L \cdot \omega_A / t_R$,<br>$W = 0{,}5 \cdot T_{KNs} \cdot \omega_A \cdot t_R = 0{,}5 \cdot J_L \cdot \omega_A^2$<br>$\omega_A = 2\pi \cdot n_A$, $\omega_{L0} = 2\pi \cdot n_{L0}$<br>$W_{zul}$, $W_{h\,zul}$ nach Herstellerangaben bzw. TB 13-6 und TB 13-7<br>Hinweis: Bei entgegengesetzter Drehrichtung der An- und Abtriebsseite gilt $(\omega_A + \omega_{L0})$. |

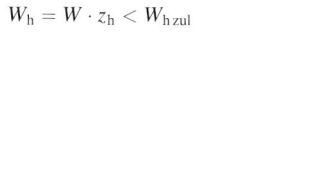

# 13 Kupplungen und Bremsen

| Nr. | Formel | Hinweise |
|---|---|---|
| | **Kreuzgelenke** | |
| 29 | Winkelgeschwindigkeit der getriebenen Welle $$\omega_2 = \frac{\cos\alpha}{1 - \cos^2\varphi_1 \cdot \sin^2\alpha} \cdot \omega_1$$ | Grenzwerte $\omega_{2\,max} = \dfrac{\omega_1}{\cos\alpha}$ $\omega_{2\,min} = \omega_1 \cdot \cos\alpha$ |
| | **Auslegung von Bremsen** | |
| 30 | erforderliches schaltbares Bremsmoment $$T'_{Br} = J_L \frac{\omega_A}{t_R} \pm T_L \leq T_{Br}$$ | $T_{Br}$ nach Herstellerangaben bzw. TB 13-9 |
| 31 | erforderliche Bremszeit $$t_R = \frac{J_L}{T_{Br} \pm T_L}(\omega_A - \omega_{L0})$$ | Hinweis: Das Lastmoment $T_L$ ist positiv einzusetzen, wenn es bremsend wirkt. |
| 32 | Reibarbeit (Schaltarbeit pro Bremsung) $$W = 0{,}5 \cdot T_{Br} \cdot \omega_A \cdot t_R \leq W_{zul}$$ | $W_{zul}$ nach Herstellerangaben bzw. TB 13-9 |

## Technische Regeln (Auswahl)

| Technische Regel | | Titel |
|---|---|---|
| DIN 115-1 | 09.73 | Antriebselemente; Schalenkupplungen, Maße, Drehmomente, Drehzahlen |
| DIN 115-2 | 09.73 | –; Schalenkupplungen, Einlegeringe |
| DIN 116 | 12.71 | –; Scheibenkupplungen, Maße, Drehmomente, Drehzahlen |
| DIN 740-1 | 08.86 | Antriebstechnik; Nachgiebige Wellenkupplungen; Anforderungen, Technische Lieferbedingungen |
| DIN 740-2 | 08.86 | –; Nachgiebige Wellenkupplungen; Begriffe und Berechnungsgrundlagen |
| DIN 808 | 08.84 | Werkzeugmaschinen; Wellengelenke; Baugrößen, Anschlussmaße, Beanspruchbarkeit, Einbau |
| DIN 15431 | 04.80 | Antriebstechnik; Bremstrommeln, Hauptmaße |
| DIN 15432 | 01.89 | –; Bremsscheiben, Hauptmaße |
| DIN 15433-2 | 04.92 | –; Scheibenbremsen; Bremsbeläge |
| DIN 15434-1 | 01.89 | –; Trommel- und Scheibenbremsen; Berechnungsgrundsätze |
| DIN 15434-2 | 01.89 | –; –; Überwachung im Gebrauch |
| DIN 15435-1 | 04.92 | –; Trommelbremsen, Maße und Anforderungen |
| DIN 15435-2 | 04.92 | –; –; Bremsbacken |
| DIN 15435-3 | 04.92 | –; –; Bremsbeläge |
| VDI 2240 | 06.71 | Wellenkupplungen; Systematische Einteilung nach ihren Eigenschaften |
| VDI 2241-1 | 06.82 | Schaltbare fremdbetätigte Reibkupplungen und -bremsen; Begriffe, Bauarten, Kennwerte, Berechnungen |
| VDI 2241-2 | 09.84 | – –; Systembezogene Eigenschaften, Auswahlkriterien, Berechnungsbeispiele |

# 14 Wälzlager

| Formelzeichen | Einheit | Benennung |
|---|---|---|
| $a$, $a_{I,II}$ | mm | Abstandsmaß der Druckmittelpunkte, für Lager I, II, Mitte Lager I, II |
| $a_1$ | 1 | Lebensdauerbeiwert für eine von 90 % abweichende Erlebenswahrscheinlichkeit |
| $a_{ISO}$ | 1 | Lebensdauerbeiwert für die Betriebsbedingungen |
| $B$ | mm | Lagerbreite; Innenringbreite bei Kegelrollenlagern |
| $C$ ($C_{I,II}$) | kN, N; mm | dynamische Tragzahl (für Lager I, II); Außenringbreite bei Kegelrollenlagern |
| $C_0$ | kN, N | statische Tragzahl |
| $C_H$, $C_{0H}$ | kN, N | reduzierte Tragzahl bei Härteeinfluss |
| $C_T$ | kN, N | reduzierte Tragzahl bei höherer Betriebstemperatur |
| $C_u$ | kN, N | Ermüdungsgrenzbelastung |
| $D$ | mm | Lager-Außendurchmesser |
| $d$ | mm | Nenndurchmesser der Lagerbohrung gleich Wellendurchmesser |
| $d_m = 0{,}5 \cdot (d + D)$ | mm | mittlerer Lagerdurchmesser |
| $e$ ($e_{I,II}$) | 1 | Grenzwert für $F_a/F_r$ zur Auswahl von $X$ und $Y$ (für Lager I, II) |
| $e_c$ | 1 | Lebensdauerbeiwert für Verunreinigung |
| $F_r$, $F_{r0}$ ($F_{rI,II}$, $F_{r0I,II}$) | kN, N | Radialkomponente der äußeren Lagerkraft, statische radiale Lagerkraft (für Lager I, II) |
| $F_a$, $F_{a0}$ ($F_{aI,II}$) | kN, N | Axialkomponente der äußeren Lagerkraft, statische axiale Lagerkraft (für Lager I, II) |
| $f_L$ ($f_{I,II}$) | 1 | Kennzahl der dynamischen Beanspruchung, Lebensdauerfaktor (für Lager I, II) |
| $f_n$ | 1 | Drehzahlfaktor |
| $f_T$ | 1 | Temperaturfaktor für Lagertemperaturen über 150° |
| $L_{10}$ | $10^6$ Umdreh. | nominelle Lebensdauer |
| $L_{10h}$ | Betriebsstund. | Ermüdungslaufzeit, nominelle Lebensdauer |
| $L_{nm}$ | $10^6$ Umdreh. | erweiterte modifizierte Lebensdauer für Lebensdauerwahrscheinlichkeit von $(100 - n)$ % |

| Formelzeichen | Einheit | Benennung |
|---|---|---|
| $L_{nmh}$ | Betriebsstund. | erweiterte modifizierte Lebensdauer |
| $n, n_m$ | min$^{-1}$ | Wellendrehzahl, mittlere Wellendrehzahl |
| $P, P_0(P_{I,II})$ | kN, N | dynamische, statische äquivalente Lagerbelastung (für Lager I, II) |
| $P_1 \ldots P_n$ | kN, N | dynamisch äquivalente Teilbelastungen aus $F_{r1}, F_{a1}$; $\ldots F_{rn}, F_{an}$ |
| $P_{min}, P_{max}$ | kN, N | kleinste, größte dynamisch äquivalente Lagerbelastung |
| $p$ | 1 | Lebensdauerexponent (Exponent der Lebensdauergleichung) |
| $q_1 \ldots q_n$ | % | Wirkdauer der einzelnen Betriebszustände |
| $S_0$ | 1 | statische Tragsicherheit |
| $T$ | mm | Gesamtbreite bei Kegelrollenlagern |
| $X, X_0(X_{I,II})$ | 1 | dynamischer, statischer Radialfaktor für $P$-, $P_0$-Ermittlung (für Lager I und II) |
| $Y, Y_0(Y_{I,II})$ | 1 | dynamischer, statischer Axialfaktor für $P$-$P_0$-Ermittlung (für Lager I, II) |
| $\kappa$ | 1 | Viskositätsverhältnis $\nu/\nu_1$ |
| $\nu$ | mm$^2$/s | kinematische Betriebsviskosität bei 40 °C Öltemperatur |
| $\nu_1$ | mm$^2$/s | Bezugsviskosität, für ausreichende Ölschmierung, erforderlich bei $d_m$ |

# 14 Wälzlager

| Nr. | Formel | Hinweise |
|---|---|---|
| | **Vorauswahl der Lagergröße** Bevor die Lagergröße bestimmt wird, muss entsprechend der zu erfüllenden Anforderungen entschieden werden, welche Wälzlagerbauart zum Einsatz kommen soll. Die Lagergröße kann nach der erforderlichen dynamischen Tragzahl $C_{erf}$ (maßgebend, wenn sich die Lagerringe unter Belastung relativ zueinander mit einer Drehzahl $n > 10$ min$^{-1}$ drehen) oder nach der erforderlichen statischen Tragzahl $C_{0\,erf}$ (maßgebend, wenn das Wälzlager unter der Belastung stillsteht, kleine Pendelbewegungen ausführt oder mit einer Drehzahl $n \leq 10$ min$^{-1}$ umläuft) aus dem Wälzlagerkatalog oder nach TB 14-2 gewählt werden. Entsprechend der vorliegenden Belastung ist bei Radiallagern eine rein radiale, bei Axiallagern eine rein axiale und zentrische Belastung $P$ bzw. $P_0$ zugrunde zu legen. Liegt kombinierte Belastung vor, ist aus deren Komponenten eine äquivalent wirkende radiale bzw. axiale Belastung, zunächst überschläglig, zu bestimmen. | |
| 1 | Erforderliche dynamische Tragzahl $$C_{erf} \geq P \cdot \frac{f_L}{f_n}$$ bzw. $$C_{erf} \geq P \sqrt[p]{\frac{60 \cdot n \cdot L_{10h}}{10^6}}$$ | $f_L = \sqrt[p]{\dfrac{L_{10h}}{500}}$ bzw. nach TB 14-5<br>$f_n = \sqrt[p]{\dfrac{33\,1/3}{n}}$ bzw. nach TB 14-4<br>$p = 3$ für Kugellager<br>$p = 10/3$ für Rollenlager<br>Empfehlungswerte für $L_{10h}$ siehe TB 14-7<br>Allgemeine Richtwerte für $f_L$: |

| Betriebsart | Lagerwechsel stört Betriebsablauf | |
|---|---|---|
| | sehr | weniger |
| Aussetzbetrieb | $f_L = 2 \ldots 3{,}5$ | $f_L = 1 \ldots 2{,}5$ |
| Zeitbetrieb (8 h/Tag) | $f_L = 3 \ldots 4{,}5$ | $f_L = 2 \ldots 4$ |
| Dauerbetrieb | $f_L = 4 \ldots 5{,}5$ | $f_L = 3{,}5 \ldots 5$ |

| 2 | Erforderliche statische Tragzahl $$C_{0\,erf} \geq P_0 \cdot S_0$$ | Richtwerte für $S_0$: |
|---|---|---|

| Betriebsweise | umlaufende Lager Anforderungen an die Laufruhe | | | | | | nicht umlaufende Lager | |
|---|---|---|---|---|---|---|---|---|
| | gering | | normal | | hoch | | | |
| | Kugellager | Rollenlager | Kugellager | Rollenlager | Kugellager | Rollenlager | Kugellager | Rollenlager |
| ruhig erschütterungsfrei | 0,5 | 1 | 1 | 1,5 | 2 | 3 | 0,4 | 0,8 |
| normal | 0,5 | 1 | 1 | 1,5 | 2 | 3,5 | 0,5 | 1 |
| stark stoßbelastet | $\geq 1{,}5$ | $\geq 2{,}5$ | $\geq 1{,}5$ | $\geq 3$ | $\geq 2$ | $\geq 4$ | $\geq 1$ | $\geq 2$ |

Axial-Pendelrollenlager $S_0 \geq 4$

| Nr. | Formel | Hinweise |
|---|---|---|

**Kontrollberechnungen**

Die Kontrollberechnungen dienen dem Nachweis einer ausreichenden Tragsicherheit und einer ausreichenden Lebensdauer der gestalteten Lagerung. Dabei kann mit der statischen Kennzahl nachgewiesen werden, ob für die anliegende statische Belastung das gewählte Wälzlager ausreichend tragfähig ist. Dies gilt analog für die dynamische Kennzahl und die anliegende dynamische Belastung.

**a) statische Tragfähigkeit**

3 statische Tragsicherheit

$$S_0 = \frac{C_0}{P_0} \geq s_{0\,\text{erf}}$$

Richtwerte für $S_0$ s. Nr. 2
$C_0$ nach TB 14-2. Die Wälzlagerhersteller geben voneinander abweichende $C_0$-Werte an. Im Praxisfall deshalb die Werte aus dem entsprechenden Wälzlagerkatalog (WLK) entnehmen.

Bei Direktlagerungen ist gegebenenfalls der Härteeinfluss zu berücksichtigen. Für $C_0$ ist dann $C_{0H}$ (s. Nr. 14) einzusetzen.

4 statisch äquivalente Lagerbelastung

$$P_0 = X_0 \cdot F_{r0} + Y_0 \cdot F_{a0}$$

$X_0$ nach TB 14-3b oder WLK
$Y_0$ nach TB 14-3b oder WLK

rein radial beansprucht: $P_0 = F_{r0}$
rein axial beansprucht: $P_0 = F_{a0}$

bei Schrägkugel- und Kegelrollenlagern $F_{aI}$ und $F_{aII}$ nach Nr. 9, Hinweise, einsetzen

# 14 Wälzlager

| Nr. | Formel | Hinweise |
|---|---|---|
| 5 | **b) dynamische Tragfähigkeit**<br>Nominelle Lebensdauer<br>$$L_{10} = \left(\frac{C}{P}\right)^p$$<br>bzw.<br>$$L_{10h} = \left(\frac{C}{P}\right)^p \cdot \frac{10^6}{60 \cdot n} \geq L_{10h\,erf}$$ | Die nominelle Lebensdauer berücksichtigt nur die Belastungsbedingungen.<br><br>\| $L_{10}$ \| $L_{10h}$ \| $C$ \| $P$ \| $n$ \|<br>\|---\|---\|---\|---\|---\|<br>\| $10^6$ Umdreh. \| h \| N, kN \| N, kN \| min$^{-1}$ \|<br><br>$p = 3$ für Kugellager<br>$p = 10/3$ für Rollenlager<br>$P$ nach Nr. 9, 10, 11 oder 12<br>Empfehlungswerte für $L_{10h}$ siehe TB 14-7<br>$C$ aus TB 14-2 oder WLK<br>Die Wälzlagerhersteller geben voneinander abweichende $C$-Werte an. Im Praxisfall deshalb die Werte aus dem entsprechenden WLK entnehmen.<br><br>Bei Direktlagerungen ist gegebenenfalls ein Härteeinfluss, bei höheren Einsatztemperaturen ein Temperatureinfluss zu berücksichtigen. Für $C$ ist dann $C_H$ (s. Nr. 14) bzw. $C_T$ (s. Nr. 13) einzusetzen. |
| 6 | dynamische Kennzahl<br>$$f_L = \frac{C}{P} \cdot f_n \geq f_{L\,erf}$$ | $$f_n = \sqrt[p]{\frac{33\,1/3}{n}}$$ bzw. nach TB 14-4<br>$p = 3$ für Kugellager<br>$p = 10/3$ für Rollenlager<br>$P$ nach Nr. 9<br>Allgemeine Richtwerte für $f_L$ s. Nr. 1<br>Wird für das Wälzlager eine Lebensdauer $L_{10h}$ in Betriebsstunden gefordert, dann<br>$$f_L = \sqrt[p]{\frac{L_{10h}}{500}}$$ bzw. nach TB 14-5<br>$C$ nach TB 14-2 oder WLK. |

| Nr. | Formel | Hinweise |
|---|---|---|
| 7 | Erreichbare Lebensdauer bei *konstanten Betriebsbedingungen*<br>$L_{nm} = a_1 \cdot a_{ISO} \cdot L_{10}$<br>bzw.<br>$L_{nmh} = a_1 \cdot a_{ISO} \cdot L_{10h}$ | Neben den Belastungsbedingungen werden hierbei die Betriebsbedingungen berücksichtigt.<br>Im Normalfall wird mit einer Ausfallwahrscheinlichkeit von 10 % gerechnet $\hat{=}$ einer nominellen Lebensdauer $L_{10}$ bzw. $L_{10h}$. Hierfür ist $a_1 = 1$ |

| | Ausfallwahrscheinlichkeit in % | 50 | 30 | 10 | 5 | 4 | 3 | 2 | 1 |
|---|---|---|---|---|---|---|---|---|---|
| | Ermüdungslaufzeit | $L_{50}$ | $L_{30}$ | $L_{10}$ | $L_{5m}$ | $L_{4m}$ | $L_{3m}$ | $L_{2m}$ | $L_{1m}$ |
| | Faktor $a_1$ | 5 | 3 | 1 | 0,62 | 0,53 | 0,44 | 0,33 | 0,21 |

$a_{ISO}$ nach TB 14-12
Hierzu erforderlich:
$\kappa = \nu/\nu_1$ nach TB 14-10
$e_c$ nach TB 14-11
$C_u$ nach TB 14-2
$P$ nach Nr. 9

| Nr. | Formel | Hinweise |
|---|---|---|
| 8 | Erreichbare Lebensdauer bei *veränderlichen Betriebsbedingungen*<br>$$L_{nm} = \frac{100\,\%}{\dfrac{q_1}{L_{nm1}} + \dfrac{q_2}{L_{nm2}} + \ldots + \dfrac{q_n}{L_{nmn}}}$$<br>bzw.<br>$$L_{nmh} = \frac{100\,\%}{\dfrac{q_1}{L_{nmh1}} + \dfrac{q_2}{L_{nmh2}} + \ldots + \dfrac{q_n}{L_{nmhn}}}$$ | $L_{nm1} \ldots L_{nmn}$ bzw. $L_{nmh1} \ldots L_{nmhn}$ jeweils nach Nr. 7<br>$q_1 \ldots q_n$ s. Nr. 10, Hinweise |

14 Wälzlager

| Nr. | Formel | Hinweise |
|---|---|---|
| 9 | c) Einflussgrößen auf die dynamische Tragfähigkeit<br>dynamisch äquivalente Lagerbelastung $P$ bei *konstanter Belastung* und *konstanter Drehzahl*<br><br>$P = X \cdot F_r + Y \cdot F_a$ | $X$, $Y$ nach TB 14-3a oder WLK<br>rein radial beansprucht: $P = F_r$<br>rein axial beansprucht: $P = Y \cdot F_a$<br>Bei angestellter Lagerung mit Kegelrollen- oder einreihigen Schrägkugellagern für $F_a$ aus Tabelle unten berechnete Axialkräfte $F_{aI}$ bzw. $F_{aII}$ einsetzen. Lager I ist das Lager, welches die äußere Axialkraft $F_a$ aufnimmt. |

O-Anordnung

X-Anordnung

| Kräfteverhältnisse | bei Berechnungen einzusetzende Axialkräfte $F_{aI}$ und $F_{aII}$ ||
|---|---|---|
|  | Lager I | Lager II |
| 1. $\dfrac{F_{rI}}{Y_I} \leq \dfrac{F_{rII}}{Y_{II}}$ | $F_{aI} = F_a + 0{,}5 \dfrac{F_{rII}}{Y_{II}}$ | — |
| 2. $\dfrac{F_{rI}}{Y_I} > \dfrac{F_{rII}}{Y_{II}}$;  $F_a > 0{,}5 \left( \dfrac{F_{rI}}{Y_I} - \dfrac{F_{rII}}{Y_{II}} \right)$ | $F_{aI} = F_a + 0{,}5 \dfrac{F_{rII}}{Y_{II}}$ | — |
| 3. $\dfrac{F_{rI}}{Y_I} > \dfrac{F_{rII}}{Y_{II}}$;  $F_a \leq 0{,}5 \left( \dfrac{F_{rI}}{Y_I} - \dfrac{F_{rII}}{Y_{II}} \right)$ | — | $F_{aII} = 0{,}5 \cdot \dfrac{F_{rI}}{Y_I} - F_a$ |

| Nr. | Formel | Hinweise |
|---|---|---|
| 10 | dynamisch äquivalente Lagerbelastung $P$ bei *periodisch veränderlicher Belastung* und *konstanter Drehzahl*<br><br>$P = \left( P_1^p \cdot \dfrac{q_1}{100\,\%} + P_2^p \cdot \dfrac{q_2}{100\,\%} + \ldots \right.$<br>$\left. + P_n^p \cdot \dfrac{q_n}{100\,\%} \right)^{\frac{1}{p}}$ | 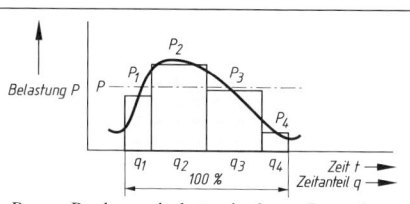 $P_1 \ldots P_n$ dynamisch äquivalente Lagerbelastungen ermittelt mit den Teilbelastungen $F_{r1}, F_{a1} \ldots F_{rn}, F_{an}$ nach Nr. 9<br>$q_1 = \dfrac{t_1}{t} \cdot 100 \ldots q_n = \dfrac{t_n}{t} \cdot 100$ in %, wenn gesamte Laufzeit $t = t_1 + t_2 + \ldots + t_n$ |
| 11 | dynamisch äquivalente Lagerbelastung $P$ bei *periodisch veränderlicher Belastung und Drehzahl*<br><br>$P = \left( P_1^p \cdot \dfrac{n_1}{n_m} \cdot \dfrac{q_1}{100\,\%} \right.$<br>$+ P_2^p \cdot \dfrac{n_2}{n_m} \cdot \dfrac{q_2}{100\,\%} + \ldots$<br>$\left. + P_n^p \cdot \dfrac{n_n}{n_m} \cdot \dfrac{q_n}{100\,\%} \right)^{\frac{1}{p}}$ | 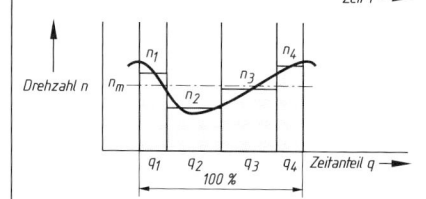 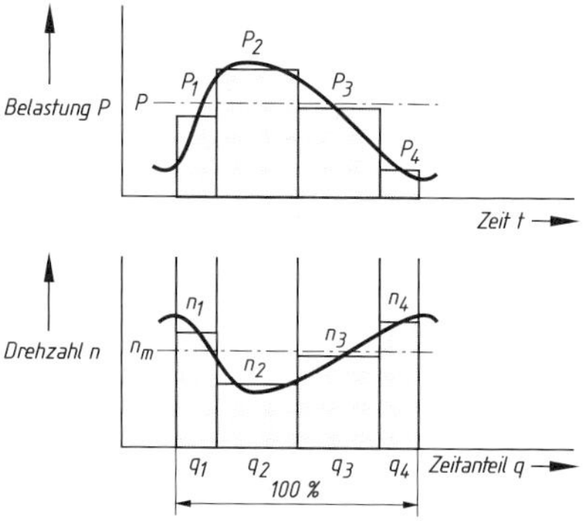 |
| 12 | dynamisch äquivalente Lagerbelastung $P$ bei *konstanter Drehzahl* und *linearen Belastungszyklus*<br><br>$P = \dfrac{P_{min} + 2P_{max}}{3}$ | $n_m = n_1 \cdot \dfrac{q_1}{100\,\%} + n_2 \cdot \dfrac{q_2}{100\,\%} + \ldots$<br>$+ n_n \cdot \dfrac{q_n}{100\,\%}$ 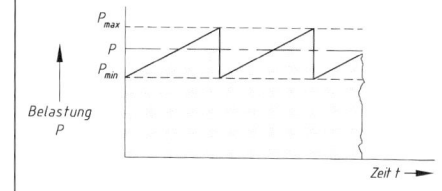 |
| 13 | Minderung der Lagertragzahl $C$ bei Temperatureinfluss<br>$C_T = C \cdot f_T$ | $f_T = 0{,}9$ bei 200° (S1), $f_T = 0{,}75$ bei 250° (S2), $f_T = 0{,}6$ bei 300° (S3)<br>$S_1 \ldots S_4$ maßstabilisierte Lager |
| 14 | Minderung der Lagertragzahl $C$ bzw. $C_0$ bei Härteeinfluss<br>$C_H = C \cdot f_H$ bzw. $C_{0H} = C_0 \cdot f_H$ | $f_H = 0{,}95$ bei 57 HRC, $f_H = 0{,}9$ bei 56 HRC, $f_H = 0{,}85$ bei 55 HRC, $f_H = 0{,}81$ bei 54 HRC, $f_H = 0{,}77$ bei 53 HRC, $f_H = 0{,}73$ bei 52 HRC |

# 14 Wälzlager

## Technische Regeln (Auswahl)

| Technische Regel | | Titel |
|---|---|---|
| DIN 509 | 12.06 | Technische Zeichnungen; Freistiche; Formen; Maße |
| DIN 615 | 01.08 | Wälzlager; Schulterkugellager, einreihig, nicht selbsthaltend |
| DIN 616 | 06.00 | –; Maßpläne |
| DIN 617 | 10.08 | –; Nadellager mit Käfig, Maßreihen 48 und 49 |
| DIN 620-2 | 02.88 | –; Wälzlagertoleranzen für Radiallager |
| DIN 620-3 | 06.82 | –; Wälzlagertoleranzen für Axiallager |
| DIN 623-1 | 05.93 | –; Grundlagen; Bezeichnung, Kennzeichnung |
| DIN 625-1 | 04.89 | –; Rillenkugellager, einreihig |
| DIN 625-3 | 03.90 | –; Rillenkugellager, zweireihig |
| DIN 628-1 | 01.08 | –; Radial-Schrägkugellager, einreihig, selbsthaltend |
| DIN 628-3 | 02.08 | –; Radial-Schrägkugellager, zweireihig |
| DIN 628-4 | 08.06 | – –; einreihig, nicht selbsthaltend; Vierpunktlager mit geteiltem Innenring |
| DIN 630 | 09.09 | –; Radial-Pendelkugellager; zweireihig, zylindrische und kegelige Bohrung |
| DIN 635-1 | 08.09 | –; Radial-Pendelrollenlager; einreihig, Tonnenlager |
| DIN 635-2 | 01.09 | – –; zweireihig |
| DIN 711 | 02.88 | –; Axial-Rillenkugellager, einseitig wirkend |
| DIN 715 | 09.09 | –; Axial-Rillenkugellager, zweiseitig wirkend |
| DIN 720 | 08.08 | –; Kegelrollenlager |
| DIN 722 | 08.05 | –; Axial-Zylinderrollenlager; einseitig wirkend |
| DIN 728 | 02.91 | –; Axial-Pendelrollenlager, einseitig wirkend, mit unsymmetrischen Rollen |
| DIN 736 | 11.84 | –; Stehlagergehäuse für Wälzlager der Durchmesserreihe 2 mit kegeliger Bohrung und Spannhülse |
| DIN 737 | 11.84 | –; Stehlagergehäuse für Wälzlager der Durchmesserreihe 3 mit kegeliger Bohrung und Spannhülse |
| DIN 738 | 11.84 | –; Stehlagergehäuse für Wälzlager der Durchmesserreihe 2 mit zylindrischer Bohrung |
| DIN 739 | 11.84 | –; Stehlagergehäuse für Wälzlager der Durchmesserreihe 3 mit zylindrischer Bohrung |
| DIN 981 | 06.09 | –; Nutmuttern |
| DIN 5406 | 05.09 | –; Muttersicherungen; Sicherungsblech, -bügel |
| DIN 5412-1 | 08.05 | –; Zylinderrollenlager, einreihig, mit Käfig, Winkelringe |
| DIN 5415 | 05.09 | –; Spannhülsen |
| DIN 5416 | 05.09 | –; Abziehhülsen |
| DIN 5417 | 12.76 | Befestigungsteile für Wälzlager; Sprengringe für Lager mit Ringnut |
| DIN 5418 | 02.93 | Wälzlager, Maße für den Einbau |
| DIN 5425-1 | 11.84 | –; Toleranzen für den Einbau; Allgemeine Richtlinien |
| DIN ISO 281 | 01.09 | Wälzlager; Dynamische Tragzahlen und nominelle Lebensdauer |

# 15 Gleitlager

| Formelzeichen | Einheit | Benennung |
|---|---|---|
| $A$ | m² | Gleitfläche |
| $A_G$ | m² | wärmeabgebende Oberfläche des Lagergehäuses |
| $EI, ES$ | µm, mm | unteres, oberes Abmaß der Lagerbohrung |
| $ei, es$ | µm, mm | unteres, oberes Abmaß der Welle |
| $b$ | mm | tragende Lagerbreite; radiale Lagerring- bzw. Segmentbreite für Axiallager |
| $b_L$ | mm (m) | Lagerbreite (Gehäusebreite) |
| $b_{Nut}$ | mm | Breite einer Nut am Umfang (Ringnut bzw. 360°-Nut, 180°-Nut) |
| $b_T$ | mm | Breite der Schmiertasche |
| $C_ü$ | 1 | Übergangskonstante für den Übergang von Misch- in Flüssigkeitsreibung |
| $c$ | J/(kg °C), Nm/(kg °C) | spezifische Wärmekapazität des Schmierstoffs |
| $d$ | m | Außendurchmesser der wärmeabgebenden äußeren Oberfläche für zylindrische Lager (Gehäuseaußendurchmesser) |
| $d_0$ | mm | Schmierloch-Durchmesser (Zuführbohrung) |
| $d_a = 2 \cdot r_a, d_i = 2 \cdot r_i$ | mm | Außen-, Innendurchmesser (dsgl. Radien) für Axiallager |
| $d_L$ | mm | Lager(innen)durchmesser (Nennmaß der Lagerbohrung) |
| $d_m = 0{,}5(d_a + d_i)$ | mm | mittlerer Durchmesser bei Axiallagern |
| $d_W$ | mm | Wellendurchmesser (Nennmaß) |
| $E$ | N/mm² | Elastizitätsmodul |
| $e = 0{,}5 \cdot s - h_0$ | mm | Exzentrizität (Verlagerung der Wellenachse gegenüber der Lagerachse bei Radiallagern) |
| $F$ | N | Lagerkraft (radial, axial) |
| $F_R = F_t$ | N | Reibungskraft gleich Verschiebekraft im Schmierfilm |
| $H$ | m | Stehlagerhöhe |

# 15 Gleitlager

| Formelzeichen | Einheit | Benennung |
|---|---|---|
| $h$ | m, mm | Schmierspalthöhe (örtlich) |
| $h_0$ | µm, mm, cm | kleinste Schmierspalthöhe (Schmierfilmdicke) |
| $h_{0\,zul}$ | µm | Grenzrichtwert für $h_0$, kleinste zulässige Schmierspalthöhe |
| $h_{seg}$ | mm | Segmentdicke für Axiallager |
| $K$ | Pa s | Konstante $(0{,}18 \cdot 10^{-3}$ Pa s), schmierstoffspezifische Größe |
| $k_1$ | 1 | Belastungskennzahl für Axiallager (Spurlager) |
| $k_2$ | 1 | Reibungskennzahl für Axiallager (Spurlager) |
| $L$ | m | Stehlagerbreite (Gehäuselänge) |
| $l$ | mm | wirksame Keilspalt- bzw. Segmentlänge |
| $l_R$ | mm | Länge der Rastfläche für eingearbeitete Keilflächen bei Axiallagern |
| $l_t$ | mm | Keilspalt- bzw. Segmentteilung |
| $n, n_W$ | $s^{-1}$, $min^{-1}$ | Drehzahl, Wellendrehzahl |
| $n_ü, n'_ü$ | $min^{-1}$ | Übergangsdrehzahl beim Anlauf, Auslauf; Übergang von Misch- in Flüssigkeitsreibung |
| $P_\alpha$ | Nm/s, W | über Lagergehäuse und Welle durch Konvektion abgeführter Wärmestrom |
| $P_c$ | Nm/s, W | vom Schmierstoff abgeführter Wärmestrom |
| $P_P$ | Nm/s, W | Pumpenleistung |
| $P_R$ | Nm/s, W | Reibungsverlustleistung, durch Reibung entstehender Wärmestrom im vollgeschmierten Lager |
| $p, (p_\infty)$ | N/mm², bar | örtlicher Schmierfilmdruck im begrenzten (unbegrenzten) Gleitraum |
| $p_L$ | N/mm², N/cm², N/m² = Pa | spezifische Lagerbelastung, mittlere Flächenpressung |
| $p_{L\,zul}$ | N/mm², N/m² | Grenzrichtwert für $p_L$, zulässige spezifische Lagerbelastung |
| $p_{max}$ | N/mm², bar | größter auftretender Schmierfilmdruck, Druckmaximum |
| $p_T \approx p_Z$ | Pa, N/cm², bar | Taschendruck $\approx$ Zuführdruck bei Spurlagern |

| Formelzeichen | Einheit | Benennung |
|---|---|---|
| $p_V$ | N/cm², bar | Druckverlust |
| $q_L, q_T$ | 1 | Minderungsfaktor bei Druckölzufuhr für Schmierloch, Schmiertasche |
| $Ra$ | µm | Mittenrauwert |
| $Rz_L, Rz_W$ | µm | gemittelte Rautiefe für Lager, Welle |
| $So$ | 1 | Sommerfeldzahl |
| $s = d_L - d_W$ | µm, mm | Lagerspiel |
| $\Delta s, \Delta s_{max}, \Delta s_{min}$ | mm | Lagerspieländerung, größte, kleinste |
| $s_B, s_{B\,max}, s_{B\,min}$ | mm | Betriebslagerspiel, größtes, kleinstes |
| $s_E, s_{E\,max}, s_{E\,min}$ | mm | Einbau-Lagerspiel, Fertigungsspiel, Kaltspiel |
| $T_R$ | Ncm | Reibungsmoment bei Spurlagern |
| $t$ | mm | Schmierkeiltiefe |
| $u_W$ | m/s | Umfangsgeschwindigkeit der Welle |
| $u_m = d_m \cdot \pi \cdot n_W$ | m/s | mittlere Umfangsgeschwindigkeit bei Axiallagern |
| $\dot{V}, \dot{V}_{ges}$ | m³/s | gesamter Schmierstoffdurchsatz, Schmierstoffvolumenstrom |
| $\dot{V}_D$ | m³/s | Schmierstoffdurchsatz infolge Förderung durch Wellendrehung (Eigendruckentwicklung) |
| $\dot{V}_{D\,rel}$ | 1 | relativer (bezogener) Schmierstoffdurchsatz infolge Förderung durch Wellendrehung |
| $\dot{V}_k$ | m³/s | Kühlöldurchsatz |
| $V_L$ | dm³ | Lagervolumen |
| $\dot{V}_{pZ}$ | m³/s | Schmierstoffdurchsatz infolge Zuführdrucks |
| $\dot{V}_{pZ\,rel}$ | 1 | relativer (bezogener) Schmierstoffdurchsatz infolge Zuführdrucks |
| $VG$ | mm²/s | Viskositätsklasse |
| $\upsilon$ | m/s | Strömungsgeschwindigkeit des Schmierstoffs |
| $Wt$ | µm | Welligkeit der Oberfläche von Welle und Lagerschale |
| $w$ | m/s | mittlere Strömungsgeschwindigkeit der das Lagergehäuse umgebenden Luft, Luftgeschwindigkeit |

# 15 Gleitlager

| Formelzeichen | Einheit | Benennung |
|---|---|---|
| $z$ | 1 | Anzahl der Keilflächen bzw. Segmente der Axiallagern |
| $\alpha$ | Nm/(m² · s · °C), W/(m² · °C) | effektive Wärmeübergangszahl zwischen Lagergehäuse und Umgebungsluft |
| $\alpha_K$ | ° | Keilneigungswinkel |
| $\alpha_L$, $\alpha_W$ | 1/°C, 1/K | Längenausdehnungskoeffizient bezogen auf $d_L$, auf $d_W$ |
| $\beta$ | ° | Verlagerungswinkel (Winkellage von $h_0$ in Bezug auf $F$-Richtung) |
| $\varepsilon = e/(s/2)$ | 1 | relative Exzentrizität |
| $\eta_{eff}$ | Pa s, Ns/m² | effektive dynamische Viskosität bei $\vartheta_{eff}$ |
| $\eta_P$ | 1 | Pumpenwirkungsgrad |
| $\eta_\vartheta$ | Pa s | dynamische Viskosität bei der Temperatur $\vartheta$ |
| $\vartheta_0$ | °C | Richttemperatur für $\vartheta_{eff}$ (Annahme) |
| $\vartheta_{eff}$ | °C | der $\eta_{eff}$ zugrundeliegende Temperatur, effektive Schmierfilmtemperatur |
| $\vartheta_e$, $\vartheta_a$ | °C | Eintritts-, Austrittstemperatur des Schmierstoffs |
| $\Delta\vartheta = \vartheta_a - \vartheta_e$ | °C | Schmierstofferwärmung |
| $\vartheta_L$ | °C | Lagertemperatur |
| $\vartheta_{Lzul}$ | °C | Grenzrichtwert für die Lagertemperatur (maximal zulässige Lagertemperatur) |
| $\vartheta_m$ | °C | mittlere Lagertemperatur |
| $\vartheta_U$ | °C | Temperatur der Umgebungsluft |
| $\mu$ bzw. $\mu/\psi_B$ | 1 | Reibungszahl bzw. Reibungskennzahl (relative oder bezogene Reibungszahl) |
| $\nu = \eta/\varrho$ | mm²/s, m²/s | kinematische Viskosität des Schmierstoffs |
| $\varrho$ | kg/m³ | Dichte des Schmierstoffs |
| $\varrho \cdot c$ | N/(m² · °C) | raumspezifische Wärme |
| $\psi = s/d_L$ | 1 | relatives Lagerspiel |
| $\psi_B$ | 1 | mittleres relatives Betriebslagerspiel bei $\vartheta_{eff}$ |
| $\psi_E$ | 1 | relatives Einbaulagerspiel |
| $\omega$, $\omega_{eff}$ | 1/s | Winkelgeschwindigkeit, effektiv für $n_W$ |

| Nr. | Formel | Hinweise |
|---|---|---|

Einfache Gleitlager sind Bestandteil vieler Geräte die Dreh- oder Schwenkbewegungen ausführen. In Scheren und Zangen oder Drehknöpfen arbeiten sie ohne, bei einfachen Fahrzeugen oder mechanischen Uhren mit Schmiermittel. Im Maschinenbau werden Gleitlager überwiegend zur Übertragung von radialen und axialen Kräften zwischen einer rotierenden Welle und einer feststehenden Lagerschale eingesetzt. Ihr Einsatz empfiehlt sich, wenn hohe Laufruhe gefordert wird, bei hohen Belastungen und Drehzahlen, bei starken Erschütterungen oder geteilten Lagern und wegen ihres einfachen Aufbaus auch bei großen Abmessungen.

Bei einwandfreiem Schmierfilm ist ihre Lebensdauer nahezu unbegrenzt.

Hinderlich für ihren Einsatz sind oft der hohe Schmierstoffbedarf, die große axiale Baulänge, das oft aufwendige Einlaufen und bei hydrodynamisch arbeitenden Lagern der Verschleiß bei häufigem Anfahren.

**Hydrodynamische Radiallager**

Beim hydrodynamischen Radialgleitlager wird der Schmierstoff durch seine Haftung an der Welle mitgerissen und in den sich keilförmig verengenden Spalt gepresst. Dadurch schwimmt die Welle durch den Druck im Schmierstoff auf bis zum Gleichgewicht mit der äußeren Lagerkraft. Beim Anlauf aus dem Stillstand sinkt die Reibungszahl von der Festkörperreibung mit zunehmender Drehzahl im Gebiet der Mischreibung weiter bis zum Minimum bei der Übergangsdrehzahl. Im Gebiet der Flüssigkeitsreibung steigt sie wieder leicht an. Nur hier ist ein verschleißfreier Betrieb zu erwarten.

Von den bekannten Lagerabmessungen und Betriebsdaten ausgehend erfasst die Gleitlagerberechnung die Beziehung zwischen Tragfähigkeit und Schmierfilmdicke, die Reibleistung, die Wärmebilanz und den Schmierstoffdurchsatz. Sie gilt für stationär belastete Gleitlager, d. h. die Lagerkraft und die Gleitgeschwindigkeit sind zeitlich konstant. Als dimensionslose Lagerkenngröße gilt die Sommerfeldzahl $So = p_L \cdot \psi^2 / (\eta \cdot \omega)$ mit der mittleren Flächenpressung $p_L = F/(b \cdot d_L)$, dem relativen Lagerspiel $\psi = s/d_L$, der dynamischen Ölviskosität $\eta$ und Winkelgeschwindigkeit $\omega$. Dabei lassen sich Schwerlastbereich ($So > 1$: stark belastete und/oder langsam laufende Lager) und Schnelllaufbereich ($So < 1$: schwach belastete und/oder schnell laufende Lager) unterscheiden.

Eine hydrodynamische Schmierfilmbildung ist auch bei Fettschmierung möglich. Da Fettlager aber mit Verlustschmierung betrieben werden, ist bei der Auslegung auf minimalen Fettbedarf zu achten. Durch die geringe Wärmeabfuhr durch den Schmierstoff Fett sind im Dauerbetrieb nur Gleitgeschwindigkeiten bis 2 m/s möglich. Außerdem darf auf Grund der geringen Fließgeschwindigkeit das relative Lagerspiel 2‰ nicht unterschreiten.

Das Berechnungsschema (A 15-1) am Ende des Kapitels erleichtert den Ablauf der üblichen Nachprüfung auf mechanische und thermische Beanspruchung und auf Verschleißsicherheit.

# 15 Gleitlager

| Nr. | Formel | Hinweise |
|---|---|---|
| | **Beziehung zwischen Tragfähigkeit und Schmierfilmdicke** | |
| 1 | Übergangsdrehzahl $$n'_{ü} \approx \frac{0{,}1 \cdot F}{C_{ü} \cdot \eta_{eff} \cdot V_L}$$ | $\begin{array}{\|c\|c\|c\|c\|} n'_{ü} & F & V_L & C_{ü} & \eta_{eff} \\ \hline \text{min}^{-1} & \text{N} & \text{dm}^3 & 1 & \text{mPa s} \end{array}$<br>Lagervolumen $V_L = (\pi \cdot d_L^2 / 4) \cdot b$<br>$\eta_{eff}$ in Abhängigkeit von $\vartheta_{eff}$ für Normöle nach TB 15-9<br>Anhaltswerte für die Übergangskonstante $C_{ü}$<br>$p_L < 1 \text{ N/mm}^2$: $\quad C_{ü} < 1$<br>$1 \text{ N/mm}^2 \leq p_L \leq 10 \text{ N/mm}^2$: $\quad 1 \leq C_{ü} \leq 8$<br>$p_L > 10 \text{ N/mm}^2$: $\quad C_{ü} > 6$<br>Für die Betriebsdrehzahl $n$ werden in Abhängigkeit von der Umfangsgeschwindigkeit $u$ folgende Mindestwerte empfohlen:<br>für $u \leq 3$ m/s: $\quad n/n_{ü} = 3$<br>für $u \geq 3$ m/s: $\quad n/n_{ü} = \|u\|$ in m/s<br>Beachte: Die „Volumenformel" wird aus der Überlegung abgeleitet, dass im Bereich des Übergangs zur Mischreibung $So \cdot (1 - \varepsilon) \approx 1$. Mit den Annahmen $h_0 = 10/3$ μm und $\psi = 2$‰ wird $C_{ü} = 1$. Im Experiment wurde bei eingelaufenen Lagern der verschleißfreie hydrodynamische Schmierzustand bei einer bis 100-fach niedrigeren Drehzahl erreicht ($C_{ü} = 100$!). Bei Wellenschiefstellung und höherer Rautiefe sinkt $C_{ü}$ ab. |
| 2 | Abhängigkeit der dynamischen Viskosität $\eta_\vartheta$ von der Temperatur<br>— aus der Viskositätsklasse ISO VG berechnet<br>$$\ln \frac{\eta_\vartheta}{K} = \left( \frac{159{,}56}{\vartheta + 95\,°C} - 0{,}1819 \right)$$<br>$$\times \ln \frac{\varrho \cdot VG}{10^6 \cdot K}$$ | $\begin{array}{\|c\|c\|c\|c\|} \eta_\vartheta, K & \varrho & VG & \vartheta \\ \hline \text{Pa s} & \text{kg/m}^3 & \text{mm}^2/\text{s} & °C \end{array}$<br>Konstante $K = 0{,}18 \cdot 10^{-3}$ Pa s<br>Dichte des Schmieröls $\varrho$ nach Herstellerangaben, z. B. Shell Morlina Oil 22: $\varrho = 865$ kg/m³ bei 15 °C, meist ausreichend genau als Mittelwert $\varrho = 900$ kg/m³.<br>Viskositätsklasse ISO VG nach DIN 51519. Definiert sind 18 Viskositätsklassen von 2 bis 1500 mm²/s bei 40 °C, siehe TB 15-9.<br>Der Viskositätsverlauf der ISO-Normöle ist für eine mittlere Dichte in TB 15-9 dargestellt. |

| Nr. | Formel | Hinweise |
|---|---|---|
| 3 | – aus Nennviskosität $\eta_{40}$ berechnet $$\eta_\vartheta = K \cdot \exp\left[\left(\frac{160}{\vartheta + 95\,°C} - 0{,}1819\right) \cdot \ln\frac{\eta_{40}}{K}\right]$$ | $\begin{array}{c\|c}\eta_\vartheta, \eta_{40}, K & \vartheta \\ \hline \text{Pa s} & °C\end{array}$<br>Konstante $K = 0{,}18 \cdot 10^{-3}$ Pa s<br>Nennviskosität $\eta_{40}$ (dynamische Viskosität bei 40 °C) aus TB 15-9. |
| 4 | Abhängigkeit der Dichte von Schmierölen von der Temperatur $$\varrho = \varrho_{15}[1 - 65 \cdot 10^{-5}(\vartheta - 15)]$$ | $\begin{array}{c\|c}\varrho, \varrho_{15} & \vartheta \\ \hline \text{kg/m}^3 & °C\end{array}$<br>$\varrho_{15}$ als Dichte bei $\vartheta = 15\,°C$ nach Angabe der Öllieferanten, z. B. Shell Vitrea Oil 68: $\varrho_{15} = 877$ kg/m³.<br>Die Dichte der Mineralöle liegt bei $\varrho = 900$ kg/m³ (Abweichung $\pm 5\,\%$). Sie wird nach DIN 51757 bestimmt und für die Bezugstemperatur 15 °C angegeben.<br>Grundsätzlich nimmt die Viskosität mit zunehmender Temperatur ab und mit zunehmendem Druck zu. |
| 5 | spezifische Lagerbelastung $$p_L = \frac{F}{b \cdot d_L} \leq p_{L\,zul}$$ | $b$ und $d_L$ als tragende Lagerbreite und Lagerinnendurchmesser für genormte Gleitlager nach TB 15-1 bis TB 15-3.<br>Erfahrungsrichtwerte $p_{L\,zul}$ für genormte Lagerwerkstoffe siehe TB 15-7.<br>Die zulässige statische mittlere Flächenbelastung wird abhängig von $R_{p\,0,2}$ des Lagerwerkstoffs meist mit $p_{L\,zul} = R_{p\,0,2}/3$ bei stationärer und $p_{L\,zul} = R_{p\,0,2}/6$ bei instationärer Belastung angegeben, vgl. TB 15-6.<br>Wenn bereits beim Anfahren $p_L > 3$ N/mm², muss zum Schutz der Gleitflächen ggf. eine hydrostatische Anhebung vorgesehen werden. |

# 15 Gleitlager

| Nr. | Formel | Hinweise |
|---|---|---|
| 6 | Kontrolle der kleinsten Schmierspalthöhe $$h_0 = 0{,}5 \cdot d_L \cdot \psi_B (1 - \varepsilon) \cdot 10^3 \geq h_{0\,zul}$$ | Verschleißfreier Betrieb, wenn $h_0 > h_{0\,zul}$. $$\begin{array}{c\|c\|c} h_0, h_{0\,zul} & d_L & \psi_B, \varepsilon \\ \hline \mu m & mm & 1 \end{array}$$ TB 15-16 enthält Erfahrungswerte für $h_{0\,zul} = f(d_W, u_W)$, wobei außer entsprechenden Rautiefen, geringe Formfehler der Gleitflächen, sorgfältige Montage und ausreichende Filterung des Schmierstoffs vorausgesetzt wird.<br>Bei unverkanteter und nicht durchgebogener Welle gilt auch $h_0 > h_{0\,zul} = \Sigma (Rz + Wt)$.<br><br>$\varepsilon = f(So, b/d_L)$ nach Berechnung der $So$ aus TB 15-13 ablesbar. |
| 7 | **Betriebskennwerte (Richtwerte)**<br>Breitenverhältnis (relative Lagerbreite) $$\frac{b}{d_L} = 0{,}2 \ldots 1 \ldots (1{,}5)$$ | Richtwerte:<br>$b/d_L = 0{,}5 \ldots 1$, wenn $u_W$ hoch und $p_L$ klein<br>$b/d_L < 0{,}5$, wenn $u_W$ niedrig und $p_L$ hoch<br>Bei schmaler Ausführung bessere Wärmeabfuhr durch guten seitlichen Ölabfluss (Seitenströmung) und geringere Gefahr der Kantenpressung. |
| 8 | relatives Lagerspiel<br>– allgemein $$\psi = \frac{s}{d_L} = \frac{d_L - d_W}{d_L} \approx \frac{d_L - d_W}{d_W}$$ | $\psi$ schwankt zwischen 0,5‰ bei hochbelasteten langsam laufenden Lagern und 3‰ bei gering belasteten schnell laufenden Lagern. |

| Nr. | Formel | Hinweise |
|---|---|---|
| 9 | – Richtwert für Einbau- bzw. Betriebslagerspiel<br><br>$\psi_E$ bzw. $\psi_B \approx 0{,}8 \sqrt[4]{u_W} \cdot 10^{-3}$<br><br>$\psi_B = \psi_E + \Delta\psi$ | Von diesen Werten kann um $\pm 25\,\%$ abgewichen werden.<br><br>\| $\psi_E, \psi_B$ \| $u_W$ \|<br>\|---\|---\|<br>\| 1 \| m/s \|<br><br>Umfangsgeschwindigkeit $u_W = \pi \cdot d_W \cdot n_W$, mit Wellendurchmesser $d_W$ in m und Wellendrehfrequenz $n_W$ in $s^{-1}$.<br><br>Richtwerte für $\psi_E$ bzw. $\psi_B$ in Abhängigkeit von Gleitgeschwindigkeit, von Gleitgeschwindigkeit und Wellendurchmesser bzw. von Lagerdruck und Lagerwerkstoff, siehe TB 15-10.<br><br>Bei unterschiedlichen Längenausdehnungskoeffizienten von Welle und Lager beträgt die Spieländerung<br>$\Delta\psi = (\alpha_L - \alpha_W) \cdot (\vartheta_{eff} - 20\,°C)$, mit $\alpha_L$ aus TB 15-6 und $\alpha_W$ aus TB 12-6b.<br><br>Obere Werte (untere Werte entsprechend gegenteilig) des relativen Lagerspiels sind zu wählen bei hartem Lagerwerkstoff (hoher E-Modul, Bronzen), relativ niedrigem Lagerdruck, großer relativer Lagerbreite $b/d_L > 0{,}8$, starrem Lager, gleichbleibender Lastrichtung und einem Härteunterschied zwischen Welle und Lagerschale $\leq 100$ HB.<br><br>TB 15-11 und TB 15-12 erleichtern die Auswahl geeigneter ISO-Passungen zur Festlegung eines bestimmten Lagerspiels. |
| 10 | relative Exzentrizität<br><br>$\varepsilon = \dfrac{e}{0{,}5 \cdot s} = \dfrac{e}{0{,}5 \cdot d_L \cdot \psi}$ | $\varepsilon$ beschreibt zusammen mit dem Verlagerungswinkel $\beta$ die Größe und Lage von $h_0$ und damit die Verschleißgefährdung.<br><br>Sind $b$, $d_L$ und $So$ bekannt, kann $\varepsilon$ TB 15-13 entnommen werden. |

# 15 Gleitlager

| Nr. | Formel | Hinweise |
|---|---|---|
| 11 | Sommerfeldzahl $$So = \frac{p_L \cdot \psi_B^2}{\eta_{eff} \cdot \omega_{eff}} = \frac{F \cdot \psi_B^2}{b \cdot d_L \cdot \eta_{eff} \cdot \omega_{eff}}$$ | $So$, $\psi_B$ \| $p_L$ \| $F$ \| $\eta_{eff}$ \| $\omega_{eff}$ \| $b, d$<br>1 \| N/mm² \| N \| Ns/mm² \| 1/s \| mm<br><br>Die Kennzahl besagt, dass Lager mit gleicher $So$-Zahl hydrodynamisch ähnlich sind, sofern das Breitenverhältnis $b/d_L$, die Ölzuführelemente (Bohrung, Nut) und der Öffnungswinkel (z. B. 360°-Lager) gleich sind.<br>Für $\varepsilon \to 1$ geht $So \to \infty$.<br>Betriebsverhalten:<br>– $So \geq 1$ und $\varepsilon = 0{,}6\ldots 0{,}95$: störungsfreier Betrieb<br>– $So \geq 10$ und $\varepsilon = 0{,}95\ldots 1$: Verschleiß möglich<br>– $So < 1$ und $\varepsilon < 0{,}6$: mögliche Instabilität der Wellenlage<br>Vergleiche TB 15-13b.<br>$p_L$ nach Nr. 5<br>$\psi_B$ nach Nr. 9<br>$\eta_{eff}$ nach TB 15-9<br>$\omega_{eff} = 2 \cdot \pi \cdot n_W$ in s$^{-1}$ mit $n_W$ in s$^{-1}$ |
| | Reibungszahl Näherungswert | |
| 12 | $So < 1 : \dfrac{\mu}{\psi_B} = \dfrac{3}{So}$ | Schwach belastete und/oder schnell laufende Lager |
| 13 | $So > 1 : \dfrac{\mu}{\psi_B} = \dfrac{3}{\sqrt{So}}$ | Stark belastete und/oder langsam laufende Lager<br><br>$\psi_B$ nach Nr. 9<br>$So$ nach Nr. 11<br>$\mu/\psi_B = f(So, b/d_L)$ bzw. $f(\varepsilon, b/d_L)$ für genaue Berechnung aus TB 15-14, für 360°-Lager s. auch Hinweise zu Nr. 14 |

| Nr. | Formel | Hinweise |
|---|---|---|
| 14 | **Reibungsverhältnisse**<br>Reibungsverlustleistung<br>$P_R = \mu \cdot F \cdot u_W$<br>$\phantom{P_R} = \mu \cdot F \cdot \dfrac{d_W}{2} \cdot \omega_{\text{eff}}$<br>$\phantom{P_R} = \mu \cdot F \cdot d_W \cdot \pi \cdot n_W$<br>$\phantom{P_R} = (\mu/\psi_B) \cdot F \cdot d_W \cdot \pi \cdot n_W \cdot \psi_B$ | $\begin{array}{c\|c\|c\|c\|c\|c\|c\|c} P_R & F & d_W & n_W & u_W & \mu & \omega_{\text{eff}} & \psi_B \\ \hline \text{Nm/s, W} & \text{N} & \text{m} & \text{1/s} & \text{m/s} & 1 & \text{1/s} & 1 \end{array}$<br>$\mu$ bzw. $\mu/\psi_B$ näherungsweise nach Nr. 12 oder 13, nach TB 15-14 oder für<br>360°-Lager: $\dfrac{\mu}{\psi_B} = \dfrac{\pi}{So \cdot \sqrt{1-\varepsilon^2}} + \dfrac{\varepsilon}{2} \cdot \sin\beta$,<br>mit $\varepsilon$ nach TB 15-13, $\beta$ nach TB 15-15 und $So$ nach Nr. 11<br>$\psi_B$ nach Nr. 9<br>$u_W = d_W \cdot \pi \cdot n_W$ in m/s, mit $d_W$ in m und $n_W$ in 1/s<br>$\omega_{\text{eff}} = 2 \cdot \pi \cdot n_W$ in 1/s mit $n_W$ in 1/s |
| 15 | **Wärmebilanz**<br>$P_R = P_\alpha + P_c$<br>Wärmestrom über Lagergehäuse und Welle an die Umgebung<br>$P_\alpha = \alpha \cdot A_G (\vartheta_m - \vartheta_U)$ | $\begin{array}{c\|c\|c\|c} P_R, P_\alpha, P_c & \alpha & A_G & \vartheta_m, \vartheta_U \\ \hline \text{Nm/s, W} & \text{Nm/(m}^2 \cdot \text{s} \cdot {}^\circ\text{C)}; & \text{m}^2 & {}^\circ\text{C} \\ & \text{W/(m}^2 \cdot {}^\circ\text{C)} & & \end{array}$<br>Effektive Wärmeübergangszahl $\alpha$:<br>– Luftgeschwindigkeit $w \leq 1{,}2$ m/s:<br>$\phantom{--}\alpha = 15$ bis $20$ W/(m$^2 \cdot {}^\circ$C)<br>– Anblasung des Gehäuses mit $w > 1{,}2$ m/s:<br>$\phantom{--}\alpha = 7 + 12 \cdot \sqrt{w}$ ($w$ in m/s)<br>Für die wärmeabgebende Oberfläche gilt näherungsweise:<br>– bei zylindrischen Gehäusen:<br>$\phantom{--}A_G = \pi \cdot [0{,}5(d^2 - d_L^2) + d \cdot b_L]$<br>– bei Stehlagern: $A_G = \pi \cdot H(L + 0{,}5H)$<br>– bei Lagern im Maschinenverband:<br>$\phantom{--}A_G = (15$ bis $20) \cdot b \cdot d_L$<br>Hierbei bedeuten:<br>$L, b_L$ $\phantom{x}$ Gehäuselänge, Gehäusebreite<br>$d$ $\phantom{xxx}$ Gehäuseaußendurchmesser<br>$d_L$ $\phantom{xx}$ Lagerinnendurchmesser<br>$H$ $\phantom{xxx}$ Stehlager-Gesamthöhe<br>Temperatur der Umgebungsluft<br>$\vartheta_U = -20\,{}^\circ$C bis $+40\,{}^\circ$C, üblich $20\,{}^\circ$C<br>mittlere Lagertemperatur $\vartheta_m \stackrel{\wedge}{=} \vartheta_L$ (angenommen bzw. berechnet). |

# 15 Gleitlager

| Nr. | Formel | Hinweise |
|---|---|---|
| 16 | über den Schmierstoff abgeführter Wärmestrom $P_c = \dot{V} \cdot \varrho \cdot c (\vartheta_a - \vartheta_e)$ | $\begin{array}{c\|c\|c\|c} P_c & \dot{V} & \varrho \cdot c & \vartheta_a, \vartheta_e \\ \hline \text{Nm/s, W} & \text{m}^3/\text{s} & \text{N/(m}^2 \cdot {}^\circ\text{C}); \text{ J/(m}^3 \cdot {}^\circ\text{C}) & {}^\circ\text{C} \end{array}$ <br> $\dot{V} = \dot{V}_D + \dot{V}_{pZ}$, gesamter Schmierstoffdurchsatz nach Nr. 22 <br> $\varrho \cdot c = 1{,}8 \cdot 10^6$ J/(m³ · °C), für mineralische Schmierstoffe ausreichend genau, sonst nach TB 15-8c. <br> $\vartheta_a \leq 100$ °C, siehe TB 15-17 <br> $\vartheta_e = 30 \ldots 80$ °C, je nach Lagerbauart und Ausführung des Ölkühlers. <br> Anmerkung: <br> $\vartheta_a - \vartheta_e = 10 \ldots 15$ °C, maximal 20 °C |
| 17 | Lagertemperatur <br> – natürliche Kühlung (Konvektion) <br> $\vartheta_L \mathrel{\hat{=}} \vartheta_m = \vartheta_U + \dfrac{P_R}{\alpha \cdot A_G}$ | $P_R = P_\alpha$ <br> $\begin{array}{c\|c\|c\|c} \vartheta_L, \vartheta_m, \vartheta_U & P_R & \alpha & A_G \\ \hline {}^\circ\text{C} & \text{Nm/s, W} & \text{Nm/(m}^2 \cdot \text{s} \cdot {}^\circ\text{C}) & \text{m}^2 \end{array}$ <br> $P_R$ s. Nr. 14 und 15 <br> $\alpha$ und $A_G$ s. unter Nr. 15 <br> Richttemperatur <br> $\vartheta_0 \mathrel{\hat{=}} \vartheta_{\text{eff}} = \vartheta_U + \Delta\vartheta = 40$ °C $\ldots 100$ °C (üblich $\Delta\vartheta \approx 20$ °C) für $\eta_{\text{eff}}$ aus TB 15-9 <br> Interpolation so lange, bis <br> $\vartheta_{0\,\text{neu}} = (\vartheta_{0\,\text{alt}} + \vartheta_m)/2$ dem absoluten Wert $\lvert \vartheta_m - \vartheta_0 \rvert \leq 2$ °C entspricht, d. h. $\vartheta_L \approx \vartheta_{\text{eff}}$, $\vartheta_{L\,\text{zul}}$ s. TB 15-17 <br> Treten bei reiner Konvektion zu hohe Lagertemperaturen auf, die auch durch Vergrößerung der Lagerabmessungen oder der Gehäuseoberfläche nicht auf zulässige Werte abgesenkt werden können, ist Druckschmierung und Ölrückkühlung erforderlich. |

| Nr. | Formel | Hinweise |
|---|---|---|
| 18 | – Rückkühlung des Schmierstoffs (Druckschmierung) $$\vartheta_L \triangleq \vartheta_a = \vartheta_e + \frac{P_R}{\dot{V} \cdot \varrho \cdot c}$$ | $P_R \approx P_c$ (für $P_\alpha \leq 0{,}25 P_R$) <br><br> \| $\vartheta_L, \vartheta_a, \vartheta_e$ \| $P_R$ \| $\dot{V}$ \| $\varrho \cdot c$ \| <br> \|---\|---\|---\|---\| <br> \| °C \| Nm/s; W \| m³/s \| N/(m²·°C); J/(m³·°C) \| <br><br> $P_R$ s. Nr. 14 und 16 <br> $\dot{V}$ und $\varrho \cdot c$ s. unter Nr. 16 <br> $\vartheta_{L\,zul}$ s. TB 15-17 <br> Richttemperatur <br> $\vartheta_0 \triangleq \vartheta_{a0} = \vartheta_e + \Delta\vartheta$, mit $\Delta\vartheta \approx 20$ °C; <br> $\vartheta_{eff} = 0{,}5\,(\vartheta_e + \vartheta_{a0})$ für $\eta_{eff}$ aus TB 15-9 <br> *Rechnerische Interpolation* mit <br> $\vartheta_{a0\,neu} = 0{,}5 \cdot (\vartheta_{a0\,alt} + \vartheta_a)$ und <br> $\vartheta_{eff} = 0{,}5 \cdot (\vartheta_e + \vartheta_{a0\,neu})$ für $\eta_{eff}$, bis absolut $\lvert \vartheta_{a0} - \vartheta_a \rvert \leq 2$ °C <br> Bei großer Umfangsgeschwindigkeit und Lagerkraft kann anstelle des Mittelwertes $\vartheta_{eff} = \vartheta_m = 0{,}5 \cdot (\vartheta_e + \vartheta_{a0})$ mit $\vartheta_{eff} = (2\,\vartheta_a + \vartheta_e)/3$ bis $\vartheta_{eff} = \vartheta_a$ gerechnet werden. <br><br> *Grafische Interpolation* (Beispiel) <br><br> Für angenommene Temperaturen $\vartheta_L$ bzw. $\vartheta_a$ wird $P_R$ und $P_c$ bzw. $P_\alpha$ berechnet. Der Beharrungszustand ergibt sich im Schnittpunkt der Kurven. <br><br> $P_\alpha$ kann gegen $P_c$ vernachlässigt werden, wenn $P_\alpha < 0{,}25 \cdot P_R$. Es wird nur die Wärmeabfuhr über den Schmierstoff (Druckschmierung) berücksichtigt. |

# 15 Gleitlager

| Nr. | Formel | Hinweise |
|---|---|---|
| 19 | **Schmierstoffdurchsatz**<br>– infolge Förderung durch Wellendrehung (Eigendruckentwicklung)<br>$\dot{V}_D = \dot{V}_{D\,rel} \cdot d_L^3 \cdot \psi_B \cdot \omega_{eff}$ | $\begin{array}{c\|c\|c\|c\|c} \dot{V}_D & \dot{V}_{D\,rel} & d_L & \psi_B & \omega_{eff} \\ \hline m^3/s & 1 & m & 1 & s^{-1} \end{array}$ |
| 20 | wobei relativer Schmierstoffdurchsatz (360°-Lager)<br>$\dot{V}_{D\,rel} = 0{,}25 \left[ \left(\dfrac{b}{d_L}\right) - 0{,}223 \cdot \left(\dfrac{b}{d_L}\right)^3 \right] \cdot \varepsilon$ | $b$, $d_L$ für genormte Lager z. B. nach TB 15-1 bis TB 15-3<br>$\psi_B$ nach Nr. 9<br>$\omega_{eff} = 2 \cdot \pi \cdot n_W$ in $s^{-1}$ mit $n_W$ in $s^{-1}$<br>$\dot{V}_{D\,rel}$ für halbumschließende (180°-)Lager aus Tb 15-18a<br>$\varepsilon$ kann mit *So* (nach Nr. 11) und $b/d_L$ aus TB 15-13 abgelesen werden. |
| 21 | – infolge Zuführdrucks<br>$\dot{V}_{pZ} = \dfrac{\dot{V}_{pZ\,rel} \cdot d_L^3 \cdot \psi_B^3}{\eta_{eff}} \cdot p_Z$ | $\begin{array}{c\|c\|c\|c\|c\|c} \dot{V}_{pZ} & \dot{V}_{pZ\,rel} & d_L & \psi_B & \eta_{eff} & p_Z \\ \hline m^3/s & 1 & m & 1 & Pa\,s & Pa \end{array}$<br>$d_L$ für genormte Lager z. B. nach TB 15-1 bis TB 15-3<br>$\psi_B$ nach Nr. 9<br>$\eta_{eff}$ bei $\vartheta_{eff}$ für Normöle nach TB 15-9<br>$p_Z = 0{,}05 \ldots 0{,}2$ MPa (0,5 bis 2 bar). $p_Z$ sollte deutlich geringer sein als $p_L$, um hydrostatische Zusatzbelastungen zu vermeiden.<br>$\dot{V}_{pZ\,rel}$ rechnerisch nach TB 15-18b je nach Schmierloch- bzw. Schmiertaschenlage.<br><br>Z. B. Schmierloch um 90° gedreht zur Lastrichtung:<br>$\dot{V}_{pZ\,rel} = \dfrac{\pi}{48} \cdot \dfrac{1}{\ln(b/d_0) \cdot q_L}$<br>mit<br>$q_L = 1{,}204 + 0{,}368 \cdot (d_0/b) - 1{,}046 \cdot (d_0/b)^2 + 1{,}942 \cdot (d_0/b)^3$ |

| Nr. | Formel | Hinweise |
|---|---|---|
| 22 | – gesamt (bei Druckschmierung und voll umschließendem Lager) $\dot{V} = \dot{V}_D + \dot{V}_{pZ}$ | Bei druckloser Schmierung und teilumschließendem Lager ist $\dot{V} = \dot{V}_D$. $\dot{V}_D$ und $\dot{V}_{pZ}$ nach Nr. 19 und 21 |

**Hydrodynamische Axialgleitlager**

Im Gegensatz zum Radiallager muss beim Axiallager der für eine hydrodynamische Druckentwicklung notwendige keilförmige Spalt konstruktiv geschaffen werden. Dazu werden die Axialgleitlager in Umfangsrichtung in Segmente mit festen, elastischen oder kippbeweglichen Gleitflächen aufgeteilt.

Liegt hohe Flächenpressung vor und ist ein häufiges Anfahren unter Last zu erwarten, so sind Lager mit kippbeweglichen Gleitschuhen zu bevorzugen. Fest eingearbeitete Keilspalte mit Rastfläche kommen zum Einsatz, wenn An- und Auslauf unter Last selten vorkommt, niedrige Flächenpressung oder instationäre Belastungsverhältnisse vorliegen. Axiallager mit eingearbeiteten Keil- und Rastflächen für beide Drehrichtungen weisen wegen der inaktiven Keilflächen eine verminderte Tragfähigkeit auf.

Für axiale Führungen ohne nennenswerte Axialkräfte werden häufig nur ebene Bunde mit radial verlaufenden Schmiernuten benutzt. Die Auslegung der Axialgleitlager erfolgt entsprechend zu den Radialgleitlagern mit Hilfe von Belastungs- und Reibungskennzahlen.

| Nr. | Formel | Hinweise |
|---|---|---|
| 23 | Konstruktionsmaße Spalt- bzw. Segmentlänge $l = \sqrt{\dfrac{F}{p_{Lzul} \cdot z} \cdot \dfrac{l}{b}}$ | Praktisch günstige Seitenverhältnisse $l/b = 0{,}7 \ldots 1{,}3$, bevorzugt 1,0. Übliche Anzahl der Keilflächen bzw. Segmente $z = 4, 5, 6, 8, 10$ oder $12$ $p_{Lzul}$ s. TB 15-7, üblich $1 \ldots 4 \text{ N/mm}^2$ bei Sn- und Pb-Legierungen. |
| 24 | mittlerer Lagerdurchmesser $d_m = \dfrac{1{,}25 \cdot l \cdot z}{\pi}$ | Keilspalt- bzw. Segmentteilung $l_t \approx 1{,}25 \cdot l = \pi \cdot d_m / z$ Nun Lageraußen- und Lagerinnendurchmesser ermittelbar: $d_a = d_m + b$ und $d_i = d_m - b$ Beachte: $d_i > d_W$, wenn das Lager innerhalb des Wellenstranges liegt. |

# 15 Gleitlager

| Nr. | Formel | Hinweise |
|---|---|---|
| 25 | mittlere Flächenpressung $$p_L = \frac{F}{z \cdot l \cdot b} = \frac{1{,}25 \cdot F}{\pi \cdot d_m \cdot b}$$ $$\approx \frac{0{,}4 \cdot F}{d_m \cdot b} \leq p_{L\,zul}$$ | $l, b, d_m, z$ als Entwurfsdaten aus Nr. 23 und 24. $p_{L\,zul}$ s. TB 15-7; allgemein höhere Werte für Teillast bzw. gehärtete Spurscheibe und niedrige Gleitgeschwindigkeit und niedrige Werte für Vollast, ungehärtete Spurscheibe und hohe Gleitgeschwindigkeit. Wenn bereits beim Anfahren $p_L > 3$ N/mm² ist, muss ggf. eine hydrostatische Anfahrhilfe vorgesehen werden (Gleitflächenverschleiß). |
| 26 | Belastungskennzahl $$k_1 = \frac{p_L \cdot h_0^2}{\eta_{\text{eff}} \cdot u_m \cdot b}$$ | <table><tr><td>$k_1$</td><td>$p_L$</td><td>$b, d, h_0$</td><td>$\eta_{\text{eff}}$</td><td>$u_m$</td></tr><tr><td>1</td><td>N/m²; Pa</td><td>m</td><td>Ns/m²</td><td>m/s</td></tr></table> Bei der Dimensionierung sind die Lagerabmessungen so zu wählen, dass $k_1 = f(h_0/t, l/b)$ einen hohen Wert annimmt. Belastungs- und Reibungskennzahlen für den Schmierkeil ohne Rastfläche<br><br>Günstige hohe $k_1$-Werte ergeben sich für $h_0/t = 0{,}5 \ldots 1{,}2$ bei $l/b = 0{,}7 \ldots 0{,}8$. Für $l = b$ wird bei $h_0/t \approx 0{,}8$ die optimale Belastungskennzahl $k_1 \approx 0{,}069$ erreicht. |

| Nr. | Formel | Hinweise |
|---|---|---|
| 27 | Reibungskennzahl $$k_2 = \mu \sqrt{\dfrac{p_L \cdot b}{\eta_{\text{eff}} \cdot u_m}}$$ | $\begin{array}{c\|c\|c\|c\|c} k_2, \mu & p_L & b & \eta_{\text{eff}} & u_m \\ \hline 1 & \text{N/m}^2 & \text{m} & \text{Ns/m}^2 & \text{m/s} \end{array}$ <br> Den Verlauf der Werte $k_2 = f(h_0/t, l/b)$ zeigt das Schaubild unter Nr. 26. <br> Danach kann für $l/b = 0{,}7\ldots 1{,}3$ und $h_0/t = 0{,}2\ldots 1{,}0$ ausreichend genau $k_2 \approx 3$ gesetzt werden. <br> Die kleinste Reibungskennzahl $k_2 \approx 2{,}7$ wird für $l/b = 1$ bei $h_0/t \approx 0{,}4$ erreicht. |
| 28 | Reibungszahl $$\mu \approx k_2 \sqrt{\dfrac{\eta_{\text{eff}} \cdot u_m}{p_L \cdot b}}$$ | $\begin{array}{c\|c\|c\|c\|c} k_2, \mu & p_L & b & \eta_{\text{eff}} & u_m \\ \hline 1 & \text{N/m}^2 & \text{m} & \text{Ns/m}^2 & \text{m/s} \end{array}$ <br> $k_2 \approx 3$, genauer nach Schaubild unter Nr. 26 <br> $\eta_{\text{eff}}$ für Normöle bei meist $\vartheta_{\text{eff}} = 50\ldots 60\ °\text{C}$ s. TB 15-9 <br> $u_m = \pi \cdot d_m \cdot n_W$ in m/s, mit <br> $d_m = 0{,}5 \cdot (d_a + d_i)$ in m und $n_W$ in 1/s. <br> $p_L$ s. Nr. 25 <br> $b = 0{,}5 \cdot (d_a - d_i)$, ausgeführte radiale Segment- bzw. Lagerringbreite. |
| 29 | kleinste Schmierspalthöhe $$h_0 = \sqrt{\dfrac{k_1 \cdot z \cdot l \cdot b^2 \cdot u_m \cdot \eta_{\text{eff}}}{F}} > h_{0\,\text{zul}}$$ | $\begin{array}{c\|c\|c\|c\|c} h_0, l, b & k_1, z & u_m & F & \eta_{\text{eff}} \\ \hline \text{m} & 1 & \text{m/s} & \text{N} & \text{Ns/m}^2 \end{array}$ <br> $k_1$ s. Nr. 26 <br> $l, b, z$, unter Nr. 23 und 24 festgelegte Konstruktionsdaten <br> $u_m = \pi \cdot d_m \cdot n_W$ in m/s, mit <br> $d_m = 0{,}5 \cdot (d_a + d_i)$ in m und $n_W$ in 1/s. <br> $\eta_{\text{eff}}$ für Normöle bei $\vartheta_L \approx \vartheta_a \approx \vartheta_e + \Delta\vartheta$ (z. B. $\vartheta_e = 40\ °\text{C}$ und $\Delta\vartheta \leq 20\ °\text{C}$) nach TB 15-9. <br> Richtwerte für die kleinste zulässige Schmierspalthöhe $h_{0\,\text{zul}}$ <br> – nach Nr. 33 <br> – nach DIN 31653-3 für Axialsegmentlager $$h_{0\,\text{zul}} = \sqrt{\dfrac{d_m \cdot Rz}{3000}} \quad \text{in m}$$ <br> – nach DIN 31654-3 für Axial-Kippsegmentlager $$h_{0\,\text{zul}} = \sqrt{\dfrac{d_m \cdot Rz}{12\,000}} \quad \text{in m}$$ |

# 15 Gleitlager 193

| Nr. | Formel | Hinweise |
|---|---|---|
| | | Hierbei sind:<br>$d_m$ mittlerer Lagerdurchmesser in m<br>$Rz$ gemittelte Rautiefe der Spurscheibe in m (stets $Rz \leq 4\,\mu m = 4 \cdot 10^{-6}$ m)<br>Die Verschleißsicherheit ist dann gegeben, wenn $h_0$ im Betrieb die minimale Spalthöhe (Filmdicke) beim Übergang in die Mischreibung $h_{0\,zul}$ nicht unterschreitet. |
| 30 | Reibungsverlustleistung<br>$P_R = \mu \cdot F \cdot u_m = k_2 \sqrt{\eta_{eff} \cdot u_m^3 \cdot z \cdot l \cdot F}$ | $\begin{array}{c\|c\|c\|c\|c} \mu, z, k_2 & P_R & u_m & l & F & \eta_{eff} \\ \hline 1 & \text{Nm/s; W} & \text{m/s} & \text{m} & \text{N} & \text{Ns/m}^2 \end{array}$<br>$k_2$ s. Nr. 27<br>$z, l$, unter Nr. 23 und 24 festgelegte Konstruktionsdaten<br>$u_m$ und $\eta_{eff}$ wie unter Nr. 29 |
| 31 | gesamter erforderlicher Schmierstoffvolumenstrom<br>$\dot{V}_{ges} = 0{,}7 \cdot b \cdot h_0 \cdot u_m \cdot z$ | $\begin{array}{c\|c\|c\|c} \dot{V}_{ges} & b, h_0 & u_m & z \\ \hline \text{m}^3/\text{s} & \text{m} & \text{m/s} & 1 \end{array}$<br>$b, z$, unter Nr. 23 und 24 festgelegte Konstruktionsdaten<br>$u_m = \pi \cdot d_m \cdot n_W$ in m/s, mit<br>$d_m = 0{,}5 \cdot (d_a + d_i)$ in m und $n_W$ in 1/s.<br>$h_0$ s. Nr. 29 |
| 32 | Erwärmung des Schmierstoffs bei Umlaufschmierung<br>$\Delta\vartheta = \vartheta_a - \vartheta_e = \dfrac{P_R}{\dot{V}_{ges} \cdot \varrho \cdot c}$<br>$= \dfrac{k_2}{0{,}7\sqrt{k_1}} \cdot \dfrac{F}{z \cdot c \cdot \varrho \cdot b^2}$ | $\begin{array}{c\|c\|c\|c\|c\|c} \Delta\vartheta & P_R & \dot{V}_{ges} & \varrho & c & F & b \\ \hline °C & \text{Nm/s} & \text{m}^3/\text{s} & \text{kg/m}^3 & \text{Nm/(kg °C)} & \text{N} & \text{m} \end{array}$<br>$P_R$ s. Nr. 30<br>$\dot{V}_{ges}$ s. Nr. 31<br>$\varrho \cdot c = 1{,}8 \cdot 10^6$ J/(m³ · °C) für mineralische Schmierstoffe.<br>$k_1, k_2$ s. Nr. 26, 27<br>$b, z$, unter Nr. 23 und Nr. 24 festgelegte Konstruktionsdaten.<br>Falls die Bedingung $\Delta\vartheta \leq 20$ °C nicht eingehalten werden kann, ist eine Rückkühlung des Öles mit dem Kühlöldurchsatz $\dot{V}_k = P_R/(\varrho \cdot c \cdot \Delta\vartheta)$ erforderlich. |

| Nr. | Formel | Hinweise |
|---|---|---|

**Hydrostatische Axialgleitlager**

Bei hydrostatischen Lagern wird der tragende Öldruck außerhalb des Lagers durch eine Pumpe erzeugt und direkt oder über Vorwiderstände einer Schmierstofftasche zugeführt. Daraus fließt es durch den Schmierspalt radial nach außen ab.

Die Druckentwicklung in der Tasche ist unabhängig von der Gleitgeschwindigkeit und umgekehrt proportional zur dritten Potenz der Schmierspalthöhe.

Die Vorteile der hydrostatischen Lagerung liegen in der Verschleißfreiheit, der hohen Laufruhe, dem großen nutzbaren Drehzahlbereich, sowie der hohen Steifigkeit und Dämpfungsfähigkeit. Nachteilig ist der große Aufwand für die Druckölversorgung. Schwere Läufer werden oft beim Anlauf hydrostatisch angehoben bis zur Übergangsdrehzahl, um dann hydrodynamisch weiterzulaufen (hydrostatische Anfahrhilfe).

33 | kleinste zulässige Schmierspalthöhe
$h_{0\,zul} \approx (5\ldots 15) \cdot (1 + 0{,}0025 \cdot d_m)$

| $h_{0\,zul}$ | $d_m$ |
|---|---|
| µm | mm |

Der Faktor 5 setzt beste Herstellung und sorgfältigste Montage voraus.
$d_m = (d_a + d_i)/2$

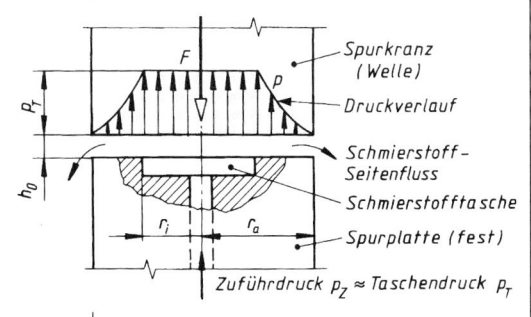

34 | mittlere Flächenpressung
$$p_L = \frac{F}{\pi(r_a^2 - r_i^2)} = \frac{F}{d_m \cdot \pi \cdot b} \leq p_{L\,zul}$$

$p_{L\,zul}$ s. TB 9-1 (Anhaltswerte für Stillstand/Anlauf unter Last).
$d_m = (d_a + d_i)/2 = r_a + r_i$
$b = (d_a - d_i)/2 = r_a - r_i$

35 | Tragfähigkeit bei bekanntem Taschendruck
$$F = \frac{\pi}{2} \cdot \frac{r_a^2 - r_i^2}{\ln(r_a/r_i)} \cdot p_T$$

| $F$ | $r_a, r_i$ | $p_T$ |
|---|---|---|
| N | mm | N/mm² |

$1\ \text{N/mm}^2 = 1\ \text{MPa} = 10\ \text{bar}$

36 | erforderlicher Taschendruck (Zuführdruck) bei bekannter Lagerkraft
$$p_T \approx p_Z = \frac{2 \cdot F}{\pi} \cdot \frac{\ln(r_a/r_i)}{r_a^2 - r_i^2}$$

s. zu Nr. 35

Allgemein muss zur Erzeugung eines hydrostatischen Schmierfilms der Schmierstoffzuführdruck $p_Z$ etwa zwei- bis viermal so groß wie die mittlere Flächenpressung $p_L$ sein.

# 15 Gleitlager

| Nr. | Formel | Hinweise |
|---|---|---|
| 37 | Schmierstoffvolumenstrom $$\dot{V} = \frac{\pi \cdot h_0^3 \cdot p_T}{6 \cdot \eta_{\text{eff}} \cdot \ln(r_a/r_i)}$$ $$= \frac{F \cdot h_0^3}{3 \cdot \eta_{\text{eff}} \cdot (r_a^2 - r_i^2)}$$ | $h_0, r_a, r_i$ \| $p_T, p_Z$ \| $\eta_{\text{eff}}$ \| $\dot{V}$ \| $F$<br>cm \| N/cm² \| Ns/cm² \| cm³/s \| N<br><br>$h_0 > h_{0\,\text{zul}}$ nach Nr. 33<br>$p_T$ bei bekanntem $F$ nach Nr. 36<br>$\eta_{\text{eff}}$ für Normöle bei $\vartheta_L \approx \vartheta_a \approx \vartheta_e + \Delta\vartheta$ (z. B. $\vartheta_e = 40\,°\text{C}$ und $\Delta\vartheta \leq 20\,°\text{C}$) nach TB 15-9.<br>Beachte: 1 mPa s $= 10^{-7}$ Ns/cm² |
| 38 | Reibungsleistung $$P_R = T_R \cdot \omega_{\text{eff}}$$ $$= \frac{\pi}{2} \cdot \frac{\eta_{\text{eff}} \cdot \omega_{\text{eff}}^2}{h_0} \cdot (r_a^4 - r_i^4)$$ | $P_R$ \| $\eta_{\text{eff}}$ \| $\omega_{\text{eff}}$ \| $r, h_0$<br>Ncm/s; $10^{-2}$ Nm/s \| Ns/cm² \| s⁻¹ \| cm<br><br>$h_0 > h_{0\,\text{zul}}$ nach Nr. 33<br>$\omega_{\text{eff}} = 2 \cdot \pi \cdot n_W$ in s⁻¹, mit $n_W$ in s⁻¹<br>$\eta_{\text{eff}}$ für Normalöle bei $\vartheta_L \approx \vartheta_a \approx \vartheta_e + \Delta\vartheta$ (z. B. $\vartheta_e = 40\,°\text{C}$ und $\Delta\vartheta \leq 20\,°\text{C}$) nach TB 15-9.<br>Beachte: 1 mPa s $= 10^{-7}$ Ns/cm² |
| 39 | Schmierstofferwärmung $$\Delta\vartheta = \vartheta_a - \vartheta_e = \frac{P_R + P_P}{c \cdot \varrho \cdot \dot{V}}$$ | $P_R, P_P$ \| $\varrho$ \| $c$ \| $\dot{V}$ \| $\vartheta$<br>Nm/s; W \| kg/m³ \| J/(kg °C); Nm/(kg °C) \| m³/s \| °C<br><br>$P_R$ nach Nr. 38<br>$c \cdot \varrho \approx 1{,}8 \cdot 10^6$ J/(m³ · °C) ausreichend genau für mineralische Schmierstoffe.<br>$\dot{V}$ s. Nr. 37<br>$P_P = \dot{V} \cdot p_Z/\eta_P$ in Nm/s (W), mit $\dot{V}$ in m³/s (s. Nr. 37), $p_Z$ in N/m² (s. Nr. 36) und $\eta_P \approx 0{,}5 \ldots 0{,}95$ |
| 40 | Reibungszahl $$\mu = \frac{4(P_R + P_P)}{F \cdot \omega_{\text{eff}}(d_a + d_i)}$$ | $\mu$ \| $P_R, P_P$ \| $F$ \| $d_a, d_i$ \| $\omega_{\text{eff}}$<br>1 \| Nm/s; W \| N \| m \| s⁻¹<br><br>$P_R, P_P$ nach Nr. 38, 39<br>$\omega_{\text{eff}} = 2 \cdot \pi \cdot n_W$ in s⁻¹, mit $n_W$ in s⁻¹ |

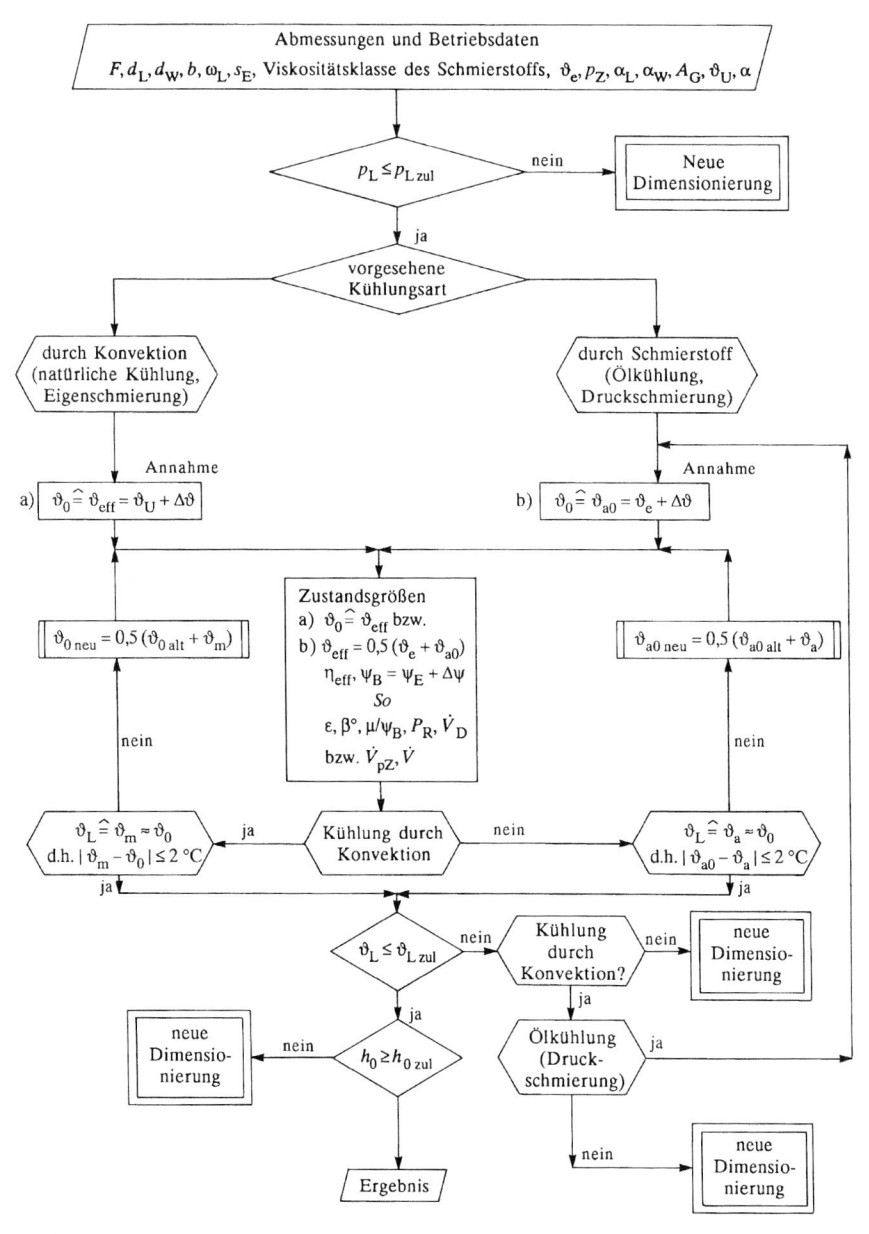

A 15-1 Berechnungsschema für hydrodynamische Radialgleitlager

# 15 Gleitlager

## Technische Regeln (Auswahl)

| Technische Regel | | Titel |
|---|---|---|
| DIN 38 | 12.83 | Gleitlager; Lagermetallausguss in dickwandigen Verbundgleitlagern |
| DIN 118-1 | 07.77 | Antriebselemente; Steh-Gleitlager für allgemeinen Maschinenbau, Hauptmaße |
| DIN 189 | 07.77 | Antriebselemente; Sohlplatten, Hauptmaße |
| DIN 322 | 12.83 | Gleitlager; Lose Schmierringe für allgemeine Anwendung |
| DIN 502 | 09.04 | Gleitlager; Flanschlager, Befestigung mit zwei Schrauben |
| DIN 503 | 09.04 | Gleitlager; Flanschlager, Befestigung mit vier Schrauben |
| DIN 504 | 09.04 | Gleitlager; Augenlager |
| DIN 505 | 09.04 | Gleitlager; Deckellager, Lagerschalen, Lagerbefestigung mit zwei Schrauben |
| DIN 506 | 09.04 | Gleitlager; Deckellager, Lagerschalen, Lagerbefestigung mit vier Schrauben |
| DIN 1494-3 | 12.83 | Gleitlager; Gerollte Buchsen für Gleitlager; Schmierlöcher, Schmiernuten, Schmiertaschen |
| DIN 1494-4 | 12.83 | –; –; Werkstoffe |
| DIN 1495-1 | 04.83 | Gleitlager aus Sintermetall mit besonderen Anforderungen für Elektro-Klein- und Kleinstmotoren; Kalottenlager, Maße |
| DIN 1495-2 | 04.83 | –; Zylinderlager, Maße |
| DIN 1495-3 | 03.96 | –; Anforderungen und Prüfungen |
| DIN 1497 | 05.86 | Dünnwandige Lagerschalen ohne Bund; Toleranzen, konstruktive Merkmale, Prüfungsangaben |
| DIN 1498 | 08.65 | Einspannbuchsen für Lagerungen |
| DIN 1499 | 08.65 | Aufspannbuchsen für Lagerungen |
| DIN 1552-1 E | 08.02 | Buchsen für Schienenfahrzeuge; Einpressbuchsen aus Stahl |
| DIN 1552-2 E | 08.02 | –; Aufpressbuchsen aus Stahl |
| DIN 1552-3 E | 08.02 | –; Ballige Einpressbuchsen aus Stahl |
| DIN 1850-3 | 07.98 | Gleitlager; Buchsen aus Sintermetall |
| DIN 1850-4 | 07.98 | –; Buchsen aus Kunstkohle |
| DIN 1850-5 | 07.98 | –; Buchsen aus Duroplasten |
| DIN 1850-6 | 07.98 | –; Buchsen aus Thermoplasten |
| DIN 3018 | 05.84 | Ölstandanzeiger |
| DIN 3401 | 06.66 | Tropföler und Ölgläser; Hauptmaße |
| DIN 3404 | 01.88 | Flachschmiernippel |
| DIN 3405 | 05.86 | Trichter-Schmiernippel |
| DIN 3410 | 12.74 | Öler; Haupt- und Anschlussmaße |
| DIN 3411 | 10.72 | Staufferbüchsen; Leichte Bauart |
| DIN 3412 | 10.72 | Staufferbüchsen; Schwere Bauart |

# 15 Gleitlager

| Technische Regel | | Titel |
|---|---|---|
| DIN 7473 | 12.83 | Gleitlager; Dickwandige Verbundgleitlager mit zylindrischer Bohrung, ungeteilt |
| DIN 7474 | 12.83 | Gleitlager; Dickwandige Verbundgleitlager mit zylindrischer Bohrung, geteilt |
| DIN 7477 | 12.83 | Gleitlager; Schmiertaschen für dickwandige Verbundgleitlager |
| DIN 8221 | 09.04 | Gleitlager; Buchsen für Gleitlager nach DIN 502, DIN 503 und DIN 504 |
| DIN 24271-1 E | 11.07 | Zentralschmieranlagen; Begriffe, Einteilung |
| DIN 24271-3 | 04.82 | –; Technische Größen und Einheiten |
| DIN 31651-1 | 01.91 | Gleitlager; Formelzeichen, Systematik |
| DIN 31651-2 | 01.91 | –; Formelzeichen, Anwendung |
| DIN 31652-1 | 04.83 | Gleitlager; Hydrodynamische Radial-Gleitlager im stationären Betrieb; Bezeichnung von Kreiszylinderlagern |
| DIN 31652-2 | 02.83 | –; –; Funktionen für die Berechnung von Kreiszylinderlagern |
| DIN 31652-3 | 04.83 | –; –; Betriebsrichtwerte für die Berechnung von Kreiszylinderlagern |
| DIN 31653-1 | 05.91 | Gleitlager; Hydrodynamische Axial-Gleitlager im stationären Betrieb; Berechnung von Axialsegmentlagern |
| DIN 31653-2 | 05.91 | –; –; Funktionen für die Berechnung von Axialsegmentlagern |
| DIN 31653-3 | 06.91 | –; –; Betriebsrichtwerte für die Berechnung von Axialsegmentlagern |
| DIN 31654-1 | 05.91 | Gleitlager; Hydrodynamische Axial-Gleitlager im stationären Betrieb; Berechnung von Axial-Kippsegmentlagern |
| DIN 31654-2 | 05.91 | –; –; Funktionen für die Berechnung von Axial-Kippsegmentlagern |
| DIN 31654-3 | 06.91 | –; –; Betriebsrichtwerte für die Berechnung von Axial-Kippsegmentlagern |
| DIN 31655-1 | 06.91 | Gleitlager; Hydrostatische Radial-Gleitlager im stationären Betrieb; Berechnung von ölgeschmierten Gleitlagern ohne Zwischennuten |
| DIN 31655-2 | 04.91 | –; –; Kenngrößen für die Berechnung von ölgeschmierten Gleitlagern ohne Zwischennuten |
| DIN 31656-1 | 06.91 | Gleitlager; Hydrostatische Radial-Gleitlager im stationären Betrieb; Berechnung von ölgeschmierten Gleitlagern mit Zwischennuten |
| DIN 31656-2 | 04.91 | –; –; Kenngrößen für die Berechnung von ölgeschmierten Gleitlagern mit Zwischennuten |
| DIN 31657-1 | 03.96 | Gleitlager; Hydrodynamische Radial-Gleitlager im stationären Betrieb; Berechnung von Mehrflächen- und Kippsegmentlagern |

## 15 Gleitlager

| Technische Regel | | Titel |
|---|---|---|
| DIN 31657-2 | 03.96 | –; –; Funktionen für die Berechnung von Mehrflächenlagern |
| DIN 31657-3 | 03.96 | –; –; Funktionen für die Berechnung von Kippsegmentlagern |
| DIN 31657-4 | 03.96 | –; –; Betriebsrichtwerte für die Berechnung von Mehrflächen- und Kippsegmentlagern |
| DIN 31661 | 12.83 | Gleitlager; Begriffe, Merkmale und Ursachen von Veränderungen und Schäden |
| DIN 31665 | 09.93 | Gleitlager; Prüfung von Lagermetallen; Korrosionsbeständigkeit von Lagermetallen gegenüber Schmierstoffen bei statischer Beanspruchung |
| DIN 31670-8 | 07.86 | Gleitlager; Qualitätssicherung von Gleitlagern; Prüfung der Form- und Lageabweichungen und Oberflächenrauheit an Wellen, Bunden und Spurscheiben |
| DIN 31690 | 09.90 | Gleitlager; Gehäuse-Gleitlager; Stehlager |
| DIN 31692-1 | 03.96 | Gleitlager; Schmierung und Schmierungsüberwachung |
| DIN 31692-2 | 03.96 | –; Temperaturüberwachung |
| DIN 31692-3 | 03.96 | –; Schwingungsüberwachung |
| DIN 31692-4 | 12.97 | –; Elektrische Lagerisolation |
| DIN 31692-5 | 10.00 | –; Checkliste zur Überprüfung der Öldichtheit |
| DIN 31693 | 09.90 | Gleitlager; Gehäusegleitlager; Seitenflanschlager |
| DIN 31694 | 09.90 | Gleitlager; Gehäusegleitlager; Mittenflanschlager |
| DIN 31696 | 02.78 | Axialgleitlager; Segment-Axiallager, Einbaumaße |
| DIN 31697 | 02.78 | Axialgleitlager; Ring-Axiallager, Einbaumaße |
| DIN 31698 | 04.79 | Gleitlager; Passungen |
| DIN 31699 | 07.86 | Gleitlager; Wellen, Bunde, Spurscheiben; Form- und Lagetoleranzen und Oberflächenrauheit |
| DIN 50280 | 10.75 | Laufversuche an Radialgleitlagern; Allgemeines |
| DIN 50282 | 02.79 | Gleitlager; Das tribologische Verhalten von metallischen Gleitwerkstoffen, kennzeichnende Begriffe |
| DIN ISO 3547-1 | 11.00 | Gleitlager; Gerollte Buchsen für Gleitlager; Maße |
| DIN ISO 3547-3 | 11.00 | –; –; Schmierlöcher, Schmiernuten, Schmiertaschen |
| DIN ISO 3547-4 | 11.00 | –; –; Werkstoffe |
| DIN ISO 3548 | 04.01 | –; Dünnwandige Lagerschalen mit oder ohne Bund; Toleranzen, Konstruktionsmerkmale, Prüfverfahren |
| DIN ISO 4199 | 12.80 | Gleitlager; Wellendurchmesser für Buchsen ohne Schlitz |
| DIN ISO 4378-1 | 09.99 | Gleitlager; Begriffe, Definitionen und Einteilung; Konstruktion, Lagerwerkstoffe und ihre Eigenschaften |
| DIN ISO 4378-2 | 09.99 | –; –; Reibung und Verschleiß |
| DIN ISO 4378-3 | 09.99 | –; –; Schmierung |
| DIN ISO 4378-4 | 09.99 | –; –; Berechnungskennwerte und ihre Kurzzeichen |
| DIN ISO 4379 | 10.95 | Gleitlager; Buchsen aus Kupferlegierungen |
| DIN ISO 4381 | 02.01 | Gleitlager; Blei- und Zinn-Gusslegierungen für Verbundgleitlager |

| Technische Regel | | Titel |
|---|---|---|
| DIN ISO 4382-1 | 11.92 | Gleitlager; Kupferlegierungen; Kupfer-Gusslegierungen für dickwandige Massiv- und Verbundgleitlager |
| DIN ISO 4382-2 | 11.92 | –; –; Kupfer-Knetlegierungen für Massivgleitlager |
| DIN ISO 4383 | 02.01 | Gleitlager; Verbundstoffe für dünnwandige Gleitlager |
| DIN ISO 4384-1 | 02.01 | Gleitlager; Härteprüfung an Lagermetallen; Verbundwerkstoffe |
| DIN ISO 4386-1 | 11.92 | Gleitlager; Metallische Verbundgleitlager; Zerstörungsfreie Ultraschall-Prüfung der Bindung |
| DIN ISO 5755 | 11.04 | Sintermetalle; Anforderungen |
| DIN ISO 6279 | 09.79 | Gleitlager; Aluminiumlegierungen für Einstofflager |
| DIN ISO 6280 | 10.82 | Gleitlager; Anforderungen an Stützkörper für dickwandige Verbundgleitlager |
| DIN ISO 6282 | 06.85 | Gleitlager; Metallische dünnwandige Lagerschalen; Bestimmung der $\sigma_{0,01}$-Grenze |
| DIN ISO 6525 | 05.86 | Gleitlager; Dünnwandige aus Band hergestellte Axiallager-Ringe; Maße und Toleranzen |
| DIN ISO 6526 | 05.86 | Gleitlager; Dünnwandige aus Band hergestellte Axiallager-Halbscheiben; Merkmale und Toleranzen |
| DIN ISO 6691 | 05.01 | Thermoplastische Polymere für Gleitlager; Klassifizierung und Bezeichnung |
| DIN ISO 6811 | 04.01 | Gelenklager; Begriffe |
| DIN ISO 7148-1 | 03.01 | Gleitlager; Prüfung des tribologischen Verhaltens von Gleitlagerwerkstoffen; Prüfung von Lagermetallen |
| DIN ISO 7905-1 | 09.98 | Gleitlager; Gleitlager-Ermüdung; Gleitlager auf Lager-Prüfständen und in Lager-Anwendungen unter hydrodynamischer Schmierung |
| DIN ISO 12128 | 07.98 | Gleitlager; Schmierlöcher, Schmiernuten und Schmiertaschen; Maße, Formen, Bezeichnung und ihre Anwendung für Lagerbuchsen |
| VDI 2202 | 11.70 | Schmierstoffe und Schmiereinrichtungen für Gleit- und Wälzlager |
| VDI 2204-1 | 09.05 | Auslegung von Gleitlagerungen; Grundlagen |
| VDI 2204-2 | 09.05 | –; Berechnung |
| VDI 2204-3 | 09.05 | –; Kennzahlen und Beispiele für Radiallager |
| VDI 2204-4 | 09.05 | –; Kennzahlen und Beispiele für Axiallager |
| VDI/VDE 2252-1 | 10.99 | Feinwerkelemente; Führungen; Gleitlager, allgemeine Grundlagen |
| VDI 2541 | 10.75 | Gleitlager aus thermoplastischen Kunststoffen |
| VDI 2543 | 04.77 | Verbundlager mit Kunststoff-Laufschicht |
| VDI 2897 | 12.95 | Instandhaltung; Handhabung von Schmierstoffen im Betrieb; Aufgaben und Organisation |

# 16 Riemengetriebe

| Formelzeichen | Einheit | Benennung |
|---|---|---|
| $b$ | mm | Riemenbreite |
| $b'$ | mm | rechnerische Riemenbreite |
| $c_1$ | 1 | Winkelfaktor zur Berücksichtigung des Umschlingungswinkels |
| $c_2$ | 1 | Längenfaktor bei Keilriemen und Keilrippenriemen |
| $d_k, d_g$ | mm | Riemenscheibendurchmesser (bei Flachriemen) |
| $d_{dk}, d_{dg}$ | mm | Riemenscheiben-Richtdurchmesser (bei Keil-, Keilrippen- und Synchronriemen) |
| $d_{w1}, d_{w2}$ | mm | Wirkdurchmesser |
| $E_b$ | N/mm$^2$ | Elastizitätsmodul bei Biegung |
| $e$ | mm | Wellenmittenabstand (Achsabstand) |
| $e'$ | mm | ungefährer Wellenabstand |
| $F_1, F_2$ | N | Trumkräfte im Last- und Leertrum |
| $F_N$ | N | Anpresskraft (Normalkraft) |
| $F_R$ | N | Reibkraft |
| $F_t$ | N | Umfangskraft, Nutzkraft |
| $F_w$ | N | Wellenbelastung im Betriebszustand |
| $F_{w0}$ | N | Wellenbelastung im Ruhezustand |
| $F_Z$ | 1 | Fliehkraft |
| $f_B$ | 1/s | Biegefrequenz |
| $f_{B\,zul}$ | 1/s | zulässige Biegefrequenz |
| $h_z$ | mm | Zahnhöhe |
| $h_b$ | mm | Bezugshöhe (bei Keilrippenriemen) |
| $i$ | 1 | Übersetzungsverhältnis |
| $K_A$ | 1 | Anwendungsfaktor zur Berücksichtigung stoßartiger Belastung |
| $k_1$ | 1 | Faktor zur Berücksichtigung des Riementyps |
| $k_2$ | 1 | Faktor zur Berücksichtigung der Laufschicht |
| $k_3$ | 1 | Faktor zur Berücksichtigung der Riemenausführung |

| Formelzeichen | Einheit | Benennung |
| --- | --- | --- |
| $L, L_d$ | mm | Riemenrichtlänge (Bestelllänge) |
| $L', L'_d$ | mm | theoretische Riemenlänge |
| $L_i$ | mm | Riemeninnenlänge |
| $\Delta L$ | mm | Längendifferenz |
| $m$ | 1 | Trumkraft- und Trumspannungsverhältnis |
| $M$ | Nm | vom Synchronriemen zu übertragendes Drehmoment |
| $M_{spez}$ | Nm/mm | spezifisches übertragbares Drehmoment des Synchronriemens |
| $n_1, n_2$ | 1/min | Drehzahl der kleinen bzw. großen Scheibe |
| $P$ | kW | zu übertragende Nennleistung |
| $P_N$ | kW | Nennleistung je Rippe bzw. je Riemen |
| $P_{spez}$ | kW/mm | vom Zahnriemen übertragbare Leistung je Zahn bei 1 mm Riemenbreite |
| $P'$ | kW | maßgebende Berechnungsleistung |
| $p$ | mm | Zahnteilung |
| $p_{Fl}$ | N/mm$^2$ | zulässige Flankenpressung |
| $A_S$ | mm$^2$ | Riemenquerschnittsfläche |
| $x$ | mm | Verstellweg zum Spannen des Riemens |
| $y$ | mm | Auflegeweg |
| $t$ | mm | Riemendicke |
| $T$ | Nmm | Drehmoment |
| $Ü_z$ | kW | Übersetzungszuschlag (bei Keilrippenriemen) |
| $v$ | m/s | Riemengeschwindigkeit |
| $v_{opt}$ | m/s | optimale Riemengeschwindigkeit |
| $z$ | 1 | Anzahl der vom Riemen überlaufenen Scheiben, Anzahl der erforderlichen Keilriemen, Rippenanzahl bei Keilrippenriemen |
| $z_e$ | 1 | Anzahl der eingreifenden Zähne |
| $z_R$ | 1 | Riemenzähnezahl |
| $\beta_1, \beta_1$ | °, rad | Umschlingungswinkel an der kleinen Scheibe |
| $\varepsilon$ | % | Dehnung |
| $\kappa$ | 1 | Ausbeute |

# 16 Riemengetriebe

| Formelzeichen | Einheit | Benennung |
|---|---|---|
| $\mu$ | 1 | Reibungszahl |
| $\varrho$ | kg/dm$^3$ | Dichte des Riemenwerkstoffes |
| $\sigma_1, \sigma_2$ | N/mm$^2$ | Normalspannung im Last- bzw. Leertrum |
| $\sigma_b$ | N/mm$^2$ | Biegespannung |
| $\sigma_f$ | N/mm$^2$ | Fliehkraftspannung |
| $\sigma_{ges}$ | N/mm$^2$ | Gesamtspannung im Lasttrum |
| $\sigma_N$ | N/mm$^2$ | Nutzspannung |
| $\psi$ | % | Schlupf |

| Nr. | Formel | Hinweise |
|---|---|---|
| | **Theoretische Grundlagen** Diese Berechnungsgrundlagen beziehen sich auf den offenen 2-Scheiben-Riemengetriebe mit Flachriemen (homogener Riemenwerkstoff vorausgesetzt). Für Keil- u. Keilrippenriemengetriebe kann abgewandelt von gleichen theoretischen Beziehungen ausgegangen werden. Für Mehrschichtriemen gelten die Ausführungen nur bedingt; sie sind nach den Angaben der Hersteller auszulegen. | |
| 1 | Reibkraft zwischen Riemen und Scheibe $F_R = \mu \cdot F_N \geq F_t$ bzw. $F_R = \mu' \cdot F_N \geq F_t$ | Anhaltswerte für $\mu$ nach TB 16-1 $\mu' = \mu / \left[\sin\left(\frac{\alpha}{2}\right)\right]$ bei Keil- und Keilrippenriemen Rillenwinkel $\alpha$ nach TB 16-13 bzw. TB 16-14 |
| 2 | vom Riemen zu übertragende Nutzkraft (Umfangskraft) $F_t = F_1 - F_2$ | |
| 3 | Trumkraftverhältnis $\dfrac{F_1}{F_2} = \dfrac{\sigma_1}{\sigma_2} = e^{\mu\hat{\beta}_1} = m$ | $e \approx 2{,}71828\ldots$ Basis des natürlichen Logarithmus $\hat{\beta}_1 = \pi \cdot \beta_1^{\circ}/180$ |

| Nr. | Formel | Hinweise |
|---|---|---|
| 4 | vom Riemen übertragbare Umfangskraft $F_t = F_1 - \dfrac{F_1}{m} = F_1 \dfrac{m-1}{m} = F_1 \cdot \kappa$ | $\kappa = f(\mu, \beta_1)$, Werte nach TB 16-4 |
| 5 | vom Riemen aufzunehmende Fliehkraft $F_z \approx A_S \cdot \varrho \cdot v^2$ | $\varrho$ nach TB 16-1 |
| 6 | Wellenbelastung im Betriebszustand $F_w = F_t \cdot \dfrac{\sqrt{m^2 + 1 - 2 \cdot m \cdot \cos\beta_1}}{m-1}$ $= k \cdot F_t$ | $F_t$ nach Nr. 4 $k = f(\beta_1, \mu)$ nach TB 16-5 $m = e^{\mu\hat{\beta}_1}$ |
| 7 | theoretische Wellenbelastung im Ruhezustand $F_{w0} = F_w + F_z = k \cdot F_t + F_z$ | |
| 8 | der durch die Dehnung des Riemens bedingte Schlupf $\psi = (v_1 - v_2) \cdot 100/v_2$ | |
| 9 | die tatsächliche Übersetzung unter Berücksichtigung des Dehnschlupfes und der Riemendicke $i = \dfrac{n_1}{n_2} = \dfrac{d_2 + t}{d_1 + t} \cdot \dfrac{100}{100 - \psi}$ | Anhaltswerte für $i_{max}$ $i \leq 6$ für offene Flachriemengetriebe $i \leq 15$ für Spannrollengetriebe $i \leq 20$ in Sonderfällen bei Mehrschichtriemen $i \leq 15$ für Keilriemengetriebe, s. TB 16-2 $i \leq 10$ für Synchronriemengetriebe $i \leq 40$ für Keilrippenriemengetriebe |
| 10 | mit wenigen Ausnahmen kann allgemein gerechnet werden mit $i \approx \dfrac{n_1}{n_2} \approx \dfrac{d_2}{d_1}$ | |
| 11 | Im Lasttrum auftretende Zugspannung $\sigma_1 = \dfrac{F_1}{A_S} = \dfrac{F_t}{\kappa \cdot A_S}$ | $F_t = T/(d/2)$ $\kappa$ nach TB 16-4 |
| 12 | Im Bereich des Umschlingungswinkels auftretende Biegespannung $\sigma_b = E_b \cdot \varepsilon_b \approx E_b \cdot (t/d_1)$ | $E_b$ nach TB 16-1 $(t/d_1)_{max}$ nach TB 16-1 |

# 16 Riemengetriebe

| Nr. | Formel | Hinweise |
|---|---|---|
| 13 | Durch die Umlenkung der Riemenmasse hervorgerufene Fliehkraftspannung $$\sigma_f = \frac{F_z}{A_S} = \varrho \cdot v^2$$ | |
| 14 | Gesamtspannung im Lasttrum $$\sigma_{ges} = \sigma_1 + \sigma_b + \sigma_f \leq \sigma_{z\,zul}$$ | $\sigma_{z\,zul}$ nach TB 16-1 |
| 15 | Nutzspannung $$\sigma_N = \sigma_1 - \sigma_2 = \sigma_1 \cdot \kappa$$ $$= (\sigma_{z\,zul} - \sigma_b - \sigma_f) \cdot \kappa$$ | $\kappa$ nach TB 16-4 |
| 16 | vom Riemen übertragbare Leistung $$P = [\sigma_{z\,zul} - E_b(t/d_1) \\ - \varrho \cdot v^2 \cdot 10^{-3}] \cdot \kappa \cdot b \cdot t \cdot v \cdot 10^{-3}$$ | \| $P$ \| $\sigma_{z\,zul}, E_b$ \| $t, d_1, b$ \| $v, v_{opt}$ \| $\kappa$ \| $\varrho$ \|<br>\| kW \| N/mm² \| mm \| m/s \| 1 \| kg/dm³ \| |
| 17 | die optimale Riemengeschwindigkeit $$v_{opt} = \sqrt{\frac{10^3[\sigma_{z\,zul} - E_b(t/d_1)]}{3 \cdot \varrho}}$$ | |
| | **Praktische Berechnung**<br>Die nachfolgenden Formeln beschränken sich auf offene 2-Scheiben-Riemengetriebe mit $i \geq 1$ | |
| 18 | Übersetzung $$i = \frac{n_{an}}{n_{ab}}$$ Flach-, Keil-, Keilrippenriemengetriebe: $$i \approx \frac{d_{ab}}{d_{an}} = \frac{d_g}{d_k} = \frac{d_{dg}}{d_{dk}}$$ Synchronriemengetriebe: $$i = \frac{z_{ab}}{z_{an}} = \frac{z_2}{z_1} = \frac{z_g}{z_k}$$ | $d_g; d_k; d_{dg}$ und $d_{dk}$ möglichst nach DIN 111 festlegen, s. TB 16-9 unter Beachtung von TB 16-7, TB 16-11 ff. |

| Nr. | Formel | Hinweise |
|---|---|---|
| 19 | Scheibendurchmesser Flachriemengetriebe:<br>$d_g = i \cdot d_k$<br>Keil-, Keilrippenriemengetriebe:<br>$d_{dg} = i \cdot d_{dk}$<br>Synchronriemengetriebe:<br>$d_{dg} = i \cdot \dfrac{p}{\pi} \cdot z_k$ | |
| 20 | Wellenabstand $e'$ (vorläufig)<br>Flachriemengetriebe:<br>$0{,}7 \cdot (d_g + d_k) \le e' \le 2 \cdot (d_g + d_k)$<br>Keil-, Keilrippenriemengetriebe:<br>$0{,}7 \cdot (d_{dg} + d_{dk}) \le e' \le 2 \cdot (d_{dg} + d_{dk})$<br>Synchronriemengetriebe:<br>$0{,}5 \cdot (d_{dg} + d_{dk}) + 15~\text{mm}$<br>$\le e' \le 2 \cdot (d_{dg} + d_{dk})$ | |
| 21 | theoretische Riemenlänge $L'$ bzw. $L'_d$<br>Flachriemengetriebe:<br>$L' \approx 2 \cdot e' + \dfrac{\pi}{2} \cdot (d_g + d_k) + \dfrac{(d_g - d_k)^2}{4 \cdot e'}$<br>übrige Riemengetriebe:<br>$L'_d \approx 2 \cdot e' + \dfrac{\pi}{2} \cdot (d_{dg} + d_{dk})$<br>$\qquad + \dfrac{(d_{dg} - d_{dk})^2}{4 \cdot e'}$ | $L'$ auf sinnvollen Wert $L$, $L'_d$ auf Normlänge $L_d$ (Normzahlreihe R40) bzw. nach Herstellerangaben festlegen<br>bei Synchronriemengetrieben gilt dabei<br>$L_d = z_R \cdot p$<br>(Riemenzähnezahlen nach Herstellerangaben s. TB 16-19d) |
| 22 | Wellenabstand $e$ (ausgeführt)<br>Flachriemengetriebe:<br>$e \approx \dfrac{L}{4} - \dfrac{\pi}{8} \cdot (d_g + d_k)$<br>$\qquad + \sqrt{\left[\dfrac{L}{4} - \dfrac{\pi}{8} \cdot (d_g + d_k)\right]^2 - \dfrac{(d_g - d_k)^2}{8}}$<br>übrige Riemengetriebe:<br>$e \approx \dfrac{L_d}{4} - \dfrac{\pi}{8} \cdot (d_{dg} + d_{dk})$<br>$\qquad + \sqrt{\left[\dfrac{L_d}{4} - \dfrac{\pi}{8} \cdot (d_{dg} + d_{dk})\right]^2 - \dfrac{(d_{dg} - d_{dk})^2}{8}}$ | |

# 16 Riemengetriebe

| Nr. | Formel | Hinweise |
|---|---|---|
| 23 | Umschlingungswinkel an der kleinen Scheibe<br>Flachriemengetriebe:<br>$$\beta_k = 2 \cdot \arccos\left(\frac{d_g - d_k}{2 \cdot e}\right)$$<br>Keil-, Keilrippenriemengetriebe:<br>$$\beta_k = 2 \cdot \arccos\left(\frac{d_{dg} - d_{dk}}{2 \cdot e}\right)$$<br>Synchronriemengetriebe:<br>$$\beta_k = 2 \cdot \arccos\left[\frac{\frac{p}{\pi} \cdot (z_g - z_k)}{2 \cdot e}\right]$$ | |
| 24 | Verstellweg $x$<br>Flachriemengetriebe:<br>$x \geq 0{,}03 \cdot L$<br>Keil-, Keilrippenriemengetriebe:<br>$x \geq 0{,}03 \cdot L_d$<br>Synchronriemengetriebe:<br>$x \geq 0{,}005 \cdot L_d$ | |
| 25 | Auflegeweg $y$<br>Flachriemengetriebe:<br>$y \geq 0{,}015 \cdot L$<br>Keil-, Keilrippenriemengetriebe:<br>$y \geq 0{,}015 \cdot L_d$<br>Synchronriemengetriebe:<br>$y \geq (1 \ldots 2{,}5) \cdot p$ | |
| 26 | Umfangskraft<br>$$F_t = \frac{P'}{v} = \frac{K_A \cdot P_{nenn}}{v} = \frac{K_A \cdot T_{nenn}}{\frac{d_d}{2}}$$<br>bei Flachriemen ist für $d_d = d$ zu setzen | $K_A$ nach TB 3-5, $v \approx d \cdot \pi \cdot n$ bei Flachriemen<br>Bei Synchronriemen darf die zulässige Riemenzugkraft $F_{t\,zul}$ nicht überschritten werden, s. z. B. TB 16-19c |
| 27a | Riemenbreite bei Flachriemen<br>$b' = F_t / F'_t$ | $F'_t = f(d_k, \beta_1, \text{Riementyp})$<br>Werte nach TB 16-8 |

| Nr. | Formel | Hinweise |
|---|---|---|
| 27b | Anzahl der Keilriemen bzw. der Keilrippen $$z \geq \frac{P'}{(P_N + \ddot{U}_z) \cdot c_1 \cdot c_2} = \frac{K_A \cdot P_{nenn}}{(P_N + \ddot{U}_z) \cdot c_1 \cdot c_2}$$ | $\begin{array}{c\|c\|c} z, K_A, c_1, c_2 & P & P_N, \ddot{U}_z \\ \hline 1 & \text{kW} & \text{kW/Riemen bzw. Rippe} \end{array}$ $K_A$ nach TB 3-5 $P_N$ nach TB 16-15 $\ddot{U}_z$ nach TB 16-16 $c_1, c_2$ nach TB 16-17 |
| 27c | Riemenbreite bei Synchronriemen $$b \geq \frac{P'}{z_1 \cdot z_e \cdot P_{spez}} = \frac{K_A \cdot P_{nenn}}{z_1 \cdot z_e \cdot P_{spez}}$$ bzw. $$b \geq \frac{T}{z_1 \cdot z_e \cdot T_{spez}}$$ mit $$z_e = \frac{z_1 \cdot \beta_1}{360°} \leq 12$$ | $\begin{array}{c\|c\|c\|c\|c\|c} b & K_A, & P & P_{spez} & T & T_{spez} \\ & z_1, z_e & & & & \\ \hline \text{mm} & 1 & \text{kW} & \text{kW/mm} & \text{Nm} & \text{Nm/mm} \end{array}$ $P_{spez}, T_{spez}$ nach TB 16-20 $z_e$ = eingreifende Zähnezahl maximal 12 Zähne $z_1 = z_k$ $z_e$ auf ganze Zahl abrunden $\beta_1 = \beta_k$ |
| 28a | Wellenbelastung im Betriebszustand $$F_w = \sqrt{F_1'^2 + F_2'^2 - 2 \cdot F_1' \cdot F_2' \cdot \cos\beta_k}$$ $$\approx k \cdot F_t$$ | |
| 28b | Wellenbelastung im Stillstand bei *Extremultus-Mehrschichtflachriemen* $$F_{w0} = \varepsilon_{ges} \cdot k_1 \cdot b' = (\varepsilon_1 + \varepsilon_2) \cdot k_1 \cdot b'$$ | |
| 28c | Überschlägige Wellenbelastung Flachriemengetriebe: $$F_{w0} = k \cdot F_t \approx (1{,}5 \ldots 2{,}0) \cdot F_t$$ Keil-, Keilrippenriemengetriebe: $$F_{w0} = k \cdot F_t \approx (1{,}3 \ldots 1{,}5) \cdot F_t$$ Synchronriemengetriebe: $$F_{w0} = k \cdot F_t \approx 1{,}1 \cdot F_t$$ | $k_1$ nach TB 16-6 $\varepsilon_1$ nach TB 16-8 $\varepsilon_2$ nach TB 16-10 $b'$ nach Nr. 27a |

# 16 Riemengetriebe

| Nr. | Formel | Hinweise |
|---|---|---|
| 29 | Riemengeschwindigkeit $v = d_w \cdot \pi \cdot n \leq v_{max}$ | $d_w$ = Wirkdurchmesser<br>Flachriemen: $d_w = d + t$<br>Keilriemen: $d_w = d_d$<br>Keilrippenriemen: $d_w = d_d + h_b$<br>Synchronriemen: $d_w = \dfrac{p}{\pi} \cdot z$<br>$t$ für *Extremultus-Mehrschichtflachriemen* nach TB 16-6<br>$h_b$ nach TB 16-14<br>$v_{max}$ nach TB 16-1, TB 16-2, TB 16-14 bzw. TB 16-19 |
| 30 | Biegefrequenz $f_B = \dfrac{v \cdot z}{L_d} \leq f_{B\,zul}$<br>bei Flachriemen ist für $L_d = L$ zu setzen | $z$ = Scheibenanzahl. Für die offene Zwei-Scheibenausführung ist $z = 2$<br>$f_{B\,zul}$ nach TB 16-1; TB 16-2 bzw. TB 16-3<br>*Extremultus-Mehrschichtflachriemen:*<br>Ausführung G: $f_{B\,zul} = 80\ s^{-1}$<br>Ausführung L: $f_{B\,zul} = 55\ s^{-1}$ |
| 31 | Riemenzugkraft bei Synchronriemen $F_{max} = \dfrac{T_{max}}{\dfrac{d_d}{2}} \leq F_{zul}$ | |

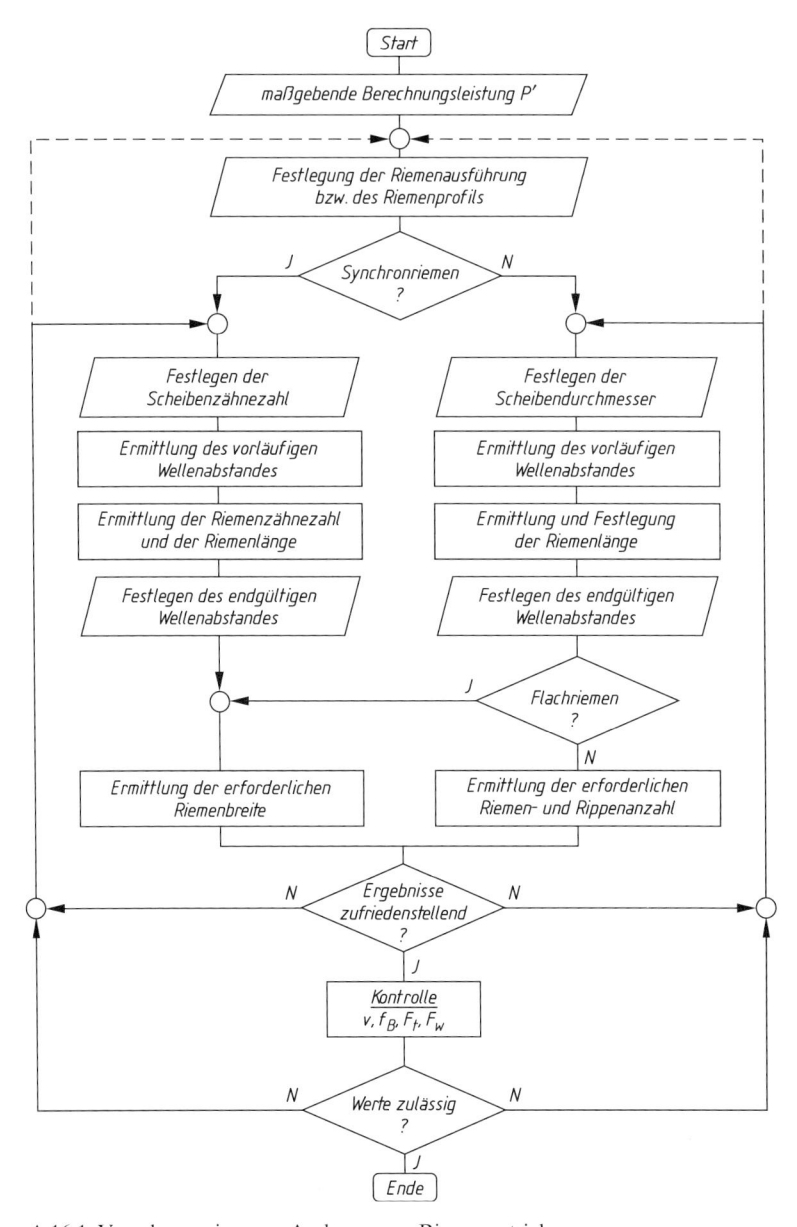

A 16-1 Vorgehensweise zum Auslegen von Riemengetrieben

# 16 Riemengetriebe

## Technische Regeln (Auswahl)

| Technische Regel | | Titel |
|---|---|---|
| DIN 109-2 | 12.73 | Antriebselemente; Achsabstände für Riemengetriebe mit Keilriemen |
| DIN 111 | 08.82 | − −; Flachriemenscheiben; Maße, Nenndrehmomente |
| DIN 2211-1 | 03.84 | − −; Schmalkeilriemenscheiben; Maße, Werkstoff |
| DIN 2211-3 | 01.86 | − −; Schmalkeilriemenscheiben, Zuordnung zu elektrischen Motoren |
| DIN 2215 | 08.98 | Endlose Keilriemen; Klassische Keilriemen; Maße |
| DIN 2216 | 10.72 | Endliche Keilriemen; Maße |
| DIN 2217-1 | 02.73 | Antriebselemente; Keilriemenscheiben, Maße, Werkstoff |
| DIN 2218 | 04.76 | Endlose Keilriemen für den Maschinenbau; Berechnung der Antriebe; Leistungswerte |
| DIN 7719-1 | 10.85 | Endlose Breitkeilriemen für industrielle Drehzahlwandler; Riemen und Rillenprofile der zugehörigen Scheiben |
| DIN 7721-1 | 06.89 | Synchronriementriebe, metrische Teilung; Synchronriemen |
| DIN 7753-1 | 01.88 | Endlose Schmalkeilriemen für den Maschinenbau; Maße |
| DIN 7753-2 | 04.76 | − −; Berechnung der Antriebe; Leistungswerte |
| DIN 7753-3 | 02.86 | Endlose Schmalkeilriemen für den Kraftfahrzeugbau; Maße der Riemen und Scheibenrillenprofile |
| DIN 7867 | 06.86 | Keilrippenriemen und -scheiben |
| DIN ISO 5294 | 05.96 | Synchronriementriebe; Scheiben |
| DIN ISO 5296-1 … 2 | 05.91 | − −; Riemen; Maße |
| ISO 22 | 12.91 | Durchmesser der Riemenscheiben für Flachriementriebe |
| ISO 255 | 11.90 | Riementriebe; Riemenscheiben für Keilriemen; Überprüfung der Rillengeometrie |
| ISO 4183 | 07.95 | Klassische Keilriemen und Schmalkeilriemen; Rillenscheiben |
| ISO 9010 | 04.97 | − −; Riemen für den Kraftfahrzeugbau |
| ISO 9011 | 04.97 | − −; Scheiben für den Kraftfahrzeugbau |
| ISO 9982 | 06.98 | Keilrippenriemen für industrielle Anwendungen; Maße für Profil PH bis PM |
| VDI 2758 | 06.93 | Riemengetriebe |

# 17 Kettengetriebe

| Formelzeichen | Einheit | Benennung |
|---|---|---|
| $a$ | mm | tatsächlicher Wellenmittenabstand |
| $a_0$ | mm | gewünschter Wellenmittenabstand |
| $b_1, b_2 \ldots$ | mm | Bogenlängen der Kette auf dem Teilkreis gemessen |
| $d'_1$ | mm | Kettenrollendurchmesser |
| $d_1$ | mm | Teilkreisdurchmesser des Kettenrades 1 |
| $d_2$ | mm | Teilkreisdurchmesser des Kettenrades 2 |
| $d_{a1}, d_{a2}$ | mm | Kopfkreisdurchmesser des Kettenrades 1 bzw. 2 |
| $d_{f1}, d_{f2}$ | mm | Fußkreisdurchmesser des Kettenrades 1 bzw. 2 |
| $d_{s1}, d_{s2}$ | mm | Durchmesser der Freidrehung unter dem Fußkreis des Kettenrades 1 bzw. 2 |
| $F$ | mm | erforderliches Mindestmaß für die Freidrehung |
| $F_G$ | N | Gewichtskraft des Kettentrums |
| $F_{ges}$ | N | resultierende Betriebskraft im Lasttrum der Kette |
| $F_s$ | N | Stützzug |
| $F'_s$ | 1 | spezifischer Stützzug |
| $F_{so}, F_{su}$ | N | Stützzug am oberen bzw. unteren Kettenrad bei geneigter Triebanordnung |
| $F_t$ | N | Kettenzugkraft (Tangentialkraft) |
| $F_w$ | N | Wellenbelastung, Wellenspannkraft |
| $F_z$ | N | Fliehzug |
| $f$ | mm | Durchhang des Kettenleertrums |
| $f_{rel}$ | % | relativer Durchhang des Kettenleertrums |
| $f_1$ | 1 | Korrekturfaktor zur Berücksichtigung der Zähnezahl des kleinen Kettenrades |
| $f_2$ | 1 | Korrekturfaktor zur Berücksichtigung der unterschiedlichen Wellenabstände |
| $f_3$ | 1 | Korrekturfaktor zur Berücksichtigung der Kettengliedform |
| $f_4$ | 1 | Korrekturfaktor zur Berücksichtigung der von der Kette zu überlaufenden Räder |
| $f_5$ | 1 | Korrekturfaktor zur Berücksichtigung der Lebensdauer |

# 17 Kettengetriebe

| Formelzeichen | Einheit | Benennung |
|---|---|---|
| $f_6$ | 1 | Korrekturfaktor zur Berücksichtigung der Umweltbedingungen |
| $g$ | m/s² | Fallbeschleunigung |
| $i$ | 1 | Übersetzungsverhältnis |
| $K_A$ | 1 | Anwendungsfaktor zur Berücksichtigung stoßartiger Belastung |
| $L$ | mm | Gesamtlänge der Kette |
| $L_h$ | h | Lebensdauer des Kettengetriebes |
| $l_T$ | mm | Kettentrumlänge |
| $l_1, l_2 \ldots$ | mm | Teillängen der Kette |
| $n$ | 1 | Anzahl der Kettenräder |
| $n_1, n_2$ | 1/min | Drehzahl des Kettenrades 1 bzw. 2 |
| $P_D$ | kW | Diagrammleistung |
| $P_1$ | kW | Antriebsleistung |
| $p$ | mm | Kettenteilung |
| $q$ | kg/m | Längen-Gewicht der Kette (Massenbelag) |
| $T$ | Nmm, Nm | Nenndrehmoment |
| $T_1$ | Nmm, Nm | Antriebsmoment |
| $\upsilon$ | m/s | Kettengeschwindigkeit |
| $X$ | 1 | tatsächliche Kettengliederzahl |
| $X_0$ | 1 | rechnerische Kettengliederzahl |
| $z_1, z_2$ | 1 | Zähnezahl des Kettenrades 1 bzw. 2 |
| $\delta$ | ° | Neigungswinkel der Wellenmitten gegen die Waagerechte |
| $\varepsilon_0$ | ° | Trumneigungswinkel zwischen der gemeinsamen Tangente an den Teilkreisen (Leertrum) und der Verbindungslinie der Kettenradmittelpunkte |
| $\tau$ | ° | Teilungswinkel der Verzahnung |
| $\psi$ | ° | Neigungswinkel zwischen der gemeinsamen Tangente an den Teilkreisen (Leertrum) und der Waagerechten |

| Nr. | Formel | Hinweise |
|---|---|---|
| | **Geometrie der Kettenräder (Rollenketten)** | |
| 1 | mittlere Übersetzung $$i = \frac{n_1}{n_2} = \frac{z_2}{z_1} = \frac{d_2}{d_1}$$ | $d_1$, $d_2$ nach Nr. 3 |
| 2 | Teilungswinkel $$\tau = \frac{360°}{z}$$ | Zähnezahlen für Kettenräder: |
| 3 | Teilkreisdurchmesser $$d = \frac{p}{\sin\left(\frac{\tau}{2}\right)} = \frac{p}{\sin\left(\frac{180°}{z}\right)}$$ | $z_1$ \| $v$ in m/s \| Anwendung <br> 11…13 \| < 4 \| $p < 20$ mm, $l_\mathrm{f} > 40\,X$, weniger empfindliche Antriebe <br> 14…16 \| < 7 \| mittlere Belastungen <br> 17…25 \| < 24 \| *günstig* für Kleinräder <br><br> $z_2$ <br> 30…80 \| üblich für Großräder <br> 80…120 \| obere Grenze für Großräder |
| 4 | Fußkreisdurchmesser $$d_\mathrm{f} = d - d_1'$$ | zu bevorzugende Zähnezahlen: <br> $z_1 = (13)\ (15)\ 17\ 19\ 21\ 23\ 25$ <br> $z_2 = 38\ 57\ 76\ 95\ 114$ |
| 5 | Kopfkreisdurchmesser $$d_\mathrm{a} = d \cdot \cos\frac{\tau}{2} + 0{,}8\,d_1'$$ | $d_1'$, $p$ nach TB 17-1 |
| 6 | Durchmesser der Freidrehung unter dem Fußkreis $$d_\mathrm{s} = d - 2F$$ | $F$ nach TB 17-2 |

# 17 Kettengetriebe

| Nr. | Formel | Hinweise |
|---|---|---|
| | **Berechnung der Kettengetriebe (Rollenketten)** | |
| 7 | Für die Kettenwahl nach TB 17-3 maßgebende Diagrammleistung $$P_D \approx \frac{K_A \cdot P_1 \cdot f_1}{f_2 \cdot f_3 \cdot f_4 \cdot f_5 \cdot f_6}$$ | $K_A$ nach TB 3-5<br>$f_1$ nach TB 17-5<br>$f_2$ nach TB 17-6<br>$f_3 = 0{,}8$ bei gekröpftem Verbindungsglied, sonst $f_3 = 1$<br>$f_4 \approx 0{,}9^{(n-2)}$ für $n$ Kettenräder; für den Normalfall mit $n = 2$ wird $f_4 = 1$<br>$f_5 \approx (15\,000/L_h)^{1/3}$ mit $L_h$ in h<br>$f_6$ nach TB 17-7 |
| 8 | günstiger Wellenabstand (Umschlingungswinkel soll möglichst $\geq 120°$ betragen)<br>$a \approx (30\ldots 50) \cdot p$ | |
| 9 | für den gewünschten Wellenabstand $a_0$ wird die rechnerische Gliederzahl $$X_0 \approx 2\frac{a_0}{p} + \frac{z_1 + z_2}{2} + \left(\frac{z_2 - z_1}{2\cdot\pi}\right)^2 \cdot \frac{p}{a_0}$$ | $X_0$ so runden, dass sich eine gerade Gliederzahl ergibt zur Vermeidung gekröpfter Verbindungsglieder |
| 10 | tatsächlicher Wellenabstand $$a = \frac{p}{4} \cdot \left[\left(X - \frac{z_1 + z_2}{2}\right) + \sqrt{\left(X - \frac{z_1 + z_2}{2}\right)^2 - 2\left(\frac{z_2 - z_1}{\pi}\right)^2}\right]$$ | |
| 11 | Gesamtlänge der Kette bei Kettengetrieben mit $n > 2$ Kettenrädern<br>$L \approx l_1 + l_2 + \ldots + b_1 + b_2 + \ldots$ | $b = \frac{d}{2} \cdot \text{arc}\,\alpha$, $\alpha$ Umschlingungswinkel |
| 12 | erforderliche Gliederzahl allgemein<br>$X = \dfrac{L}{p}$ | |

| Nr. | Formel | Hinweise |
|---|---|---|

**Kraftverhältnisse an Kettengetrieben (Rollenketten)**

| 13 | (statische) Kettenzugkraft $F_t = \dfrac{P_1}{v} = \dfrac{T_1}{d_1/2}$ | $T_1 \approx 9550 \cdot \dfrac{P_1}{n_1}$    $\begin{array}{c\|c\|c} T_1 & P_1 & n_1 \\ \hline \text{Nm} & \text{kW} & \text{min}^{-1} \end{array}$ |
| 14 | Fliehzug $F_z = q \cdot v^2$ | $v = d_1 \cdot \pi \cdot n_1$ |
| 15 | Stützzug a) bei annähernd waagerechter Lage des Leertrums $F_s \approx \dfrac{F_G \cdot l_T}{8 \cdot f} = \dfrac{q \cdot g \cdot l_T}{8 \cdot f_{rel}}$ | $q$ nach TB 17-1 $F_G = q \cdot g \cdot l_T$ $g \approx 9{,}81 \text{ m/s}^2$ $l_T = a \cdot \cos \varepsilon_0$ |
| 16 | b) bei geneigter Lage des Leertrums Stützzug am oberen Kettenrad $F_{so} \approx q \cdot g \cdot l_T \cdot (F_s' + \sin \psi)$ | $f_{rel} = \dfrac{f}{l_T}$ |
| 17 | Stützzug am unteren Kettenrad $F_{su} \approx q \cdot g \cdot l_T \cdot F_s'$ | normal $f_{rel} \approx 2\% = 0{,}02$ $F_s'$ nach TB 17-4 $\psi = \delta - \varepsilon_0$ mit $\varepsilon_0$ aus $\sin \varepsilon_0 = (d_2 - d_1)/(2 \cdot a)$ $d_2, d_1$ nach Nr. 3 |
| 18 | resultierende Betriebskraft im Lasttrum der Kette bei annähernd waagerechter Lage des Leertrums unter Berücksichtigung ungünstiger Betriebsverhältnisse $F_{ges} = F_t \cdot K_A + F_z + F_s$ | $F_t$ nach Nr. 13 |

# 17 Kettengetriebe

| Nr. | Formel | Hinweise |
|---|---|---|
| 19 | − bei geneigter Lage des Leertrums $F_{ges} = F_t \cdot K_A + F_z + F_{so}$ | $F_z$ nach Nr. 14 $F_s$ nach Nr. 15 $F_{so}$ nach Nr. 16 $F_{su}$ nach Nr. 17 |
| 20 | Wellenbelastung bei annähernd waagerechter Lage des Leertrums $F_w \approx F_t \cdot K_A + 2 \cdot F_s$ | $K_A$ nach TB 3-5 |
| 21 | Belastung der *oberen* Welle bei geneigter Lage des Leertrums $F_{wo} \approx F_t \cdot K_A + 2F_{so}$ | |
| 22 | Belastung der *unteren* Welle bei geneigter Lage des Leertrums $F_{wu} \approx F_t \cdot K_A + 2F_{su}$ | |

## Technische Regeln (Auswahl)

| Technische Regeln | | Titel |
|---|---|---|
| DIN 8150 | 03.84 | Gallketten |
| DIN 8152-1...-4 | 02.89 | Flyerketten, leichte und schwere Reihe LL und LH; Anschlussstücke und Umlenkrollen |
| DIN 8153-1 | 03.92 | Scharnierbandketten |
| DIN 8154 | 09.99 | Buchsenketten mit Vollbolzen |
| DIN 8156 | 02.05 | Ziehbankketten ohne Buchsen |
| DIN 8164 | 08.99 | Buchsenketten |
| DIN 8165-1...-3 | 03.92 | Förderketten mit Vollbolzen, Bauart FV und FVT |
| DIN 8167-1...-3 | 03.86 | Förderketten mit Vollbolzen, ISO-Bauart M und MT |
| DIN 8168-1...-3 | 03.86 | Förderketten mit Hohlbolzen, ISO-Bauart MC und MCT |
| DIN 8175 | 02.80 | Förderketten; Buchsenförderketten, schwere Ausführung |
| DIN 8176 | 01.80 | − −; Buchsenförderketten für Kettenbahnen |
| DIN 8181 | 04.00 | Rollenketten; langgliedrig |
| DIN 8182 | 09.99 | Rollenketten mit gekröpften Gliedern (Rotaryketten) |
| DIN 8187-1 | 03.96 | Rollenketten; Europäische Bauart; Einfach-, Zweifach-, Dreifach-Rollenketten |
| DIN 8188-1 | 03.96 | − −; Amerikanische Bauart; Einfach-, Zweifach-, Dreifach-Rollenketten |
| DIN 8194 | 08.83 | Stahlgelenkketten; Ketten und Kettenteile; Bauformen, Benennungen |
| DIN 8196-1 | 03.87 | Verzahnung der Kettenräder für Rollenketten nach DIN 8187 und DIN 8188; Profilabmessungen |
| DIN 8196-2 | 03.92 | Verzahnung der Kettenräder für Rollenketten, langgliedrig, nach DIN 8181; Profilabmessungen |
| DIN ISO 10823 | 10.06 | Hinweise zur Auswahl von Rollenkettentrieben |

# 18 Elemente zur Führung von Fluiden (Rohrleitungen)

| Formelzeichen | Einheit | Benennung |
|---|---|---|
| $a$ | m/s | Fortpflanzungsgeschwindigkeit einer Druckwelle |
| $A$ | mm$^2$ | Querschnittsfläche der Rohrwand |
| $B$ | N/mm$^2$ | Berechnungskonstante |
| $c_1$ | mm | Zuschlag zum Ausgleich der zulässigen Wanddickenunterschreitung |
| $c_1'$ | % | Zuschlag zum Ausgleich der zulässigen Wanddickenunterschreitung als Prozentsatz der bestellten Wanddicke |
| $c_2$ | mm | Zuschlag für Korrosion bzw. Erosion |
| $d_a$ | mm | Rohraußendurchmesser |
| $d_i$ | mm | Rohrinnendurchmesser |
| $d_m$ | mm | mittlerer Rohrdurchmesser |
| $E$ | N/mm$^2$ | Elastizitätsmodul |
| $F_\vartheta$ | N | Längskraft im Rohr bzw. auf die Festpunkte infolge Temperaturänderung |
| $F_d$ | 1 | Korrekturfaktor zur Berücksichtigung des Wanddickeneinflusses |
| $F_{\vartheta^*}$ | 1 | Temperatureinflussfaktor |
| $g$ | m/s$^2$ | Fallbeschleunigung |
| $\Delta h$ | m | geodätischer Höhenunterschied bei nicht horizontal verlaufenden Leitungen |
| $K$ | N/mm$^2$ | Festigkeitskennwert |
| $k$ | mm | mittlere Rauigkeitshöhe der Rohrinnenwand |
| $k$ | 1 | Faktor für die Rohrausführung bei der Berechnung der Stützpunktabstände |
| $l$ | m | Länge der Rohrleitung |
| $L$ | m | Abstand der Unterstützungspunkte |
| $\dot{m}$ | kg/s | Massenstrom |
| $m$ | 1 | Exponent zur Berechnung der zulässigen Lastspielzahl (3 bzw. 3,5) |
| $N$ | 1 | Betriebslastspielzahl |

# 18 Elemente zur Führung von Fluiden (Rohrleitungen)

| Formelzeichen | Einheit | Benennung |
|---|---|---|
| $N_{zul}$ | 1 | zulässige Lastspielzahl bei einer Druckschwankungsbreite von $p_{max} - p_{min}$ |
| $p_e$ | N/mm² | Berechnungsdruck bei festgelegten Druck-Temperatur-Bedingungen |
| $p_{max} - p_{min}$ | N/mm² | Druckschwankungsbreite (das Doppelte der Amplitude) |
| $\Delta p$ | Pa | Druckverlust in der Rohrleitung durch Reibung und Einzelwiderstände |
| $\Delta p$ | Pa | Druckänderung durch Druckstoß |
| $p_r$ | N/mm² | Ersatzdruck |
| $p_{e,zul}$ | N/mm² | zulässiger Betriebsdruck |
| Re | 1 | Reynolds-Zahl (Geschwindigkeit des strömenden Mediums × Rohrinnendurchmesser/kinematische Viskosität), kennzeichnet den Strömungszustand |
| $R_m$ | N/mm² | Mindestzugfestigkeit |
| $R_{eH/\vartheta}$ | N/mm² | Mindestwert der oberen Streckgrenze bei Berechnungstemperatur (Warmstreckgrenze) |
| $R_{m/\vartheta}$ | N/mm² | Mindestzugfestigkeit bei Berechnungstemperatur (Warmfestigkeit) |
| $R_{m/t/\vartheta}$ | N/mm² | Zeitstandfestigkeit bei Berechnungstemperatur $\vartheta$ und betrachteter Lebensdauer $t$ |
| $R_{m/10^5/\vartheta}$ | N/mm² | Zeitstandfestigkeit für 100 000 h bei Berechnungstemperatur $\vartheta$ |
| $R_{m/1,5 \cdot 10^5/\vartheta}$ | N/mm² | Zeitstandfestigkeit für 150 000 h bei Berechnungstemperatur $\vartheta$ |
| $R_{m/2 \cdot 10^5/\vartheta}$ | N/mm² | Zeitstandfestigkeit für 200 000 h bei Berechnungstemperatur $\vartheta$ |
| $R_{p0,2/\vartheta}$ | N/mm² | Mindestwert der 0,2%-Dehngrenze bei Berechnungstemperatur $\vartheta$ (Warmdehngrenze) |
| $R_{p1,0/\vartheta}$ | N/mm² | Mindestwert der 1%-Dehngrenze bei Berechnungstemperatur $\vartheta$ (Warmdehngrenze) |
| $S$ | 1 | Sicherheitsbeiwert, Sicherheitsfaktor |
| $S_t$ | 1 | zeitabhängiger Sicherheitsbeiwert |
| $t$ | mm | Bestellwanddicke (geforderte Mindestwanddicke einschließlich Zuschlägen und Toleranzen) |
| $t_R$ | s | Reflexionszeit beim Druckstoß |
| $t_S$ | s | Schließzeit des Absperr- bzw. Steuerorgans |
| $t_v$ | mm | rechnerisch erforderliche Mindestwanddicke ohne Zuschläge und Toleranzen |

# 18 Elemente zur Führung von Fluiden (Rohrleitungen)

| Formelzeichen | Einheit | Benennung |
|---|---|---|
| $t_{min}$ | mm | Mindest-Rohrwanddicke |
| $v$ | m/s | Strömungsgeschwindigkeit (Mittelwert) des Mediums |
| $v_N$ | 1 | Schweißnahtfaktor, berücksichtigt die Festigkeitsminderung bei Bauteilen mit Stumpfnähten, die nicht in Umfangsrichtung liegen |
| $\Delta v$ | m/s | Änderung der Strömungsgeschwindigkeit durch einen Regelvorgang |
| $\dot{V}$ | m³/s | Volumenstrom |
| $\alpha$ | K$^{-1}$ | thermischer Längenausdehnungskoeffizient |
| $\zeta$ | 1 | Widerstandszahl von Rohrleitungselementen |
| $\eta$ | Pa s | dynamische Viskosität des strömenden Mediums |
| $\Delta\vartheta$ | K | Temperaturdifferenz |
| $\lambda$ | 1 | Rohrreibungszahl |
| $\nu$ | m²/s | kinematische Viskosität des strömenden Mediums |
| $\varrho, \varrho_{Luft}$ | kg/m³ | Dichte des Mediums bzw. der umgebenden Luft |
| $2 \cdot \sigma_a^*$ | N/mm² | maßgebliche pseudoelastische Spannungsschwingbreite |
| $\sigma_{prüf}$ | N/mm² | bei der Druckprüfung auftretende Spannung |
| $\sigma_{prüf, zul}$ | N/mm² | zulässige Spannung bei der festgelegten Prüftemperatur während der Druckprüfung |
| $\sigma_{zul}$ | N/mm² | zeitunabhängige zulässige Spannung |
| $\sigma_{zul, t}$ | N/mm² | zeitabhängige zulässige Spannung |
| $\sigma_{zul, 20}$ | N/mm² | zulässige Spannung bei 20 °C (Auslegungsspannung) |

# 18 Elemente zur Führung von Fluiden (Rohrleitungen)

| Nr. | Formel | Hinweise |
|---|---|---|
| | **Strömungsgeschwindigkeit und Rohrinnendurchmesser** Die wirtschaftliche Strömungsgeschwindigkeit und der wirtschaftliche Rohrinnendurchmesser lassen sich aus dem Kostenminimum von Investitions- und Betriebskosten ermitteln. In der Praxis wird die wirtschaftliche Strömungsgeschwindigkeit unter Berücksichtigung strömungstechnischer Grenzdaten (Geräuschemission, Schwingungen, Erosion) und der großen Abhängigkeit des Druckverlustes vom Rohrdurchmesser ($\Delta p \sim 1/d^5$) nach Erfahrungswerten gewählt. Große Strömungsgeschwindigkeit bedeutet also kleinen Rohrdurchmesser und geringen Aufwand für Armaturen, Anstrich und Isolation, anderseits aber hohen Energieaufwand (Druckverlust) und hohen Geräuschpegel. | |
| 1 | Strömungsgeschwindigkeit in kreisförmigen Rohren<br>– bei gegebenem Volumenstrom<br>$$v = \frac{4}{\pi} \cdot \frac{\dot{V}}{d_i^2}$$ | $\begin{array}{c\|c\|c\|c\|c} v & d_i & \varrho & \dot{V} & \dot{m} \\ \hline \text{m/s} & \text{m} & \text{kg/m}^3 & \text{m}^3\text{/s} & \text{kg/s} \end{array}$ |
| 2 | – bei gegebenem Massenstrom<br>$$v = \frac{4}{\pi} \cdot \frac{\dot{m}}{\varrho \cdot d_i^2}$$ | |
| 3 | erforderlicher Rohrinnendurchmesser<br>– bei gegebenem Volumenstrom<br>$$d_i = \sqrt{\frac{4}{\pi} \cdot \frac{\dot{V}}{v}}$$ | Richtwerte für wirtschaftliche Strömungsgeschwindigkeiten $v$ s. TB 18-5<br>Genormter Rohrinnendurchmesser $d_i$ bzw. Nennweiten DN s. TB 1-13 bzw. TB 18-4 |
| 4 | – bei gegebenem Massenstrom<br>$$d_i = \sqrt{\frac{4}{\pi} \cdot \frac{\dot{m}}{\varrho \cdot v}}$$ | |

| Nr. | Formel | Hinweise |
|---|---|---|

**Strömungsform**

Die Reynolds-Zahl kennzeichnet die Strömungsform und stellt das Verhältnis der Trägheitskräfte zu den Viskositätskräften im Stoffstrom dar. Strömungen sind mechanisch ähnlich, wenn ihre Reynolds-Zahlen gleich sind. Die kritische Strömungsgeschwindigkeit gibt den Übergang von der laminaren zur turbulenten Strömung an.

| 5 | Reynolds-Zahl $$Re = \frac{v \cdot d_i}{\nu}$$ | $v$ \| $d_i$ \| $\nu$ \| $Re$ <br> m/s \| m \| m²/s \| 1 <br><br> Wenn $\eta$ und $\varrho$ bekannt, gilt $\nu = \eta/\varrho$, mit der dynamischen Viskosität $\eta$ in Pa s (kg/(m · s)) und der Dichte $\varrho$ des Mediums in kg/m³ nach TB 18-9a. <br> Richtwerte für <br> – wirtschaftliche Strömungsgeschwindigkeit s. TB 18-5 <br> – kinematische Viskosität s. TB 18-9a <br> – Rohrinnendurchmesser, z. B. als genormte Nennweite DN, s. TB 18-4 <br> $Re < 2320$: Laminarströmung <br> $Re > 2320$: Turbulentströmung |
|---|---|---|
| 6 | kritische Strömungsgeschwindigkeit $$v_{krit} = \frac{\nu \cdot Re_{krit}}{d_i}$$ | $v_{krit}$ \| $d_i$ \| $\nu$ \| $Re$ <br> m/s \| m \| m²/s \| 1 <br><br> $Re_{krit} = 2320$ |

**Druckverlust durch inkompressible Strömung**

Die durch die Strömungsverluste (Reibung, Wirbel) bedingte Verlustenergie wird beeinflusst durch die Berührungsfläche zwischen Fluid und Rohrwand ($d_i$, $l$), die Strömungsgeschwindigkeit, die Art des Fluids ($\eta$, $\varrho$), die Strömungsform (turbulent, laminar) und die Wandrauigkeit. Obwohl für Gas- (Dampf-)Leitungen kompressible Strömung vorliegt, gelten die nachfolgenden Gleichungen näherungsweise auch für Gasleitungen mit geringer Expansion, also bei geringem Druckabfall (Niederdruck-Gasleitungen).

| 7 | Druckverlust für beliebig verlaufende kreisförmige Rohrleitungen mit Einbauten $$\Delta p = \frac{\varrho \cdot v^2}{2}\left(\frac{\lambda \cdot l}{d_i} + \Sigma \zeta\right)$$ $$\pm \Delta h \cdot g \cdot (\varrho - \varrho_{Luft})$$ | $\Delta p$ \| $\varrho$ \| $v$ \| $\lambda$ \| $l$ \| $d_i$ \| $\zeta$ \| $\Delta h$ \| $g$ <br> Pa \| kg/m³ \| m/s \| 1 \| m \| m \| 1 \| m \| m/s² <br><br> Anmerkung: Im 2. Glied der Gleichung gilt das positive Vorzeichen für aufsteigende und das negative Vorzeichen für abfallende Leitungen. Bei $\varrho < \varrho_{Luft}$ (z. B. Niederdruckgasleitungen) ergibt sich für aufsteigende Leitungen ein Druckgewinn (Auftrieb), bei abfallenden Leitungen entsprechend ein Druckverlust. |

# 18 Elemente zur Führung von Fluiden (Rohrleitungen)

| Nr. | Formel | Hinweise |
|---|---|---|
| 8 | Druckverlust bei geraden kreisförmigen Rohrleitungen ohne Einbauten $$\Delta p = \lambda \cdot \frac{l}{d_i} \cdot \frac{\varrho}{2} \cdot v^2$$ | Richtwerte für<br>– Rohrreibungszahl $\lambda$ nach Nr. 10 bis 14<br>– wirtschaftliche Strömungsgeschwindigkeit $v$ s. TB 18-5<br>– Dichte $\varrho$ des Mediums s. TB 18-9<br>– Rohrinnendurchmesser $d_i$, z. B. als genormte Nennweite DN, s. TB 18-4<br>– Widerstandszahl $\zeta$ s. TB 18-7<br>– Fallbeschleunigung $g = 9{,}81$ m/s² |
| 9 | Druckverlust durch Einbauten $$\Delta p = \Sigma \zeta \cdot \varrho \cdot v^2/2$$ | |
| 10 | Rohrreibungszahl bei laminarer Strömung (Re < 2320) $$\lambda = \frac{64}{\text{Re}}$$ | Bei laminarer Strömung ist die Rohrreibungszahl nur von der Reynolds-Zahl abhängig (z. B. Ölleitungen). Die Wandrauigkeit der Rohre hat keinen Einfluss.<br>$\lambda = f(\text{Re})$ auch unmittelbar aus Schaubild TB 18-8 ablesbar. |
| 11 | **Turbulente Rohrströmung**<br>• Rohrreibungszahl bei hydraulisch rauen Rohren $$\lambda = \frac{1}{\left(2\lg\frac{d_i}{k} + 1{,}14\right)^2}$$ | Im oberhalb der Grenzkurve $\lambda = [(200 \cdot d_i/k)/\text{Re}]^2$ liegenden Bereich ist die Rohrreibungszahl nur von $d_i/k$ abhängig, die Kurve verläuft waagerecht, s. TB 18-8. Richtwerte für Rauigkeitshöhe $k$ s. TB 18-6. Geltungsbereich der Formel: Re > 1300 · $d_i/k$<br>$\lambda = f(d_i/k)$ auch unmittelbar aus Schaubild TB 18-8 ablesbar. |
| 12 | • Rohrreibungszahl im Übergangsbereich zwischen vollrauem und glattem Verhalten der Rohrwand<br>– Interpolationsformel $$\frac{1}{\sqrt{\lambda}} = -2\lg\left(\frac{2{,}51}{\text{Re}\cdot\sqrt{\lambda}} + \frac{1}{3{,}71\frac{d_i}{k}}\right)$$ | Mit zunehmender Reynolds-Zahl wird die laminare Unterschicht zunehmend dünner und die Rauigkeitsspitzen ragen immer mehr heraus. |
| 13 | – Näherungsformel $$\lambda = 0{,}11 \cdot \left(\frac{k}{d_i} + \frac{68}{\text{Re}}\right)^{0{,}25}$$ | Die Rohrreibungszahl hängt sowohl von $d_i/k$ als auch von der Reynolds-Zahl ab. Richtwert für Rauigkeitshöhe $k$ s. TB 18-6.<br>$\lambda = f(\text{Re}, d_i/k)$ auch unmittelbar aus TB 18-8 ablesbar. |

| Nr. | Formel | Hinweise |
|---|---|---|
| 14 | • Rohrreibungszahl bei hydraulisch glatten Rohren $$\lambda \approx \frac{0{,}309}{\left(\lg \dfrac{Re}{7}\right)^2}$$ | Die vorhandene Wandrauigkeit liegt innerhalb der laminaren Unterschicht. Da in der Praxis stets mit einer Betriebsrauigkeit gerechnet werden muss, ist diese Näherungsformel nur als Grenzfall ($k = 0$) interessant. Geltungsbereich der Formel: Re > 2320 $\lambda = f(Re)$ auch unmittelbar aus TB 18-8 ablesbar. |

**Dynamische Druckänderungen (Druckstöße)**

Druckstöße treten auf, wenn die Strömungsgeschwindigkeit in einer Rohrleitung verändert wird, z. B. durch Schließen oder Öffnen von Ventilen oder durch In- oder Außerbetriebnahme von Pumpen.
Wasserschläge sind Folge eines negativen Druckstoßes und entstehen nach dem Abreißen der Wassersäule infolge Unterdruck durch das nachfolgende Wiederauftreffen der rückströmenden Wassersäule auf das Absperrorgan.
Er tritt nur auf, wenn das Schließen des Absperrorgans in kürzerer Zeit erfolgt, als eine Druckwelle benötigt, um mit Schallgeschwindigkeit vom Absperrorgan zur Reflektionsstelle (Behälter, Rohrknoten) und zurück zu wandern.

| Nr. | Formel | Hinweise |
|---|---|---|
| 15 | maximale Druckänderung durch Druckstoß (Joukowsky-Stoß) $\Delta p = \varrho \cdot a \cdot \Delta v$ | <table><tr><td>$\Delta p$</td><td>$\varrho$</td><td>$a$</td><td>$\Delta v$</td></tr><tr><td>Pa</td><td>kg/m³</td><td>m/s</td><td>m/s</td></tr></table> Dichte $\varrho$ des Durchflussstoffes z. B. nach TB 18-9 Druckfortpflanzungsgeschwindigkeit (Schallgeschwindigkeit) für Wasser und dünnflüssige Öle – in dünnwandigen Leitungen: $a \approx 1000$ m/s – in verhältnismäßig dickwandigen Hydraulikleitungen: $a \approx 1300$ m/s $\Delta v = v_1 - v_2$, plötzliche Geschwindigkeitsänderung der Strömung von $v_1$ auf $v_2 = 0$, wenn die Strömung in einer sehr kurzen Schließzeit $t_S < t_R$ reduziert wird. |
| 16 | Druckänderung durch reduzierten Druckstoß $\Delta p = \varrho \cdot a \cdot \Delta v \cdot \dfrac{t_R}{t_S}$ | <table><tr><td>$\Delta p$</td><td>$\varrho$</td><td>$a$</td><td>$\Delta v$</td><td>$t_R, t_S$</td></tr><tr><td>Pa</td><td>kg/m³</td><td>m/s</td><td>m/s</td><td>s</td></tr></table> Bei einer Verlängerung der Schließzeit des Absperrorgans auf mehrere Reflektionszeiten ($t_S \gg t_R$) kann der Druckstoß erheblich reduziert werden. |

# 18 Elemente zur Führung von Fluiden (Rohrleitungen)

| Nr. | Formel | Hinweise |
|---|---|---|
| 17 | Reflexionszeit einer Druckwelle $t_R = 2 \cdot l/a$ | $\dfrac{t_R \mid l \mid a}{s \mid m \mid m/s}$ <br> Der maximale Druckstoß tritt nur auf, wenn die Schließzeit des Absperrorgans $t_S < 2 \cdot l/a$. |

**Berechnung der Wanddicke von geraden Stahlrohren unter Innendruck nach DIN EN 13480**
Sie erfüllt die grundlegenden Sicherheitsanforderungen der europäischen Druckgeräte-Richtlinie. Es gelten die gleichen Berechnungsmethoden wie für Druckbehältermäntel (siehe Kapitel 6: Geschweißte Druckbehälter). Bei der Dimensionierung von Rohrleitungssystemen sind ggf. noch weitere Belastungen zu berücksichtigen, z. B. Wärmeausdehnung, Gewicht von Rohrleitung und deren Inhalt, Schwingungen.

| Nr. | Formel | Hinweise |
|---|---|---|
| 18 | erforderliche Mindestwanddicke (Mindestwert der bestellten Wanddicke) <br> – wenn der Wanddickenzuschlag $c_1$ in mm ausgedrückt wird <br> $t \geq t_v + c_1 + c_2$ | $t_v$ als rechnerische Mindestwanddicke ohne Zuschläge und Toleranzen <br> Wanddickenzuschlag $c_1$ als Absolutwert der Minustoleranz der Rohrwanddicke nach den Normen für Stahlrohre, z. B. TB 1-13c. <br> Der Korrosions- bzw. Erosionszuschlag $c_2$ ist vom Besteller anzugeben. Bei ferritischen Stählen im Allgemeinen 1 mm, Null wenn keine Korrosion zu erwarten ist. |
| 19 | – wenn Wanddickenzuschlag $c_1'$ in Prozent der bestellten Wanddicke ausgedrückt wird <br> $t \geq (t_v + c_2)\dfrac{100}{100 - c_1'}$ <br> Rohrleitungen mit **vorwiegend ruhender Beanspruchung** durch Innendruck werden auf Versagen gegen Fließen berechnet. Dabei wird angenommen, dass es bis 1000 Druckzyklen über die volle Schwankungsbreite nicht zu Ermüdungsschäden kommt. | $c_1' = (c_1/t) \cdot 100\,\% = 8\,\% \dots 20\,\%$ der bestellten Wanddicke nach den Normen für Stahlrohre, z. B. TB 1-13d. <br> Tritt bei der Fertigung z. B. durch Gewindeschneiden, Biegen, Eindellen eine Wanddicken-Abnahme auf, ist diese durch einen Zuschlag $c_3$ zu berücksichtigen. |

| Nr. | Formel | Hinweise |
|---|---|---|
| 20 | Erforderliche Mindestwanddicke ohne Zuschläge<br>— bei dünnwandigen Rohren mit $d_a/d_i \leq 1{,}7$<br>$$t_v = \frac{p_e \cdot d_a}{2 \cdot \sigma_{zul} \cdot v_N + p_e}$$ | Es ist die zusammengehörige Kombination von Druck und Temperatur $(p, \vartheta)$ zu betrachten, die die höchsten Belastungen im Rohrleitungssystem berücksichtigen und die größte Wanddicke ergeben. Die Berechnungstemperatur ist die maximale, unter normalen Betriebsbedingungen beim Berechnungsdruck $p_e$ in der Rohrwandmitte zu erwartende Temperatur. Rohraußendurchmesser $d_a$ nach Rohrnormen, z. B. DIN EN 10220 (TB 1-13b), DIN EN 10305-1 (TB 1-13c), DIN EN 10216-1 (TB 1-13d). |
| 21 | — bei dickwandigen Rohren mit $d_a/d_i > 1{,}7$<br>$$t_v = \frac{d_a}{2}\left(1 - \sqrt{\frac{\sigma_{zul} \cdot v_N - p_e}{\sigma_{zul} \cdot v_N + p_e}}\right)$$ | Schweißnahtfaktor für Rohre mit nicht in Umfangsrichtung verlaufenden Stumpfnähten:<br>$v_N = 1$   bei vollständigem Nachweis, dass die Gesamtheit der Nähte fehlerfrei ist<br>$v_N = 0{,}85$ bei Nachweis durch zerstörungsfreie Prüfung an Stichproben<br>$v_N = 0{,}7$ bei Nachweis durch Sichtprüfung<br><br>*1. Zeitunabhängige zulässige Spannungen*<br>— nichtaustenitische Stähle und austenitische Stähle mit A < 30 %<br>$$\sigma_{zul} = \min\left(\frac{R_{eH/\vartheta}}{1{,}5} \text{ oder } \frac{R_{p0{,}2/\vartheta}}{1{,}5}; \frac{R_m}{2{,}4}\right)$$<br>— austenitische Stähle<br>für 35 % ≥ A ≥ 30 %<br>$$\sigma_{zul} = \min\left(\frac{R_{p1{,}0/\vartheta}}{1{,}5}; \frac{R_m}{2{,}4}\right)$$<br>für A > 35 %   $\sigma_{zul} = \dfrac{R_{p1{,}0/\vartheta}}{1{,}5}$<br>oder $\sigma_{zul} = \min\left(\dfrac{R_{m/\vartheta}}{3{,}0}; \dfrac{R_{p1{,}0/\vartheta}}{1{,}2}\right)$<br><br>Festigkeitskennwerte s. TB 6-15 und TB 18-10<br><br>— Stahlguss<br>$$\sigma_{zul} = \min\left(\frac{R_{eH/\vartheta}}{1{,}9} \text{ oder } \frac{R_{p0{,}2/\vartheta}}{1{,}9}; \frac{R_m}{3{,}0}\right)$$<br>Festigkeitskennwerte s. TB 1-2g, TB 1-2h, TB 6-15 und DIN EN 10213 |

18 Elemente zur Führung von Fluiden (Rohrleitungen)

| Nr. | Formel | Hinweise |
|---|---|---|
|  |  | 2. *Zeitabhängige zulässige Spannungen:* $$\sigma_{zul,t} = \frac{R_{m/t/\vartheta}}{S_t}$$ Zeitabhängiger Sicherheitsbeiwert $S_t = 1{,}25$ für 200 000 h, $S_t = 1{,}35$ für 150 000 h und $S_t = 1{,}5$ für 100 000 h. Zeitstandfestigkeit von Stahlrohren $R_{m/2 \cdot 10^5/\vartheta}$ und $R_{m/10^5/\vartheta}$ z. B. nach DIN EN 10216 und DIN EN 10217, s. TB 18-10 Ist keine Lebensdauer festgelegt gilt $R_{m/2 \cdot 10^5/\vartheta}$, sind in den Normen keine Werte für $2 \cdot 10^5$ h festgelegt, gilt $R_{m/1,5 \cdot 10^5/\vartheta}$ bzw. $R_{m/10^5/\vartheta}$. Die 1 %-Zeitdehngrenze darf in keinem Fall überschritten werden. |
| 22 | Bei **schwellender Innendruckbeanspruchung** ist eine vereinfachte Auslegung zulässig, wenn diese ausschließlich auf Druckschwankungen beruht.<br><br>fiktive pseudoelastische Spannungsschwingbreite zur Berechnung der zulässigen Lastspielzahl $$2 \cdot \sigma_a^* = \frac{\eta}{F_d \cdot F_{\vartheta^*}} \cdot \frac{p_{max} - p_{min}}{p_r} \cdot \sigma_{zul,20}$$ | Spannungsfaktor für verschiedene Konstruktionsformen <br><br> | Konstruktionsform (Bauteilgeometrie) | Spannungsfaktor $\eta$ | \|---\|---\| \| kreisrunde ungeschweißte Rohre \| 1,0 \| \| Rundnaht (Stumpfnaht) bei gleicher Wanddicke \| 1,3 \| \| Rundnaht (Stumpfnaht) bei ungleichen Wanddicken \| 1,5 \| \| Längsnaht (Stumpfnaht) bei gleichen Wanddicken \| 1,6 \| \| Stutzen durchgesteckt oder eingesetzt \| 3,0 \| <br><br>Korrekturfaktor zur Berücksichtigung des Wanddickeneinflusses<br><br>$t \leq 25$ mm: $F_d = 1$ <br><br> $t > 25$ mm: $F_d = \left(\dfrac{25}{t}\right)^{0{,}25} \geq 0{,}64$ |

| Nr. | Formel | Hinweise |
|---|---|---|
|  |  | Temperatureinflussfaktor<br>ferritischer Stahl:<br>$F_{\vartheta^*} = 1{,}03 - 1{,}5 \cdot 10^{-4} \cdot \vartheta^* - 1{,}5 \cdot 10^{-6} \cdot \vartheta^{*2}$<br><br>austenitische Werkstoffe:<br>$F_{\vartheta^*} = 1{,}043 - 4{,}3 \cdot 10^{-4} \cdot \vartheta^*$<br><br>für $\vartheta^* \leq 100\,°C$: $F_{\vartheta^*} = 1{,}0$<br><br>mit der Lastzyklustemperatur:<br>$\vartheta^* = 0{,}75 \cdot \vartheta_{max} + 0{,}25 \cdot \vartheta_{min}$<br><br>Ersatzdruck $p_r$ als zulässiger statischer Druck bei 20 °C, berechnet mit den nach $p$ umgeformten Gln. Nr. 20 bzw. 21 mit $v_N = 1$, z. B. für dünnwandige Rohre:<br>$p_r = (2 \cdot \sigma_{zul,20} \cdot t_v)/(d_a - t_v)$<br><br>Zulässige Spannungen bei 20 °C wie zu Gln. Nr. 20 und 21. |
| 23 | Dauerfestigkeitsbedingung<br>$2 \cdot \sigma_a^* \leq 2 \cdot \sigma_{a,D}$ | Der Grenzwert der fiktiven Dauerfestigkeit $2 \cdot \sigma_{a,D}$ ist bei $N = 2 \cdot 10^6$ festgelegt.<br>$2 \cdot \sigma_a^*$ nach Gl. Nr. 22<br><br>| Schweiß-<br>nahtklasse | Konstruktionsform<br>Beispiele | $2 \cdot \sigma_{a,D}$<br>N/mm² |
|---|---|---|
| K0 (RS) | gewalzte Oberfläche | 125 |
| K1 | Rundnaht, beidseitig geschweißt | 63 |
| K2 | Rundnaht, einseitig geschweißt, ohne Gegennaht | 50 |
| K3 | eingesetzter Stutzen | 40 | |

# 18 Elemente zur Führung von Fluiden (Rohrleitungen)

| Nr. | Formel | Hinweise |
|---|---|---|
| 24 | Zulässige Lastspielzahl ($10^3 \leq N \leq 2 \cdot 10^6$) als Funktion der Spannungsschwingbreite $$N_{zul} = \left(\frac{B}{2 \cdot \sigma_a^*}\right)^m$$ | Berechnungskonstante B <br><br> \| Schweißnaht-klasse \| Konstruktionsform Beispiele \| Berechnungs-konstante B N/mm² \| <br> \|---\|---\|---\| <br> \| K0 (RS) \| gewalzte Oberfläche \| 7890 \| <br> \| K1 \| Rundnaht bei gleicher/ungleicher Wanddicke, beidseitig geschweißt \| 7940 \| <br> \| K2 \| Längsnaht einseitig geschweißt, ohne Gegennaht \| 6300 \| <br> \| K3 \| Ecknaht, einseitig geschweißt ohne Gegennaht oder eingeschweißter Stutzen \| 5040 \| <br><br> Fiktive pseudoelastische Spannungsschwingbreite $2 \cdot \sigma_a^*$ s. Gl. Nr. 22 |
| 25 | **Druckprüfung (DIN EN 13480-5)** <br> Für die während der Prüfung auftretende Spannung gilt <br> $\sigma_{prüf} \leq \sigma_{prüf,zul}$ | Bei der Wasserdruckprüfung darf der Prüfdruck den höheren der beiden Werte nicht unterschreiten: $$p_{prüf} = \max\left\{1{,}25 \cdot p_e \cdot \frac{\sigma_{prüf,zul}}{\sigma_{zul}};\ 1{,}43 \cdot p_e\right\}$$ Dabei darf aber $\sigma_{prüf,zul}$ nicht überschritten werden. <br><br> Für die zulässige Prüfspannung bei der festgelegten Prüftemperatur gilt <br> – für nicht austenitische Stähle und austenitische Stähle mit $A < 25\,\%$: <br>     $\sigma_{prüf,zul} \leq 0{,}95 \cdot R_{eH}$ <br> – für austenitische Stähle mit $A \geq 25\,\%$: <br>     $\sigma_{prüf,zul} \leq \max(0{,}95 R_{p1,0};\ 0{,}45 R_m)$ |

| Nr. | Formel | Hinweise |
|---|---|---|
| | | Der zulässige Prüfdruck bei der Prüftemperatur kann ermittelt werden durch die nach $p_e$ umgeformten Gln. Nr. 20 bzw. 21 (mit $v_N = 1$), z. B. für dünnwandige Rohre $$p_{\text{prüf}} = \frac{2 \cdot \sigma_{\text{prüf,zul}} \cdot t_V}{d_a - t_V}$$ $$\sigma_{\text{prüf}} = \frac{p_{\text{prüf}}}{2} \cdot \left(\frac{d_a}{t_V} - 1\right)$$ |
| 26 | **Rohre aus duktilem Gusseisen für Wasserleitungen (DIN EN 545)** zulässiger Betriebsdruck für duktile Guss-Muffenrohre $$p_{e,\text{zul}} = \frac{2 \cdot t_{\min} \cdot R_m}{d_m \cdot S} \leq 64 \text{ bar}$$ | Mindestzugfestigkeit des duktilen Gusseisens $R_m = 420$ N/mm² |
| | | Mindestrohrwanddicke für Schleudergussrohre $t_{\min} = t - c_1$, mit zulässiger Wanddickenunterschreitung $c_1 = 1{,}3$ mm für $t = 6$ mm und $c_1 = 1{,}3$ mm $+ 0{,}001$ DN für $t > 6$ mm. Mittlerer Rohrdurchmesser: $d_m = d_a - t$ |
| | | Sicherheitsfaktor<br>– bei höchstem hydrostatischem Druck im Dauerbetrieb: $S = 3{,}0$<br>– bei höchstem zeitweise auftretendem hydrostatischem Druck inklusive Druckstoß: $S = 2{,}5$ |
| 27 | **Rohre aus Kunststoff** erforderliche Mindest-Rohrwanddicke $$t_{\min} = \frac{p_e \cdot d_a}{2 \cdot \frac{K}{S} + p_e}$$ | Thermoplastische Kunststoffe neigen schon bei Raumtemperatur zum Kriechen. Unter Dauerbelastung ist ihre Festigkeit zeitabhängig. |
| | | Zeitstandfestigkeit $K$ bei der Berechnungstemperatur nach Angaben der Hersteller und der Rohrgrundnormen; für Rohre aus PP s. TB 18-13. |
| | | Sicherheit<br>– $S = 1{,}3$ bei ruhender Belastung, Raumtemperatur und geringer Schadensfolge<br>– $S = 2{,}0$ bei Belastung unter wechselnden Bedingungen und großer Schadensfolge<br>Hinweis: Die DVS-Ri 2210-1 mit Bbl. 1 bietet fundierte Unterlagen zur Ausführung und Projektierung von Rohrleitungen aus thermoplastischen Kunststoffen. |

# 18 Elemente zur Führung von Fluiden (Rohrleitungen)

| Nr. | Formel | Hinweise |
|---|---|---|
| | **Dehnungsausgleicher (Kompensatoren)** | |
| | Ausreichende Elastizität der Rohrleitung muss durch Richtungsänderung (Rohrschleifen, Rohrversatz), durch elastische Verbindungen (Kompensatoren, Metallschläuche) oder andere Einrichtungen gewährleistet sein. | |
| 28 | axiale Rohrkraft infolge Temperaturänderung $$F_\vartheta \approx E \cdot \alpha \cdot \Delta\vartheta \cdot A$$ | Anmerkung: $F_\vartheta$ ist nicht von der Rohrlänge abhängig. <br><br> $\begin{array}{c\|c\|c\|c\|c} F_\vartheta & E & \alpha & \Delta\vartheta & A \\ \hline N & N/mm^2 & K^{-1} & K & mm^2 \end{array}$ <br><br> Baustahl: $\alpha = 12 \cdot 10^{-6}$ $K^{-1}$, V2A und Cu: $17 \cdot 10^{-6}$ $K^{-1}$, Al-Leg.: $24 \cdot 10^{-6}$ $K^{-1}$, Kunststoffe: $50 \cdot 10^{-6}$ bis $200 \cdot 10^{-6}$ $K^{-1}$ <br><br> $E$ nach TB 1-2 bis TB 1-4 <br> Rohrwandquerschnitt $A$ z. B. nach TB 1-13 |
| 29 | Rohrdehnung durch Temperaturänderung $$\Delta l = \alpha \cdot l \cdot \Delta\vartheta$$ | $\begin{array}{c\|c\|c} \Delta l, l & \alpha & \Delta\vartheta \\ \hline mm & K^{-1} & K \end{array}$ |
| | **Rohrhalterungen (Abstützungen)** | |
| | Diese Tragelemente haben den Zweck, die Masse der Rohrleitung samt Inhalt aufzunehmen und auf die umgebende Tragwerkskonstruktion zu übertragen, sowie die Bewegung der Rohrleitung zu führen. | |
| 30 | Abstand der Unterstützungspunkte bei horizontal verlegten geraden Stahlrohrleitungen (Richtwert) $$L = k \cdot d_i^{0,67}$$ | $\begin{array}{c\|c\|c} L & k & d_i \\ \hline m & 1 & mm \end{array}$ <br><br> $k = 0,3$ für leeres ungedämmtes Rohr <br> $k = 0,2$ für gefülltes (Wasser) und gedämmtes Rohr <br><br> Rohrinnendurchmesser $d_i$ nach Rohrnorm, s. TB 1-13 <br><br> Die Gewichtskräfte verursachen Durchbiegung und Biegespannungen in der Rohrleitung. Zur Gewährleistung der Funktion sind die zulässigen Stützweiten nach AD2000 – Merkblatt HP100R einzuhalten, s. TB 18-12. |

## Technische Regeln (Auswahl)

| Technische Regeln | | Titel |
|---|---|---|
| DIN 2353 | 12.98 | Lötlose Rohrverschraubungen mit Schneidring; vollständige Verschraubung und Übersicht |
| DIN 2403 | 05.07 | Kennzeichnung von Rohrleitungen nach dem Durchflussstoff |
| DIN 2425-1 bis DIN 2425-6 | | Planwerke für die Versorgungswirtschaft, die Wasserwirtschaft und für Fernleitungen; Rohrnetzpläne, Kanalnetzpläne |
| DIN 2429-1 | 01.88 | Grafische Symbole für technische Zeichnungen; Rohrleitungen; Allgemeines |
| DIN 2429-2 | 01.88 | –; –; funktionelle Darstellung |
| DIN 2442 | 08.63 | Gewinderohre mit Gütevorschrift, Nenndruck 1 bis 100 |
| DIN 2445-1 | 09.00 | Nahtlose Stahlrohre für schwellende Beanspruchungen; warmgefertigte Rohre für hydraulische Anlagen, 100 bis 500 bar |
| DIN 2445-2 | 09.00 | –; Präzisionsstahlrohre für hydraulische Anlagen, 100 bis 500 bar |
| DIN 2445 Beiblatt 1 | 09.00 | –; Auslegungsgrundlagen |
| DIN 2460 | 06.06 | Stahlrohre und Formstücke für Wasserleitungen |
| DIN 2470-1 | 12.87 | Gasleitungen aus Stahlrohren mit zulässigen Betriebsdrücken bis 16 bar; Anforderungen an Rohrleitungsteile |
| DIN 2695 | 11.02 | Membran-Schweißdichtungen und Schweißring-Dichtungen für Flanschverbindungen |
| DIN 2696 | 08.99 | Flanschverbindungen mit Dichtlinse |
| DIN 3202-4 | 04.82 | Baulängen von Armaturen; Armaturen mit Innengewinde-Anschluss |
| DIN 3320-1 | 09.84 | Sicherheitsventile; Sicherheitsabsperrventile; Begriffe, Größenbemessung, Kennzeichnung |
| DIN 3352-1 | 05.79 | Schieber; Allgemeine Angaben |
| DIN 3356 | 05.82 | Ventile; Allgemeine Angaben |
| DIN 3357-1 | 10.89 | Kugelhähne; Allgemeine Angaben für Kugelhähne aus metallischen Werkstoffen |
| DIN 3567 | 08.63 | Rohrschellen für DN 20 bis DN 500 |
| DIN 3570 | 10.68 | Rundstahlbügel für Rohre von DN 20 bis DN 500 |
| DIN 3850 | 12.98 | Rohrverschraubungen; Übersicht |
| DIN 3852-1 | 05.02 | Einschraubzapfen; Einschraublöcher für Rohrverschraubungen, Armaturen; Verschlussschrauben mit metrischem Feingewinde; Konstruktionsmaße |
| DIN 3852-2 | 11.00 | –; –; Verschlussschrauben mit Whitworth-Rohrgewinde; Konstruktionsmaße |
| DIN 3852-11 | 05.94 | –;–; Einschraubzapfen Form E; Konstruktionsmaße |
| DIN 3865 | 04.02 | Rohrverschraubungen; Dichtkegel 24° mit O-Ring; für Schneidringanschluss nach DIN EN ISO 8434-1 |

## 18 Elemente zur Führung von Fluiden (Rohrleitungen)

| Technische Regeln | | Titel |
|---|---|---|
| DIN 3900 | 06.01 | Lötlose Rohrverschraubungen mit Schneidring; Einschraubstutzen der Reihe LL mit kegeligem Einschraubgewinde |
| DIN 3901 | 09.01 | Lötlose Rohrverschraubungen mit Schneidring; Einschraubstutzen mit zylindrischem Einschraubgewinde für Einschraubzapfen Form A |
| DIN 8061 | 08.94 | Rohre aus weichmacherfreiem Polyvinylchlorid; allgemeine Qualitätsanforderungen, mit Beiblatt 1 |
| DIN 8062 | 11.88 | Rohre aus weichmacherfreiem Polyvinylchlorid (PVC-U, PVC-HI); Maße |
| DIN 8063-1 | 12.86 | Rohrverbindungen und Rohrleitungsteile für Druckrohrleitungen aus weichmacherfreiem Polyvinylchlorid; Muffen- und Doppelmuffenbogen, Maße |
| DIN 8063-2 | 07.80 | –; Bogen aus Spritzguss für Klebung; Maße |
| DIN 8063-3 | 06.02 | –; Rohrverschraubungen; Maße |
| DIN 8063-4 | 09.83 | –; Bunde, Flansche, Dichtungen; Maße |
| DIN 8063-6 | 06.02 | –; Winkel aus Spritzguss für Klebung; Maße |
| DIN 8063-7 | 07.80 | –; T-Stücke und Abzweige aus Spritzguss für Klebung; Maße |
| DIN 8063-8 | 06.02 | –; Muffen, Kappen und Nippel aus Spritzguss für Klebung; Maße |
| DIN 8063-9 | 08.80 | –; Reduzierstücke aus Spritzguss für Klebung; Maße |
| DIN 8063-10 | 06.02 | –; Wandscheiben; Maße |
| DIN 8063-11 | 07.80 | –; Muffen mit Grundkörper aus Kupfer-Zink-Legierung für Klebung; Maße |
| DIN 8063-12 | 01.87 | –; Flansch- und Steckmuffenformstücke; Maße |
| DIN 8074 | 08.99 | Rohre aus Polyethylen (PE); PE 63, PE 80, PE 100, PE-HD; Maße |
| DIN 8076 | 11.08 | Druckrohrleitungen aus thermoplastischen Kunststoffen; Klemmverbinder aus Metallen und Kunststoffen für Rohre aus Polyethylen (PE); allgemeine Güteanforderungen und Prüfung |
| DIN 8077 | 09.08 | Rohre aus Polypropylen (PP); PP-H, PP-B, PP-R, PP-RCT; Maße |
| DIN 8078 | 09.08 | Rohre aus Polypropylen (PP), PP-H, PP-B, PP-R, PP-RCT; Allgemeine Güteanforderungen, Prüfung |
| DIN 8079 | 12.97 | Rohre aus chloriertem Polyvinylchlorid (PVC-C) PVC-C250; Maße |
| DIN 8080 | 08.00 | Rohre aus chloriertem Polyvinylchlorid (PVC-C) PVC-C250; Allgemeine Güteanforderungen, Prüfung |
| DIN 16962-1 bis DIN 16962-13 | | Rohrverbindungen und Rohrleitungsteile für Druckrohrleitungen aus Polypropylen (PP), Typ 1 und 2; Maße, Rohrbogen, T-Stücke, Flansche, Winkel, Muffen usw. |

## 18 Elemente zur Führung von Fluiden (Rohrleitungen)

| Technische Regeln | | Titel |
|---|---|---|
| DIN 16963-1 bis<br>DIN 16963-15 | | Rohrverbindungen und Rohrleitungsteile für Druckrohrleitungen aus Polyethylen hoher Dichte (HDPE), Typ 1 und 2; Rohrbogen, T-Stücke, Winkel, Muffen, Flansche, Rohrverschraubungen usw. |
| DIN 20018-1, -2, -3 | 04.03 | Schläuche mit Textileinlagen; maximaler Arbeitsdruck PN 10/16, PN 40 und PN 100 |
| DIN 20066 | 10.02 | Fluidtechnik; Schlauchleitungen; Maße, Anforderungen |
| DIN 28601 | 06.00 | Rohre und Formstücke aus duktilem Gusseisen; Schraubmuffen-Verbindungen; Zusammenstellung, Muffen, Schraubringe, Dichtungen, Gleitringe |
| DIN 28602 | 05.00 | Rohre und Formstücke aus duktilem Gusseisen; Stopfbuchsenmuffen-Verbindungen; Zusammenstellung, Muffen, Stopfbuchsenring, Dichtung, Hammerschrauben und Muttern |
| DIN 28603 | 05.02 | Rohre und Formstücke aus duktilem Gusseisen; Steckmuffen-Verbindungen; Zusammenstellung, Muffen und Dichtungen |
| DIN EN 545 | 02.07 | Rohre, Formstücke, Zubehörteile aus duktilem Gusseisen und ihre Verbindungen für Wasserleitungen; Anforderungen und Prüfverfahren |
| DIN EN 593 | 11.08 | Industriearmaturen; Metallische Klappen |
| DIN EN 736-1 | 04.95 | Armaturen; Terminologie; Definition der Grundbauarten |
| DIN EN 736-2 | 11.97 | –; –; Definition der Armaturenteile |
| DIN EN 736-3 | 03.02 | –; –; Definition von Begriffen |
| DIN EN 754-7 | 06.08 | Aluminium und Aluminiumlegierungen; gezogene Stangen und Rohre; Nahtlose Rohre, Grenzabmaße und Formtoleranzen |
| DIN EN 755-7 | 06.08 | –; Stranggepresste Stangen, Rohre und Profile; Nahtlose Rohre, Grenzabmaße und Formtoleranzen |
| DIN EN 764-1 bis<br>DIN EN 764-7 | | Druckgeräte; Terminologie, Größen, Symbole, technische Lieferbedingungen, Betriebsanleitungen, Sicherheitseinrichtungen usw. |
| DIN EN 805 | 03.00 | Wasserversorgung; Anforderungen an Wasserversorgungssysteme und deren Bauteile außerhalb von Gebäuden |
| DIN EN 853 | 02.97 | Gummischläuche und -schlauchleitungen; Hydraulikschläuche mit Drahtgeflechteinlage; Spezifikation |
| DIN EN 969 | 11.95 | Rohre, Formstücke, Zubehörteile aus duktilem Gusseisen und ihre Verbindungen für Gasleitungen; Anforderungen und Prüfverfahren |
| DIN EN 1057 | 08.06 | Kupfer und Kupferlegierungen; nahtlose Rundrohre aus Kupfer für Wasser- und Gasleitungen für Sanitärinstallationen und Heizungsanlagen |

## 18 Elemente zur Führung von Fluiden (Rohrleitungen)

| Technische Regeln | | Titel |
|---|---|---|
| DIN EN 1092-1 | 09.08 | Flansche und ihre Verbindungen; runde Flansche für Rohre, Armaturen, Formstücke und Zubehör; nach PN bezeichnet; Stahlflansche |
| DIN EN 1092-2 | 06.97 | –; –; Gusseisenflansche |
| DIN EN 1092-3 | 10.04 | –; –; Flansche aus Kupferlegierungen |
| DIN EN 1092-4 | 08.02 | –; –; Flansche aus Aluminiumlegierungen |
| DIN EN 1171 | 01.03 | Industriearmaturen; Schieber aus Gusseisen |
| DIN EN 1295-1 | 01.97 | Statische Berechnung von erdverlegten Rohrleitungen unter verschiedenen Belastungsbedingungen; Allgemeine Anforderungen |
| DIN EN 1333 | 06.06 | Flansche und ihre Verbindungen; Rohrleitungsteile; Definition und Auswahl von PN |
| DIN EN 1514-1 | 08.97 | Flansche und ihre Verbindungen; Maße für Dichtungen für Flansche mit PN-Bezeichnung; Flachdichtungen aus nichtmetallischem Werkstoff mit oder ohne Einlagen |
| DIN EN 1514-3 | 08.97 | –; –; Nichtmetallische Weichstoffdichtungen mit PTFE-Mantel |
| DIN EN 1514-4 | 08.97 | –; –; Dichtungen aus Metall mit gewelltem, flachem oder gekerbten Profil für Stahlflansche |
| DIN EN 1514-6 | 03.04 | –; –; Kammprofildichtungen für Stahlflansche |
| DIN EN 1514-7 | 08.04 | –; –; Metallummantelte Dichtungen mit Auflage für Stahlflansche |
| DIN EN 1514-8 | 02.05 | –; –; Runddichtringe aus Gummi für Nutflansche |
| DIN EN 1515-1 | 01.01 | Flansche und ihre Verbindungen; Schrauben und Muttern; Auswahl von Schrauben und Muttern |
| DIN EN 1515-2 | 03.02 | –; –; Klassifizierung von Schraubenwerkstoffen für Stahlflansche nach PN bezeichnet |
| DIN EN 1591-1 | 10.01 | Flansche und ihre Verbindungen; Regeln für die Auslegung von Flanschverbindungen mit runden Flanschen und Dichtung; Berechnungsmethode, mit Beiblatt 1: Hintergrundinformationen |
| DIN EN 1591-2 | 09.08 | –; –; Dichtungskennwerte |
| DIN EN 1708-1 | 05.99 | Schweißen; Verbindungselemente beim Schweißen von Stahl; Druckbeanspruchte Bauteile |
| DIN EN 1778 | 12.99 | Charakteristische Werte für geschweißte Thermoplast-Konstruktionen; Bestimmung der zulässigen Spannungen und Moduli für die Berechnung von Thermoplast-Bauteilen |
| DIN EN 10208-1 | 02.98 | Stahlrohre für Rohrleitungen für brennbare Medien; Technische Lieferbedingungen; Rohre der Anforderungsklasse A |
| DIN EN 10208-2 | 08.96 | –; –; Rohre der Anforderungsklasse B |

| Technische Regeln | | Titel |
|---|---|---|
| DIN EN 10216-1 | 07.04 | Nahtlose Stahlrohre für Druckbeanspruchungen; Technische Lieferbedingungen; Rohre aus unlegierten Stählen mit festgelegten Eigenschaften bei Raumtemperatur |
| DIN EN 10216-2 | 10.07 | –; –; Rohre aus unlegierten und legierten Stählen mit festgelegten Eigenschaften bei erhöhten Temperaturen |
| DIN EN 10216-3 | 07.04 | –; –; Rohre aus legierten Feinkornbaustählen |
| DIN EN 10216-4 | 07.04 | –; –; Rohre aus unlegierten und legierten Stählen mit festgelegten Eigenschaften bei tiefen Temperaturen |
| DIN EN 10216-5 | 11.04 | –; –; Rohre aus nichtrostenden Stählen |
| DIN EN 10217-1 | 04.05 | Geschweißte Stahlrohre für Druckbeanspruchungen; Technische Lieferbedingungen; Rohre aus unlegierten Stählen mit festgelegten Eigenschaften bei Raumtemperatur |
| DIN EN 10217-2 | 04.05 | –; –; Elektrisch geschweißte Rohre aus unlegierten und legierten Stählen mit festgelegten Eigenschaften bei erhöhten Temperaturen |
| DIN EN 10217-3 | 04.05 | –; –; Rohre aus legierten Feinkornbaustählen |
| DIN EN 10217-4 | 04.05 | –; –; Elektrisch geschweißte Rohre aus unlegierten Stählen mit festgelegten Eigenschaften bei tiefen Temperaturen |
| DIN EN 10217-5 | 04.05 | –; –; Unterpulvergeschweißte Rohre aus unlegierten und legierten Stählen mit festgelegten Eigenschaften bei erhöhten Temperaturen |
| DIN EN 10217-6 | 04.05 | –; –; Unterpulvergeschweißte Rohre aus unlegierten Stählen mit festgelegten Eigenschaften bei tiefen Temperaturen |
| DIN EN 10217-7 | 05.05 | –; –; Rohre aus nichtrostenden Stählen |
| DIN EN 10220 | 03.03 | Nahtlose und geschweißte Stahlrohre; Allgemeine Tabellen für Maße und längenbezogene Masse |
| DIN EN 10224 | 12.05 | Rohre und Fittings aus unlegiertem Stahl für den Transport von Wasser und anderen wässrigen Flüssigkeiten; Technische Lieferbedingungen |
| DIN EN 10226-1 | 10.04 | Rohrgewinde für im Gewinde dichtende Verbindungen; Kegelige Außengewinde und zylindrische Innengewinde; Maße, Toleranzen und Bezeichnung |
| DIN EN 10226-2 | 11.05 | –; Kegelige Außengewinde und kegelige Innengewinde; Maße, Toleranzen und Bezeichnung |
| DIN EN 10241 | 08.00 | Stahlfittings mit Gewinde |
| DIN EN 10242 | 03.95 | Gewindefittings aus Temperguss |
| DIN EN 10255 | 07.07 | Rohre aus unlegiertem Stahl mit Eignung zum Schweißen und Gewindeschneiden; Technische Lieferbedingungen |

# 18 Elemente zur Führung von Fluiden (Rohrleitungen)

| Technische Regeln | | Titel |
|---|---|---|
| DIN EN 10296-1 | 02.04 | Geschweißte kreisförmige Stahlrohre für den Maschinenbau und allgemeine technische Anwendungen; Technische Lieferbedingungen; Rohre aus unlegierten und legierten Stählen |
| DIN EN 10296-2 | 02.06 | –; –; Rohre aus nichtrostenden Stählen |
| DIN EN 10297-1 | 06.03 | Nahtlose kreisförmige Stahlrohre für den Maschinenbau und allgemeine technische Anwendungen; Technische Lieferbedingungen; Rohre aus unlegierten und legierten Stählen |
| DIN EN 10297-2 | 02.06 | –; –; Rohre aus nichtrostenden Stählen |
| DIN EN 10305-1 | 02.03 | Präzisionsstahlrohre; technische Lieferbedingungen; nahtlose kaltgezogene Rohre |
| DIN EN 10305-2 | 02.03 | –; –; geschweißte und kaltgezogene Rohre |
| DIN EN 10305-3 | 02.03 | –; –; geschweißte und maßgewalzte Rohre |
| DIN EN 10305-4 | 10.03 | –; –; nahtlose kaltgezogene Rohre für Hydraulik- und Pneumatik-Druckleitungen |
| DIN EN 10305-5 | 08.03 | –; –; geschweißte und maßumgeformte Rohre mit quadratischem oder rechteckigem Querschnitt |
| DIN EN 10305-6 | 08.05 | –; –; geschweißte kaltgezogene Rohre für Hydraulik- und Pneumatik-Druckleitungen |
| DIN EN 12449 | 10.99 | Kupfer und Kupferlegierungen; nahtlose Rundrohre zur allgemeinen Verwendung |
| DIN EN 13480-1 | 08.08 | Metallische industrielle Rohrleitungen; Allgemeines |
| DIN EN 13480-2 | 08.02 | –; Werkstoffe |
| DIN EN 13480-3 | 08.02 | –; Konstruktion und Berechnung |
| DIN EN 13480-4 | 08.02 | –; Fertigung und Verlegung |
| DIN EN 13480-5 | 08.02 | –; Prüfung |
| DIN EN 13480-6 | 10.04 | –; Zusätzliche Anforderungen an erdgedeckte Rohrleitungen |
| DIN EN 13709 | 01.03 | Industriearmaturen; Absperrventile und absperrbare Rückschlagventile aus Stahl |
| DIN EN 13789 | 01.03 | Industriearmaturen; Ventile aus Gusseisen |
| DIN EN ISO 1127 | 03.97 | Nichtrostende Stahlrohre; Maße, Grenzabmaße und längenbezogene Masse |
| DIN EN ISO 2398 | 08.97 | Gummischläuche mit Textileinlage für Druckluft |
| DIN EN ISO 6708 | 09.95 | Rohrleitungsteile; Definition und Auswahl von DN (Nennweite) |
| DIN EN ISO 8434-1 | 02.08 | Metallische Rohrverschraubungen für Fluidtechnik und allgemeine Anwendung; Verschraubungen mit 24°-Konus |
| DIN EN ISO 8434-4 | 09.00 | –; Schweißnippel mit Dichtkegel und O-Ring für 24°-Konusanschluss |

| Technische Regeln | | Titel |
|---|---|---|
| DIN EN ISO 9692-1 | 05.04 | Schweißen und verwandte Prozesse; Empfehlungen zur Schweißnahtvorbereitung; Lichtbogenhandschweißen, Schutzgasschweißen, Gasschweißen, WIG-Schweißen und Strahlschweißen von Stählen |
| DIN EN ISO 10380 | 10.03 | Rohrleitungen; Gewellte Metallschläuche und Metallschlauchleitungen |
| DIN EN ISO 12162 | 04.96 | Thermoplastische Werkstoffe für Rohre und Formstücke bei Anwendungen unter Druck; Klassifizierung und Werkstoff-Kennzeichnung; Gesamtbetriebs(berechnungs)koeffizient |
| DIN ISO 1219-1 | 12.07 | Fluidtechnik; Grafische Symbole und Schaltpläne; Grafische Symbole für konventionelle und datentechnische Anwendungen |
| DIN ISO 1219-2 | 11.96 | –; –; Schaltpläne |
| DIN ISO 10763 | 03.04 | Fluidtechnik; nahtlose und geschweißte Präzisionsstahlrohre; Maße und Nenndrücke |
| DIN ISO 12151-2 | 01.04 | Leitungsanschlüsse für Fluidtechnik und allgemeine Anwendungen; Schlaucharmaturen; Schlaucharmaturen mit 24°-Dichtkegel und O-Ring nach ISO 8434-1 und ISO 8434-4 |
| DIN ISO 12151-3 | 01.04 | –; –; Schlaucharmaturen mit Flanschstutzen nach ISO 6162 |
| AD2000-Merkblatt HP100R | 11.07 | Bauvorschriften; Rohrleitungen aus metallischen Werkstoffen |
| DVS-Richtlinie 2210-1 | 04.97 | Industrierohrleitungen aus thermoplastischen Kunststoffen; Projektierung und Ausführung; Oberirdische Rohrsysteme |
| DVS-Richtlinie 2210-1, Beiblatt 1 | 03.04 | –; –; –; Berechnungsbeispiel |
| RL 97/23/EG | 05.97 | Richtlinie über Druckgeräte (PED) |

# 19 Dichtungen

| Formelzeichen | Einheit | Benennung |
|---|---|---|
| $d$ | mm | Innendurchmesser der Flansche |
| $d_D$ | mm | mittlerer Durchmesser der Dichtung |
| $F_B$ | N | durch Innendruck verursachte Entlastungskraft der Dichtung |
| $F_D$ | N | erforderliche Dichtkraft (Klemmkraft) der Schrauben |
| $F_{DB}$ | N | Betriebsdichtungskraft |
| $F_{DV}$ | N | Vorverformungskraft, Mindestschraubenkraft für den Einbauzustand |
| $F'_{DV}$ | N | Mindestschraubenkraft für den Einbauzustand bei Weichstoff- und Metallweichstoffdichtungen |
| $F_{D\vartheta}$ | N | zulässige Belastung der Dichtung im Betriebszustand |
| $F_S$ | N | zum Dichten erforderliche Schraubenkraft |
| $F_{SB}$ | N | Mindestschraubenkraft für den Betriebszustand |
| $K_D, K_{D\vartheta}$ | N/mm$^2$ | Formänderungswiderstand der Dichtung bei Raumtemperatur/Berechnungstemperatur |
| $k_0$ | mm | Dichtungskennwert für die Vorverformung |
| $k_1$ | mm | Dichtungskennwert für den Betriebszustand |
| $p$ | N/mm$^2$ | Berechnungsdruck |
| $S_D$ | 1 | Sicherheitsbeiwert gegen Undichtheit |
| $X$ | 1 | Anzahl der Kämme bei Kammprofildichtung |
| $Z$ | 1 | Hilfsgröße |

| Nr. | Formel | Hinweise |
|---|---|---|
| | **Statische Flanschdichtungen** Bei Flanschdichtungen muss mindestens die Vorverformungskraft $F'_{DV}$ aufgebracht werden, um eine Dichtheit zu erreichen, bei größerem Innendruck die Betriebsdichtungskraft $F_{DB}$. Vereinfacht wird mit $F'_{DV} = F_{DV}$ (bis auf Niederdruckdichtungen) gerechnet. Die zulässige Belastung auf die Dichtung im Betrieb ergibt sich durch $F_{D\vartheta}$. | |
| 1 | Vorverformungskraft $F_{DV} = \pi \cdot d_D \cdot k_0 \cdot K_D$ $F'_{DV} = 0{,}2 \cdot F_{DV} + 0{,}8\sqrt{F_{SB} \cdot F_{DV}}$ | $k_0$ nach TB 19-1a $K_D$ nach TB 19-1a bzw. TB 19-1b $F_{DV} = F'_{DV}$ kann gesetzt werden bei Weichstoff- und Metallweichstoffdichtungen wenn $F_{DV} > F_{SB}$ |
| 2 | Betriebsdichtungskraft $F_{DB} = \pi \cdot p \cdot d_D \cdot k_1 \cdot S_D$ | $k_1$ nach TB 19-1a $S_D = 1{,}2$ |
| 3 | Entlastungskraft auf die Dichtung infolge Innendruck $F_B = p \cdot \pi \cdot d_D^2 / 4$ | |
| 4 | Mindestschraubenkraft im Betriebszustand $F_{SB} = F_B + F_{DB}$ | |
| 5 | zulässige Belastung der Dichtung im Betriebszustand – Metalldichtungen $F_{D\vartheta} = \pi \cdot d_D \cdot k_0 \cdot K_{D\vartheta}$ – Kammprofildichtungen $F_{D\vartheta} = \pi \cdot d_D \cdot \sqrt{X} \cdot k_0 \cdot K_{D\vartheta}$ | $k_0$, $X$ nach TB 19-1a $K_{D\vartheta}$ nach TB 19-1b Verbindung bleibt nach wiederholtem An- und Abfahren nur dicht, wenn $F_{D\vartheta} \geq F_{SB}$ |

# 19 Dichtungen

## Technische Regeln (Auswahl)

| Technische Regeln | | Titel |
|---|---|---|
| DIN 2512E | 05.03 | Flansche; Konstruktionsmaße für Feder und Nut, Einlegeringe für Nutflansche PN 10 bis PN 160 |
| DIN 2695 | 11.02 | Membran-Schweißdichtungen und Schweißring-Dichtungen für Flanschverbindungen |
| DIN 2696 | 08.99 | Flanschverbindungen mit Dichtlinse |
| DIN 3760 | 09.96 | Radial-Wellendichtringe |
| DIN 3761-1 ... 15 | 01.84 | Radial-Wellendichtringe für Kraftfahrzeuge |
| DIN 3771-1 | 12.84 | Fluidtechnik; O-Ringe, Maße nach ISO 3601/1 |
| DIN 3771-2 | 12.84 | –; –, Prüfung, Kennzeichnung |
| DIN 3771-3 | 12.84 | –; –, Werkstoffe, Einsatzbereiche |
| DIN 3771-4 | 12.84 | –; –, Form- und Oberflächenabweichungen |
| DIN 3771-5 | 11.93 | –; –, Berechnungsverfahren und Maße der Einbauräume |
| DIN 3780 | 09.54 | Dichtungen; Stopfbuchsen-Durchmesser und zugehörige Packungsbreiten, Konstruktionsblatt |
| DIN 5419 | 09.59 | Filzringe, Filzstreifen, Ringnuten für Wälzlagergehäuse |
| DIN 7603 | 05.01 | Dichtringe |
| DIN 28040 | 08.03 | Flachdichtungen für Behälter und Apparate – Apparateflanschverbindungen |
| DIN EN 1092-1 | 06.02 | Flansche und ihre Verbindungen; Runde Flansche für Rohre, Armaturen, Formstücke und Zubehör; Stahlflansche nach PN bezeichnet |
| DIN EN 1514-1 | 08.97 | Flansche und ihre Verbindungen; Maße für Dichtungen für Flansche mit PN-Bezeichnung; Flachdichtungen aus nichtmetallischem Werkstoff mit oder ohne Einlagen |
| DIN EN 1514-2 | 08.05 | –; –; Spiraldichtungen für Stahlflansche |
| DIN EN 1514-3 | 08.97 | –; –; Nichtmetallische Weichstoffdichtungen mit PTFE-Mantel |
| DIN EN 1514-4 | 08.97 | –; –; Dichtungen aus Metall mit gewelltem, flachem oder gekerbtem Profil für Stahlflansche |
| DIN EN 1514-6 | 03.04 | –; –; Kammprofildichtungen für Stahlflansche |
| DIN EN 1514-7 | 08.04 | –; –; Metallummantelte Dichtungen mit Auflage für Stahlflansche |
| DIN EN 1514-8 | 02.05 | –; –; Runddichtringe aus Gummi für Nutflansche |
| DIN EN 1591-1 | 10.01 | Flansche und ihre Verbindungen; Regeln für die Auslegung von Flanschverbindungen mit runden Flanschen und Dichtung; Berechnungsmethode |
| DIN V ENV 1591-2 | 10.01 | –; –; Dichtungskennwerte |
| DIN ISO 6621-1 ... 5 | 06.90 | Verbrennungsmotoren; Kolbenringe |
| AD 2000-B7 | | AD 2000-Merkblatt B7; Schrauben |

# 20 Zahnräder und Zahnradgetriebe (Grundlagen)

| Formelzeichen | Einheit | Benennung |
|---|---|---|
| $a$ | m | Achsabstand |
| $b$ | mm | Zahnbreite |
| $d_1$ | mm | (Wälz-)Teilkreisdurchmesser |
| $F_t$ | N | (Nenn-)Umfangskraft |
| $i$ | 1 | Übersetzung |
| $k_s$ | N/mm$^2$ | Stribecksche Wälzpressung |
| | $\dfrac{\text{N} \cdot \text{s}}{\text{mm}^2 \cdot \text{m}}$ | |
| $k_s/v$ | $\dfrac{\text{MPa} \cdot \text{s}}{\text{m}}$ | Kraft-Geschwindigkeitsfaktor (Zuordnung siehe entsprechende Formel) |
| | $\dfrac{\text{N} \cdot \text{min}}{\text{m}^2}$ | |
| $n_s$ | min$^{-1}$ | Schneckendrehzahl |
| $P_{an}$, $P_{ab}$; $P_1$, $P_2$ | W, kW | Antriebs-, Abtriebsleistung |
| $T_1$, $T_2$ | Nm | Eingangs-, Ausgangsdrehmoment |
| $u$ | 1 | Zähnezahlverhältnis |
| $v$ | m/s | Umfangsgeschwindigkeit am Teilkreis |
| $Z_H$ | 1 | Flankenformfaktor |
| $Z_\varepsilon$ | 1 | Überdeckungsfaktor |
| $\omega_1$, $\omega_2$ | 1 | Winkelgeschwindigkeit |
| $\eta$, $\eta_Z$, $\eta_D$, $\eta_L$ | 1 | Wirkungsgrad; der Verzahnung, der Dichtung, der Lagerung |

# 20 Zahnräder und Zahnradgetriebe (Grundlagen)

| Nr. | Formel | Hinweise |
|---|---|---|
|  | *Viskositätsauswahl von Getriebeölen mit Hilfe des Kraft-Geschwindigkeitsfaktors* | |
| 1 | *Kraft-Geschwindigkeitsfaktor*<br>a) für Stirn- und Kegelradgetriebe<br>$$\frac{k_s}{v} \approx \left( Z_H^2 \cdot Z_\varepsilon^2 \cdot \frac{F_t}{b \cdot d_1} \cdot \frac{u+1}{u} \right) \cdot \frac{1}{v}$$<br><br>b) für Schraubrad- und Schneckengetriebe<br>$$\frac{k_s}{v} = \frac{T_2}{a^3 \cdot n_s}$$ | Viskositätsauswahl nach TB 20–7<br><br>$\begin{array}{c\|c\|c\|c\|c} k_s/v & F_t & b, d & u & v \\ \hline \frac{\text{N} \cdot \text{s}}{\text{mm}^2 \cdot \text{m}} \text{ bzw. } \frac{\text{MPa} \cdot \text{s}}{\text{m}} & \text{N} & \text{mm} & 1 & \text{m/s} \end{array}$<br><br>$Z_H$ Flankenformfaktor nach TB-21-22a<br>$Z_\varepsilon$ Überdeckungsfaktor nach TB-21-22c<br>Überschlägig $Z_H^2 \cdot Z_\varepsilon^2 \approx 3$<br><br>$\begin{array}{c\|c\|c\|c} k_s/v & T_2 & a & n_s \\ \hline \text{N} \cdot \text{min/m}^2 & \text{Nm} & \text{m} & \text{min}^{-1} \end{array}$ |
|  | *Getriebewirkungsgrad* | |
| 2 | *Getriebewirkungsgrad allgemein*<br>$$\eta_{ges} = \frac{\text{abgegebene Leistung}}{\text{zugeführte Leistung}}$$<br>$$= \frac{P_{ab}}{P_{an}} = \frac{P_2}{P_1} = \frac{T_2 \cdot \omega_2}{T_1 \cdot \omega_1} = \frac{T_2}{T_1 \cdot i} < 1$$<br>$\eta_{ges} = \eta_Z \cdot \eta_{L\,ges} \cdot \eta_{D\,ges}$ | *Lagerung* einer Welle mit zwei Wälzlagern (Gleitlagern): $\eta_L \approx 0,99(0,97)$<br>*Dichtung* einer Welle einschließlich Schmierung:<br>$\eta_D \approx 0,98$.<br>bei *zwei* Wellen wird z. B.<br>$\eta_{L\,ges} = \eta_L \cdot \eta_L = \eta_L^2$<br>$\eta_{D\,ges} = \eta_D \cdot \eta_D = \eta_D^2$<br>Gerad-Stirnradgetriebe $\quad \eta_Z$ bis $0,99$<br>Kegelradgetriebe $\quad \eta_Z$ bis $0,98$ |
| 3 | *Getriebewirkungsgrad beim Schraubradgetriebe*<br>für $(\beta_1 + \beta_2) < 90°$:<br>$$\eta_Z = \frac{\cos(\beta_2 + \varrho') \cdot \cos \beta_1}{\cos(\beta_1 - \varrho') \cdot \cos \beta_2}$$<br>für $(\beta_1 + \beta_2) = 90°$:<br>$$\eta_Z = \frac{\tan(\beta_1 - \varrho')}{\tan \beta_1}$$ | Gute Wirkungsgrade werden erreicht, wenn<br>$\beta_1 - \beta_2 = \varrho'$ oder bei $\Sigma = 90°$<br>$\beta_1 = (\Sigma + \varrho')/2$ und $\beta_2 = (\Sigma - \varrho')/2$<br>gewählt wird.<br>$\varrho' \approx 3° \ldots 6°$ für $\mu \approx 0,05 \ldots 0,1$<br>Stirnrad-Schraubgetriebe $\quad \eta_Z \approx 0,50 \ldots 0,95$ |
| 4 | *Getriebewirkungsgrad beim Schneckengetriebe*<br>Bei treibender *Schnecke*<br>$$\eta_Z = \frac{\tan \gamma_m}{\tan(\gamma_m + \varrho')}$$<br>Bei treibendem *Schneckenrad*<br>$$\eta_Z = \frac{\tan(\gamma_m - \varrho')}{\tan \gamma_m}$$ | Selbsthemmung tritt ein, wenn $\gamma_m < \varrho'$ und somit $\eta_Z < 0,5$ wird.<br>Für Schnecke aus *St* und Rad aus *GJL* ist bei Fettschmierung und der Gleitgeschwindigkeit $v_g$ bis 3 m/s $\varrho' \approx 6°$ ($\mu' \approx 0,1$)<br>Schneckengetriebe $\quad \eta_Z \approx 0,20 \ldots 0,97$ |

# 20 Zahnräder und Zahnradgetriebe (Grundlagen)

| Technische Regeln | | Titel |
|---|---|---|
| DIN 780-1 | 05.77 | Modulreihe für Zahnräder; Moduln für Stirnräder |
| DIN 780-2 | 05.77 | –; Moduln für Zylinderschneckengetriebe |
| DIN 867 | 02.86 | Bezugsprofile für Evolventenverzahnungen an Stirnrädern (Zylinderrädern) für den allgemeinen Maschinenbau und den Schwermaschinenbau |
| DIN 868 | 12.76 | Allgemeine Begriffe und Bestimmungsgrößen für Zahnräder, Zahnradpaare und Zahnradgetriebe |
| DIN 1825 | 11.77 | Schneidräder für Stirnräder, Gradverzahnte Scheibenschneidräder |
| DIN 1826 | 11.77 | –; Geradverzahnte Schaftschneidräder |
| DIN 1829-1 | 11.77 | –; Bestimmungsgröße, Begriffe, Kennzeichnung |
| DIN 1829-2 | 11.77 | –; Toleranzen, Zulässige Abweichungen |
| DIN 3960 | 03.87 | Begriffe und Bestimmungsgrößen für Zahnräder (Zylinderräder) und Stirnradpaare (Zylinderradpaare) mit Evolventenverzahnung |
| DIN 3960 Bbl. 1 | 07.08 | –; Zusammenstellung der Gleichungen |
| DIN 3961 | 08.78 | Toleranzen für Stirnradverzahnungen; Grundlagen |
| DIN 3962-1 | 08.78 | –; Toleranzen für Abweichungen einzelner Bestimmungsgrößen |
| DIN 3962-2 | 08.78 | –; Toleranzen für Flankenlinienabweichungen einzelner Bestimmungsgrößen |
| DIN 3962-3 | 08.78 | –; Toleranzen für Teilungs-Spannenabweichungen |
| DIN 3963 | 08.78 | –; Toleranzen für Wälzabweichungen |
| DIN 3964 | 11.80 | Achsabstandsabmaße und Achslagetoleranzen von Gehäusen für Stirnradgetriebe |
| DIN 3965-1 | 08.86 | Toleranzen für Kegelradverzahnungen; Grundlagen |
| DIN 3965-2 | 08.86 | –; Toleranzen für Abweichungen einzelner Bestimmungsgrößen |
| DIN 3965-3 | 08.86 | –; Toleranzen für Wälzabweichungen |
| DIN 3965-4 | 08.86 | –; Toleranzen für Achsenwinkelabweichungen und Achsenschnittpunktabweichungen |
| DIN 3966-1 | 08.78 | Angaben für Verzahnungen in Zeichnungen; Angaben für Stirnrad-(Zylinderrad-)Evolventenverzahnungen |
| DIN 3966-2 | 08.78 | –; Angaben für Geradzahn-Kegelradverzahnungen |
| DIN 3966-3 | 11.80 | –; Angaben für Schnecken- und Schneckenradverzahnungen |
| DIN 3967 | 08.78 | Getriebe-Passsystem; Flankenspiel, Zahndickenabmaße, Zahndickentoleranzen, Grundlagen |
| DIN 3969-1 | 10.91 | Oberflächenrauheit von Zahnflanken; Oberflächenklassen |
| DIN 3970-1 | 11.74 | Lehrzahnräder zum Prüfen von Stirnrädern; Radkörper und Verzahnung |
| DIN 3971 | 07.80 | Begriffe und Bestimmungsgrößen für Kegelräder und Kegelradpaare |

# 20 Zahnräder und Zahnradgetriebe (Grundlagen)

| Technische Regeln | | Titel |
|---|---|---|
| DIN 3972 | 02.52 | Bezugsprofile von Verzahnwerkzeugen für Evolventenverzahnungen nach DIN 867 |
| DIN 3975-1 | 07.02 | Begriffe und Bestimmungsgrößen für Zylinder-Schneckengetriebe mit sich rechtwinklig kreuzenden Achsen, Teil 1: Schnecke und Schneckenrad |
| DIN 3975-2 | 07.02 | Begriffe und Bestimmungsgrößen für Zylinder-Schneckengetriebe mit sich rechtwinklig kreuzenden Achsen, Teil 2: Abweichungen |
| DIN 3990-1 | 12.87 | Tragfähigkeitsberechnung von Stirnrädern; Einführung und allgemeine Einflussfaktoren |
| DIN 3990-2 | 12.87 | –; Berechnung der Grübchentragfähigkeit |
| DIN 3990-3 | 12.87 | –; Berechnung der Zahnfußtragfähigkeit |
| DIN 3990-4 | 12.87 | –; Berechnung der Fresstragfähigkeit |
| DIN 3990-5 | 12.87 | –; Dauerfestigkeitswerte und Werkstoffqualitäten |
| DIN 3990-6 | 12.94 | –; Betriebsfestigkeitsrechnung |
| DIN 3990-11 | 02.89 | –; Anwendungsnorm für Industriegetriebe; Detail-Methode |
| DIN 3991-1 | 09.88 | Tragfähigkeitsberechnung von Kegelrädern ohne Achsversetzung; Einführung und allgemeine Einflussfaktoren |
| DIN 3991-2 | 09.88 | –; Berechnung der Grübchentragfähigkeit |
| DIN 3991-3 | 09.88 | –; Berechnung der Zahnfußtragfähigkeit |
| DIN 3991-4 | 09.88 | –; Berechnung der Fresstragfähigkeit |
| DIN 3992 | 03.64 | Profilverschiebung bei Stirnrädern mit Außenverzahnung |
| DIN 3993-1 ... 4 | 08.81 | Geometrische Auslegung von zylindrischen Innenradpaaren mit Evolventenverzahnung |
| DIN 3998-1 | 09.76 | Benennungen an Zahnrädern und Stirnradpaaren; Allgemeine Begriffe |
| DIN 3998-2 | 09.76 | –; Stirnräder und Stirnradpaare (Zylinderräder und Zylinderradpaare) |
| DIN 3998-3 | 09.76 | –; Kegelräder und Kegelradpaare; Hypoidräder und Hypoidradpaare |
| DIN 3998-4 | 09.76 | –; Schneckenradsätze |
| DIN 3999 | 11.74 | Kurzzeichen für Verzahnungen |
| DIN 4000-27 | 02.82 | Sachmerkmal-Leisten für Getriebe |
| DIN 4000-59 | 12.87 | Sachmerkmal-Leisten für Zahnstangen, Stirnräder, Stirnradwellen, Kegelräder, Kegelradwellen, Schnecken und Schneckenräder |
| DIN 4760 | 06.82 | Gestaltabweichungen – Begriffe, Ordnungssystem |
| DIN 4764 | 06.82 | Oberflächen an Teilen für Maschinenbau und Feinwerktechnik – Begriffe nach der Beanspruchung |
| DIN 8000 | 10.62 | Bestimmungsgrößen und Fehler an Wälzfräsern für Stirnräder mit Evolventenverzahnung – Grundbegriffe |
| DIN 51509 | 07.76 | Auswahl von Schmierstoffen für Zahnradgetriebe; Schmieröle |

| Technische Regeln | | Titel |
|---|---|---|
| DIN 58400 | 06.84 | Bezugsprofil für Evolventenverzahnungen an Stirnrädern für die Feinwerktechnik |
| DIN 58405-1 | 05.72 | Stirnradgetriebe der Feinwerktechnik – Geltungsbereich, Begriffe, Bestimmungsgrößen, Einteilung |
| DIN 58405-3 | 05.72 | –; Angaben in Zeichnungen, Berechnungsbeispiele |
| DIN 58412 | 11.87 | Bezugsprofile für Verzahnwerkzeuge der Feinwerktechnik, Evolventenverzahnungen nach DIN 58400 und DIN 867 |
| DIN ISO 2203 | 06.76 | Technische Zeichnungen; Darstellung von Zahnrädern |
| VDI/VDE 2607 | 02.02 | Rechnerunterstützte Auswertung von Verzahnungsmessungen an Zylinderrädern mit Evolventenprofil |
| VDI/VDE 2608 | 03.01 | Einflanken- und Zweiflanken-Wälzprüfung an Zylinderrädern, Kegelrädern, Schnecken und Schneckenrädern |
| VDI/VDE 2609 | 10.00 | Ermittlung von Tragbildern an Verzahnungen |
| VDI/VDE 2612 | 05.00 | Profil- und Flankenlinienprüfung an Zylinderrädern mit Evolventenprofil |
| VDI/VDE 2613 | 12.03 | Teilungs- und Rundlaufprüfung an Verzahnungen; Zylinderräder, Schneckenräder, Kegelräder |
| VDI/VDE 2615 | 08.06 | Rauheitsprüfung an Zylinder- und Kegelrädern mit elektrischen Tastschnittgeräten |
| ISO 53 | 08.98 | Stirnräder für den allgemeinen und Schwermaschinenbau – Standard-Bezugszahnstangen – Zahnprofile |
| ISO 677 | 06.76 | Bezugsprofil für geradverzahnte Kegelräder für den allgemeinen Maschinenbau und den Schwermaschinenbau |
| ISO 701 | 05.98 | Internationales Zahnradbezeichnungssystem – Zeichen für geometrische Größen |
| ISO 1122-1 | 08.98 | Vokabular für Zahnräder, Teil 1: Geometrische Begriffe |
| ISO 1122-2 | 08.99 | Wörterverzeichnis für Zahnräder – Teil 2: Geometrische Definitionen für Schnecken und Schneckenräder |
| ISO 4287 | 04.97 | Geometrische Produktspezifikationen (GPS) – Oberflächenbeschaffenheit: Tastschnittverfahren – Benennungen, Definitionen und Kenngrößen der Oberflächenbeschaffenheit |
| ISO 10825 | 08.95 | Zahnräder-Verschleiß und Schäden an Zahnradzähnen-Terminologie |

# 21 Außenverzahnte Stirnräder

| Formelzeichen | Einheit | Benennung |
|---|---|---|
| $A_a$, $A_{ae}$ bzw. $A_{ai}$ | µm | Achsabstandsabmaß, oberes bzw. unteres |
| $A_{sne}$, $A_{sni}$ bzw. $A_{ste}$, $A_{sti}$ | µm | oberes, unteres Abmaß der Zahndicke im Normalschnitt bzw. im Stirnschnitt |
| $a$ bzw. $a_d$ | mm | Achsabstand bzw. Null-Achsabstand |
| $b$, $b_1$ bzw. $b_2$ | mm | Zahnbreite; des treibenden bzw. des getriebenen Rades |
| $C$ | | Wälzpunkt |
| $c$ | mm | Kopfspiel |
| $D$ | mm | Radnabendurchmesser |
| $d$, $d_1$ bzw. $d_2$ | mm | Teilkreisdurchmesser, des treibenden bzw. getriebenen Rades |
| $d_a$, $d_{a1}$ bzw. $d_{a2}$ | mm | Kopfkreisdurchmesser, des treibenden bzw. getriebenen Rades |
| $d_b$, $d_{b1}$ bzw. $d_{b2}$ | mm | Grundkreisdurchmesser, des treibenden bzw. getriebenen Rades |
| $d_f$, $d_{f1}$ bzw. $d_{f2}$ | mm | Fußkreisdurchmesser, des treibenden bzw. getriebenen Rades |
| $d_{sh}$ | mm | Wellendurchmesser des Ritzels |
| $d_{sp}$ | mm | Durchmesser, an dem der Zahn spitz wird |
| $d_w$, $d_{w1}$ bzw. $d_{w2}$ | mm | Wälzkreisdurchmesser, des treibenden bzw. getriebenen Rades |
| $d_y$ | mm | $Y$-Kreisdurchmesser (beliebiger Durchmesser) |
| $E$ | N/mm² | Elastizitätsmodul |
| $e$, $e_b$, $e_y$, $e_w$ | mm | Lückenweite auf Teilzylinder, Grundlückenweite, am $Y$-Zylinder (beliebiger Durchmesser), am Wälzkreis |
| $F_a$, $F_{a1}$ bzw. $F_{a2}$ | N | Axialkraft, des treibenden bzw. des getriebenen Rades |
| $F_{bn}$, $F_{bn1}$ bzw. $F_{bn2}$ | N | Zahnkraft, Zahnnormalkraft, des treibenden bzw. getriebenen Rades |
| $F_m = F_t \cdot K_A \cdot K_v$ | N | maßgebende mittlere Umfangskraft am Teilkreis (für $K_{H\beta}$) |
| $F_r$, $F_{r1}$ bzw. $F_{r2}$ | N | Radialkraft des treibenden bzw. getriebenen Rades |
| $F_t$, $F_{t1}$ bzw. $F_{t2}$ | N | Tangentialkraft des treibenden bzw. getriebenen Rades |
| $F_{\beta x}$ bzw. $F_{\beta y}$ | µm | wirksame Flankenlinienabweichung vor bzw. nach dem Einlaufen |

| Formelzeichen | Einheit | Benennung |
| --- | --- | --- |
| $f_{H\beta}$ | µm | Flankenlinien-Winkelabweichung |
| $f_{ma}$ | µm | Flankenlinien-Herstellungsabweichung |
| $f_{sh}$ | µm | Flankenlinienabweichung infolge Wellen- und Ritzelverformung |
| $G$ | N/mm$^2$ | Gleitmodul |
| $g_\alpha$ | mm | Länge der (gesamten) Eingriffsstrecke |
| $h, h_p, h_0, h_1$ bzw. $h_2$ | mm | Zahnhöhe, des Bezugsprofils, des Werkzeugprofils, des Ritzels bzw. des Rades |
| $h_a, h_{aP}, h_{a0}$ | mm | Kopfhöhe, des Bezugsprofils, des Werkzeugprofils |
| $h_f, h_{fP}, h_{f0}$ | mm | Fußhöhe, des Bezugsprofils, des Werkzeugprofils |
| $h_w, h_{wP}$ | mm | gemeinsame Zahnhöhe, am Bezugsprofil |
| $i$ | 1 | Übersetzung |
| inv | 1 | Evolventenfunktion (sprich „involut") |
| $j_a, j_{ae}$ bzw. $j_{ai}$ | µm | Spieländerung durch Achsabstandstoleranz, für $A_{ae}$ bzw. für $A_{ai}$ |
| $j_n, j_r$ | µm | Normalflankenspiel, Radialspiel |
| $j_t, j_{t\,max}$ bzw. $j_{t\,min}$ | µm | theoretisches Drehflankenspiel im Stirnschnitt, größtes bzw. kleinstes |
| $K_A$ | 1 | Anwendungsfaktor |
| $K_v$ | 1 | Dynamikfaktor |
| $K_{F\alpha}, K_{H\alpha}$ | 1 | Stirnfaktoren für Zahnfußbeanspruchung, für Flankenpressung |
| $K_{F\beta}, K_{H\beta}$ | 1 | Breitenfaktoren für Zahnfußbeanspruchung, für Flankenpressung |
| $K'$ | 1 | Faktor zur Berechnung von $f_{sh}$ (Ritzellage zu den Lagern) |
| $K_1 \ldots K_3$ | 1 | Faktor für die Berechnung von $K_v$, abhängig von der Verzahnungsqualität |
| $K_4$ | m/s | Faktor für die Berechnung von $K_v$ |
| $k, k^*$ | mm, 1 | Messzähnezahl, Kopfhöhenänderung, Kopfhöhenfaktor |
| $l$ | mm | Lagerstützweite |
| $m \stackrel{\wedge}{=} m_n, m_t$ | mm | Modul = Normalmodul, Stirnmodul |
| $N$ | min$^{-1}$ | Bezugsdrehzahl |
| $N_L$ | 1 | Anzahl der Lastwechsel |

# 21 Außenverzahnte Stirnräder

| Formelzeichen | Einheit | Benennung |
|---|---|---|
| $n_{1,2}$ ($n_a$, $n_b$) | min$^{-1}$ | Drehzahl des Ritzels, Rades (ersten Ritzels, letzten Rades im Getriebe) |
| $P$, $P_a$ bzw. $P_b$ | kW | zu übertragende (Nenn-)Leistung, An- bzw. Abtriebsleistung |
| $p$ | mm | Teilung auf dem Teilzylinder (Teilkreisteilung) |
| $p_b \mathrel{\widehat{=}} p_e$ | mm | Teilung auf dem Grundzylinder (Grundkreisteilung) $\mathrel{\widehat{=}}$ Eingriffsteilung |
| $p_{bt} \mathrel{\widehat{=}} p_{et}$ | mm | Grundkreisteilung $\mathrel{\widehat{=}}$ Stirneingriffsteilung |
| $p_{bn} \mathrel{\widehat{=}} p_{en}$ | mm | Grundzylinder Normalteilung $\mathrel{\widehat{=}}$ Normaleingriffsteilung |
| $p_n$, $p_t$ | mm | Normalteilung, Stirnteilung |
| $p_w$ | mm | Teilung am Wälzzylinder |
| $q_H$ | 1 | Faktor abhängig von DIN-Qualität zur Berechnung von $f_{H\beta}$ |
| $R_a$, $R_z$ | μm | arithmetischer Mittenrauwert, gemittelte Rautiefe |
| $R_S$ | μm | Zahndickenschwankung |
| $S_F$, $S_{F\,min}$ | 1 | Zahnbruchsicherheit, Mindestsicherheitsfaktor für Fußbeanspruchung |
| $S_H$, $S_{H\,min}$ | 1 | Grübchensicherheit, Mindestsicherheitsfaktor für Flankenpressung |
| $s$ | 1 | Zahndicke, Abstand bei Berechnung von $f_s$ |
| $s_a$, $s_b$, $s_y$ | mm | Zahndicke auf dem Kopfzylinder, Grundzylinder, $Y$-Zylinder mit $d_y$ |
| $s_n$, $s_t$ | mm | Normalzahndicke, Stirnzahndicke auf dem Teilkreis |
| $s_R$ | mm | Dicke des Zahnkranzes unter dem Zahnfuß |
| $s_w$ | mm | Zahndicke am Wälzzylinder |
| $T_{1,2}$ bzw. $T_{a,b}$ | Nm, Nmm | Nenn-Drehmoment des Ritzels, Rades bzw. An-, Abtriebsmoment |
| $T_{sn}$ | μm | Zahndickentoleranz im Normalschnitt |
| $u = z_{groß}/z_{klein}$ | 1 | Zähnezahlverhältnis des Radpaares |
| $V$ | mm | Profilverschiebung |
| $v$ | m/s | Umfangsgeschwindigkeit am Teilkreis |
| $x$, $x_{1,2}$, $x_m$ | 1 | Profilverschiebungsfaktor, des Ritzels, Rades, Mittelwert der Summe |
| $Y_{Fa}$ | 1 | Formfaktor für Kraftangriff am Zahnkopf |
| $Y_{NT}$ | 1 | Lebensdauerfaktor für $\sigma_{Flim}$ des Prüfrades |

| Formelzeichen | Einheit | Benennung |
|---|---|---|
| $Y_{R\,relT}$ | 1 | relativer Oberflächenfaktor des Prüfrades |
| $Y_{Sa}$ | 1 | Spannungskorrekturfaktor für Kraftangriff am Zahnkopf |
| $Y_{ST} = 2$ | 1 | Spannungskorrekturfaktor des Prüfrades |
| $Y_X$ | 1 | Größenfaktor für Fußbeanspruchung |
| $Y_\beta$ | 1 | Schrägenfaktor für Fußbeanspruchung |
| $Y_{\delta\,relT}$ | 1 | relative Stützziffer bezogen auf das Prüfrad |
| $Y_\varepsilon$ | 1 | Überdeckungsfaktor für Fußbeanspruchung |
| $y$ | mm | Teilkreisabstandsfaktor |
| $y_\beta$ | μm | Einlaufbetrag |
| $Z_B$ | 1 | (Ritzel-)Einzeleingriffsfaktor bei $z_1 < 20$ für Flankenpressung |
| $Z_E$ | 1 | Elastizitätsfaktor (Flanke) |
| $Z_H$ | 1 | Zonenfaktor (Flanke) |
| $Z_L$ | 1 | Schmierstofffaktor für Flankenpressung |
| $Z_{NT}$ | 1 | Lebensdauerfaktor (Flanke) des Prüfrades |
| $Z_R$ | 1 | Rauigkeitsfaktor für Flankenpressung |
| $Z_v$ | 1 | Geschwindigkeitsfaktor für Flankenpressung |
| $Z_W$ | 1 | Werkstoffpaarungsfaktor |
| $Z_X$ | 1 | Größenfaktor für Flankenpressung |
| $Z_\beta$ | 1 | Schrägenfaktor für Flankenpressung |
| $Z_\varepsilon$ | 1 | Überdeckungsfaktor für Flankenpressung |
| $z, z_{1,2}, z_n$ | 1 | Zähnezahl, des Ritzels, Rades, Ersatzzähnezahl der Schrägverzahnung |
| $z_g, z'_g, z_{gt}, z_{gn}$ | 1 | theoretische, praktische Grenzzähnezahl, im Stirnschnitt, im Normalschnitt |
| $z_m$ | 1 | mittlere Zähnezahl |
| $\alpha \mathrel{\hat=} \alpha_P = 20°$ | ° | Eingriffswinkel am Teilzylinder $\mathrel{\hat=}$ Profilwinkel des Bezugsprofils |
| $\alpha_a, \alpha_{an}$ | ° | Profilwinkel am Kopfzylinder, im Normalschnitt |
| $\alpha_{sp}$ | ° | Profilwinkel bei $s_a = 0$ (Spitzgrenze) |
| $\alpha_t, \alpha_n \mathrel{\hat=} \alpha_P$ | ° | Stirn-, Normaleingriffswinkel am Teilzylinder |
| $\alpha_w, \alpha_{wt}$ | ° | Betriebseingriffswinkel im Stirnschnitt, Stirneingriffswinkel am Wälzzylinder |

# 21 Außenverzahnte Stirnräder

| Formelzeichen | Einheit | Benennung |
|---|---|---|
| $\alpha_y$, $\alpha_{yt}$ | ° | Profilwinkel am $Y$-Zylinder (mit $d_y$), Stirnprofilwinkel |
| $\beta$, $\beta_y$ | 1 | Schrägungswinkel am Teilkreis $d$, am Durchmesser $d_y$ |
| $\beta_b$, $\beta_w$ | 1 | Grundschrägungswinkel, Schrägungswinkel am Grundkreis $d_b$, am Wälzkreis $d_w$ |
| $\varepsilon_\alpha$, $\varepsilon_{\alpha n}$ | 1 | Profilüberdeckung, für die Ersatz-Geradverzahnung |
| $\varepsilon_\beta$, $\varepsilon_\gamma$ | 1 | Sprungüberdeckung, Gesamtüberdeckung |
| $\varrho_f$, $\varrho_{fP}$ | 1 | Zahnfußrundungsradius, des Bezugsprofils |
| $\sigma_{F0}$, $\sigma_F$ | N/mm² | örtliche Zahnfußspannung, Zahnfußspannung |
| $\sigma_{FG}$ | N/mm² | Zahnfußgrenzfestigkeit |
| $\sigma_{F\,lim}$ | N/mm² | Zahnfuß-Biegenenndauerfestigkeit (Biege-Dauerschwellfestigkeit des Prüfrades) |
| $\sigma_{FP}$ | N/mm² | zulässige Zahnfußspannung |
| $\sigma_{H0}$, $\sigma_H$ | N/mm² | Nennwert der Flankenpressung; Flankenpressung am Wälzkreis bzw. Flankentragfähigkeit |
| $\sigma_{HG}$ | N/mm² | Zahnflankengrenzfestigkeit |
| $\sigma_{H\,lim}$ | N/mm² | Dauerfestigkeit für Flankenpressung |
| $\sigma_{HP}$ | N/mm² | zulässige Flankenpressung |
| $\psi_d$ bzw. $\psi_m$ | 1 | Durchmesser- bzw. Modul-Breitenverhältnis |
| $\omega_{1,2}$ bzw. $\omega_{a,b}$ | s⁻¹ | Winkelgeschwindigkeit des Ritzels, Rades bzw. des Antriebs-, Abtriebsrades |

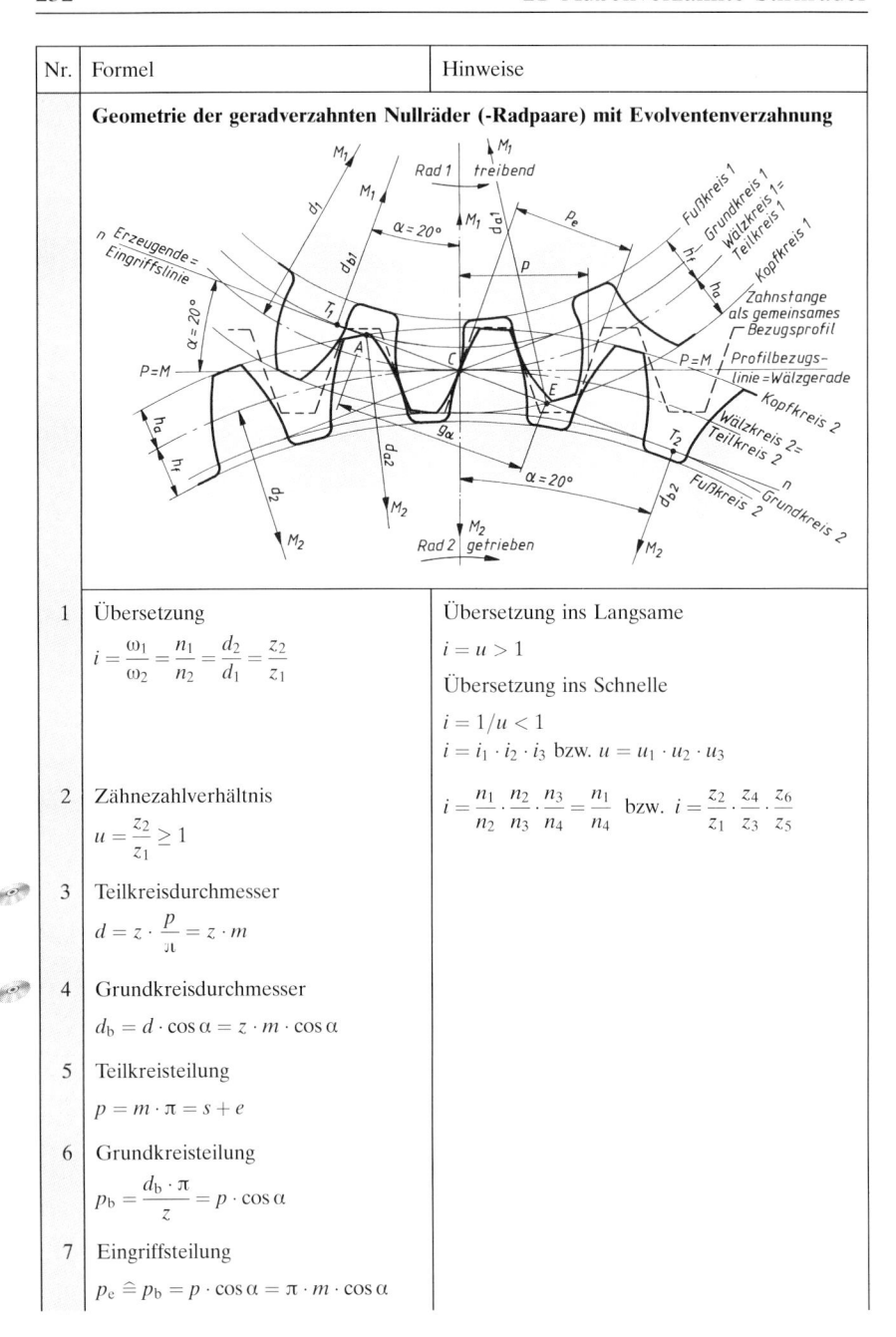

| Nr. | Formel | Hinweise |
|---|---|---|
| | **Geometrie der geradverzahnten Nullräder (-Radpaare) mit Evolventenverzahnung** | |

| 1 | Übersetzung $i = \dfrac{\omega_1}{\omega_2} = \dfrac{n_1}{n_2} = \dfrac{d_2}{d_1} = \dfrac{z_2}{z_1}$ | Übersetzung ins Langsame $i = u > 1$ Übersetzung ins Schnelle $i = 1/u < 1$ $i = i_1 \cdot i_2 \cdot i_3$ bzw. $u = u_1 \cdot u_2 \cdot u_3$ |
| 2 | Zähnezahlverhältnis $u = \dfrac{z_2}{z_1} \geq 1$ | $i = \dfrac{n_1}{n_2} \cdot \dfrac{n_2}{n_3} \cdot \dfrac{n_3}{n_4} = \dfrac{n_1}{n_4}$ bzw. $i = \dfrac{z_2}{z_1} \cdot \dfrac{z_4}{z_3} \cdot \dfrac{z_6}{z_5}$ |
| 3 | Teilkreisdurchmesser $d = z \cdot \dfrac{p}{\pi} = z \cdot m$ | |
| 4 | Grundkreisdurchmesser $d_b = d \cdot \cos\alpha = z \cdot m \cdot \cos\alpha$ | |
| 5 | Teilkreisteilung $p = m \cdot \pi = s + e$ | |
| 6 | Grundkreisteilung $p_b = \dfrac{d_b \cdot \pi}{z} = p \cdot \cos\alpha$ | |
| 7 | Eingriffsteilung $p_e \triangleq p_b = p \cdot \cos\alpha = \pi \cdot m \cdot \cos\alpha$ | |

# 21 Außenverzahnte Stirnräder

| Nr. | Formel | Hinweise |
|---|---|---|
| 8 | Kopfkreisdurchmesser $d_a = d + 2 \cdot h_a = m \cdot (z + 2)$ | für das übliche Bezugsprofil II beträgt das Kopfspiel $c = 0{,}25 \cdot m$<br>Zahnkopfhöhe $h_a = h_{aP} = m$<br>Zahnfußhöhe $h_f = h_{fP} = m + c$<br>Zahnhöhe $h = h_a + h_{fP} = 2m + c$ |
| 9 | Fußkreisdurchmesser $d_f = d - 2 \cdot h_f = m \cdot (z - 2{,}5)$ | $g_f = 0{,}38 \cdot m$ |
| 10 | Null-Achsabstand $a_d = \dfrac{d_1 + d_2}{2} = \dfrac{m}{2} \cdot (z_1 + z_2)$<br>$d_1 = \dfrac{2 \cdot a_d}{1+i}$ *Nur in Langsame*<br>$d_2 = \dfrac{2 a_d \cdot i}{1+i}$ | Beim geradverzahnten Null-Radpaar muss gelten $2a_d/m = z_1 + z_2 = $ *ganzzahlig*. Beliebig vorgeschriebene Achsabstände können somit nicht immer mit einem Null-Radpaar eingehalten werden.<br>Beim Zahnstangengetriebe wird $a_d = 0{,}5 \cdot d_1$ und $u = \infty$ |
| 11 | Eingriffsstrecke $g_\alpha = \dfrac{1}{2}\left(\sqrt{d_{a1}^2 - d_{b1}^2} + \sqrt{d_{a2}^2 - d_{b2}^2}\right) - a_d \cdot \sin\alpha$ | Bezugsprofil I<br>Kopfspiel $c = 0{,}167 \cdot m$<br>$g_F = 0{,}25 \cdot m$ |
| 12 | Profilüberdeckung $\varepsilon_\alpha = \dfrac{g_\alpha}{p_e}$<br>$\varepsilon_\alpha = \dfrac{0{,}5\left(\sqrt{d_{a1}^2 - d_{b1}^2} + \sqrt{d_{a2}^2 - d_{b2}^2}\right) - a_d \cdot \sin\alpha}{\pi \cdot m \cdot \cos\alpha}$ | |

| Nr. | Formel | Hinweise |
|---|---|---|

**Profilverschiebung bei geradverzahnten Stirnrädern**

Bei $z \leq z_{grenz}$ entsteht Unterschnitt; ein Teil der tragenden Evolvente wird bei der Herstellung der Verzahnung herausgeschnitten, der Überdeckungsgrad verkleinert sich. Um dies zu vermeiden, wird das Verzahnungswerkzeug gegenüber seiner „Nulllage" um den Betrag $V$ vergrößert (positive Verschiebung, $V_{plus}$-Rad); andererseits kann bei Rädern mit $z > z_{grenz}$ durch eine negative Profilverschiebung ($V_{minus}$-Rad) der Achsabstand verringert werden, was bei einem vorgegebenen Achsabstand vorteilhaft sein kann.

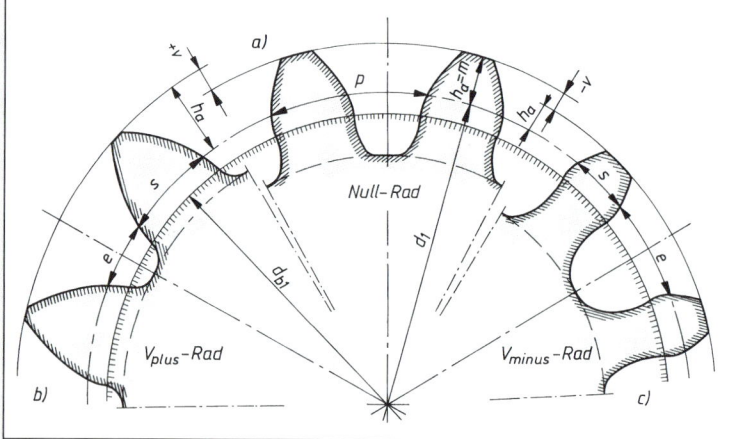

13 | Profilverschiebung

$V = x \cdot m$

14 | Profilverschiebungsfaktor $x$ (Grenzwert) für den Unterschnittbeginn mit (+) für $z < z'_g$ und (−) für $z > z'_g$ aus

$$x_{grenz} = \frac{z'_g - z}{z_g} = \frac{14 - z}{17}$$

praktische Grenzzähnezahl $z'_g = 14$. Bei $z < 14$ beginnt der Unterschnitt (von der tragenden Evolvente geht ein Teil verloren).

für $z < 14$ wird $x_{grenz} = x_{min}$

$z_g = \dfrac{2}{\sin^2 \alpha}$   RM.S.708  Gl. 21.14

15 | Kopfkreisdurchmesser
a) *ohne* Kopfhöhenänderung
$d_a = d + 2 \cdot h_a + 2 \cdot V$
$\phantom{d_a} = d + 2 \cdot (m + V)$

b) *mit* Kopfhöhenänderung
$d_{a1} = d_1 + 2 \cdot (m + V_1 + k)$
$d_{a2} = d_2 + 2 \cdot (m + V_2 + k)$

Kopfhöhenänderung (negativer Wert)
$k = k^* \cdot m = a - a_d - m \cdot (x_1 + x_2)$

c) Zahnhöhe
$h = (h_f + h_a) + k$

$k^* = y - \Sigma x$

$y = \left(\dfrac{z_1 + z_2}{2}\right) \cdot \dfrac{\cos \alpha}{\cos \alpha_w} - 1$

# 21 Außenverzahnte Stirnräder

| Nr. | Formel | Hinweise |
|---|---|---|
| 16 | Fußkreisdurchmesser $d_f = d - 2 \cdot h_f + 2 \cdot V$ $= d - 2 \cdot (m + c) + 2 \cdot V$ | $c = d - 0{,}5(d_{a_1} + d_{f_2})$ $c = a - 0{,}5(d_{a_2} + d_{f_1})$ |
| 17 | Zahndicke auf dem Teilkreis $s = \dfrac{p}{2} + 2 \cdot V \cdot \tan\alpha$ $= m \cdot \left(\dfrac{\pi}{2} + 2 \cdot x \cdot \tan\alpha\right)$ | |
| 18 | Zahnlücke auf dem Teilkreis $e = \dfrac{p}{2} - 2 \cdot V \cdot \tan\alpha$ $= m \cdot \left(\dfrac{\pi}{2} - 2 \cdot x \cdot \tan\alpha\right)$ | |
| 19 | Achsabstand bei *spielfreiem* Eingriff $a = \dfrac{d_{w1} + d_{w2}}{2} = \dfrac{d_1 + d_2}{2} \cdot \dfrac{\cos\alpha}{\cos\alpha_w}$ $= a_d \cdot \dfrac{\cos\alpha}{\cos\alpha_w}$ | |
| 20 | Betriebswälzkreisdurchmesser für Ritzel $d_{w1} = \dfrac{d_1 \cdot \cos\alpha}{\cos\alpha_w} = \dfrac{2 \cdot a}{1 + u}$ $= 2 \cdot a \cdot \dfrac{z_1}{z_1 + z_2}$ | |
| 21 | Betriebswälzkreisdurchmesser für Rad $d_{w2} = \dfrac{d_2 \cdot \cos\alpha}{\cos\alpha_w}$ $= 2a - d_{w1} = 2 \cdot a \cdot \dfrac{z_2}{z_1 + z_2}$ | |
| 22 | Profilüberdeckung $\varepsilon_\alpha = \dfrac{0{,}5\left(\sqrt{d_{a1}^2 - d_{b1}^2} + \sqrt{d_{a2}^2 - d_{b2}^2}\right) - a \cdot \sin\alpha_w}{\pi \cdot m \cdot \cos\alpha}$ | $\varepsilon_\alpha$ überschlägig aus TB 21-2b mit TB 21-3; bei $V_{plus}$-Getrieben ist $\alpha_w > \alpha$, $\varepsilon_\alpha$ wird kleiner und bei $V_{minus}$-Getrieben ist $\alpha_w < \alpha$, $\varepsilon_\alpha$ wird größer |
| 23 | Nennmaß der Zahndicke *am beliebigen* Durchmesser $d_y$ $s_y = d_y \cdot \left(\dfrac{\pi + 4 \cdot x \cdot \tan\alpha}{2 \cdot z} + \mathrm{inv}\,\alpha - \mathrm{inv}\,\alpha_y\right)$ $= d_y \cdot \left(\dfrac{s}{d} + \mathrm{inv}\,\alpha - \mathrm{inv}\,\alpha_y\right)$ | $\alpha_y$ Profilwinkel aus $\cos\alpha_y = d \cdot \cos\alpha / d_y$ |

| Nr. | Formel | Hinweise |
|---|---|---|
| 24 | Zahndicke am Kopfkreisdurchmesser $s_a = d_a \cdot \left(\dfrac{s}{d} + \text{inv } \alpha - \text{inv } \alpha_a\right) \geq s_{a\,min}$ | $d_a = 2 \cdot r_a$ mit dem Profilwinkel $\alpha_a$ aus $\cos \alpha_a = d \cdot \cos \alpha / d_a$ $s_{a\,min} \approx 0{,}2 \cdot m$ bzw. bei gehärteten Zähnen $0{,}4 \cdot m$ $\text{inv } \alpha = \tan 20° - \dfrac{u}{180°} \cdot \alpha$ bei $s_a = 0$ ist der Zahn spitz |
| 25 | Durchmesser $d_{sp}$ bei $s_a = 0$ $d_{sp} = \dfrac{d \cdot \cos \alpha}{\cos \alpha_{sp}}$ | $\alpha_{sp}$ ergibt sich für $s/d + \text{inv } \alpha - \text{inv } \alpha_{sp} = 0$ aus $\text{inv } \alpha_{sp} = s/d + \text{inv } \alpha$. |
| 26 | Lückenweite $e_y$ am beliebigen Durchmesser $d_y$ $e_y = d_y \cdot \left(\dfrac{\pi - 4 \cdot x \cdot \tan \alpha}{2 \cdot z} - \text{inv } \alpha + \text{inv } \alpha_y\right)$ $= d_y \cdot \left(\dfrac{e}{d} - \text{inv } \alpha + \text{inv } \alpha_y\right)$ | $S_R \geq 3{,}5 \cdot m$ |
| 27 | Betriebseingriffswinkel $\alpha_w$ aus $\text{inv } \alpha_w = 2 \cdot \dfrac{x_1 + x_2}{z_1 + z_2} \cdot \tan \alpha + \text{inv } \alpha$ bzw. $\alpha_w = \arccos\left(\dfrac{a_d}{a} \cdot \cos \alpha\right)$ | |
| 28 | Summe der Profilverschiebungsfaktoren $\Sigma x = x_1 + x_2$ $= \dfrac{\text{inv } \alpha_w - \text{inv } \alpha}{2 \cdot \tan \alpha} \cdot (z_1 + z_2)$ | |
| 29 | Aufteilung von $\Sigma x$ $x_1 \approx \dfrac{x_1 + x_2}{2} + \left(0{,}5 - \dfrac{x_1 + x_2}{2}\right) \cdot \dfrac{\lg u}{\lg \dfrac{z_1 \cdot z_2}{100}}$ | überschlägig kann die Aufteilung auch nach TB 21-6 erfolgen. Der Profilverschiebungsfaktor $x_1$ braucht nur ungefähr bestimmt zu werden; entscheidend ist, dass mit $x_2 = (x_1 + x_2) - x_1$ die $\Sigma x = (x_1 + x_2)$ eingehalten wird! |
| | **Geometrie der schrägverzahnten Nullräder (-Radpaare)** | |
| 30 | Schrägungswinkel aus $\cos \beta = \dfrac{p_n}{p_t} = \dfrac{m_n \cdot \pi}{m_t \cdot \pi} = \dfrac{m_n}{m_t}$ bzw. $\cos \beta = \dfrac{\tan \alpha_n}{\tan \alpha_t}; \alpha_t = \arctan\left(\dfrac{\tan \alpha_n}{\cos \beta}\right)$ | $\beta \approx 8° \dots 20°$ $m_n \hat{=} m$ nach Nr. 1 bzw. TB 21-1 |

21 Außenverzahnte Stirnräder

| Nr. | Formel | Hinweise |
|---|---|---|
| 31 | Grundschrägungswinkel $\beta_b$ aus<br>$\tan\beta_b = \tan\beta \cdot \cos\alpha_t$<br>$\sin\beta_b = \sin\beta \cdot \cos\alpha_n$<br>$\cos\beta_b = \dfrac{p_{bn}}{p_{bt}} = \cos\beta \cdot \dfrac{\cos\alpha_n}{\cos\alpha_t} = \dfrac{\sin\alpha_n}{\sin\alpha_t}$ | |
| 32 | Grundkreisteilung, Grundzylinder-Normalteilung<br>$p_{bt} \triangleq p_{et} = p_t \cdot \cos\alpha_t$<br>$p_{bn} \triangleq p_{en} = p_n \cdot \cos\alpha_n$ | Stirnansicht<br>Normalschnitt |
| 33 | Teilkreisdurchmesser<br>$d = z \cdot m_t = z \cdot \dfrac{m_n}{\cos\beta}$ | |
| 34 | Grundkreisdurchmesser<br>$d_b = d \cdot \cos\alpha_t = z \cdot \dfrac{m_n}{\cos\beta} \cdot \cos\alpha_t$ | |
| 35 | Kopfkreisdurchmesser<br>$d_a = d + 2 \cdot h_a = d + 2 \cdot m_n$<br>$= m_n \cdot \left(2 + \dfrac{z}{\cos\beta}\right)$ | $h_a = m_n$ |
| 36 | Fußkreisdurchmesser<br>$d_f = d - 2 \cdot h_f = d - 2{,}5 \cdot m_n$ | $h_f = 1{,}25 \cdot m_n$ |
| 37 | Null-Achsabstand<br>$a_d = \dfrac{d_1 + d_2}{2} = m_t \cdot \dfrac{(z_1 + z_2)}{2}$<br>$= \dfrac{m_n}{\cos\beta} \cdot \dfrac{(z_1 + z_2)}{2}$ | |
| 38 | Profilüberdeckung<br>$\varepsilon_\alpha = \dfrac{g_\alpha}{p_{et}} = \dfrac{0{,}5 \cdot \left(\sqrt{d_{a1}^2 - d_{b1}^2} + \sqrt{d_{a2}^2 - d_{b2}^2}\right) - a_d \cdot \sin\alpha_t}{\pi \cdot m_t \cdot \cos\alpha_t}$ | |

| Nr. | Formel | Hinweise |
|---|---|---|
| 39 | Sprungüberdeckung $$\varepsilon_\beta = \frac{U}{p_t} = \frac{b \cdot \tan\beta}{p_t} = \frac{b \cdot \sin\beta}{\pi \cdot m_n}$$ | Sprung $U = b \cdot \tan\beta$ <br> $\varepsilon_\beta$ möglichst $> 1$ |
| 40 | Gesamtüberdeckung $$\varepsilon_\gamma = \varepsilon_\alpha + \varepsilon_\beta$$ | $\varepsilon_\gamma$ gibt an, wie viele Zähne ganz oder teilweise gleichzeitig im Mittel am Eingriff beteiligt sind. |
| | **Geometrie der schrägverzahnten V-Räder (-Radpaare)** | |
| 41 | Ersatzzähnezahl $$z_n = \frac{d_n}{m_n} = \frac{d}{\cos^2\beta_b \cdot m_n}$$ $$= \frac{z}{\cos^2\beta_b \cdot \cos\beta} \approx \frac{z}{\cos^3\beta}$$ | Für die folgenden Berechnungen wird ein gedachtes Geradstirnrad mit dem Teilkreisdurchmesser $d_n = 2r_n = z \cdot m_n$ als Ersatzrad zugrundegelegt. Dieses Ersatzrad hat bei einer Zähnezahl $z$ des Schrägstirnrades die *Ersatzzähnezahl* $z_n$ |
| 42 | praktische Grenzzähnezahl $$z'_{gt} \approx z'_{gn} \cdot \cos^3\beta = 14 \cdot \cos^3\beta$$ | für $z_{n\,min} = z_{min} = 7$ ergibt sich die *Mindestzähnezahl* $z_{t\,min} \approx z_{n\,min} \cdot \cos^3\beta = 7 \cdot \cos^3\beta$ |
| 43 | Profilverschiebung $$V = x \cdot m_n$$ | |
| 44 | der praktische Mindest-Profilverschiebungsfaktor $$x'_{grenz} = \frac{z'_{gn} - z_n}{z_{gn}} = \frac{14 - z_n}{17}$$ | Für $z < 14$ Mindestwert für unterschnittfreie Verzahnung <br> Für $z < 14$ wird $x'_{grenz} = x'_{min}$ |

# 21 Außenverzahnte Stirnräder

| Nr. | Formel | Hinweise |
|---|---|---|
| 45 | Stirnzahndicke $s_t$ und Normalzahndicke $s_n$ auf dem Teilkreis $$s_t = \frac{s_n}{\cos\beta} = \frac{p_t}{2} + 2 \cdot V \cdot \tan\alpha_t$$ $$= m_t \cdot \left(\frac{\pi}{2} + 2 \cdot x \cdot \tan\alpha_n\right)$$ $$s_n = s_t \cdot \cos\beta = \frac{p_n}{2} + 2 \cdot V \cdot \tan\alpha_n$$ $$= m_n \cdot \left(\frac{\pi}{2} + 2 \cdot x \cdot \tan\alpha_n\right)$$ | |
| 46 | Stirnzahndicke $s_{yt}$ am *beliebigen* Durchmesser $d_y$ $$s_{yt} = d_y \cdot \left(\frac{\pi + 4 \cdot x \cdot \tan\alpha_n}{2 \cdot z} + \mathrm{inv}\,\alpha_t - \mathrm{inv}\,\alpha_{yt}\right)$$ $$= d_y \cdot \left(\frac{s_t}{d} + \mathrm{inv}\,\alpha_t - \mathrm{inv}\,\alpha_{yt}\right)$$ | $s_{yn} = s_{yt} \cdot \cos\beta_y$ mit $\beta_y$ am Durchmesser $d_y$ aus $\tan\beta_y = \tan\beta \cdot \cos\alpha_t / \cos\alpha_{yt}$ $\cos\alpha_{yt} = \frac{d}{d_y} \cdot \cos\alpha_t$ |
| 47 | Achsabstand bei spielfreiem Eingriff $$a = \frac{d_{w1} + d_{w2}}{2} = \frac{d_1 + d_2}{2} \cdot \frac{\cos\alpha_t}{\cos\alpha_{wt}}$$ $$= a_d \cdot \frac{\cos\alpha_t}{\cos\alpha_{wt}}$$ bzw. $$\cos\alpha_{wt} = \cos\alpha_t \cdot \frac{a_d}{a}$$ | $d_{w1}$, $d_{w2}$ Betriebswälzkreisdurchmesser der Räder entsprechend Nr. 20 und Nr. 21, wenn $\alpha = \alpha_t$ und $\alpha_w = \alpha_{wt}$ gesetzt wird |
| 48 | Betriebseingriffswinkel $$\mathrm{inv}\,\alpha_{wt} = 2 \cdot \frac{x_1 + x_2}{z_1 + z_2} \cdot \tan\alpha_n + \mathrm{inv}\,\alpha_t$$ | |
| 49 | Summe der Profilverschiebungsfaktoren $$\Sigma x = x_1 + x_2$$ $$= \frac{\mathrm{inv}\,\alpha_{wt} - \mathrm{inv}\,\alpha_t}{2 \cdot \tan\alpha_n} \cdot (z_1 + z_2)$$ | die Aufteilung von $\Sigma x$ in $x_1$ und $x_2$ wird in Abhängigkeit von $z_n$ wie bei Geradstirnrädern vorgenommen. Ein bestimmter Achsabstand $a$ könnte bei Schrägstirnrädern u. U. auch ohne Profilverschiebung mit einem entsprechenden Schrägungswinkel $\beta$ erreicht werden. |
| 50 | Profilüberdeckung (*im Stirnschnitt*) $$\varepsilon_\alpha = \frac{0{,}5 \cdot \left(\sqrt{d_{a1}^2 - d_{b1}^2} + \sqrt{d_{a2}^2 - d_{b2}^2}\right) - a \cdot \sin\alpha_{wt}}{\pi \cdot m_t \cdot \cos\alpha_t}$$ | |
| 51 | Gesamtüberdeckung $$\varepsilon_\gamma = \varepsilon_\alpha + \varepsilon_\beta$$ | $\varepsilon_\beta$ nach Nr. 39 |

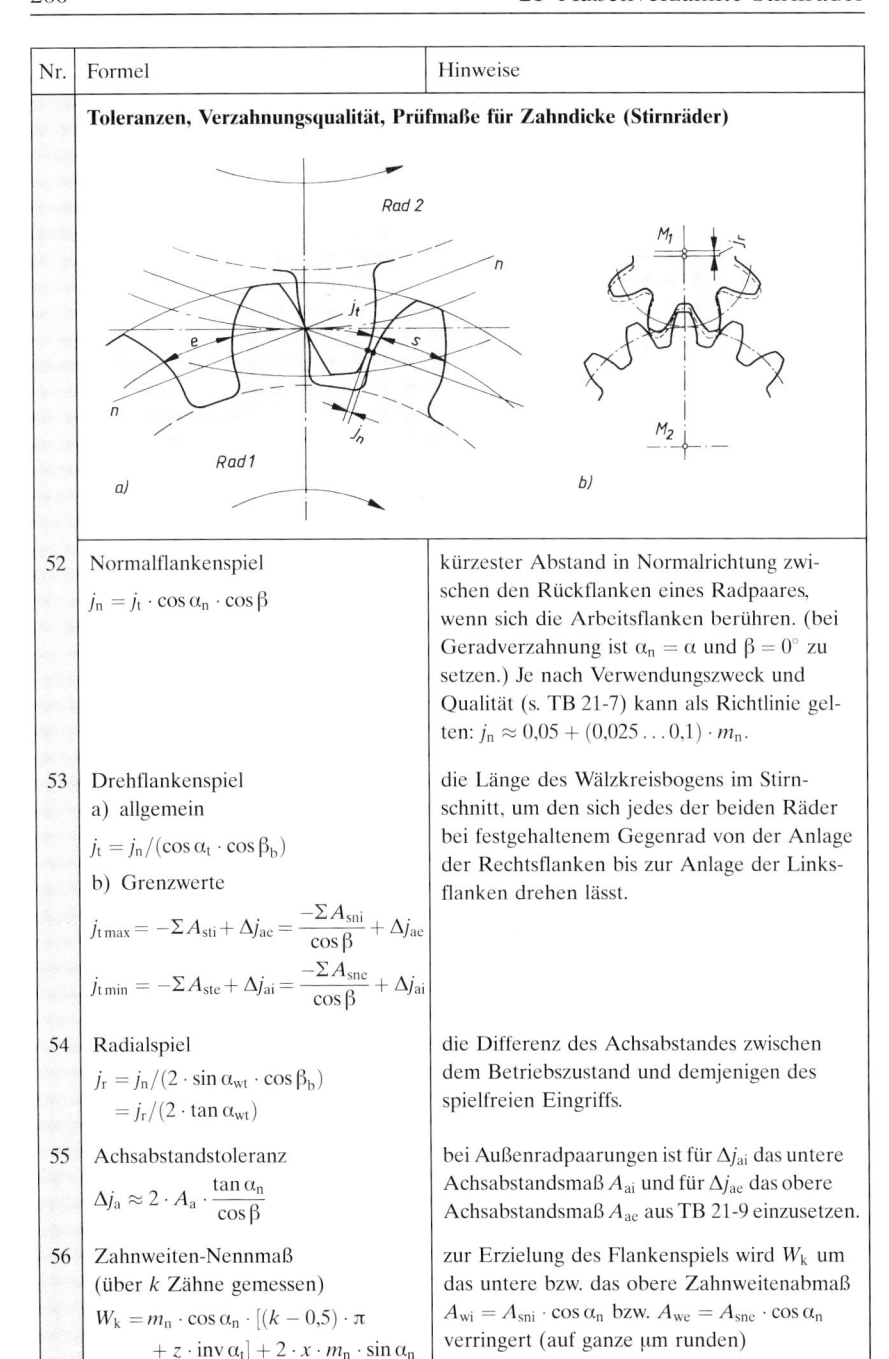

| Nr. | Formel | Hinweise |
|---|---|---|

**Toleranzen, Verzahnungsqualität, Prüfmaße für Zahndicke (Stirnräder)**

| 52 | Normalflankenspiel $j_n = j_t \cdot \cos \alpha_n \cdot \cos \beta$ | kürzester Abstand in Normalrichtung zwischen den Rückflanken eines Radpaares, wenn sich die Arbeitsflanken berühren. (bei Geradverzahnung ist $\alpha_n = \alpha$ und $\beta = 0°$ zu setzen.) Je nach Verwendungszweck und Qualität (s. TB 21-7) kann als Richtlinie gelten: $j_n \approx 0{,}05 + (0{,}025 \ldots 0{,}1) \cdot m_n$. |
| 53 | Drehflankenspiel<br>a) allgemein<br>$j_t = j_n/(\cos \alpha_t \cdot \cos \beta_b)$<br>b) Grenzwerte<br>$j_{t\,max} = -\Sigma A_{sti} + \Delta j_{ae} = \dfrac{-\Sigma A_{sni}}{\cos \beta} + \Delta j_{ae}$<br>$j_{t\,min} = -\Sigma A_{ste} + \Delta j_{ai} = \dfrac{-\Sigma A_{sne}}{\cos \beta} + \Delta j_{ai}$ | die Länge des Wälzkreisbogens im Stirnschnitt, um den sich jedes der beiden Räder bei festgehaltenem Gegenrad von der Anlage der Rechtsflanken bis zur Anlage der Linksflanken drehen lässt. |
| 54 | Radialspiel<br>$j_r = j_n/(2 \cdot \sin \alpha_{wt} \cdot \cos \beta_b)$<br>$\phantom{j_r} = j_t/(2 \cdot \tan \alpha_{wt})$ | die Differenz des Achsabstandes zwischen dem Betriebszustand und demjenigen des spielfreien Eingriffs. |
| 55 | Achsabstandstoleranz<br>$\Delta j_a \approx 2 \cdot A_a \cdot \dfrac{\tan \alpha_n}{\cos \beta}$ | bei Außenradpaarungen ist für $\Delta j_{ai}$ das untere Achsabstandsmaß $A_{ai}$ und für $\Delta j_{ae}$ das obere Achsabstandsmaß $A_{ae}$ aus TB 21-9 einzusetzen. |
| 56 | Zahnweiten-Nennmaß<br>(über $k$ Zähne gemessen)<br>$W_k = m_n \cdot \cos \alpha_n \cdot [(k - 0{,}5) \cdot \pi + z \cdot \mathrm{inv}\,\alpha_t] + 2 \cdot x \cdot m_n \cdot \sin \alpha_n$ | zur Erzielung des Flankenspiels wird $W_k$ um das untere bzw. das obere Zahnweitenabmaß $A_{wi} = A_{sni} \cdot \cos \alpha_n$ bzw. $A_{we} = A_{sne} \cdot \cos \alpha_n$ verringert (auf ganze μm runden) |

# 21 Außenverzahnte Stirnräder

| Nr. | Formel | Hinweise |
|---|---|---|
| 57 | Messzähnezahl $$k = z_n \cdot \frac{\alpha_n^\circ}{180^\circ} + 0{,}5 \geq 2$$ | die *Messzähnezahl* $k$ ist so wählen, dass sich die Messebenen die Zahnflanken nahe der halben Zahnhöhe berühren. In Abhängigkeit von der Zähnezahl $z_n$ (Zähnezahl des Ersatzstirnrades, bei Geradverzahnung $z_n = z$) und dem Profilverschiebungsfaktor $x$ kann $k$ auch TB 21-10 entnommen werden. |
| | **Vorwahl der Hauptabmessungen** | |
| 58 | Modulbestimmung (überschlägig)<br>a) der Wellendurchmesser $d_{sh}$ zur Aufnahme des Ritzels ist vorgegeben<br>*Ausführung Ritzel auf Welle*<br>$$m'_n \approx \frac{1{,}8 \cdot d_{sh} \cdot \cos\beta}{(z_1 - 2{,}5)}$$<br>*Ausführung als Ritzelwelle*<br>$$m'_n \approx \frac{1{,}1 \cdot d_{sh} \cdot \cos\beta}{(z_1 - 2{,}5)}$$<br>b) der Achsabstand ist vorgegeben<br>$$m''_n \approx \frac{2 \cdot a \cdot \cos\beta}{(1+i) \cdot z_1}$$<br>c) Leistungsdaten und Werkstoffe bekannt<br>*Zahnflanken gehärtet*<br>$$m'''_n \approx 1{,}85 \cdot \sqrt[3]{\frac{T_{1\,eq} \cdot \cos^2\beta}{z_1^2 \cdot \psi_d \cdot \sigma_{F\,lim\,1}}}$$<br>*Zahnflanken ungehärtet bzw. vergütet*<br>$$m''''_n \approx \frac{95 \cdot \cos\beta}{z_1} \cdot \sqrt[3]{\frac{T_{1\,eq}}{\psi_d \cdot \sigma_{H\,lim}^2} \cdot \frac{u+1}{u}}$$ | eine anschließende Verzahnungskorrektur ist in den meisten Fällen erforderlich<br><br>$T_{1\,eq} = T_{1\,nenn} \cdot K_A$<br>$\psi_d$    Durchmesser-Breitenverhältnis nach TB 21-14a<br>$\sigma_{F\,lim\,1}$    Zahnfußfestigkeit für den *Ritzel-Zahnfuß* nach TB 20-1 und TB 20-2<br>$\sigma_{H\,lim}$    Flankenfestigkeit des *weicheren* Werkstoffes nach TB 20-2<br>$u = z_2/z_1 \geq 1$ Zähnezahlverhältnis<br><br>\| $m_n$ \| $T_{1\,eq}$ \| $\sigma_{F\,lim}$, $\sigma_{H\,lim}$ \| $\beta$ \| $z_1$, $u$, $\psi_d$ \|<br>\|---\|---\|---\|---\|---\|<br>\| mm \| Nmm \| N/mm² \| ° \| 1 \| |
| | **Kraftverhältnisse am Geradstirnrad** | |
| 59 | Nenndrehmoment $$T_{1,2} = F_{t1,2} \cdot \frac{d_{w1,2}}{2} \left( \approx F_{t1,2} \cdot \frac{d_{1,2}}{2} \right)$$ | Basis für die Tragfähigkeitsberechnung ist das Nenn-Drehmoment der Arbeitsmaschine. Bei Null- und V-Null-Getrieben wird der Wälzkreisdurchmesser $d_{w1,2} = d_{1,2}$, der Eingriffswinkel $\alpha_w = \alpha$ |

| Nr. | Formel | Hinweise |
|---|---|---|
| 60 | Nenn-Umfangskraft am Betriebs-wälzkreis $F_{t1,2} = F_{bn1,2} \cdot \cos\alpha_w$ $= \dfrac{2 \cdot T_{1,2}}{d_{w1,2}} \left(\approx \dfrac{2 \cdot T_{1,2}}{d_{1,2}}\right)$ | |
| 61 | Zahnnormalkraft $F_{bn1,2} = \dfrac{F_{t1,2}}{\cos\alpha_w} \left(\approx \dfrac{F_{t1,2}}{\cos\alpha}\right)$ | senkrecht auf Flanke und Gegenflanke im Berührpunkt |
| 62 | Radialkraft $F_{r1,2} = F_{t1,2} \cdot \tan\alpha_w \;(\approx F_{t1,2} \cdot \tan\alpha)$ | stets zur jeweiligen Radmitte hin wirkend |
| | **Kraftverhältnisse am Schrägstirnrad** | |
| 63 | Nenn-Umfangskraft im Stirnschnitt $F_{t1,2} = \dfrac{2 \cdot T_{1,2}}{d_{w1,2}} \left(\approx \dfrac{2 \cdot T_{1,2}}{d_{1,2}}\right)$ | |
| 64 | Radialkraft $F_{r1,2} = \dfrac{F_{t1,2} \cdot \tan\alpha_{wn}}{\cos\beta_w} \left(\approx F_{t1,2} \cdot \dfrac{\tan\alpha_n}{\cos\beta}\right)$ | |
| 65 | Axialkraft $F_{a1,2} = F_{t1,2} \cdot \tan\beta_w \;(\approx F_{t1,2} \cdot \tan\beta)$ | ($\approx \ldots$) für überschlägige Berechnungen bei Null- und $V$-Null-Getrieben wird der Wälzkreisdurchmesser $d_{w1,2} = d_{1,2}$, der Eingriffswinkel $\alpha_w = \alpha_n$ und der Schrägungswinkel $\beta_w = \beta$ |

# 21 Außenverzahnte Stirnräder

| Nr. | Formel | Hinweise |
|---|---|---|
| | **Tragfähigkeitsberechnung von Stirnradpaaren** (für geradverzahnte Stirnräder ist $\beta = 0°$, $\alpha_t = \alpha$, $\alpha_{wt} = \alpha_w$ usw. zu setzen) | |
| | **Belastungseinflussfaktoren** | |
| 66 | Dynamikfaktor $$K_v = 1 + \left(\frac{K_1}{K_A \cdot (F_t/b)} + K_2\right) \cdot K_3$$ | <table><tr><td>$K_v, K_A, K_{1,2}$</td><td>$F_t/b$</td><td>$K_3$</td></tr><tr><td>1</td><td>N/mm</td><td>m/s</td></tr></table> $K_{1,2}$ Faktoren nach TB 21-15 $K_A \cdot (F_t/b)$ Linienbelastung je mm Zahnbreite; für $K_A \cdot (F_t/b) < 100$ N/mm ist $K_A \cdot (F_t/b) = 100$ N/mm mit $F_t$ nach Nr. 60 zu setzen; $K_3 = 0{,}01 \cdot z_1 \cdot v_t \cdot \sqrt{u^2/(1+u^2)} \leq 10$ m/s mit $v_t = d_{w1} \cdot \pi \cdot n_1$ in m/s und $u = z_2/z_1 \geq 1$; (bei $K_3 > 10$ m/s Berechnung nach DIN 3990 T1) |
| 67 | Breitenfaktoren $K_{H\beta}$ und $K_{F\beta}$ für die Zahnflanke: $$K_{H\beta} = 1 + \frac{10 \cdot F_{\beta y}}{(F_m/b)}$$ wenn $K_{H\beta} \leq 2$ $$K_{H\beta} = 2 \cdot \sqrt{\frac{10 \cdot F_{\beta y}}{(F_m/b)}}$$ wenn $K_{H\beta} > 2$ für den Zahnfuß: $K_{F\beta} = K_{H\beta}^{N_F}$ | Sie berücksichtigen die Auswirkungen ungleichmäßiger Kraftverteilung über die Zahnbreite auf die Flankenbeanspruchung ($K_{H\beta}$) bzw. auf die Zahnfußbeanspruchung ($K_{F\beta}$). Ursache sind die Flankenlinienabweichungen, die sich im belasteten Zustand infolge von Montage- und elastischen Verformungen ($f_{sh}$) sowie Herstellungsabweichungen ($f_{ma}$), einstellen. Für die mittlere Linienbelastung $F_m/b$ ist mit $F_{\beta y}$ sowohl $K_{H\beta}$ als auch $K_{F\beta}$ aus TB 21-18 angenähert ablesbar $N_F = (b/h)^2/[1 + b/h + (b/h)^2]$ mit $(b/h)$ = das Verhältnis Zahnbreite zu Zahnhöhe. Für $(b/h)$ ist der kleinere Wert von $(b_1/h_1)$ und $(b_2/h_2)$, für $(b/h) < 3$ ist $(b/h) = 3$ und für $(b/h) > 12$ ist $K_{F\beta} = K_{H\beta}$ einzusetzen |
| 68 | Flankenlinienabweichung a) durch *Verformung* $f_{sh} \approx 0{,}023 \cdot (F_m/b)$ $\times [|0{,}7 + K' \cdot (l \cdot s/d_1^2)$ $\times (d_1/d_{sh})^4| + 0{,}3] \cdot (b/d_1)^2$ | <table><tr><td>$f_{sh}$</td><td>$(F_m/b)$</td><td>$d_{sh}, d_1, b_1, s$</td><td>$K'$</td></tr><tr><td>µm</td><td>N/mm</td><td>mm</td><td>1</td></tr></table> $(F_m/b) = K_v \cdot (K_A \cdot F_t/b)$ mittlere Linienbelastung mit dem kleineren Wert von $b_1$ und $b_2$. Für $(K_A \cdot F_t/b) < 100$ N/mm und $F_t$ ist Hinweis zu Nr. 66 zu beachten, $K'$ Faktor zur Berücksichtigung der Ritzellage zu den Lagern, abhängig von $s$ und $l$; Werte n. TB 21-16b; für $s = 0$ wird $[\,] = 1$ $d_{sh}$ Wellendurchmesser an der Stelle des Ritzels $d_1$ Teilkreisdurchmesser des Ritzels. |

| Nr. | Formel | Hinweise |
|---|---|---|
|  | b) *herstellungsbedingt* <br> $f_{ma} = c \cdot f_{H\beta} \approx c \cdot 4{,}16 \cdot b^{0{,}14} \cdot q_H$ | $f_{ma}$ (Differenz der Flankenlinien einer Radpaarung, die im Getriebe ohne wesentliche Belastung im Eingriff ist) <br><br> \| $f_{ma}, f_{H\beta}$ \| $c, q_H$ \| $b$ \| <br> \|---\|---\|---\| <br> \| µm \| 1 \| mm \| <br><br> $c = 0{,}5$ für Radpaare mit Anpassungsmaßnahmen (z. B. Einläppen oder Einlaufen bei geringer Last, einstellbare Lager oder entsprechende Flankenlinien-Winkelkorrektur, $c = 1{,}0$ für Radpaare ohne Anpassungsmaßnahmen. <br> $f_{H\beta}$ Flankenlinien-Winkelabweichung nach TB 21-16c; oder auch mit dem kleineren Wert $b_1, b_2$ in mm angenähert aus $f_{H\beta} \approx 4{,}16 \cdot b^{0{,}14} \cdot q_H$ mit $q_H$ nach TB 21-15. |
| 69 | Flankenlinienabweichung <br> a) *vor* dem Einlaufen <br> $F_{\beta x} \approx f_{ma} + 1{,}33 \cdot f_{sh} \geq F_{\beta x\,min}$ <br> b) *nach* dem Einlaufen <br> $F_{\beta y} = F_{\beta x} - y_\beta$ | $F_{\beta x\,min} =$ größerer Wert aus $0{,}005 \cdot (F_m/b)$ bzw. $0{,}5 \cdot f_{H\beta}$ <br><br><br> $y_\beta$ nach TB 21-17 |
| 70 | Stirnfaktoren (Stirnlastaufteilungsfaktor) <br> für $\varepsilon_\gamma \leq 2$ <br> $K_{H\alpha} = K_{F\alpha}$ <br> $\approx \dfrac{\varepsilon_\gamma}{2} \cdot \left(0{,}9 + \dfrac{0{,}4 \cdot c_\gamma \cdot (f_{pe} - y_\alpha)}{F_{tH}/b}\right)$ <br> $\geq 1$ <br> für $\varepsilon_\gamma > 2$ <br> $K_{H\alpha} = K_{F\alpha}$ <br> $\approx 0{,}9 + 0{,}4 \cdot \sqrt{\dfrac{2 \cdot (\varepsilon_\gamma - 1)}{\varepsilon_\gamma}}$ <br> $\times \dfrac{c_\gamma \cdot (f_{pe} - y_\alpha)}{F_{tH}/b}$ | berücksichtigen die Auswirkungen ungleichmäßiger Kraftaufteilung auf mehrere gleichzeitig im Eingriff befindliche Zahnpaare infolge der wirksamen Verzahnungsabweichungen <br> $\varepsilon_\gamma$ Gesamtüberdeckung, $\varepsilon_\gamma = \varepsilon_\alpha + \varepsilon_\beta$ <br> $c_\gamma$ Eingriffssteifigkeit (Zahnsteifigkeit). Anhaltswerte in N/(mm · µm): $c_\gamma \approx 20$ bei St und GS; $\approx 17$ bei GJS; $\approx 12$ bei GJL; für Radpaarungen mit unterschiedlichen Werkstoffen ist ein Mittelwert anzunehmen, z. B. $c_\gamma \approx 16$ N/(mm · µm) bei St/GJL. <br> $f_{pe}$ Größtwert der Eingriffsteilungs-Abweichung aus <br> $f_{pe} \approx [4 + 0{,}315 \cdot (m_n + 0{,}25 \cdot \sqrt{d})] \cdot q'_H$; Werte für $q'_H$ aus TB 21-19b. <br> $y_\alpha$ Einlaufbetrag; Werte n. TB 21-19c <br> $F_{tH}$ maßgebende Umfangskraft, <br> $F_{tH} = F_t \cdot K_A \cdot K_{H\beta} \cdot K_v$ <br><br> \| $K_{H\alpha}, K_{F\alpha}, \varepsilon_\gamma$ \| $f_{pe}, y_\alpha$ \| $F_{tH}$ \| $b$ \| $c_\gamma$ \| <br> \|---\|---\|---\|---\|---\| <br> \| 1 \| µm \| N \| mm \| N/(mm · µm) \| |

## 21 Außenverzahnte Stirnräder

| Nr. | Formel | Hinweise |
|---|---|---|
| 71 | *Gesamtbelastungseinfluss*<br>a) *Zahnfußtragfähigkeit:*<br>$K_{F\,ges} = K_A \cdot K_v \cdot K_{F\alpha} \cdot K_{F\beta}$<br>b) *Grübchentragfähigkeit:*<br>$K_{H\,ges} = \sqrt{K_A \cdot K_v \cdot K_{H\alpha} \cdot K_{H\beta}}$ | |

### Nachweis der Zahnfußtragfähigkeit

| | | |
|---|---|---|
| 72 | *örtliche Zahnfußspannung*<br>$\sigma_{F0} = \dfrac{F_t}{b \cdot m_n} \cdot Y_{Fa} \cdot Y_{Sa} \cdot Y_\varepsilon \cdot Y_\beta$ | $F_t$ Umfangskraft nach Nr. 60<br>$b$ Zahnbreite, bei ungleichen Breiten höchstens Überstand von Modul $m$ je Zahnende mittragend, allgemein $b_2 < b_1$<br>$m_n$ Modul im Normalschnitt nach DIN 780 (bei Geradverzahnung $m_n = m$),<br>$Y_{Fa}$ n. TB 21-20a, $Y_{Sa}$ n. TB 21-20b, $Y_\beta$ n. TB 21-20c,<br>$Y_\varepsilon = 0{,}25 + 0{,}75/\varepsilon_{\alpha n}$ mit $\varepsilon_{\alpha n} \approx \varepsilon_\alpha/\cos^2\beta < 2$ |
| 73 | *maximale Zahnfußspannung*<br>Ritzel: $\sigma_{F1} = \sigma_{F01} \cdot K_{F\,ges1}$<br>Rad: $\sigma_{F2} = \sigma_{F02} \cdot K_{F\,ges2}$ | |
| 74 | *Zahnfußgrenzfestigkeit*<br>$\sigma_{FG} = \sigma_{F\,lim} \cdot Y_{St} \cdot Y_{NT} \cdot Y_{\delta\,rel\,T}$<br>$\times Y_{R\,rel\,T} \cdot Y_X$<br>vereinfacht mit $Y_{ST} = 2$,<br>$Y_{\delta\,rel} = Y_{R\,rel} \approx 1$<br>$\sigma_{FG} \approx 2 \cdot \sigma_{F\,lim} \cdot Y_{NT} \cdot Y_X$ | $\sigma_{FG}$ Zahnfußgrenzfestigkeit; für Ritzel und Rad getrennt berechnen<br>$\sigma_{F\,lim}$ n. TB 20-1 u. TB 20-2<br>$Y_{ST} = 2$, $Y_{NT}$ n. TB 21-21a, $Y_{\delta\,rel\,T}$ n. TB 21-21b, $Y_{R\,rel\,T}$ n. TB 21-21c, $Y_X$ n. TB 21-21d |
| 75 | *Sicherheit auf Biegetragfähigkeit*<br>$S_{F1,2} = \dfrac{\sigma_{FG1,2}}{\sigma_{F1,2}} \geq S_{F\,min}$ | $S_{F\,min}$ Mindestsicherheitsfaktor für die Fußbeanspruchung. Je genauer alle Einflussfaktoren erfasst werden desto kleiner kann $S_{F\,min}$ sein. Als Anhalt gilt $S_{F\,min} = (1)\ldots 1{,}4\ldots 1{,}6$, im Mittel 1,5; bei hohem Schadensrisiko bzw. hohen Folgekosten bis $> 3$. |

| Nr. | Formel | Hinweise |
|---|---|---|
| | **Nachweis der Grübchentragfähigkeit** | |
| 76 | *Pressung am Wälzpunkt C für die fehlerfreie Verzahnung* $$\sigma_{H0} = \sigma_{HC} \cdot Z_\varepsilon \cdot Z_\beta = Z_H \cdot Z_E \cdot Z_\varepsilon \cdot Z_\beta \\ \times \sqrt{\frac{F_t}{b \cdot d_1} \cdot \frac{u+1}{u}}$$ | $F_t$ Nennumfangskraft<br>$b$ Zahnbreite, bei ungleicher Breite der Räder die kleinere Zahnbreite,<br>$d_1$ Teilkreisdurchmesser des Ritzels,<br>$u = z_2/z_1 \geq 1$ Zähnezahlverhältnis; beim Zahnstangengetriebe wird $u = \infty$, sodass $(u+1)/u = 1$ ist,<br>$Z_H$ n. TB 21-22a, $Z_E$ n. TB 21-22b, $Z_\varepsilon$ n. TB 21-22c, $Z_\beta = \sqrt{\cos\beta}$ |
| 77 | *maximale* Pressung am Wälzkreis im Betriebszustand $$\sigma_H = \sigma_{H0} \cdot K_{H\,ges}$$ | $\sigma_{HP}$ zulässige Flankenpressung |
| 78 | *Zahnflankengrenzfestigkeit* $$\sigma_{HG} = \sigma_{H\,lim} \cdot Z_{NT} \cdot (Z_L \cdot Z_v \cdot Z_R) \\ \times Z_W \cdot Z_X$$ | $\sigma_{H\,lim}$ n. TB 20-1 u. TB 20-2<br>$Z_{NT}$ n. TB 21-23d, $Z_L$ n. TB 21-23a,<br>$Z_v$ n. TB 21-23b, $Z_R$ n. TB 21-23c, $Z_W$ n. TB 21-23e, $Z_X$ n. TB 21-21d<br>$S_{H\,min}$ geforderte Mindestsicherheit für Grübchentragfähigkeit. Als Anhalt kann gesetzt werden $S_{H\,min} \approx (1)\ldots 1{,}3$, bei hohem Schadensrisiko bzw. hohen Folgekosten $S_{H\,min} \geq 1{,}6$. |
| 79 | *Sicherheit auf Flankentragfähigkeit* $$S_{H1,2} = \frac{\sigma_{HG1,2}}{\sigma_H} \geq S_{H\,min}$$ | |

# 21 Außenverzahnte Stirnräder

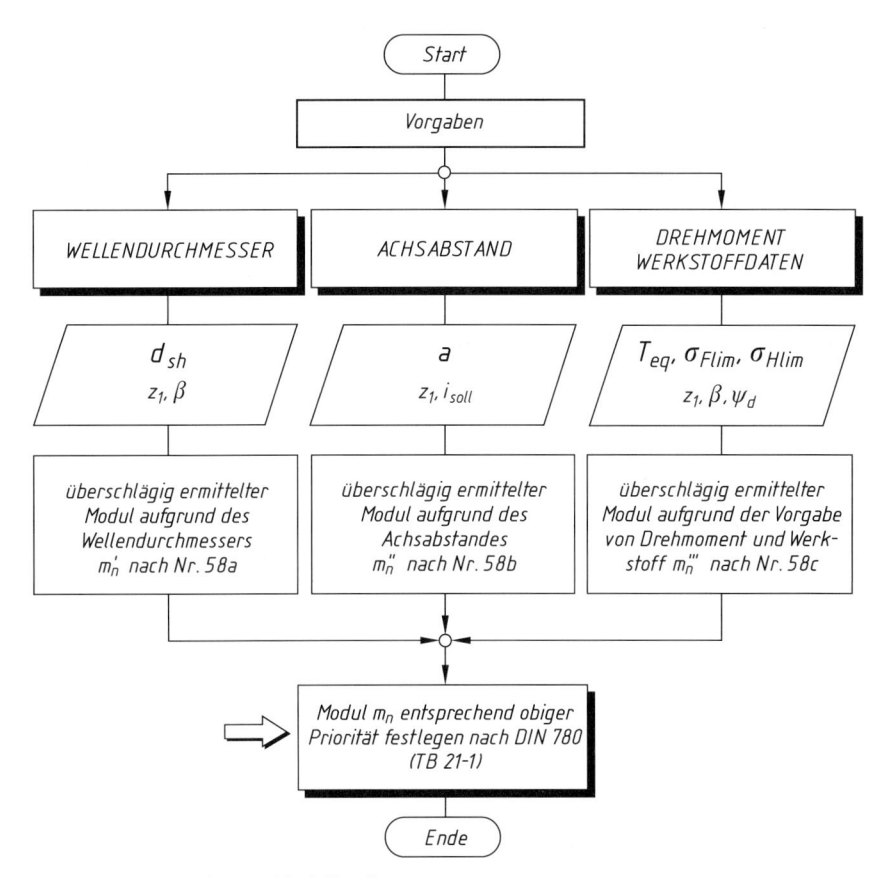

```
                    ┌─────────┐
                    │  Start  │
                    └────┬────┘
                    ┌────┴────┐
                    │ Vorgaben│
                    └────┬────┘
         ┌───────────────┼───────────────┐
         ▼               ▼               ▼
┌─────────────────┐ ┌───────────┐ ┌─────────────────┐
│WELLENDURCHMESSER│ │ACHSABSTAND│ │   DREHMOMENT    │
│                 │ │           │ │ WERKSTOFFDATEN  │
└────────┬────────┘ └─────┬─────┘ └────────┬────────┘
      $d_{sh}$            $a$         $T_{eq}, \sigma_{Flim}, \sigma_{Hlim}$
    $z_1, \beta$      $z_1, i_{soll}$     $z_1, \beta, \psi_d$
```

- überschlägig ermittelter Modul aufgrund des Wellendurchmessers $m_n'$ nach Nr. 58a
- überschlägig ermittelter Modul aufgrund des Achsabstandes $m_n''$ nach Nr. 58b
- überschlägig ermittelter Modul aufgrund der Vorgabe von Drehmoment und Werkstoff $m_n'''$ nach Nr. 58c

⇨ Modul $m_n$ entsprechend obiger Priorität festlegen nach DIN 780 (TB 21-1)

Ende

**A 21-1** Vorgehensplan zur Modulbestimmung

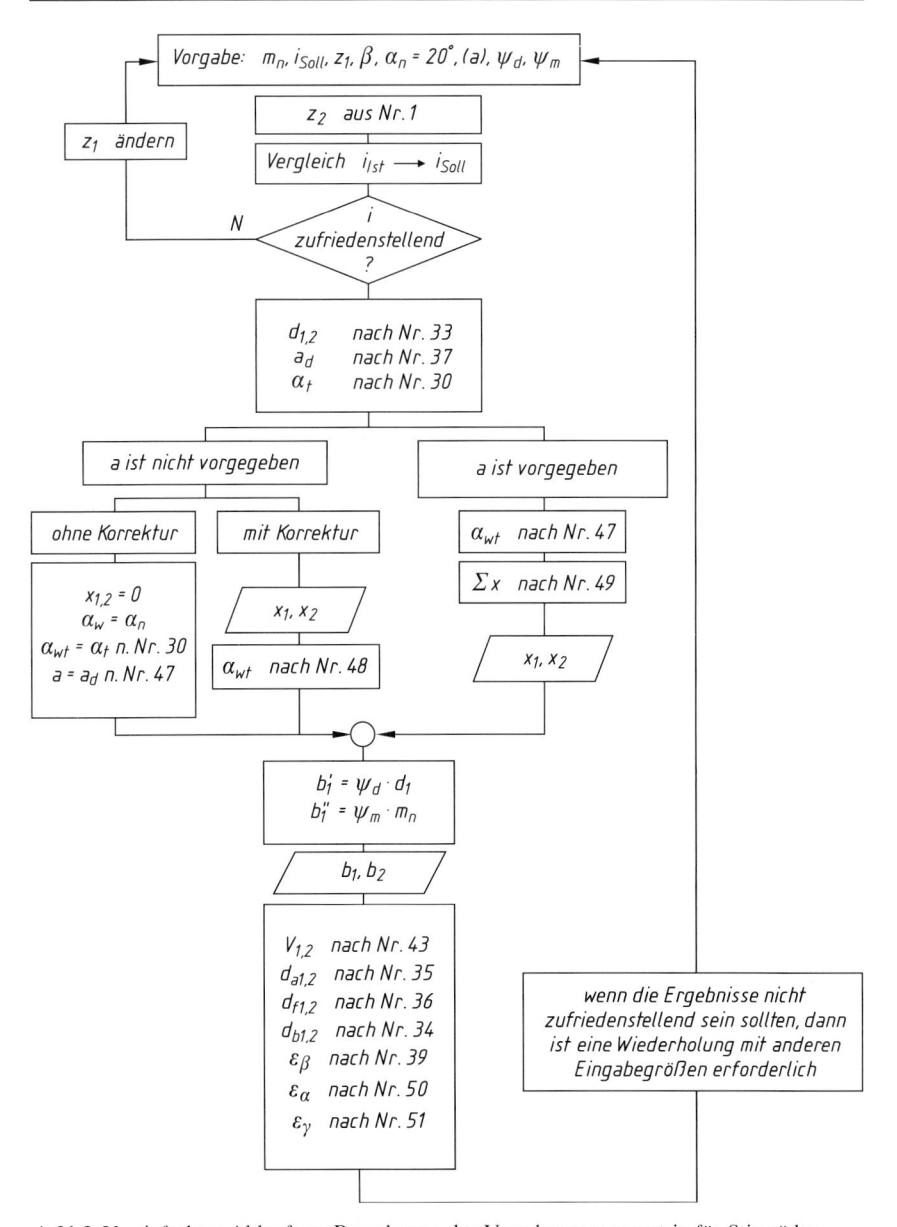

**A 21-2** Vereinfachter Ablauf zur Berechnung der Verzahnungsgeometrie für Stirnräder

# 22 Kegelräder und Kegelradgetriebe

| Formelzeichen | Einheit | Benennung |
|---|---|---|
| $a_v$ bzw. $a_{vd}$ | mm | Achsabstand bzw. Null-Achsabstand des Ersatz-Stirnradpaares |
| $b$, $b_1$ bzw. $b_2$ | mm | Zahnbreite; des treibenden bzw. des getriebenen Rades |
| $C$ | 1 | Wälzpunkt |
| $c$ | mm | Kopfspiel |
| $d_m$, $d_{m1}$ bzw. $d_{m2}$ | mm | mittlerer Teilkreisdurchmesser, des treibenden bzw. getriebenen Rades |
| $d_e$, $d_{e1}$ bzw. $d_{e2}$ | mm | äußerer Teilkreisdurchmesser, des treibenden bzw. getriebenen Rades |
| $d_{ae}$, $d_{ae1}$ bzw. $d_{ae2}$ | mm | äußerer Kopfkreisdurchmesser, des treibenden bzw. getriebenen Rades |
| $d_{va}$, $d_{va1}$ bzw. $d_{va2}$ | mm | Kopfkreisdurchmesser, des treibenden bzw. getriebenen Rades (Ersatzräder) |
| $d_{vb}$, $d_{vb1}$ bzw. $d_{vb2}$ | mm | Grundkreisdurchmesser, des treibenden bzw. getriebenen Rades (Ersatzräder) |
| $d_f$, $d_{f1}$ bzw. $d_{f2}$ | mm | Fußkreisdurchmesser, des treibenden bzw. getriebenen Rades |
| $d_{sh}$ | mm | Wellendurchmesser zur Aufnahme des Ritzels |
| $d_w$, $d_{w1}$ bzw. $d_{w2}$ | mm | Wälzkreisdurchmesser, des treibenden bzw. getriebenen Rades |
| $E$ | N/mm$^2$ | Elastizitätsmodul |
| $F_a$, $F_{a1}$ bzw. $F_{a2}$ | N | Axialkraft, des treibenden bzw. des getriebenen Rades |
| $F_{mt}$ | N | mittlere Nenn-Umfangskraft am Teilkreis (für $K_{H\beta}$) |
| $F_r$, $F_{r1}$ bzw. $F_{r2}$ | N | Radialkraft des treibenden bzw. getriebenen Rades |
| $F_{\beta x}$ bzw. $F_{\beta y}$ | µm | wirksame Flankenlinienabweichung vor bzw. nach dem Einlaufen |
| $f_{H\beta}$ | µm | Flankenlinien-Winkelabweichung |
| $f_{ma}$ | µm | Flankenlinien-Herstellungsabweichung |
| $f_{sh}$ | µm | Flankenlinienabweichung infolge Wellen- und Ritzelverformung |
| $G$ | N/mm$^2$ | Gleitmodul |
| $g_\alpha$ | mm | Länge der (gesamten) Eingriffsstrecke |

| Formelzeichen | Einheit | Benennung |
|---|---|---|
| $h, h_{ae}, h_{am}$ | mm | Zahnhöhe, äußere-, mittlere Zahnkopfhöhe |
| $h_{fe}, h_{fm}$ | mm | Fußhöhe, äußere-, mittlere Zahnfußhöhe |
| $i$ | 1 | Übersetzungsverhältnis |
| inv | 1 | Evolventenfunktion (sprich „involut") |
| $K_A$ | 1 | Anwendungsfaktor |
| $K_v$ | 1 | Dynamikfaktor |
| $K_{F\alpha}, K_{H\alpha}$ | 1 | Stirnfaktoren für Zahnfußbeanspruchung, für Flankenpressung |
| $K_{F\beta}, K_{H\beta}$ | 1 | Breitenfaktoren für Zahnfußbeanspruchung, für Flankenpressung |
| $K_1 \ldots K_3$ | 1 | Faktor für die Berechnung von $K_v$, abhängig von der Verzahnungsqualität |
| $K_4$ | m/s | Faktor für die Berechnung von $K_v$ |
| $m \triangleq m_{mn}, m_{mt}$ | mm | Modul, mittlerer Normalmodul, – Stirnmodul |
| $m_e \triangleq m_{en}, m_{mt}$ | mm | Modul, äußerer Normalmodul, – Stirnmodul |
| $N_L$ | 1 | Anzahl der Lastwechsel |
| $n_{1,2} (n_a, n_b)$ | min$^{-1}$ | Drehzahl des Ritzels, Rades (ersten Ritzels, letzten Rades im Getriebe) |
| $P, P_a$ bzw. $P_b$ | kW | zu übertragende (Nenn-) Leistung, An- bzw. Abtriebsleistung |
| $p$ | mm | Teilung auf dem Teilzylinder (Ersatzverzahnung) |
| $p_b \triangleq p_e$ | mm | Teilung auf dem Grundzylinder (Ersatzverzahnung) |
| $p_{bt} \triangleq p_{et}$ | mm | Grundkreisteilung $\triangleq$ Stirneingriffsteilung (Ersatzverzahnung) |
| $p_{bn} \triangleq p_{en}$ | mm | Grundzylindernormalteilung $\triangleq$ Normaleingriffsteilung (Ersatzverzahnung) |
| $p_n, p_t$ | mm | Normalteilung, Stirnteilung (Ersatzverzahnung) |
| $p_w$ | mm | Teilung am Wälzzylinder (Ersatzverzahnung) |
| $q_H$ | 1 | Faktor abhängig von DIN-Qualität zur Berechnung von $f_{H\beta}$ |
| $R_e, R_i, R_m$ | mm | Teilkegellänge, äußere, innere, mittlere |
| $S_F, S_{F\min}$ | 1 | Zahnbruchsicherheit, Mindestsicherheitsfaktor für Fußbeanspruchung |
| $S_H, S_{H\min}$ | 1 | Grübchensicherheit, Mindestsicherheitsfaktor für Flankenpressung |

# 22 Kegelräder und Kegelradgetriebe

| Formelzeichen | Einheit | Benennung |
|---|---|---|
| $s_n$, $s_t$ | mm | Normalzahndicke, Stirnzahndicke auf dem Teilkreis (Ersatzverzahnung) |
| $s_w$ | mm | Zahndicke am Wälzzylinder (Ersatzverzahnung) |
| $T_{1,2}$ bzw. $T_{a,b}$ | Nm, Nmm | Nenn-Drehmoment des Ritzels, Rades bzw. An-, Abtriebsmoment |
| $u = z_{groß}/z_{klein}$ | 1 | Zähnezahlverhältnis des Radpaares |
| $u_v$ | 1 | Zähnezahlverhältnis der Ersatzverzahnung |
| $V$ | mm | Profilverschiebung |
| $v$ | m/s | Umfangsgeschwindigkeit am Teilkreis |
| $x_h$, $x_{h1,2}$ | 1 | Profilverschiebungsfaktor, des Ritzels, Rades |
| $Y_{Fa}$ | 1 | Formfaktor für Kraftangriff am Zahnkopf (Ersatzverzahnung) |
| $Y_{NT}$ | 1 | Lebensdauerfaktor für $\sigma_{Flim}$ des Prüfrades (Ersatzverzahnung) |
| $Y_{RrelT}$ | 1 | relativer Oberflächenfaktor des Prüfrades (Ersatzverzahnung) |
| $Y_{Sa}$ | 1 | Spannungskorrekturfaktor für Kraftangriff am Zahnkopf (Ersatzverzahnung) |
| $Y_{ST} = 2$ | 1 | Spannungskorrekturfaktor des Prüfrades (Ersatzverzahnung) |
| $Y_X$ | 1 | Größenfaktor für Fußbeanspruchung (Ersatzverzahnung) |
| $Y_\beta$ | 1 | Schrägenfaktor für Fußbeanspruchung (Ersatzverzahnung) |
| $Y_{\delta relT}$ | 1 | relative Stützziffer bezogen auf das Prüfrad (Ersatzverzahnung) |
| $Y_\varepsilon$ | 1 | Überdeckungsfaktor für Fußbeanspruchung (Ersatzverzahnung) |
| $y_\beta$ | µm | Einlaufbetrag (Ersatzverzahnung) |
| $Z_B$ | 1 | (Ritzel-)Einzeleingriffsfaktor bei $z_1 < 20$ für Flankenpressung (Ersatzverzahnung) |
| $Z_E$ | 1 | Elastizitätsfaktor (Ersatzverzahnung) |
| $Z_H$ | 1 | Zonenfaktor (Ersatzverzahnung) |
| $Z_L$ | 1 | Schmierstofffaktor für Flankenpressung (Ersatzverzahnung) |
| $Z_{NT}$ | 1 | Lebensdauerfaktor (Flanke) des Prüfrades (Ersatzverzahnung) |
| $Z_R$ | 1 | Rauigkeitsfaktor für Flankenpressung (Ersatzverzahnung) |
| $Z_v$ | 1 | Geschwindigkeitsfaktor für Flankenpressung (Ersatzverzahnung) |

| Formelzeichen | Einheit | Benennung |
|---|---|---|
| $Z_W$ | 1 | Werkstoffpaarungsfaktor (Ersatzverzahnung) |
| $Z_X$ | 1 | Größenfaktor für Flankenpressung (Ersatzverzahnung) |
| $Z_\beta$ | 1 | Schrägenfaktor für Flankenpressung (Ersatzverzahnung) |
| $Z_\varepsilon$ | 1 | Überdeckungsfaktor für Flankenpressung (Ersatzverzahnung) |
| $z, z_{1,2}, z_v$ | 1 | Zähnezahl, des Ritzels, Rades, Zähnezahl der Ersatzverzahnung |
| $z_g, z_g'$ | 1 | theoretische, praktische Grenzzähnezahl |
| $z_m$ | 1 | mittlere Zähnezahl |
| $\alpha \triangleq \alpha_P = 20°$ | ° | Eingriffswinkel am Teilzylinder $\triangleq$ Profilwinkel des Bezugsprofils |
| $\alpha_t, \alpha_n \triangleq \alpha_P$ | ° | Stirn-, Normaleingriffswinkel am Teilzylinder |
| $\alpha_w, \alpha_{wt}$ | ° | Betriebseingriffswinkel im Stirnschnitt (Ersatzverzahnung) |
| $\beta$ | 1 | Schrägungswinkel |
| $\beta_{vm}$ | 1 | Schrägungswinkel (Ersatzverzahnung) |
| $\delta_1, \delta_2$ | ° | Kopfkegelwinkel, des Ritzels, Rades |
| $\delta_{a1}, \delta_{a2}$ | ° | Teilkegelwinkel, des Ritzels, Rades |
| $\vartheta_{a1}, \vartheta_{a2}$ | ° | Kopfwinkel, des Ritzels, Rades |
| $\vartheta_{f1}, \vartheta_{f2}$ | ° | Fußwinkel, des Ritzels, Rades |
| $\varepsilon_{v\alpha}, \varepsilon_{v\alpha n}$ | 1 | Profilüberdeckung (Ersatzverzahnung) |
| $\varepsilon_{v\beta}, \varepsilon_{v\gamma}$ | 1 | Sprungüberdeckung, Gesamtüberdeckung der Ersatzverzahnung |
| $\sigma_{F0}, \sigma_F$ | N/mm² | örtliche Zahnfußspannung, Zahnfußspannung |
| $\sigma_{F\,lim}$ | N/mm² | Zahnfuß-Biegenenndauerfestigkeit (Biege-Dauerschwellfestigkeit des Prüfrades) |
| $\sigma_{FP}$ | N/mm² | zulässige Zahnfußspannung |
| $\sigma_{H0}, \sigma_H$ | N/mm² | Nennwert der Flankenpressung; Flankenpressung am Wälzkreis bzw. Flankentragfähigkeit |
| $\sigma_{H\,lim}$ | N/mm² | Dauerfestigkeit für Flankenpressung |
| $\sigma_{HP}$ | N/mm² | zulässige Flankenpressung |
| $\psi_d$ bzw. $\psi_m$ | 1 | Durchmesser- bzw. Modul-Breitenverhältnis (Ersatzverzahnung) |
| $\omega_{1,2}$ bzw. $\omega_{a,b}$ | s⁻¹ | Winkelgeschwindigkeit des Ritzels, Rades bzw. des Antriebs-, Abtriebsrades |

## 22 Kegelräder und Kegelradgetriebe

| Nr. | Formel | Hinweise |
|---|---|---|
| | **Geometrie der geradverzahnten Kegelräder** | |
| 1 | Übersetzungsverhältnis $$i = \frac{n_1}{n_2} = \frac{d_2}{d_1} = \frac{r_2}{r_1} = \frac{z_2}{z_1} = \frac{\sin\delta_2}{\sin\delta_1}$$ | Index 1 für treibendes, Index 2 für getriebenes Rad. Ritzelzähnezahl aus TB 22-1 |
| 2 | Zähnezahlverhältnis $$u = \frac{z_{\text{Rad}}}{z_{\text{Ritzel}}} \geq 1$$ | |
| 3 | Teilkegelwinkel<br>a) für $\Sigma \leq 90°$ $$\tan\delta_1 = \frac{\sin\Sigma}{u + \cos\Sigma}$$ b) für $\Sigma > 90°$ $$\tan\delta_1 = \frac{\sin(180° - \Sigma)}{u - \cos(180° - \Sigma)}$$ | Für den Achsenwinkel $\Sigma = \delta_1 + \delta_2 = 90°$ errechnet sich der Teilkegelwinkel des *treibenden Ritzels* bzw. des *getriebenen Rades* aus $\tan\delta_1 = 1/u$ bzw. $\tan\delta_2 = u$. 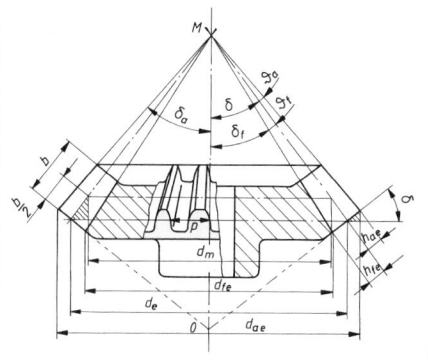 |
| 4 | Teilkreisdurchmesser<br>a) *äußerer* $$d_e = z \cdot m_e = d_m + b \cdot \sin\delta$$ b) *mittlerer* $$d_m = z \cdot m_m = z \cdot m_e \cdot \frac{R_m}{R_e}$$ $$= d_e - b \cdot \sin\delta$$ | $d_e$ größter Durchmesser des Teilkegels<br>$m_e$ *äußerer Modul*; wird (wie auch der mittlere Modul $m_m$) vielfach bei der Festlegung der Radabmessungen als Norm-Modul nach DIN 780, s. TB 21-1, festgelegt. Bei der Berechnung der Tragfähigkeit ist $m_m$ maßgebend, $m_m = m_e \cdot R_m/R_e$ |
| 5 | Teilkegellänge<br>a) *äußere* $$R_e = \frac{d_e}{2 \cdot \sin\delta} \geq 3 \cdot b$$ b) *mittlere* $$R_m = \frac{d_m}{2 \cdot \sin\delta} = R_e - \frac{b}{2}$$ c) *innere* $$R_i = \frac{d_i}{2 \cdot \sin\delta} = R_e - b$$ | 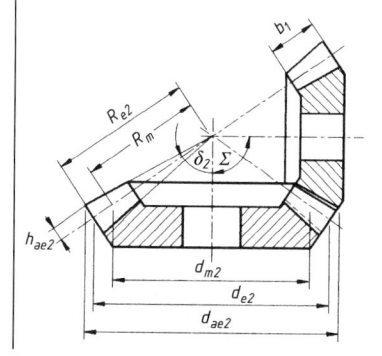 |

| Nr. | Formel | Hinweise |
|---|---|---|
| 6 | Zahnbreite<br>$b \leq R_e/3$<br>$b \leq 10 \cdot m_e$<br>$b \approx 0{,}15 \cdot d_{e1} \cdot \sqrt{u^2 + 1}$ | Empfehlungen für die Grenzwerte, von denen der kleinere Wert nicht überschritten werden sollte. Mit $d_e \approx d_m$ kann die Breite auch bestimmt werden über $b_1 \approx \psi_d \cdot d_{m1}$ aus TB 22-1 |
| 7 | äußere Zahnkopf-, Zahnfuß- und Zahnhöhe<br>$h_{ae} = m_e$<br>$h_{fe} \approx 1{,}25 \cdot m_e$<br>$h_e \approx 2{,}25 \cdot m_e$ | $h_{ae1} = m_e(1 + x_{he})$; $h_{ae2} = m_e(1 - x_{he})$<br>$h_{fe1} = 2m_e - h_{ae1} + c$; $h_{fe2} = 2m_e - h_{ae2} + c$<br>$h_{e1} = h_{e2} = 2m_e + c$<br>$x_{he}$ Profilverschiebungsfaktor an der äußeren Teilkreiskegellänge |
| 8 | Kopfkreisdurchmesser<br>$d_{ae} = d_e + 2 \cdot h_{ae} \cdot \cos\delta$<br>$= m_e \cdot (z + 2 \cdot \cos\delta)$ | größter Durchmesser des Radkörpers |
| 9 | Kopfkegelwinkel<br>$\delta_a = \delta + \vartheta_a$ | $\vartheta_a$ *Kopfwinkel* gleich Winkel zwischen Mantellinie des Teil- und des Kopfkegels aus $\tan\vartheta_a = h_{ae}/R_e = m_e/R_e$ |
| 10 | Fußkegelwinkel<br>$\delta_f = \delta - \vartheta_f$ | $\vartheta_f$ *Fußwinkel* gleich Winkel zwischen Mantellinie des Teil- und des Fußkegels aus $\tan\vartheta_f = h_{fe}/R_e \approx 1{,}25 \cdot m_e/R_e$ |
| 11 | Zähnezahl des Ersatz-Stirnrades<br>$z_v = \dfrac{z}{\cos\delta}$ | Index $v$ für das „virtuelle Ersatz-Stirnrad"<br>$z_{v1} = z_1/\cos\delta_1$ und $z_{v2} = z_2/\cos\delta_2$ |
| 12 | praktische Grenzzähnezahl (geradverzahnte Kegelräder)<br>$z'_{gK} \approx z'_g \cdot \cos\delta = 14 \cdot \cos\delta$ | Beispiele für Grenz- und Mindestzähnezahlen: |

| $\delta \approx$ | < 15° | 20° | 30° | 38° | 45° |
|---|---|---|---|---|---|
| $z'_{gK}$ | 14 | 13 | 12 | 11 | 10 |
| $z_{\min K}$ | 7 | 7 | 6 | 6 | 5 |

## 22 Kegelräder und Kegelradgetriebe

| Nr. | Formel | Hinweise |
|---|---|---|
| 13 | Profilverschiebung<br>$V = +x_h \cdot m$ | |
| 14 | Profilverschiebungsfaktor<br>$x_{h\,grenz} = \dfrac{14 - z_v}{17} = \dfrac{14 - (z/\cos\delta)}{17}$ | Grenzwert, bei dem der Unterschnitt beginnt;<br>für $z < 14$ wird $x'_{h\,grenz} = x'_{h\,min}$ |
| 15 | Eingriffstrecke<br>$g_{v\alpha}$<br>$= 0{,}5 \cdot \left(\sqrt{d_{va1}^2 - d_{vb1}^2} + \sqrt{d_{va2}^2 - d_{vb2}^2}\right)$<br>$- a_v \cdot \sin\alpha_v$ | $d_v = \dfrac{d_m}{\cos\delta}$;<br>$d_{va} = d_v + 2 \cdot h_{am} = d_v + 2 \cdot m_{mn} \cdot (1 + x_h)$<br>$d_{vb} = d_v \cdot \cos\alpha_n$;  $a_v = \dfrac{1}{2} \cdot (d_{v1} + d_{v2})$;<br>$\alpha_v = \alpha_n$ |
| 16 | Profilüberdeckung<br>$\varepsilon_{v\alpha} = \dfrac{g_{v\alpha}}{m_m \cdot \pi \cdot \cos\alpha_v}$ | |
| 17 | Sprungüberdeckung<br>$\varepsilon_{v\beta} = \dfrac{b_e \cdot \sin\beta_m}{m_m \cdot \pi}$ | |
| 18 | Gesamtüberdeckung der Ersatzverzahnung<br>$\varepsilon_{v\gamma} = \varepsilon_{v\alpha} + \varepsilon_{v\beta}$ | |
| **Geometrie der schrägverzahnten Kegelräder** | | |
| 19 | Teilkreisdurchmesser<br>a) *äußerer*<br>$d_e = z \cdot m_{et} = z \cdot \dfrac{m_{en}}{\cos\beta_e}$<br>b) *mittlerer*<br>$d_m = d_e - b \cdot \sin\delta = z \cdot \dfrac{m_{mn}}{\cos\beta_m}$ | Index $n \rightarrow$ Normalschnitt<br>Index $t \rightarrow$ Stirnansicht<br>$m_{et} = m_{en}/\cos\beta_e$;  $m_{mt} = m_{mn}/\cos\beta_m$<br>$m_{mn}$ *mittlerer Modul* im Normalschnitt wird (wie auch der *äußere Modul* $m_{en}$) vielfach bei der Festlegung der Radabmessungen sowie bei der Berechnung der Tragfähigkeit bei schrägverzahnten Kegelrädern als Norm-Modul nach DIN 780 (TB 21-1) festgelegt. |
| 20 | Zahnbreite<br>$b \leq R_e/3$<br>$b \leq 10 \cdot m_{en}$<br>$b \approx 0{,}15 \cdot d_{e1} \cdot \sqrt{u^2 + 1}$ | Empfehlungen für die Grenzwerte, von denen der kleinere Wert nicht überschritten werden sollte |
| 21 | mittlere Zahnkopf-, Zahnfuß- und Zahnhöhe<br>$h_{am} = m_{mn}$<br>$h_{fm} \approx 1{,}25 \cdot m_{mn}$<br>$h_m \approx 2{,}25 \cdot m_{mn}$ | |

| Nr. | Formel | Hinweise |
|---|---|---|
| 22 | Kopfkreisdurchmesser<br>a) *mittlerer*<br>$d_{am} = d_m + 2 \cdot h_{am} \cdot \cos \delta$<br>b) *äußerer*<br>$d_{ae} = d_{am} \cdot \dfrac{R_e}{R_m}$ | |
| 23 | Fußkreisdurchmesser<br>a) *mittlerer*<br>$d_{fm} = d_m - 2 \cdot h_{fm} \cdot \cos \delta$<br>b) *äußerer*<br>$d_{fe} = d_{fm} \cdot \dfrac{R_e}{R_m}$ | |
| 24 | Eingriffsstrecke<br>$g_{v\alpha}$<br>$= 0{,}5 \cdot \left( \sqrt{d_{va1}^2 - d_{vb1}^2} + \sqrt{d_{va2}^2 - d_{vb2}^2} \right)$<br>$- a_v \cdot \sin \alpha_{vt}$ | $d_v = \dfrac{d_m}{\cos \delta}$;<br>$d_{va} = d_v + 2 \cdot h_{am} = d_v + 2 \cdot m_{mn} \cdot (1 + x_{hm})$<br>$d_{vb} = d_v \cdot \cos \alpha_n$;<br>$a_v = 0{,}5 \cdot (d_{v1} + d_{v2})$; $\alpha_{vt} = \arctan \left( \dfrac{\tan \alpha}{\cos \beta_m} \right)$ |
| 25 | Profilüberdeckung<br>$\varepsilon_{v\alpha} = \dfrac{g_{v\alpha} \cdot \cos \beta_m}{m_m \cdot \pi \cdot \cos \alpha_{vt}}$ | |
| 26 | Sprungüberdeckung<br>$\varepsilon_{v\beta} \approx \dfrac{b_e \cdot \sin \beta_m}{m_{mn} \cdot \pi}$ | $b_e \approx 0{,}85 \cdot b$ effektive Zahnbreite (bei unterschiedlichen Zahnbreiten ist der kleinere Wert für $b$ maßgebend) |
| 27 | Profilüberdeckung der Ersatzverzahnung<br>$\varepsilon'_{v\alpha} \approx \dfrac{g_{v\alpha} \cdot \cos \beta_m}{m_{mn} \cdot \pi \cdot \cos \alpha_{vt}}$ | $g_{v\alpha}$ nach Nr. 24; $\alpha_{vt}$ aus $\tan \alpha_{vt} = \tan \alpha_n / \cos \beta$<br>Werte für $\varepsilon'_{v\alpha}$ können mit hinreichender Genauigkeit nach TB 21-2 abgelesen bzw. rechnerisch mit den Abmessungen der schrägverzahnten Ersatzverzahnung nach Gl. (21.45) ermittelt werden; |
| 28 | Gesamtüberdeckung<br>$\varepsilon_{v\gamma} = \varepsilon_{v\alpha} + \varepsilon_{v\beta}$ | |
| 29 | Zähnezahl des schrägverzahnten Ersatz-Stirnrades<br>$z_{vn} \approx \dfrac{z_v}{\cos^3 \beta_{vm}} = \dfrac{z}{\cos \delta \cdot \cos^3 \beta_{vm}}$ | $\beta_{vm} \approx \beta_m$ |
| 30 | praktische Grenzzähnezahl<br>$z'_{gK} \approx z'_g \cdot \cos \delta \cdot \cos^3 \beta_m$<br>$= 14 \cdot \cos \delta \cdot \cos^3 \beta_m$ | *kleinste Zähnezahl für schrägverzahnte Kegelräder* |

## 22 Kegelräder und Kegelradgetriebe

| Nr. | Formel | Hinweise |
|---|---|---|
| | **Vorwahl der Hauptabmessungen** | |
| 31 | Ritzelzähnezahl $z_1$ | in Abhängigkeit von der Übersetzung $i$ bzw. dem Zähnezahlverhältnis $u$ nach TB 22-1 |
| 32 | Zahnbreite $b$ | aus $b \approx \psi_d \cdot d_{m1}$ festlegen mit dem Breitenverhältnis $\psi_d = b/d_{m1}$ nach TB 22-1. Dabei Grenzen für $b$ nach Nr. 6 bzw. Nr. 20 möglichst nicht überschreiten |
| 33 | Zahnradwerkstoffe | Festigkeitswerte gebräuchlicher Zahnradwerkstoffe s. TB 20-1 und TB 20-2. |
| 34 | Modul<br>a) Wellendurchmesser $d_{sh}$ bekannt<br>*Ausführung Ritzel/Welle*<br>$m'_m \geq \dfrac{(2{,}4 \ldots 2{,}6) \cdot d_{sh}}{z_1}$<br>*Ausführung als Ritzelwelle*<br>$m'_m \geq \dfrac{1{,}25 \cdot d_{sh}}{z_1}$<br>b) *Leistungsdaten und Zahnradwerkstoffe sind bekannt*<br>*Zahnflanken gehärtet*<br>$m''_m \approx 3{,}75 \cdot \sqrt[3]{\dfrac{T_{1\,eq} \cdot \sin\delta_1}{z_1^2 \cdot \sigma_{F\,lim\,1}}}$<br>*Zahnflanken nicht gehärtet*<br>$m''_m \approx \dfrac{205}{z_1} \cdot \sqrt[3]{\dfrac{T_{1\,eq} \cdot \sin\delta_1}{\sigma_{H\,lim}^2 \cdot u}}$ | siehe TB 22-1<br><br><br><br><br><br>Zahnradwerkstoffe nach TB 20-1 bzw. TB 20-2<br><br>\| $m_m, d_{sh}$ \| $T_{1\,eq}$ \| $\sigma_{F\beta,lim}, \sigma_{H\,lim}$ \| $\delta$ \| $z_1, u$ \|<br>\|---\|---\|---\|---\|---\|<br>\| mm \| Nmm \| N/mm² \| ° \| 1 \|<br><br>$T_{1\,eq} = T_{1\,nenn} \cdot K_A$<br>Mit dem festgelegten nächstliegenden Norm-Modul $m \mathrel{\hat{=}} m_m$ nach DIN 780 (TB 21-1) werden die genauen Rad- und Getriebeabmessungen berechnet |
| | **Kraftverhältnisse** | |
| 35 | Nennumfangskraft am Teilkegel in Mitte Zahnbreite<br>$F_{mt1} = \dfrac{T_1}{d_{m1}/2}$<br>$F_{mt2} = F_{mt1} \cdot \eta$ | |

| Nr. | Formel | Hinweise |
|---|---|---|
| 36 | **Axialkraft**<br>a) *Geradverzahnung*<br>$F_{a1} = F'_{r1} \cdot \sin\delta_1 = F_{mt1} \cdot \tan\alpha \cdot \sin\delta_1$<br>$F_{a2} = F_{r1}$<br>b) *allgemein*<br>$F_{a1} = \dfrac{F_{mt}}{\cos\beta_m}$<br>$\times (\sin\delta_1 \cdot \tan\alpha_n \pm \cos\delta_1 \cdot \sin\beta_m)$<br>$F_{a2} = \dfrac{F_{mt}}{\cos\beta_m} \times$<br>$(\sin\delta_2 \cdot \tan\alpha_n \mp \cos\delta_2 \cdot \sin\beta_m)$ | |
| 37 | **Radialkraft**<br>a) *Geradverzahnung*<br>$F_{r1} = F'_{r1} \cdot \cos\delta_1 = F_{mt1} \cdot \tan\alpha \cdot \cos\delta_1$<br>$F_{r1} = F_{a1} \cdot i$<br>$F_{r2} = F_{a1}$<br>b) *allgemein*<br>$F_{r1} = \dfrac{F_{mt}}{\cos\beta_m}$<br>$\times (\cos\delta_1 \cdot \tan\alpha_n \mp \sin\delta_1 \cdot \sin\beta_m)$<br>$F_{r2} = \dfrac{F_{mt}}{\cos\beta_m}$<br>$\times (\cos\delta_2 \cdot \tan\alpha_n \pm \sin\delta_2 \cdot \sin\beta_m)$ | in den nebenstehenden Gleichungen gilt für den Klammerausdruck das *obere* Zeichen − bzw. +, wenn Dreh- und Flankenrichtung gleich sind und das *untere* Zeichen, wenn ungleich |
| | **Tragfähigkeitsberechnung** | |
| | **Nachweis der Zahnfußtragfähigkeit** | |
| 38 | *örtliche Zahnfußspannung*<br>$\sigma_{F0} = \dfrac{F_{mt}}{b_{eF} \cdot m_{mn}} \cdot Y_{Fa} \cdot Y_{Sa} \cdot Y_\beta \cdot Y_\varepsilon \cdot Y_K$ | $b_{eF} \approx 0{,}85 \cdot b$; bei unterschiedlichen Breiten ist der kleinere Wert einzusetzen<br>$Y_{Fa}$ aus TB 21-20a für die Zähnezahl des Ersatzstirnrades<br>$z_{vn} = z/(\cos^3\beta_m \cdot \cos\delta)$; $Y_{Sa}$ aus TB 21-20b für $z_{vn}$;<br>$Y_\varepsilon = 0{,}25 + 0{,}75/\varepsilon_{v\alpha n}$ mit $\varepsilon_{v\alpha n} \approx \varepsilon_{v\alpha}/\cos^2\beta_{vb}$ und $\beta_{vb} = \arcsin(\sin\beta_m \cdot \cos\alpha_n)$ bzw. aus TB 22-3; für $\varepsilon_{v\alpha n} \geq 2$ ist $\varepsilon_{v\alpha n} = 2$ zu setzen;<br>$Y_\beta$ aus TB 21-20c; $Y_K \approx 1$ |

# 22 Kegelräder und Kegelradgetriebe

| Nr. | Formel | Hinweise |
|---|---|---|
| 39 | *größte* Spannung im Zahnfuß<br>$\sigma_F = \sigma_{F0} \cdot K_A \cdot K_v \cdot K_{F\alpha} \cdot K_{F\beta} \leq \sigma_{FP}$ | $K_v$ Dynamikfaktor aus<br>$K_v = 1 + \left( \dfrac{K_1 \cdot K_2}{K_A \cdot (F_{mt}/b_e)} + K_3 \right) \cdot K_4$ mit<br>$F_{mt}/b_e \geq 100$ N/mm, $K_{1...3}$ nach TB 22-2 und<br>$K_4 = 0{,}01 \cdot z_1 \cdot v_{mt} \cdot \sqrt{u^2/(1+u^2)}$<br>$K_{F\alpha}$ aus TB 21-19; $K_{F\beta} \approx 1{,}65$ bei beidseitiger Lagerung von Ritzel *und* Tellerrad, $K_{F\beta} \approx 1{,}88$ bei *einer* fliegenden und *einer* beidseitigen Lagerung, $K_{F\beta} \approx 2{,}25$ bei fliegender Lagerung von Ritzel *und* Tellerrad. |
| 40 | *Zahnfuß-Grenzfestigkeit*<br>$\sigma_{FG} = \sigma_{F\lim} \cdot Y_{ST} \cdot Y_{\delta\,relT} \cdot Y_{R\,relT} \cdot Y_X$ | $\sigma_{F\lim}$ aus TB 20-1 und TB 20-2;<br>$Y_{ST} = 2$, $Y_{\delta\,relT}$ n. TB 21-21b,<br>$Y_{R\,relT}$ n. TB 21-21c, $Y_X$ n. TB 21-21d |
| 41 | *Zahnfuß-Tragsicherheit*<br>$S_{F1,2} = \dfrac{\sigma_{FG1,2}}{\sigma_{F1,2}} \geq S_{F\min}$ | $S_{F\min}$ für Dauergetriebe $\approx 1{,}5\ldots 2{,}5$; für Zeitgetriebe $\approx 1{,}2\ldots 1{,}5$. |
| | **Nachweis der Grübchentragfähigkeit** | |
| 42 | *örtliche* Flankenpressung<br>$\sigma_{H0} = Z_H \cdot Z_E \cdot Z_\varepsilon \cdot Z_\beta \cdot Z_K$<br>$\times \sqrt{\dfrac{F_{mt}}{d_{v1} \cdot b_{eH}} \cdot \dfrac{u_v + 1}{u_v}}$ | $b_{eH} \approx 0{,}85 \cdot b$; $d_{v1} = d_{m1}/\cos\delta_1$;<br>$u_v = z_{v2}/z_{v1} \geq 1$, für $\Sigma = \delta_1 + \delta_2 = 90°$ wird<br>$u_v = u^2$; $Z_H$ aus TB 21-22a, für $\beta = \beta_m$ und $z = z_v$;<br>$Z_E$ aus TB 21-22b; $Z_\varepsilon$ aus TB 21-22c (für ie Ersatz-Stirnradverzahnung mit $\varepsilon_\alpha = \varepsilon_{v\alpha}$ und $\varepsilon_\beta = \varepsilon_{v\beta}$); $Z_\beta \approx \sqrt{\cos\beta_m}$; allgemein $Z_K \approx 1$, in günstigen Fällen (bei geeigneter und angepasster Höhenballigkeit) $Z_K \approx 0{,}85$. |
| 43 | *maximale* Pressung am Wälzkreis<br>$\sigma_H = \sigma_{H0} \cdot \sqrt{K_A \cdot K_v \cdot K_{H\alpha} \cdot K_{H\beta}} \leq \sigma_{HP}$ | $K_A$, $K_v$ s. zu „örtliche Zahnfußspannung";<br>$K_{H\alpha}$ nach TB 21-19, $K_{H\beta} \approx K_{F\beta}$ aus TB 21-18 mit den Werten für die Ersatzverzahnung |
| 44 | *Zahnflanken-Grenzfestigkeit*<br>$\sigma_{HG} = \sigma_{H\lim} \cdot Z_L \cdot Z_v \cdot Z_R \cdot Z_X$ | $\sigma_{H\lim}$ aus TB 20-1 und TB 20-2; $Z_L$ aus TB 21-23a; $Z_v$ aus TB 21-23b; $Z_R$ aus TB 21-23c; $Z_X$ aus TB 21-21d |
| 45 | *Zahnflanken-Tragsicherheit*<br>$S_{H1,2} = \dfrac{\sigma_{HG1,2}}{\sigma_{H1,2}} \geq S_{H\min}$ | $S_{H\min}$ Mindestsicherheitsfaktor gegen Grübchenbildung; für Dauergetriebe $\approx 1{,}2\ldots 1{,}5$, für Zeitgetriebe $\approx 1\ldots 1{,}2$. |

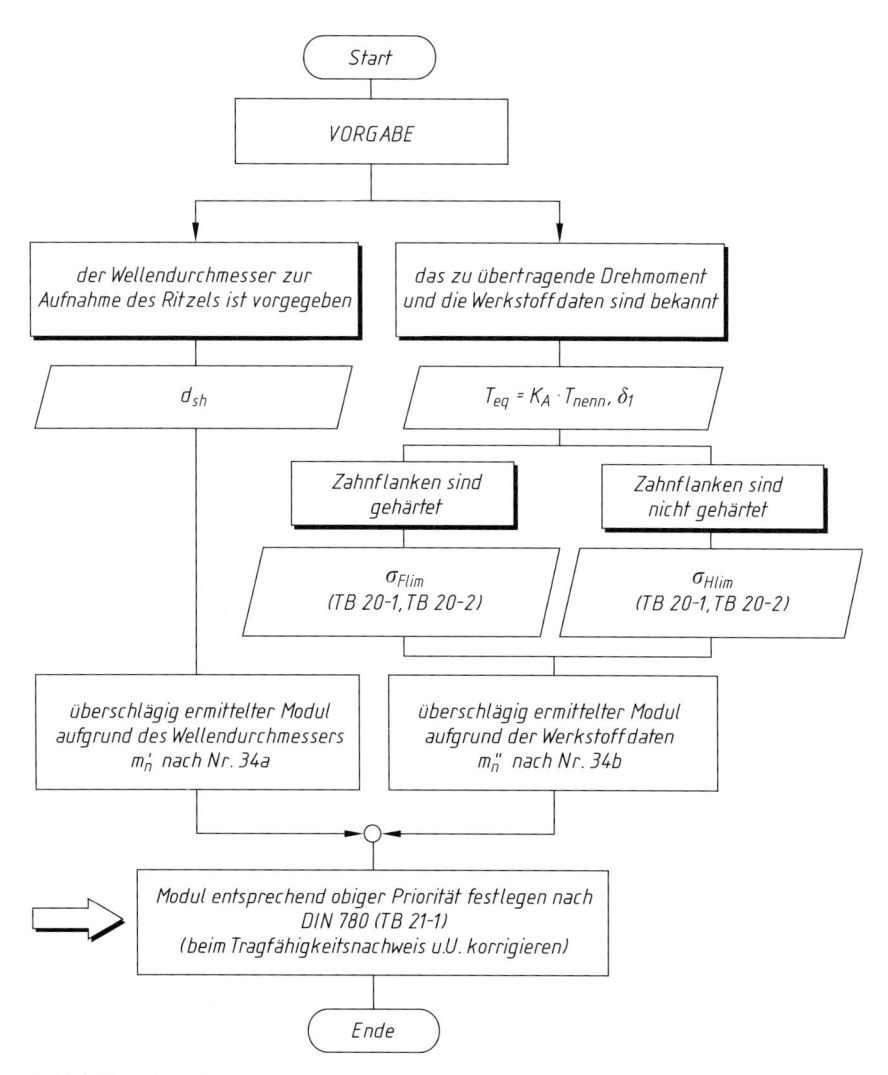

```
                    ┌─────────┐
                    │  Start  │
                    └────┬────┘
                    ┌────┴────┐
                    │ VORGABE │
                    └────┬────┘
           ┌─────────────┴─────────────┐
┌──────────────────────────┐  ┌──────────────────────────────┐
│ der Wellendurchmesser zur│  │ das zu übertragende Drehmoment│
│ Aufnahme des Ritzels ist │  │ und die Werkstoffdaten sind  │
│ vorgegeben               │  │ bekannt                      │
└────────────┬─────────────┘  └──────────────┬───────────────┘
         /  d_sh  /                /  T_eq = K_A · T_nenn, δ_1  /
             │                 ┌──────────────┴──────────────┐
             │        ┌────────────────┐           ┌────────────────┐
             │        │ Zahnflanken    │           │ Zahnflanken    │
             │        │ sind gehärtet  │           │ sind nicht     │
             │        │                │           │ gehärtet       │
             │        └────────┬───────┘           └────────┬───────┘
             │           /  σ_Flim        /         /  σ_Hlim        /
             │           / (TB 20-1,TB 20-2) /      / (TB 20-1,TB 20-2) /
┌────────────┴─────────────┐  ┌──────────────┴───────────────┐
│ überschlägig ermittelter │  │ überschlägig ermittelter     │
│ Modul aufgrund des       │  │ Modul aufgrund der           │
│ Wellendurchmessers       │  │ Werkstoffdaten               │
│ m'_n nach Nr. 34a        │  │ m''_n nach Nr. 34b           │
└────────────┬─────────────┘  └──────────────┬───────────────┘
             └─────────────┬─────────────────┘
                ┌──────────┴─────────────────────────┐
        ⇨       │ Modul entsprechend obiger Priorität│
                │ festlegen nach DIN 780 (TB 21-1)   │
                │ (beim Tragfähigkeitsnachweis       │
                │  u.U. korrigieren)                 │
                └──────────────┬─────────────────────┘
                         ┌─────┴─────┐
                         │   Ende    │
                         └───────────┘
```

**A 22-1** Vorgehensplan zur Modulvorwahl für Kegelräder

# 23 Schraubrad- und Schneckengetriebe

| Formelzeichen[1] | Einheit | Benennung |
|---|---|---|
| | Schraubradgetriebe | |
| $C$ | N/mm² | Belastungskennwert |
| $d_s$ | mm | Schraubkreisdurchmesser |
| $d'_1$ | mm | überschlägig ermittelter Teilkreisdurchmesser des treibenden Rades |
| $y$ | 1 | Durchmesser/Achsabstand-Verhältnis |
| $\beta_s$ | ° | Schrägungswinkel der Zahnflanken im Schraubpunkt $S$ |
| $\eta_z$ | 1 | Wirkungsgrad der Verzahnung |
| $\varrho$ | ° | Keilreibungswinkel |
| $\Sigma$ | ° | Achsenwinkel |
| | Schneckengetriebe | |
| $d_{m1}$ | mm | Mittenkreisdurchmesser der Schnecke |
| $f_{grenz}$ | mm | zulässige Durchbiegung der Schneckenwelle |
| $f_{max}$ | mm | maximale Durchbiegung der Schneckenwelle |
| $m_x$ | mm | Modul im Axialschnitt |
| $p_x$ | mm | Teilung im Axialschnitt, Abstand zweier benachbarter Schneckenzähne |
| $p_{z1}$ | mm | Steigungshöhe, vorhandener Abstand zwischen zwei aufeinanderfolgenden Windungen einer Flanke ein und desselben Schneckenzahnes |
| $q_1$ | 1 | Kühlbeiwert zur Berücksichtigung der Kühlungsart |
| $q_2$ | 1 | Übersetzungsbeiwert bei treibender Schnecke |
| $q_3$ | 1 | Werkstoffpaarungsbeiwert |
| $q_4$ | 1 | Beiwert zur Berücksichtigung der Getriebebauart |
| $S_D$ | 1 | Durchbiegesicherheit |
| $S_\delta$ | 1 | Temperatursicherheit |
| $Z_h$ | 1 | Lebensdauerfaktor |

[1] Für Schraubrad- und Schneckengetriebe ergänzende Formelzeichen; weitere Angaben siehe unter Kapitel 21.

| Formelzeichen | Einheit | Benennung |
|---|---|---|
| $Z_N$ | 1 | Lastwechselfaktor |
| $Z_p$ | 1 | Kontaktfaktor |
| $\gamma_m$ | ° | Mittensteigungswinkel |
| $\eta_z, \eta_z'$ | 1 | Wirkungsgrad der Verzahnung bei treibender Schnecke bzw. treibendem Schneckenrad |
| $\eta_{ges}$ | 1 | Gesamtwirkungsgrad des Schneckengetriebes |
| $\vartheta$ | °C | Temperatur des Schneckengetriebes unter Last |
| $\vartheta_{grenz}$ | °C | zulässige Temperatur |
| $\varrho'$ | ° | Keilreibungswinkel |
| $\psi_a$ | 1 | Durchmesser/Achsabstands-Verhältnis |

| Nr. | Formel | Hinweise |
|---|---|---|
| | **Schraubradgetriebe** | |

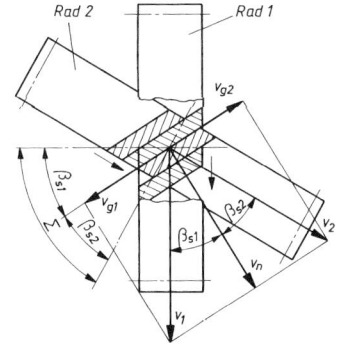

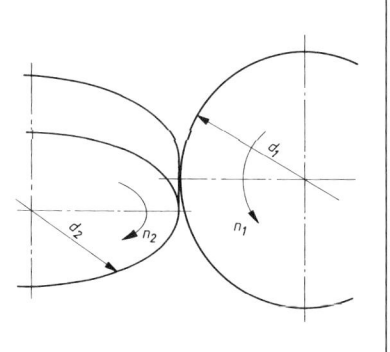

Die Auslegung der Schraubenräder ($\Sigma > 0°$ und $\beta_1 \neq \beta_2$) erfolgt wie die der Schrägstirnräder ($\Sigma = 0°$ und $\beta_1 = \beta_2$) unter Berücksichtigung der verschiedenen Schrägungswinkel; s. Kapitel 21

**Geometrie der Schraubradgetriebe**
(weitere Verzahnungsdaten siehe unter Kapitel 21 „Geometrie der schrägverzahnten Stirnräder")

| 1 | Übersetzung *allgemein:* $i = \dfrac{n_1}{n_2} = \dfrac{z_2}{z_1} = \dfrac{d_{s2} \cdot \cos\beta_{s2}}{d_{s1} \cdot \cos\beta_{s1}}$ *für Null- und V-Null-Verzahnung:* $i = \dfrac{n_1}{n_2} = \dfrac{z_2}{z_1} = \dfrac{d_2 \cdot \cos\beta_2}{d_1 \cdot \cos\beta_1}$ | Index 1 für treibendes, Index 2 für getriebenes Rad Das Übersetzungsverhältnis wird nicht nur allein durch das Verhältnis der Teilkreisdurchmesser bestimmt! für Null- und V-Null-Verzahnung wird $\beta_{s1,2} = \beta_{1,2}, d_s = d$ |

# 23 Schraubrad- und Schneckengetriebe

| Nr. | Formel | Hinweise |
|---|---|---|
| 2 | Achsenwinkel<br>*allgemein:*<br>$\Sigma = \beta_{s1} + \beta_{s2}$<br>*für Null- und V-Null-Verzahnung:*<br>$\Sigma = \beta_1 + \beta_2$ | der Schrägungswinkel im Schraubpunkt $S$ wird für Null- und V-Nullverzahnung $\beta_{s1,2} = \beta_{1,2}$;<br>für $\Sigma = 90°$ wird empfohlen $\beta_{s1} \approx 48\ldots51°$ |
| 3 | Modul auf dem Teilzylinder<br>*im Normalschnitt:*<br>$m_n = d_1 \cdot \cos\beta_1 / z_1 = d_2 \cdot \cos\beta_2 / z_2$<br>*im Stirnschnitt:*<br>$m_{t1} = m_n / \cos\beta_1$; $m_{t2} = m_n / \cos\beta_2$ | |
| 4 | Modul auf dem Schraubzylinder<br>$m_{sn} = m_n \dfrac{\sin\beta_{s1}}{\sin\beta_1}$ | für Null- und V-Null-Verzahnung wird<br>$m_{sn} = m_n$ |
| 5 | Teilkreisdurchmesser<br>$d_1 = z_1 \cdot m_{t1} = z_1 \cdot \dfrac{m_n}{\cos\beta_1}$<br>$d_2 = z_2 \cdot m_{t2} = z_2 \cdot \dfrac{m_n}{\cos\beta_2}$ | |
| 6 | Schraubkreisdurchmesser<br>$d_{s1} = z_1 \cdot \dfrac{m_{sn}}{\cos\beta_{s2}}$<br>$d_{s2} = z_2 \cdot \dfrac{m_{sn}}{\cos\beta_{s2}}$ | für Null- und V-Nullverzahnung sind die Schraubkreise identisch mit den Teilkreisen $(d_{s1} = d_1, d_{s2} = d_2)$ |
| 7 | Achsabstand<br>*allgemein:*<br>$a = \dfrac{d_{s1} + d_{s2}}{2}$<br>$= \dfrac{m_n}{2} \cdot \left(\dfrac{z_1}{\cos\beta_{s1}} + \dfrac{z_2}{\cos\beta_{s2}}\right)$<br>*für Null- und V-Null-Verzahnung:*<br>$a = \dfrac{d_1 + d_2}{2}$<br>$= \dfrac{m_n}{2} \cdot \left(\dfrac{z_1}{\cos\beta_1} + \dfrac{z_2}{\cos\beta_2}\right)$ | |

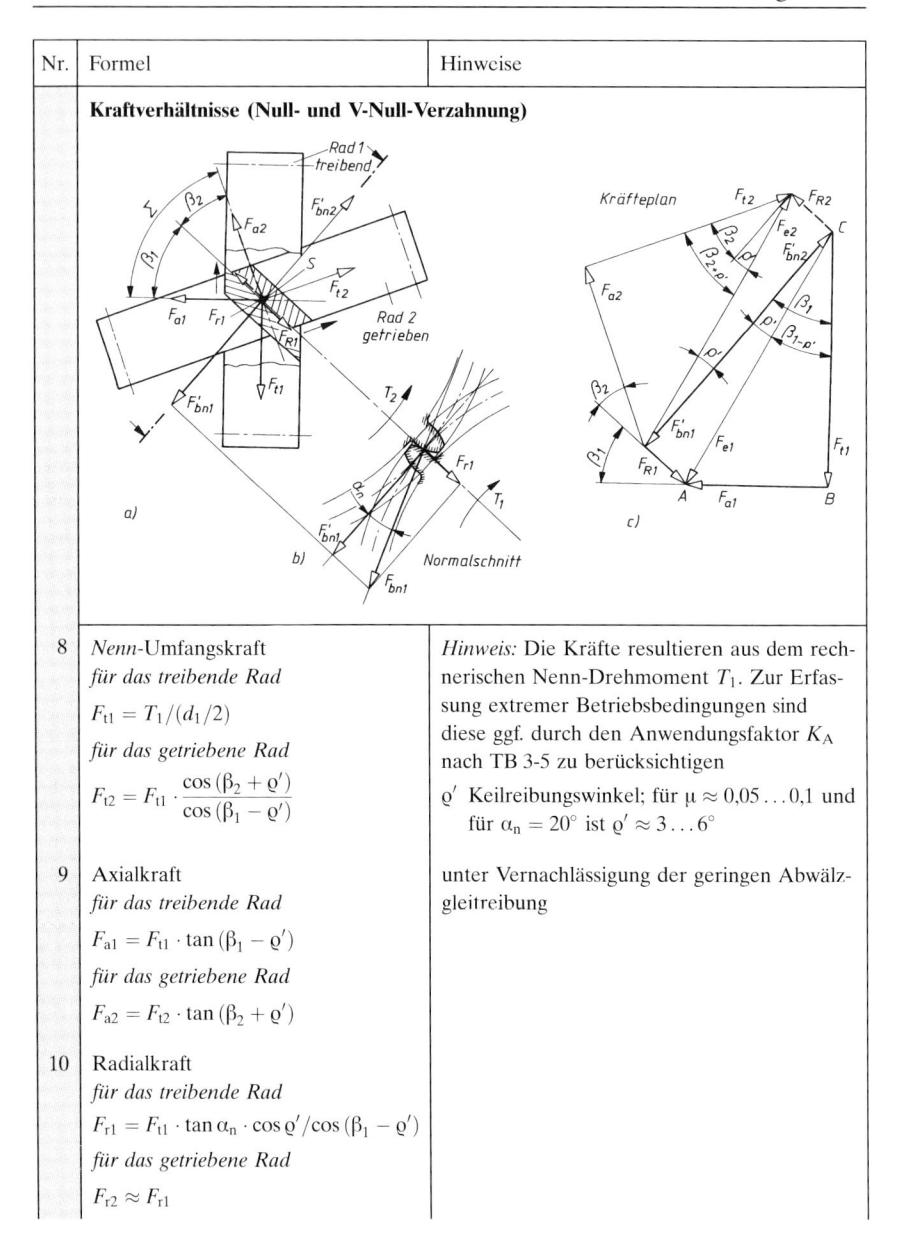

| Nr. | Formel | Hinweise |
|---|---|---|
| | **Kraftverhältnisse (Null- und V-Null-Verzahnung)** | |
| 8 | *Nenn*-Umfangskraft *für das treibende Rad* $F_{t1} = T_1/(d_1/2)$ *für das getriebene Rad* $F_{t2} = F_{t1} \cdot \dfrac{\cos(\beta_2 + \varrho')}{\cos(\beta_1 - \varrho')}$ | *Hinweis:* Die Kräfte resultieren aus dem rechnerischen Nenn-Drehmoment $T_1$. Zur Erfassung extremer Betriebsbedingungen sind diese ggf. durch den Anwendungsfaktor $K_A$ nach TB 3-5 zu berücksichtigen $\varrho'$ Keilreibungswinkel; für $\mu \approx 0{,}05\ldots0{,}1$ und für $\alpha_n = 20°$ ist $\varrho' \approx 3\ldots6°$ |
| 9 | Axialkraft *für das treibende Rad* $F_{a1} = F_{t1} \cdot \tan(\beta_1 - \varrho')$ *für das getriebene Rad* $F_{a2} = F_{t2} \cdot \tan(\beta_2 + \varrho')$ | unter Vernachlässigung der geringen Abwälzgleitreibung |
| 10 | Radialkraft *für das treibende Rad* $F_{r1} = F_{t1} \cdot \tan\alpha_n \cdot \cos\varrho'/\cos(\beta_1 - \varrho')$ *für das getriebene Rad* $F_{r2} \approx F_{r1}$ | |

# 23 Schraubrad- und Schneckengetriebe

| Nr. | Formel | Hinweise |
|---|---|---|
| | **Gleitgeschwindigkeit und Wirkungsgrad** (Null- und V-Null-Verzahnung) | |
| 11 | relative Gleitgeschwindigkeit $v_g = v_1 \cdot \sin\beta_1 + v_2 \cdot \sin\beta_2$ | $v = d \cdot \pi \cdot n$ |
| 12 | Wirkungsgrad der Verzahnung *für* $(\beta_1 + \beta_2) < 90°$: $\eta_Z = \dfrac{\cos(\beta_2 + \varrho') \cdot \cos\beta_1}{\cos(\beta_1 - \varrho') \cdot \cos\beta_2}$ *für* $(\beta_1 + \beta_2) = 90°$: $\eta_Z = \dfrac{\tan(\beta_1 - \varrho')}{\tan\beta_1}$ | $\varrho'$ Keilreibungswinkel; siehe zu Nr. 8 |
| | **Getriebeauslegung** (Null- und V-Null-Verzahnung) | |
| 13 | a) $\Sigma$, $i$ und $P_1$ bekannt: Teilkreisdurchmesser des treibenden Rades $d_1' \approx 120 \cdot \sqrt[3]{\dfrac{K_A \cdot P_1 \cdot z_1^2}{C \cdot n_1 \cdot \cos^2\beta_1}}$ | $K_A$ Anwendungsfaktor nach TB 3-5 $P_1$ vom treibenden Rad zu übertragende Nennleistung $n_1$ Drehzahl des treibenden Rades $C$ Belastungskennwert nach TB 23-2 <br><br> \| $d_1'$ \| $K_A, z_1$ \| $P_1$ \| $n_1$ \| $C$ \| $\beta$ \| <br> \| mm \| 1 \| kW \| min$^{-1}$ \| N/mm$^2$ \| ° \| |
| 14 | Normalmodul (überschlägig) $m_n' = d_1' \cdot \cos\beta_1 / z_1$ | Norm-Modul $m_n$ festlegen nach TB 21-1; endgültige Rad- und Getriebeabmessungen ermitteln; *Radbreite* $b \approx 10 \cdot m_n$. |
| 15 | b) $\Sigma$, $i$, $a$ bekannt: $\tan\beta_2 \approx \left(\dfrac{2 \cdot a}{d_1} - 1\right) \cdot \dfrac{1}{i \cdot \sin\Sigma} - \dfrac{1}{\tan\Sigma}$ | $d_1 \approx y \cdot a$ mit $y$ aus TB 23-1 |
| 16 | zur Einhaltung des Achsabstandes $a$ ergibt sich der *genaue* Schrägungswinkel aus $\dfrac{1}{\cos\beta_2} = \dfrac{2 \cdot a}{m_n \cdot z_2} - \dfrac{1}{i \cdot \cos\beta_1}$ | $\beta_1 = \Sigma - \beta_2$ |

| Nr. | Formel | Hinweise |
|---|---|---|

**Tragfähigkeitsnachweis**
Der Tragfähigkeitsnachweis für Schraubenräder wird wie der für Schrägstirnräder unter Berücksichtigung der verschiedenen Schrägungswinkel geführt (s. Kapitel 21)

**Zylinderschneckengetriebe**
Gegenüber den Schraubrädern (Punktberührung) findet bei den Schneckengetrieben Linienberührung statt. Der hohe Gleitanteil z. B. gegenüber den bei Stirnradgetrieben bedingt einen kleineren Wirkungsgrad $\eta$, der für $\eta < 0,5$ zur Selbsthemmung führt.

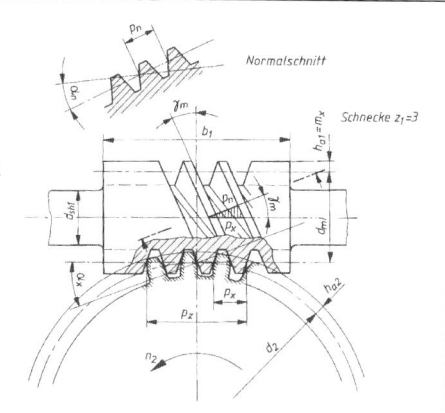

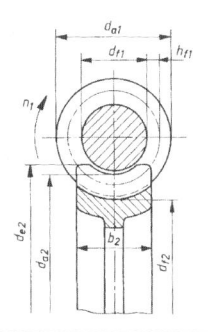

**Geometrische Beziehungen bei Zylinderschneckengetrieben mit $\Sigma = 90°$ Achsenwinkel**

| 17 | Übersetzung $i$ bzw. das Zähnezahlverhältnis $u$ bei treibender Schnecke $$i = u = \frac{n_1}{n_2} = \frac{z_2}{z_1} = \frac{T_2}{T_1 \cdot \eta_g}$$ | allgemein: $i_{min} \approx 5$; $i_{max} \approx 50\ldots 60$ günstige Bauverhältnisse mit Werten aus TB 23-3 |
| 18 | **Abmessungen der Schnecke** Mittensteigungswinkel $$\tan \gamma_m = \frac{p_{z_1}}{d_{m1} \cdot \pi}$$ | $p_{z1} = z_1 \cdot p_x$ ($p_x$ Axialteilung) $d_{m1} \approx (0,3\ldots 0,5) \cdot a$ $\gamma_m \approx 15\ldots 25°$ |
| 19 | Mittenkreisdurchmesser $$d_{m1} = \frac{z_1 \cdot m}{\tan \gamma_m} = \frac{z_1 \cdot m_n}{\sin \gamma_m}$$ | $m = m_n / \cos \gamma_m$; $m$ aus TB 21-1 |

# 23 Schraubrad- und Schneckengetriebe

| Nr. | Formel | Hinweise |
|---|---|---|
| 20 | Kopfkreisdurchmesser $$d_{a1} = d_{m1} + 2 \cdot h_a = d_{m1} + 2 \cdot m$$ | Kopfhöhe $h_a = m$ |
| 21 | Fußkreisdurchmesser $$d_{f1} \approx d_{m1} - 2 \cdot h_f = d_{m1} - 2{,}5 \cdot m$$ | Fußhöhe $h_f = 1{,}25 \cdot m$ |
| 22 | Zahnbreite (Schneckenlänge) $$b_1 \geq 2 \cdot m \cdot \sqrt{z_2 + 1}$$ | |
| | **Abmessungen des Schneckenrades** | |
| 23 | Teilkreisdurchmesser $$d_2 = z_2 \cdot m$$ | |
| 24 | Kopfkreisdurchmesser $$d_{a2} = d_2 + 2 \cdot h_a = d_2 + 2 \cdot m$$ | |
| 25 | Fußkreisdurchmesser $$d_{f2} \approx d_2 - 2 \cdot h_f = d_2 - 2{,}5 \cdot m$$ | |
| 26 | Außendurchmesser des Außenzylinders $$d_{e2} \approx d_{a2} + m$$ | |
| 27 | Radbreite (Erfahrungswerte) *GJL, GJS, CuSn-Legierung:* $$b_2 \approx 0{,}45 \cdot (d_{a1} + 4 \cdot m)$$ *Leichtmetallen:* $$b_2 \approx 0{,}45 \cdot (d_{a1} + 4 \cdot m) + 1{,}8 \cdot m$$ | |
| 28 | Achsabstand $$a = \frac{d_{m1} + d_2}{2}$$ | |

| Nr. | Formel | Hinweise |
|---|---|---|
| | **Kraftverhältnisse** | |
| 29 | Kräfte an der Schnecke<br>Umfangskraft<br>$$F_{t1} = \frac{(K_A) \cdot T_1}{d_{m1}/2} = \frac{2 \cdot (K_A) \cdot T_1}{d_{m1}}$$ | $\varrho' = \varrho$ Keilreibungswinkel, abhängig von der Umfangsgeschwindigkeit; Anhaltswerte s. TB 20-8 |
| 30 | Axialkraft<br>$$F_{a1} = \frac{F_{t1}}{\tan(\gamma_m + \varrho')}$$ | |
| 31 | Radialkraft<br>$$F_{r1} = \frac{F_{t1} \cdot \cos \varrho' \cdot \tan \alpha_n}{\sin(\gamma_m + \varrho')}$$ | |
| | **Kräfte am Schneckenrad** | |
| 32 | Umfangskraft<br>$F_{t2} = F_{a1}$ | |
| 33 | Axialkraft<br>$F_{a2} \approx F_{t1}$ | |
| 34 | Radialkraft<br>$F_{r2} \approx F_{r1}$ | |
| | **Entwurfsberechnung für Schneckengetriebe** | |
| | **Vorwahl der Hauptabmessungen** | |
| | a) $a$, $u$ bzw. $i$ sind bekannt | |
| 35 | Zähnezahl der Schnecke<br>$$z_1 \approx \frac{1}{u} \cdot (7 + 2{,}4 \cdot \sqrt{a})$$ | $z_1$ kann auch nach TB 23-3 gewählt werden<br>$z_2 = u \cdot z_1$ |
| 36 | vorläufiger Mittenkreisdurchmesser<br>$d'_{m1} \approx \psi_a \cdot a$ | $\psi_a \approx 0{,}5 \ldots 0{,}3$ |
| 37 | vorläufiger Teilkreisdurchmesser des Schneckenrades<br>$d'_2 = 2 \cdot a - d'_{m1}$ | aus $m_t \triangleq m_x = m = d_2/z_2$ wird $m$ ermittelt und festgelegt nach DIN 780 T2, TB 23-4. Mit $m_t$ ergeben sich dann der *endgültige Teilkreisdurchmesser* des Schneckenrades $d_2 = m \cdot z_2$ und der *Mittenkreisdurchmesser* der Schnecke $d_{m1} = 2 \cdot a - d_2$. |

# 23 Schraubrad- und Schneckengetriebe

| Nr. | Formel | Hinweise |
|---|---|---|
| 38 | Mittensteigungswinkel $\gamma_m$ der Schneckenzähne gleich Schrägungswinkel $\beta$ des Schneckenrades $$\tan \gamma_m = \tan \beta = \frac{z_1 \cdot m}{d_{m1}}$$ | |
| | b) $T_2$ bzw. $P_2, n_2, u$ sind bekannt | |
| 39 | ungefährer Achsabstand $$a' \approx 750 \cdot \sqrt[3]{\frac{T_2}{\sigma_{H\,lim}^2}}$$ $$\approx 16 \cdot 10^3 \cdot \sqrt[3]{\frac{P_2}{n_2 \cdot \sigma_{H\,lim}^2}}$$ | $a'$ \| $T_2$ \| $\sigma_{H\,lim}$ \| $P_2$ \| $n_2$ <br> mm \| Nm \| N/mm² \| kW \| min⁻¹ <br><br> $T_2 = T_1 \cdot u \cdot \eta_g$; $P_2 = P_1 \cdot \eta_g$ mit $\eta_g$ zunächst nach TB 20-9. <br> $\sigma_{H\,lim}$ aus TB 20-4 |
| | **Tragfähigkeitsnachweis** | |
| 40 | Sicherheit gegen Grübchenbildung $$S_H = \frac{\sigma_{H\,lim} \cdot Z_h \cdot Z_N}{Z_E \cdot Z_p \cdot \sqrt{1000 \cdot \frac{T_{2\,nenn} \cdot K_A}{a^3}}}$$ $$\geq S_{H\,min}$$ | $S_H$ \| $a$ \| $T_2$ \| $\sigma_{H\,lim}$ \| $K_A, Z \ldots$ <br> 1 \| mm \| Nm \| N/mm² \| 1 <br><br> $\sigma_{H\,lim}$, $Z_E$ aus TB 20-4 (Fußnote beachten) <br> $Z_h$ aus TB 23-5 <br> $Z_N$ aus TB 23-6 <br> $Z_p$ aus TB 23-7 <br> $Z_E$ aus TB 20-4 <br> $K_A$ aus TB 3-5; $K_A = 1$, wenn bei der Ermittlung von $T_2$ ungünstige Betriebsbedingungen bereits erfasst wurden <br> $S_{H\,min} \approx 1 \ldots 1,3$ |
| 41 | Sicherheit gegen Zahnfußbruch am Rad $$S_F = \frac{U_{lim} \cdot m \cdot b_2}{F_{t2} \cdot K_A} \geq S_{F\,min}$$ | $S_F$ \| $F_{t2}$ \| $U_{lim}$ \| $m, b_2$ \| $K_A$ <br> 1 \| N \| N/mm² \| mm \| 1 <br><br> $U_{lim}$ aus TB 20-4 <br> $b_2$ aus Nr. 27 <br> $F_{t2}$ aus Nr. 32 <br> $S_{F\,min} \geq 1$ |

| Nr. | Formel | Hinweise |
|---|---|---|
| 42 | Temperatursicherheit $$S_\vartheta = \frac{\vartheta_{grenz}}{\vartheta}$$ $$\approx \left(\frac{a}{10}\right)^2 \cdot \frac{q_1 \cdot q_2 \cdot q_3 \cdot q_4}{136 \cdot P_1} \geq 1$$ | $\begin{array}{\|c\|c\|c\|c\|c\|} S_\vartheta & \vartheta & a & P_1 & q\ldots \\ \hline 1 & °C & mm & kW & 1 \end{array}$ $q_1$ aus TB 23-8 $q_2$ aus TB 23-9 $q_3$ aus TB 23-10 $q_4$ aus TB 23-11 |
| 43 | Durchbiegesicherheit $$S_D = \frac{f_{grenz}}{f_{max}} \geq (0{,}5) \ldots 1$$ | $f_{grenz} \approx 0{,}004 \cdot m$ für gehärtete und $f_{grenz} \approx 0{,}01 \cdot m$ für vergütete Schnecken $f_{max} \approx \frac{F_1 \cdot l_1^3}{48 \cdot E \cdot I}$ mit $F_1 = \sqrt{F_{r1}^2 + F_{t1}^2}$, $l_1 \approx 1{,}5 \cdot a$ und $I = \frac{\pi}{64} \cdot d^4$ mit $d \approx d_{sh1}$ bzw. $d \approx d_{m1}$ je nach Ausführung der Schnecke. |

# 23 Schraubrad- und Schneckengetriebe

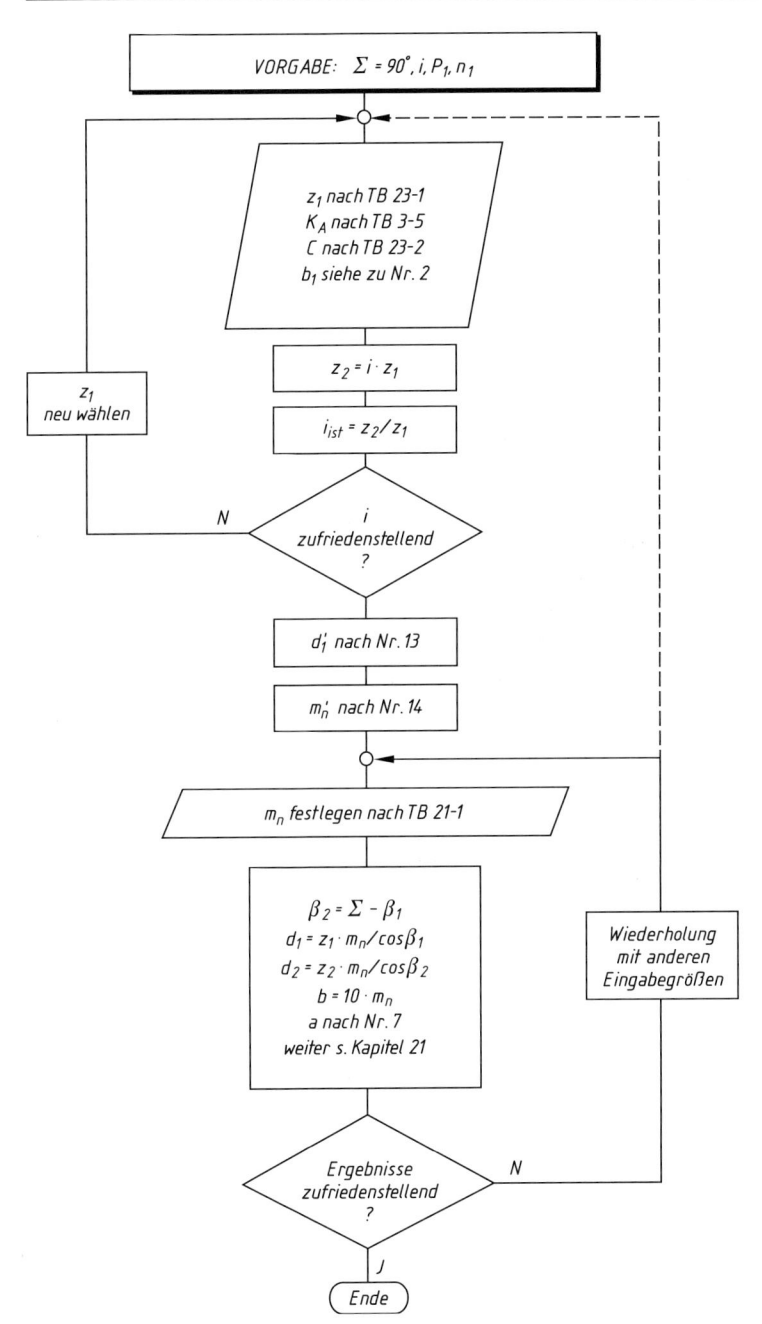

```
                    ┌─────────────────────────────────┐
                    │ VORGABE:  Σ = 90°, i, P₁, n₁    │
                    └─────────────────────────────────┘
                                    │
                      ┌─────────────────────────┐
                      │   z₁ nach TB 23-1       │
                      │   K_A nach TB 3-5       │
                      │   C nach TB 23-2        │
                      │   b₁ siehe zu Nr. 2     │
                      └─────────────────────────┘
                                    │
                           ┌────────────────┐
                           │  z₂ = i · z₁   │
                           ├────────────────┤
   ┌──────────┐            │ i_ist = z₂/z₁  │
   │    z₁    │            └────────────────┘
   │ neu wählen│                   │
   └──────────┘            ╱ i zufrieden- ╲
         │         N      ╱  stellend ?   ╲
         └───────────────╲                ╱
                          ╲              ╱
                                J │
                           ┌────────────────┐
                           │  d₁' nach Nr.13│
                           └────────────────┘
                           ┌────────────────┐
                           │  m_n' nach Nr.14│
                           └────────────────┘
                                    │
                    ╱─────────────────────────────╲
                   ╱  m_n festlegen nach TB 21-1   ╲
                   ╲─────────────────────────────-╱
                                    │
                    ┌───────────────────────────┐
                    │   β₂ = Σ - β₁             │
                    │   d₁ = z₁ · m_n/cos β₁    │
                    │   d₂ = z₂ · m_n/cos β₂    │
                    │   b = 10 · m_n            │          ┌──────────────┐
                    │   a nach Nr. 7            │          │ Wiederholung │
                    │   weiter s. Kapitel 21    │          │ mit anderen  │
                    └───────────────────────────┘          │ Eingabegrößen│
                                    │                     └──────────────┘
                          ╱ Ergebnisse ╲      N                    │
                         ╱ zufrieden-  ╲──────────────────────────┘
                         ╲ stellend ?  ╱
                          ╲           ╱
                               J │
                           ( Ende )
```

**A 23-1** Schraubradgetriebe (Entwurfsberechnung für vorgegebene Leistungswerte)

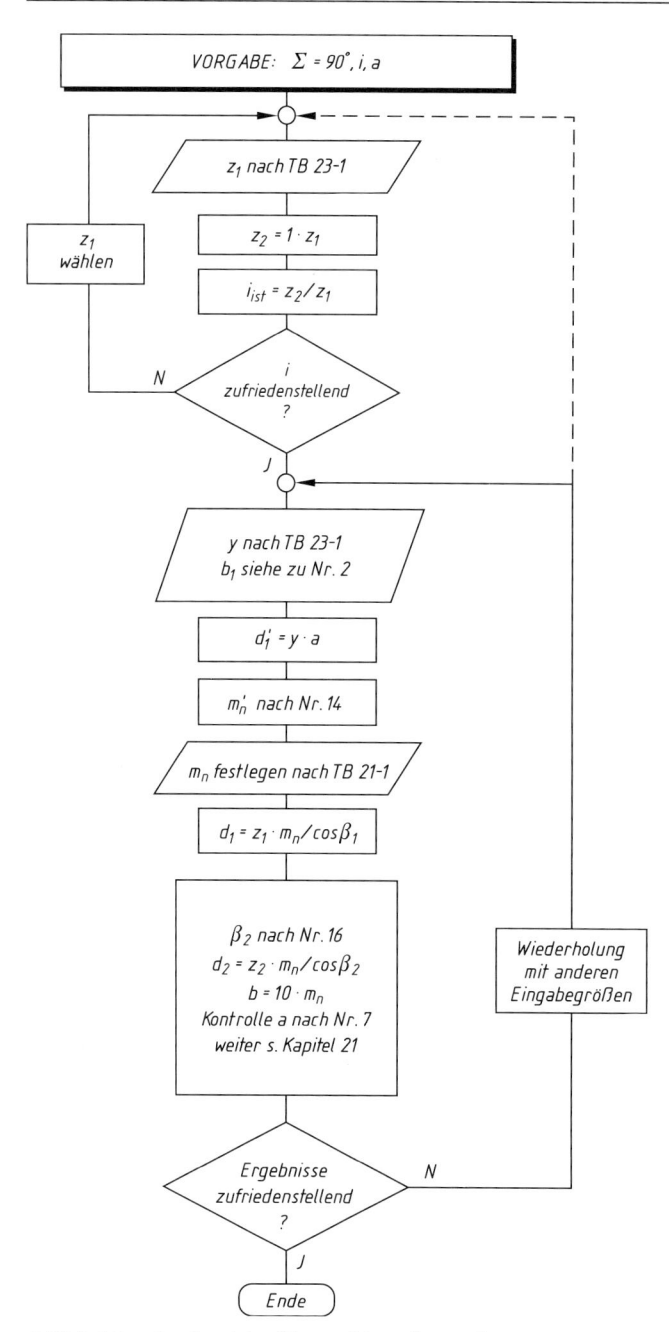

**A 23-2** Schraubradgetriebe (Entwurfsberechnung für vorgegebenen Achsabstand)

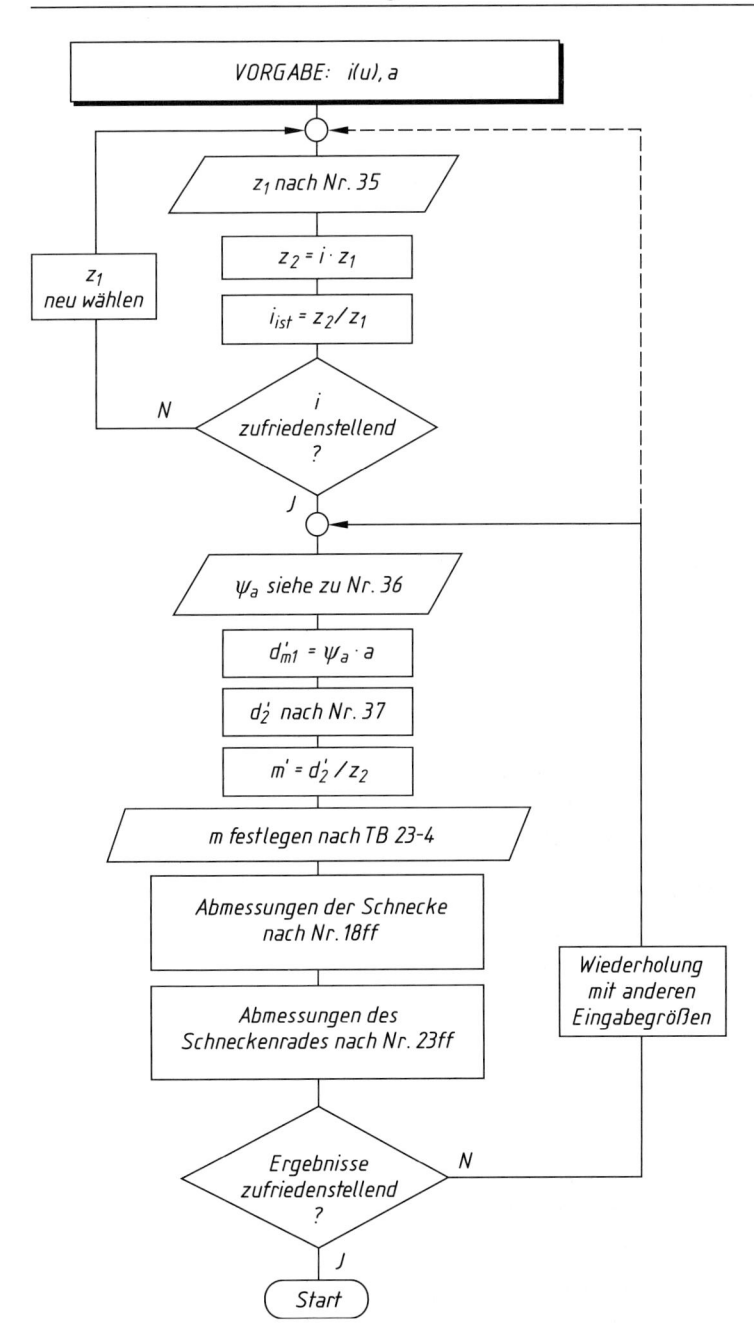

23 Schraubrad- und Schneckengetriebe 293

VORGABE: $i(u)$, $a$

$z_1$ nach Nr. 35

$z_1$ neu wählen

$z_2 = i \cdot z_1$

$i_{ist} = z_2 / z_1$

$i$ zufriedenstellend?

N / J

$\psi_a$ siehe zu Nr. 36

$d'_{m1} = \psi_a \cdot a$

$d'_2$ nach Nr. 37

$m' = d'_2 / z_2$

$m$ festlegen nach TB 23-4

Abmessungen der Schnecke nach Nr. 18ff

Abmessungen des Schneckenrades nach Nr. 23ff

Wiederholung mit anderen Eingabegrößen

Ergebnisse zufriedenstellend?

N / J

Start

**A 23-3** Schneckengetriebe (Entwurfsberechnung für vorgegebenen Achsabstand)

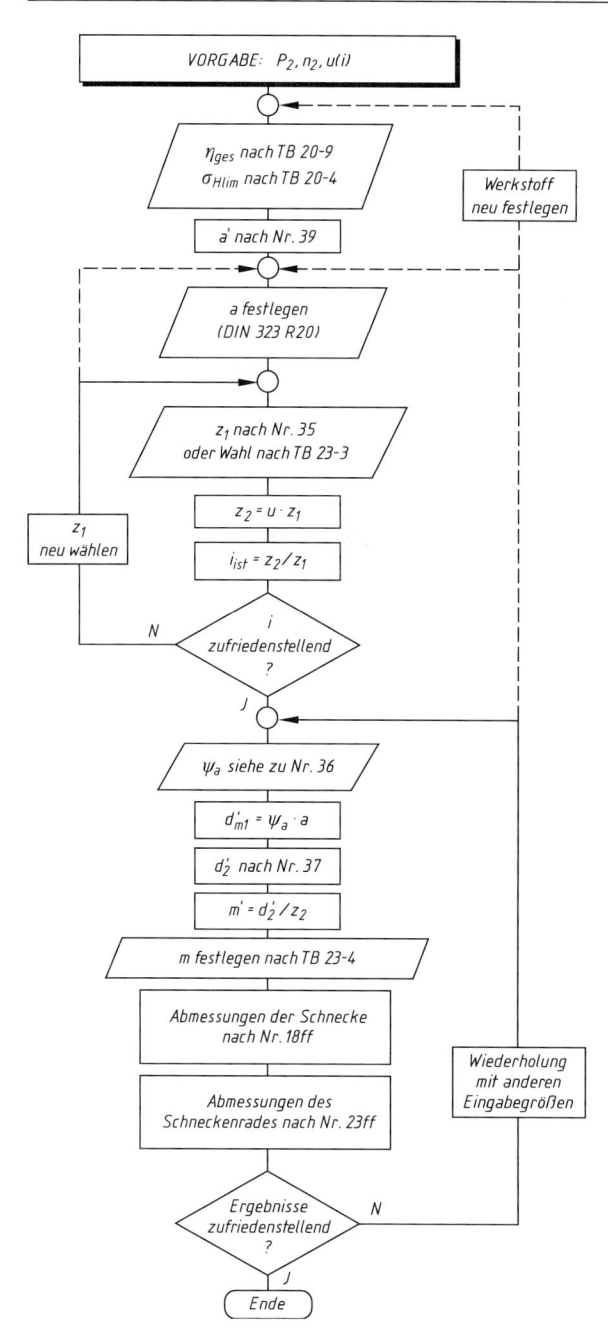

# 23 Schraubrad- und Schneckengetriebe

```
VORGABE:  P₂, n₂, u(i)
   ↓
[ η_ges nach TB 20-9
  σ_Hlim nach TB 20-4 ]          [ Werkstoff
   ↓                               neu festlegen ]
[ a' nach Nr. 39 ]
   ↓
[ a festlegen
  (DIN 323 R20) ]
   ↓
[ z₁ nach Nr. 35
  oder Wahl nach TB 23-3 ]
   ↓
[ z₂ = u · z₁ ]
   ↓
[ i_ist = z₂/z₁ ]
   ↓
   ◇ i zufriedenstellend ?      [ z₁ neu wählen ]
   │ J
   ↓
[ ψ_a siehe zu Nr. 36 ]
   ↓
[ d'_m1 = ψ_a · a ]
   ↓
[ d'₂ nach Nr. 37 ]
   ↓
[ m' = d'₂/z₂ ]
   ↓
[ m festlegen nach TB 23-4 ]
   ↓
[ Abmessungen der Schnecke
  nach Nr. 18ff ]
   ↓
[ Abmessungen des             [ Wiederholung
  Schneckenrades nach Nr. 23ff ]  mit anderen
   ↓                               Eingabegrößen ]
   ◇ Ergebnisse zufriedenstellend ?  — N
   │ J
  ( Ende )
```

**A 23-4** Schneckengetriebe (Entwurfsberechnung für vorgegebene Leistungswerte)